U0305643

"十四五"国家重点出版物出版规划项目

航海导航技术系列丛书

光纤陀螺仪技术

The Technologies of
Fiber Optic Gyroscope

罗巍 颜苗 张桂才 等编著

丛书主编 赵小明

国防工业出版社

·北京·

内 容 简 介

本书为"航海导航技术系列丛书"之一,基于作者及其研究团队长期从事光纤陀螺技术研究和产品研制的科研成果与实践经验编撰而成,是一部侧重于舰船应用长航时、高精度光纤陀螺原理与技术的专著。全书共5章,内容包括:舰船应用高精度光纤陀螺的应用特点、发展现状和工作原理;舰船应用高精度光纤陀螺核心器件(部件)的设计和工艺;舰船应用高精度光纤陀螺的关键技术;舰船应用高精度光纤陀螺的传递函数模型和统计误差模型。另外,还探讨了激光器驱动干涉型带隙光子晶体光纤陀螺、量子纠缠光纤陀螺和集成化微光纤陀螺等新型前沿光纤陀螺技术的发展现状和应用前景。

本书注重理论分析与工程实践密切结合,可供光纤陀螺领域的科研人员、从事惯性导航系统应用的工程技术人员以及高校相关专业的研究生、大学生参考。

图书在版编目(CIP)数据

光纤陀螺仪技术 / 罗巍等编著. —— 北京:国防工业出版社,2024.12. —— (航海导航技术系列丛书 / 赵小明主编). —— ISBN 978 - 7 - 118 - 13557 - 2

Ⅰ. TN965

中国国家版本馆 CIP 数据核字第 2024899E20 号

※

国防工业出版社 出版发行

(北京市海淀区紫竹院南路 23 号 邮政编码 100048)

雅迪云印(天津)科技有限公司印刷

新华书店经售

*

开本 710×1000 1/16 印张 25½ 字数 453 千字

2024 年 12 月第 1 版第 1 次印刷 印数 1—1500 册 定价 258.00 元

(本书如有印装错误,我社负责调换)

国防书店:(010)88540777 书店传真:(010)88540776

发行业务:(010)88540717 发行传真:(010)88540762

"航海导航技术系列丛书"编委会

《光纤陀螺仪技术》编写组

主　　编	罗　巍
副 主 编	颜　苗　张桂才
参编人员	林　毅　陈　馨　王玥泽　左文龙
	马　骏　冯　菁　赵衍双　梁　鹄
	李茂春　李朝卿　王晓丹　陈桂红
	吴晓乐

丛书序

地球表面71%是蓝色的海洋,海洋为人类的生存和发展提供了丰富的资源,而航海是人类认识、利用、开发海洋的基础和前提。从古至今,人类在海洋中的一切活动皆离不开位置和方向的确定——航海导航。

21世纪是海洋的世纪,国家明确提出了建设海洋强国的重大发展战略,提高海洋资源开发能力,发展海洋经济,保护海洋生态环境,坚决维护国家海洋权益,建设海洋强国。随着海洋资源探查、工程开发利用、环境保护、远洋运输等海洋经济活动不断走向深海和远洋,海洋权益的保护也需要强大的海上力量。因此,海工装备、民用船舶及军用舰艇都需要具备走向深远海的能力,也就对作为基础保障能力的航海导航提出了更高的要求。航海导航技术的发展与应用将成为支撑国家海洋战略的关键一环。

近年来,基于新材料、新机理、新技术的惯性敏感器件不断涌现,惯性导航、卫星导航、重力测量、舰艇操控、综合导航等技术均取得了突飞猛进的发展。"航海导航技术系列丛书"紧跟领域新兴和前沿技术及装备的发展,立足长期工程实践及国家海洋发展战略对深远海导航保障能力建设需求,凝聚了天津航海仪器研究所编写人员多年航海导航相关技术研究成果与经验,覆盖了海洋运载体航海导航保障所涉及的运动感知、信息测量与获取、信息综合、运动控制等全部流程;从理论和工程实现的角度系统阐述了光学、谐振、静电等新技术体制惯性敏感器及其航海惯性导航系统的原理技术及加工制造技术,基于惯性、水声、无线电、卫星、天文、地磁、重力等多种技术体制的导航技术以及综合导航系统技术、航海操纵控制理论和技术等;以基础性、前瞻性和创新性研究成果为主,突出工程应用中的关键技术。

丛书的出版对导航、操纵控制等相关领域的人才培养很有意义,对从事舰船航海导航装备设计研制的工业部门、舰船的操纵使用人员以及相关领域的科技人员具有重要参考价值。

2024 年 1 月

前　言

船舶在海上航行,需要随时知道自身位置、航速、航向和航程等信息。早期导航的概念通常意味着正确地引导船舶在海上航行,其时,导航和航海是同义语。随着科学技术的进步,飞机、导弹、无人机、卫星和宇宙飞船等运动载体相继出现,导航的含义则不再局限于航海。由于各种载体的运动规律和性能参数不同,其导航系统各具特点,但从导航所依赖的物理原理和技术上看,各种载体的导航系统仍有共同之处。现代导航的方法有许多种,主要分为两类:一类是依靠外部信息,如卫星、天文和无线电导航等;另一类是依靠载体自身的测量设备,也称为惯性导航。惯性导航基于牛顿经典力学和爱因斯坦相对论,无需任何外部信息,也不向外界辐射任何能量,仅仅借助于安装在载体上的惯性器件(陀螺仪和加速度计),自主测量和控制载体角运动与线运动等参数,完成运动载体的导航任务。这种完全自主式的导航设备具有很好的隐蔽性,不受外界干扰,在作战舰艇上尤其是在战略核潜艇上使用最为理想,可为潜艇长期在水下连续潜航提供安全航行,同时也为各种舰载武器装备提供导弹发射所需的位置、航向和姿态信息。

各种航海应用对惯性导航系统的精度要求是不同的。潜艇需要在水下长时间隐蔽航行,不能频繁浮出水面利用卫星或天文等其他导航手段更新或校正其位置信息,因此必须安装高性能的惯性导航系统,该系统还可为潜射战略导弹提供惯性基准,这也是国际上积极研发潜艇应用甚高精度陀螺技术的原因。例如,美国战略核潜艇采用静电陀螺(Electrostatic Gyro,ESG)导航仪,该陀螺的性能极好,但构造非常复杂,其中利用了在真空中靠电场悬浮的铍旋转球,大量复杂的机电部件和常平架结构使该系统生产和维护成本非常昂贵。装备战术武器的水面舰艇则需要性价比优异的中高精度惯性导航系统,而中低精度的惯性导航系统可以满足水下机器人(如 UUV、AUV 和 ROV)等智能潜航器的定位和姿态控制需求。综观国内外的研制历史,航海应用惯性导航系统从解决有无到提高精度,再到追求性价比,经历了陀螺平台罗经、液浮陀螺平台式惯性导航系统和静电陀螺导航仪等阶段,功能不断扩大,精度和可靠性也不断提高,满足了各种水面舰船和水下载体的导航应用,而对于高稳定长航时战略应用,无论从精度潜力还是从性价比来看,在技术路径方面,航海应用高精度光纤陀螺惯性导航系统无疑是一个重要发展方向。

与传统的机电陀螺相比,光纤陀螺采用非力学方法测量角运动,因而无须运动和磨损部件,是一种真正的全固态惯性仪表,具有低成本、高可靠、长寿命、可快速启动、动态范围大、精度覆盖面广等优点。随着近年来的技术进步,光纤陀螺已经展示出高精度和甚高精度的应用潜力,国际上,高精度光纤陀螺技术也呈现迅速发展的态势。美国海军"班布里奇"号导弹驱逐舰(DDG - 96)已首装 AN/WSN - 12 光纤陀螺惯性导航系统;同时,美国海军正在采用光纤陀螺加速升级潜射洲际战略导弹"三叉戟 - II"的制导系统,以延长导弹寿命和提高精确打击能力;而法国 iXBlue 公司生产的航海应用惯性导航系统 MARINS 系列已装备英国"机敏"级攻击核潜艇和"伊丽莎白女王"号航空母舰等大型水面舰艇;温控状态下 MARINS 系统的实验室精度更是优于 1 海里/30 天。总之,发展趋势表明,基于光纤陀螺的舰载惯性导航系统已进入技术成熟和装备应用阶段,在向战略核潜艇应用持续推进,光纤陀螺完全有可能取代当今世界公认具有最高工程精度的静电陀螺,在战略应用中占据主导地位。

《光纤陀螺仪技术》是"航海导航技术系列丛书"之一。本分册基于编著者团队长期从事光纤陀螺技术研究和产品研制的科研成果和实践经验编撰而成,是一部侧重于中高精度光纤陀螺工程化技术的专著。全书共 5 章。第 1 章结合长航时高精度舰船应用,简要评述光纤陀螺的发展和应用现状,并介绍了光纤陀螺的基本工作原理;第 2 章阐述已实现自主研发且技术成熟的三个光纤陀螺核心元部件(大功率高稳定宽带光纤光源、光纤敏感线圈和全数字闭环调制/解调电路)的原理、设计以及相关的误差控制方法;第 3 章讨论高精度光纤陀螺工程应用中的相对强度噪声抑制技术、电子交叉耦合和抗电磁干扰技术、尖峰脉冲抑制技术和本征频率跟踪补偿技术,以及相应措施;第 4 章较详细给出了光纤陀螺的传递模型和统计模型,以便为系统仿真和性能评估提供手段;第 5 章探讨了激光器驱动干涉型带隙光子晶体光纤陀螺、量子纠缠光纤陀螺,以及集成化微光纤陀螺等前沿光学陀螺技术的原理、研究现状和发展前景。

参加本书编写工作和内容研讨的有张桂才、林毅、陈馨、王玥泽、左文龙、马骏、冯菁、赵衍双、梁鹄、李茂春、李朝卿、王晓丹、陈桂红和吴晓乐等同志。赵小明研究员、高焕明研究员、颜苗研究员和孙伟强研究员等领导自始至终支持本书编著工作;赵子阳研究员、马林研究员对书稿内容提出了宝贵的修改意见;张群研究员对本书编著工作给予了热心帮助。在此,谨向支持和帮助本书编著工作的所有领导、专家和同事表示衷心感谢!

由于编著者水平有限,书中疏失、不妥之处在所难免,恳请读者批评指正。

编著者

2023 年 8 月 10 日

| 目 录 |

1

第 1 章　航海应用光纤陀螺概述

　　20 世纪初,随着爱因斯坦相对论的提出,人们开始注意到一种新的相对论性现象:干涉仪中顺时针和逆时针方向传播的光波之间因旋转引起的相移。这一效应由法国科学家 G. Sagnac 于 1913 年实验测得。随着光通信技术的发展,20 世纪 80 年代,激光陀螺研制成功,成为 Sagnac 效应的第一个工业应用;当然,激光陀螺需要采用机抖装置抑制死区,这促使人们继续探索全固态的光纤陀螺技术。到了 20 世纪 90 年代,基于 Sagnac 效应的光纤陀螺技术日趋成熟并开始量产。目前,光纤陀螺产品已经覆盖航空、航天、航海、陆地、战术武器、机器人等军事和民用领域。本章侧重于航海应用背景,简要介绍了光纤陀螺这一重要惯性元件及其惯性导航系统的研究和发展现状,结合光纤陀螺的基本工作机制,阐述了光纤陀螺发展过程中历经的一系列理论创新和技术突破,包括 Sagnac 效应、光学互易性原理、相位置零概念和全数字闭环调制/解调方法等,这些概念和思想构成了干涉型光纤陀螺的技术基础。

1.1　航海应用光纤陀螺的研究现状和发展趋势

1.1.1　高精度光纤陀螺仪的航海应用背景

　　在航海应用中,高精度惯性导航系统是深远海环境和卫星拒止条件下水面舰艇和水下武器平台完成既定长距离、大潜深、长航时作战任务的核心设备。航海惯性导航系统经历了从液浮陀螺惯性导航系统到静电陀螺惯性导航系统,再到光学惯性导航系统的逐步演化的过程。20 世纪 60—70 年代,液浮陀螺惯性导航系统逐步发展为舰船导航系统的主流设备,可为舰船提供包括位置、速度以及航姿等在内的各种导航信息。随后,为了进一步满足大型舰船及战略核潜艇对高精度导航信息的需求,在 20 世纪 80 年代,静电陀螺惯性导航系统研制成功并应用于核潜艇中。进入 21 世纪以来,随着光学陀螺技术的不断发展,激光陀螺(Ring Laser Gyro,RLG)和光纤陀螺(Fiber Optic Gyro,FOG)两种光学惯性导航系统逐步取代机电式惯性导航系统应用于舰船导航领域。从目前的陀螺仪综合性能来看,激光陀螺在标度因数、零偏温度特性方面性能优异,但长期工作或存储的稳定性有待科学评估;光纤陀螺在角随机游走、成本、可制造性等方面具有突出优势,特别是结合旋转调制技术,光纤陀螺惯性导航系统的整体性能水平得到显著提升。

对于长航时光纤陀螺惯性导航系统来说,光纤陀螺的角随机游走、长期零偏(不)稳定性和长期零偏重复性,以及标度因数长期稳定性是影响光纤陀螺惯性导航系统精度的主要因素。目前,光纤陀螺的角随机游走已达 $10^{-6}°/\sqrt{h}$ 量级,零偏(不)稳定性优于 $10^{-6}°/h$,理论上这样一种性能可使导航系统精度满足 1n mile/120 天(1n mile = 1852m)甚至更长任务周期的自主导航需求,超越了激光陀螺的系统性能极限。与激光陀螺惯性导航系统相比,光纤陀螺应用于航海领域的优势包括:一是全固态,消除了激光陀螺惯性测量单元(Inertial Measurement Unit,IMU)机抖减震(橡胶垫)引入的随机误差和倾斜变形;二是实时性好,没有滤波环节引入的时间延迟;三是静默无噪声,更便于隐蔽战略巡航。这使得航海应用光纤陀螺惯性导航系统具有高精度、自主性、实时性、连续性、静默式工作等技术特点,逐渐胜出激光陀螺惯性导航系统,并有可能取代当今世界公认具有最高工程精度的静电陀螺惯性导航系统,在战略核潜艇应用中处于主导地位。

从国外光纤陀螺的研制现状来看,高精度尤其是甚高精度光纤陀螺的技术途径主要有两个:一是前沿技术探索,如基于激光器驱动和带隙光子晶体光纤的干涉型光纤陀螺技术,典型方案是美国 Honeywell 公司提出的"用于绝对基准的紧凑型超稳定陀螺";二是进一步挖掘传统干涉型光纤陀螺技术方案的精度潜力,典型案例是法国 iXBlue 公司针对不同应用背景(航海、空间和地震监测、天文望远镜稳定等应用)开发的各种高精度干涉型光纤陀螺产品,其中,iXBlue 公司的航海应用光纤陀螺惯性导航系统 MARINS 系列产品,已大量装备航空母舰、常规潜艇及其他大型水面舰艇,体现了光纤陀螺在航海领域的应用水平。

1.1.2 航海应用光纤陀螺的发展现状和趋势

自 1976 年光纤陀螺提出以来,已有 47 年的发展历史,相关的理论和技术已达到很高的成熟度。随着光学器件和数字信号处理的发展,干涉型光纤陀螺不仅寿命得到持续的提高,而且其精度也正在突破传统机械陀螺和激光陀螺的性能限制,高精度和甚高精度成为干涉型光纤陀螺技术发展的一个重要优势。法国 iXBlue 公司光纤陀螺技术首席专家 H. C. Lefèvre 10 多年前的断言"光纤陀螺甚至具有成为终极性能陀螺的潜力,精度比激光陀螺高至少 1～2 个数量级"正在成为现实。光纤陀螺作为一种全固态、长寿命、高带宽、大量程且具有极小相位检测能力的"神奇"干涉型光纤传感器,探索其性能极限,挖掘其精度潜力,成为目前干涉型光纤陀螺技术的研究热点。

国外开展高精度光纤陀螺研制的单位有法国 iXBlue 公司、美国 Honeywell 公司、美国 Northrop Grumman 公司和俄罗斯 Optolink 公司等。应用方向包括空间基准或空间定向、战略导弹制导、战略核潜艇及大型水面舰艇惯性导航,以及民用地震监测、大型天文望远镜的稳定和定向等。

1.1.2.1　法国 iXBlue 公司

法国 iXBlue 公司的前身是 1978 年成立的 Photonetics 公司,主要从事光纤陀螺及其系统技术的研发,经过几十年的持续努力,其光纤陀螺系统覆盖了从战术级到战略级的各种精度范围,应用领域包括航海、航空、陆地和空间等。2015 年,iXBlue 公司完成了 iXFiber 和 Photline 两个子公司的整合。iXFiber 公司主要从事有源和无源特种光纤、光纤 Bragg 光栅元件等的研发、生产,Photline 公司是铌酸锂调制器的主要供应商。重组后的业务包括陀螺用光纤元件制作、光纤预制棒制备、保偏光纤拉制、铌酸锂波导晶片处理和器件封装,实现了光纤陀螺产业链的纵向一体化和市场范围多样化。

这里需要介绍一下法国 iXBlue 公司的首席科学家 H. C. Lefèvre,1979 年毕业于圣克鲁巴黎高等师范学院物理专业,获巴黎第十一大学光学 – 光子学博士学位,论文题目涉及光纤陀螺仪的开创性工作。1980—1982 年,他在美国加利福尼亚州的斯坦佛大学从事博士后工作,继续从事光纤陀螺仪的研发。1987 年,他加入刚刚创立的法国 Photonetics 公司,担任研发主管。1992 年,Lefèvre 出版专著《光纤陀螺仪》(The Fiber – Optic Gyroscope),其中提出"全数字闭环光纤陀螺"概念,包括数字解调和数字阶梯波结合,是光纤陀螺获得高性能的先决条件,已经成为国际上主流的光纤陀螺技术方案。1999 年,他升任 Photonetics 公司首席运营官。2000 年底,光纤陀螺研发从 Photonetics 公司分离出来,成立了 iXSea 公司。2010 年,iXSea 公司与其他几个子公司合并,成立 iXBlue 公司,Lefèvre 担任该公司的首席科学家。Lefèvre 博士还曾担任 2005—2007 届法国光学学会(SFO)的会长和 2010—2012 届欧洲光学学会(European Optical Society,EOS)的会长,并于 1986 年获得法国光学学会颁发的 Fabry – de – Gramont 奖,1992 年获得法国物理学会(SFP)颁发的 Esclangon 奖。Lefèvre 在学术刊物和学术会议上共发表了 80 余篇光纤陀螺及其相关技术的论文,获得 50 多项专利授权,为光纤陀螺技术的发展做出了实质性的创新贡献。

　　iXBlue 公司在系统设计上着重强调了其准确性,以满足市场对光纤惯性导航系统日益增长的要求。iXBlue 公司的水面和水下导航系统的光纤陀螺扩展产品包括 OCTANS、QUADRANS、HYDRINS、PHINS、ROVINS、MARINS 系列等。

图 1.1　OCTANS 光纤陀螺罗经/姿态基准系统

　　OCTANS 系列是基于光纤陀螺的罗经/姿态航向基准系统(图 1.1),非常适用于各种民用和军用航海应用,包括海上石油和天然气运输、动态定位、运动监测、平台稳定以及全球定位系统(Global Positioning System,GPS)缺失情况下的安全机器人导航,如隧道工程和国防等。这种光纤陀螺罗经不同于传统只提供航向的船用陀螺罗经,而是三维航姿测量设备。各种规格的 OCTANS 系统已经装备大部分法国海军水面舰艇(包括 F70 和 F67 反潜驱逐舰、A69 轻型护卫舰、直升机母舰)和核潜艇、英国海军猎雷舰、美国海岸警卫队的所有 80ft(1ft = 0.3048m)和 110ft 快艇以及荷兰、比利时和挪威等国的海军舰队。科威特海岸警备队也选择 OCTANS Ⅲ 装备新设计的由新加坡建造的登陆艇。

　　QUADRANS 也是一种基于光纤陀螺的全捷联陀螺罗经和姿态基准系统。瑞典国防装备管理局选择为其 CB90 战斗舰配备 QUADRANS 导航系统,英国皇家舰队辅助船的新型 Tide 级油船也装备了 QUADRANS 罗经系统。

　　HYDRINS 为水文惯性导航系统,是一种专门为水道测量设计的产品,它与多束回声探测器连接,提供实时的高精度位置、航向和姿态数据,适用于所有的勘测,尤其是多束测量。

图 1.2　iXBlue 公司的 PHINS 系列小型光子惯性导航系统

　　PHINS 系列小型光子惯性导航系统,是专门针对海洋和水下定位应用研制的一种惯性导航系统(图 1.2),其中采用性能非常高的光纤陀螺和卡尔曼滤波器,以便于融合传统传感器(GPS)和其他海上专用的传感器数据,如超短基线(Ultra Short Base Line,USBL)定位系统、多普勒测速仪(Doppler Velocity Log,DVL)、压力传感器等。该系列包括 PHINS - C3、C5 和 C7 等,可以提供非常准确的前进方向、摇摆、倾斜、速度和位置信息,系统的平均故障间隔时间长达100000h。它的水下系列(U–PHINS)覆盖任何类型的自主水下航行器(Autonomous Underwater Vehicle,AUV)和无人潜航器(Unmanned Underwater Vehicle,UUV)所需要的惯性导航,水上系列(M–PHINS)对于解决在海洋中极其精确的姿态控制问题较为理想。PHINS 的性能优于 OCTANS,导航精度达到0.6 n mile/h,能实现无 GPS 信号情况下的精确惯性导航,目前广泛装备于美国、英国、法国、荷兰、比利时和印度尼西亚等国海军,如英国海军的 7 艘“桑当”(Sandown)级猎雷舰的舰载水下探雷声呐上装备了 PHINS 惯性导航系统改进型。另外,PHINS–C7 已装备法国海洋科学研究所 6000m 海上机器人联盟潜航器。

ROVINS NANO 具有收集声学数据的综合惯性导航系统算法,为水下机器人(Remote Operated Vehicle,ROV)导航提供所有深度的精确定位,包括中层水位悬停定位,不论 ROV 身在何处、深度如何,ROVINS NANO 都能做到。

MARINS 系列是 iXBlue 公司专为军事用途开发的高精度光纤陀螺捷联惯性导航系统,该系列包括 MARINS M3、M5、M7 和 M11 系统,技术指标如表 1.1 所示,代表了最先进的捷联式光纤陀螺技术,并且可在全球导航卫星系统(Global Navigation Satellite System,GNSS)缺失的情况下使用,专门用于满足各国海军在沿海和远海环境下工作的水面舰船和潜艇的需求。MARINS 系列与各种不同的辅助传感器兼容,在数分钟内启动,可输出位置、航向、横摇、纵摇、水深和速度数据,并且完全静音。其最先进的 M11 系统,标称精度为 1 n mile/15天。温控条件下对 MARINS 系统长达 38 天的静态测试结果表明,具有实现优于 1 n mile/月的纯惯性导航精度的能力,对应的光纤陀螺零偏不稳定性为10^{-5}°/h,标度因数稳定性约 1ppm,显示出光纤陀螺惯性导航系统在长航时高精度惯性导航领域的巨大潜力(图 1.3)。各种规格的 MARINS 光纤陀螺惯性导航系统已经装备英国海军 2 艘“伊丽莎白女王”级航空母舰和 4 艘“机敏”级核攻击潜艇、法国海军“卡萨尔”级防空护卫舰和“追风”级轻型护卫舰、德国海军U212CD 潜艇和 F–122“不莱梅”级/F123“勃兰登堡”级护卫舰、阿根廷海军OPV 87 新型近海巡逻舰、美国海岸警卫队的 111 艘巡逻舰和濒海战斗舰、西班牙 F110 型多用途护卫舰、芬兰 4 艘 Pohjanmaa 级护卫舰、波兰海军 Kormoran Ⅱ级反水雷舰、挪威海岸警卫队新型 P6615 Jan Mayen 级护卫舰、阿联酋“汉纳”级导弹艇等,用户涉及全球 30 多个国家。另外,MARINS 系列还可以在北极等高纬度地区提供准确和安全的导航。

表 1.1　MARINS 系列光纤陀螺惯导系统的技术指标

性能指标						
型号	M3	M5	M7	M8	M9	M11
定位精度(无辅助)	1n mile/ 12h	1n mile/ 24h	1n mile/ 72h	1n mile/ 96h	1n mile/ 120h	1n mile/ 360h
速度(RMS)/kn	0.6	0.6	0.4	0.4	0.4	0.4
航向角精度 (RMS)/(°seclat)	0.01	0.01	0.01	0.01	0.01	0.01
翻滚/俯仰精度 (RMS)/(°)	0.01	0.01	0.01	0.01	0.01	0.01
建立时间	有效数据:5min;完整姿态:15min					
环境指标						
工作/存储温度/℃	0 ~ +55/ -40 ~ +80					
航向/翻滚/俯仰/(°)	0 ~360/ ±180/ ±90					
物理特性						
质量(含接口界面)/kg	45			62		
尺寸/mm × mm × mm	530 ×420 ×368			590 ×500 ×403		

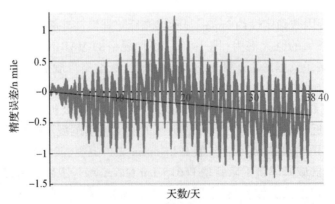

图 1.3　温控环境下 iXBlue 公司 MARINS 惯性系统的 38 天的经度误差(小于 1n mile/月)

　　空间应用的技术要求是非常苛刻的:抗超真空、抗高辐射、抗大冲击和振动(运载火箭点火起飞过程)、极高的可靠性和寿命。很容易看出,对于其中一些指标(在极其恶劣的环境下正常工作,长寿命),光纤陀螺从原理上讲是非常理想的选择。iXBlue 公司在法国航天局(Centre National D'Etudes Spatiales,CNES)和欧洲航天局(European Space Agency,ESA)资助下自 20 世纪 90 年代中期开发空间应用 Astrix 系列光纤陀螺惯性测量单元,其中,Astrix 200 型光纤陀螺采用了平均直径 170mm、长 5km 的光纤线圈,用于地球观测卫星,包括军民两用高分辨率成像的 Pleiades 地球观测卫星,温控状态下的测试时间最长达到 200h 以上,Allan 零偏不稳定性的探底时间接近 100h(图 1.4),零偏不稳定性为 $4 \times 10^{-5}°/h$。

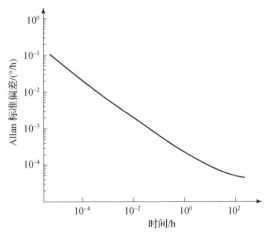

图 1.4　**Astrix 200 型光纤陀螺的 Allan 方差曲线**

众所周知,在光纤陀螺中,光纤线圈中两束反向传播光波之间的光程差产生一个与外加旋转速率有关的干涉图样。这一测量原理的优势在于它通过无质量粒子光子的相对论性效应测量旋转,使得光纤陀螺对平移运动固有地不敏感,是光纤陀螺技术应用于地震测量的重要优势。另外,光纤陀螺的频率响应仅受光在光纤线圈中的传输时间限制(一般在 μs 量级),光纤陀螺的精度或理论自噪声极限依赖于光纤线圈尺寸,通过构建大直径长光纤线圈,可以实现宽带高灵敏度的旋转测量。理论上,除了三个平移加速度或速度分量,观察大地旋转速率的三个分量对地震学研究具有相当重要的意义。近 10 年来,地震学家一直在寻找一种便携式高灵敏度的宽带旋转地面运动传感器。而在光纤陀螺出现之前,尚没有一种适合于地球物理学应用的旋转传感器。毫无疑问,光纤陀螺技术使得测量大地运动(地震、火山等)引起的六自由度运动(三个平移方向和三个旋转方向)成为可能。iXBlue 公司在国际上首次提出采用光纤陀螺技术研制光纤地震仪,其开发的 BlueSeis – 3A 型旋转地震仪已成功安装在多个地震观测站和实验室,通过测量地面的旋转运动,对地震波六自由度分量进行完整测量。BlueSeis 系列光纤地震仪还可用于其他地球科学研究。

总之,潜艇和大型水面舰船应用的 MARINS 系列(MARINS M11 型)、空间应用的 Astrix 系列(Astrix 200 型)和地震监测用的 BlueSeis 系列(BlueSeis – 3A 型)代表了 iXBlue 公司在光纤陀螺技术和系统应用领域的最高水平(图 1.5)。这几类高精度和甚高精度光纤陀螺均基于传统的采用保偏光纤的干涉型光纤陀螺方案,精度提升的具体技术措施如下:

| (a) MARINS M7型 | (b) Astrix 200型 | (c) BlueSeis–3A型 |

图 1.5 iXBlue 公司三款装备高精度光纤陀螺的惯性导航产品

(1)在应用需求许可的条件下增加 Sagnac 光纤干涉仪闭合面积($L \times D$):但光纤长度受光纤损耗限制,存在一个最佳光纤长度。

(2)采用大功率宽带掺铒光纤光源:光源输出功率预计大于 30mW(探测器接收功率 160μW,按光路损耗 23dB 计)。

(3)确保动态性能情况下采用过调制技术降低光纤陀螺角随机游走。

(4)采用光学或电学方法抑制光源相对强度噪声:触及光纤陀螺"性能极限"。

(5)提高铌酸锂多功能集成光路的偏振抑制,进一步降低偏振交叉耦合引起的误差。

(6)改进光纤绕制和光纤线圈隔热缓冲设计,降低 Shupe 误差。

(7)采用光谱滤波技术提高波长稳定性:光源谱宽小于 10nm,标度因数稳定性小于 1ppm。

iXBlue 公司的高精度光纤陀螺及其惯性导航系统方案技术相对成熟,既有继承性也有创新性。长期的光纤陀螺专业经验奠定了 iXBlue 在高端导航和定位系统的领导地位。持续不懈进行光纤陀螺技术改进和拓展应用领域,凸显了 iXBlue 公司探索光纤陀螺性能极限和精度潜力的决心与信心。

1.1.2.2 美国 Honeywell 公司

Honeywell 公司高精度光纤陀螺的应用方向有三个:一是洲际战略导弹制导;二是潜艇惯性导航;三是空间基准和定向应用。美国当前正持续对战略弹道导弹进行现代化改进,采用新技术、新工艺不断提高分系统性能,以提升导弹的总体性能。其中,采用新型固态制导技术(包括战略级干涉型光纤陀螺技术)

替换目前的机械制导成为主要发展方向。Honeywell 公司认为,这一部分高性能光纤陀螺产品的市场份额和数量虽然比主流导航应用小得多,但由于在性能和寿命周期方面的优势,需求仍然较大。

在陆基战略导弹制导应用方面,Honeywell 公司与美国空军签订合同,研制战略导弹惯性制导应用的光纤陀螺,目标是具有甚高自动制导精度、极高可靠性和性价比且能替代现役系统的相应产品。Honeywell 基于甚高性能飞船应用光纤陀螺的研制经验,采用模块化设计,研制出战略应用的辐射加固光纤陀螺(图 1.6),设计特点包括:光路方面采用大功率光源和加长相位调制器以降低辐射效应;电路方面印制板采用辐射加固电子元件;力学环境适应性方面通过精心的结构设计和材料选择,使陀螺结构谐振移向高频;通过磁屏蔽和密封降低磁场灵敏度和热梯度效应。光路部分平均故障间隔时间(Mean Time Between Failure,MTBF)为 $(2\sim7)\times10^6\mathrm{h}$,这样整个陀螺的 MTBF 由线路部分决定,而核心电子部件,如泵浦激光二极管、线圈温控、解调电路板和供电电源均采用双冗余设计,大大提高了光纤陀螺的可靠性和综合性能。图 1.7 是其 58h 测试数据的典型 Allan 方差曲线,角随机游走约为 $7.9\times10^{-6}{}^\circ/\sqrt{\mathrm{h}}$。

(a) 战略导弹制导　　　　(b) 空间定向应用

图 1.6　Honeywell 公司战略应用的光纤陀螺

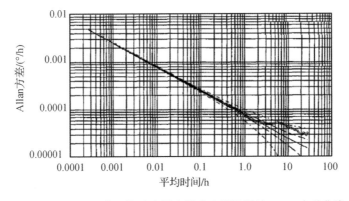

图 1.7　Honeywell 公司战略应用高精度光纤陀螺的 Allan 方差曲线

在潜射战略导弹制导应用方面,"三叉戟"Ⅱ型弹道导弹(D5)是美国唯一在役的最具威慑力的海基潜射弹道导弹,由"俄亥俄"级弹道导弹核潜艇搭载。目前,美国正加速对该型潜射战略导弹进行延寿改进,计划将其中 MK6 制导系统的机电式陀螺升级为光纤陀螺,提高制导精度和降低成本,使该型潜射战略导弹服役至 2040 年。目前已完成潜射试验,进入采购装备阶段。

在战略核潜艇惯性导航应用方面,美国战略核潜艇应用的静电陀螺惯性导航系统支持维护费用越来越高,造成电子设备维护困难,促使 Honeywell 公司与波音公司不断投入,研发潜艇应用高精度光纤陀螺导航仪,将光纤陀螺的低角随机游走优势与旋转调制技术结合,作为甚高精度惯性导航领域的后续首选设备,拟取代正在服役的静电陀螺。该系统包括一个三轴稳定平台,该平台由安装基座、内环框架和外环框架组成,可以隔离舰船运动的影响。系统成本仅为静电陀螺的 1/10,可靠性达到 3×10^5 h。陀螺一级的研究内容包括大功率宽带光源、降低热灵敏度和磁场灵敏度,以及提高波长稳定性技术措施。在可行性论证阶段,Honeywell 公司研制的光纤陀螺已达到零偏稳定性 0.0003°/h,角随机游走为 $0.0001°/\sqrt{h}$,标度因数稳定性小于 1ppm。由于军事保密等原因,后续系统精度未公开。

Honeywell 公司的战略级光纤陀螺在 20 世纪 90 年代末开始研发,21 世纪初量产,涉及两个应用领域,除了上面所述的战略导弹制导,还有宇航应用领域(图 1.6),可以满足最苛刻的空间定向要求。在典型的昼夜温度变化条件下,零偏不稳定性为 0.0002 ~ 0.0006°/h,标度因数误差为几个 ppm。

2013 年 7 月,美国国防高级研究计划局(Defense Advanced Research Projects Agency,DARPA)提出了"用于绝对基准的紧凑型超稳定陀螺"计划,资助 Honeywell 公司研制新型的基于带隙光子晶体光纤的陀螺。计划指出:该陀螺结合了激光陀螺和"干涉型"光纤陀螺的优点,目标是用于绝对基准,应用背景是"计量、地震和科学遥感",陀螺精度为零偏稳定性优于 10^{-6}°/h,角随机游走优于 $10^{-6}°/\sqrt{h}$。这是一种什么类型的光纤陀螺?谐振型还是干涉型?国内一直众说纷纭。从干涉型和谐振型光纤陀螺目前精度及两型陀螺的技术成熟度来看,应该是基于激光器驱动的采用空芯带隙光子晶体光纤的干涉型光纤陀螺。2016 年,Honeywell 公司报道了其基于传统干涉型保偏光纤陀螺方案的"基准级"光纤陀螺的研制进展,如图 1.8 所示,该陀螺直径为 27in(1in = 0.0254m),光纤环长度为 8km,角随机游走为 $1.6 \times 10^{-5}°/\sqrt{h}$,相当于 100s 平滑零偏稳定性为 0.0001°/h,30 天 Allan 方差的零偏不稳定性小于 3×10^{-5}°/h。Honeywell 公司称其角随机游走"可与当时最先进的原子陀螺媲美,且更具工程实用化"。基于该光纤陀螺优异的噪声和零偏性能,该陀螺可用于地球科学传感及惯性设备的校准。当然,这一性能与 DARPA 提出的"绝对基准"级光纤陀螺的终极目标仍差一个数量级,但毫无疑问,干涉型光纤陀螺从精度上更容易实现"绝对基准级"陀螺。

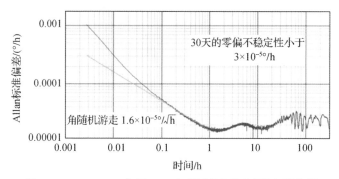

图 1.8　Honeywell 公司 2016 年报道的"基准级"光纤陀螺

1.1.2.3　美国 Northrop Grumman 公司

美国 Northrop Grumman 公司于 2022 年首批小批量试生产 AN/WSN – 12 航海应用惯性导航系统(Inertial Navigation System,INS),如图 1.9 所示,并在美国海军的"班布里奇"(DDG – 96)号导弹驱逐舰上首装。该系统采用以高精度光纤陀螺为核心的 WSN – 12 惯性传感模块替代 20 世纪 80 年代开始装备的舰载高精度激光陀螺惯性导航系统 AN/WSN – 7。基于光纤陀螺仪技术的 AN/WSN – 12 系统在 21 世纪初已用于陆地和机载系统,其关键优势是通过增加光纤长度、改变陀螺尺度,进而提高精度和性能。升级后的 AN/WSN – 12 系统不仅用于导航,还通过 INS 提供的数据,对反潜战、实战和其他系统进行现代化提升。系统台体在主体结构不变的原则下,进行了适应性改进设计。一方面有利于技术状态变更所引起牵连工程的风险控制,另一方面采用标准化设计而最大限度保证装备的保障性延续。由图 1.9 可以看出,AN/WSN – 12 相比 AN/WSN – 7 在平台结构设计方面的变化。从其惯性组件外壳增加孔洞等措施可以推断,为适应光纤陀螺自身对温度场、磁场变化敏感的特点,对平台结构进行了必要的改进设计,可能是针对环境扰动进行控制与补偿,抑制内、外部环境场态变化对系统性能的影响。

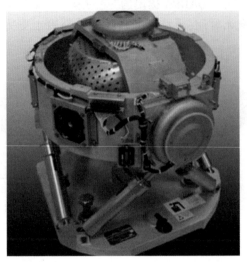

图 1.9　Northrop Grumman 公司研制的 AN/WSN – 12 舰载惯性导航系统

　　AN/WSN – 12 惯性传感器模块已顺利通过关键设计评审,计划装备全部驱逐舰、巡洋舰、核动力航空母舰和攻击型核潜艇,成为美国海军大部分作战舰艇惯性导航系统的核心,提高这些平台的导航精度。值得关注的是,从美国惯性导航装备发展历程看,2022 年列装的 AN/WSN – 12 仍可能是美国在水面舰艇上验证光纤陀螺作战实用性能的一种过渡型产品,预计未来几年有可能进一步推出基于光纤陀螺的新型惯性导航系统。同时,这也从另一个角度表明,光纤陀螺已正式开始进入美国舰载惯性导航系统的装备型谱,并向战略核潜艇应用的惯导系统持续推进。

　　2019 年 5 月,美国 Northrop Grumman 公司推出了光纤惯性导航系统 SeaFIND,可提供与 MK39 环形激光陀螺罗盘系列惯性导航产品相同的性能水平,且尺寸大大减小,仅为 250mm × 250mm × 127mm,质量仅为 4.9kg。SeaFIND 可以满足小型舰艇的需求,包括无人潜航器、无人水面艇、近海巡逻艇及其他中小型水面舰艇。另外,Northrop Grumman 公司位于德国的利铁夫子公司已开发出基于光纤陀螺的航海应用惯性基准系统 LFK – 150,作为干式调谐陀螺系统 LSR – 85 的替代产品,且定位和导航精度更高,比目前多国海军广泛装备的价格昂贵的激光陀螺更具竞争力。图 1.10 是 LFK – 150 光纤陀螺惯性基准系统的外观照片。

1.1.2.4　俄罗斯 Optolink 公司

　　俄罗斯 Optolink 公司研制的光纤陀螺产品在航天、航空、船舶领域应用广

图 1.10　LFK – 150 光纤陀螺惯性基准系统

泛,该公司在 2013 年报道了采用光纤长度为 2km、线圈直径为 250mm 的 SRS – 2000 型光纤陀螺,零偏稳定性为 $2.4 \times 10^{-4}°/h$,随机游走系数达到 $2.6 \times 10^{-4}°/\sqrt{h}$。

2017 年,俄罗斯 Optolink 公司报道了其 SRS – 5000 型战略级光纤陀螺(图 1.11),主要技术指标为:角随机游走 $6.9 \times 10^{-5}°/\sqrt{h}$(相当于 100s 平滑 0.0004°/h),Allan 方差意义上的零偏不稳定性为 $8.5 \times 10^{-5}°/h$(探底时间大于 5000s),测量范围 $\pm 12°/s$,恒温标度因数稳定性小于等于 3ppm(SLD 光源)。单轴 SRS – 5000 型光纤陀螺外径为 250mm,采用了 5000m 长的保偏光纤线圈。其关键技术包括精细的无源热设计、环圈绕制和陀螺装配、抑制光源相对强度噪声和光源波长控制。其自行研制的集成光路,残余偏振误差很小或没有,降低了零偏不稳定性。

图 1.11　俄罗斯 Optolink 公司的 SRS – 5000 型高精度光纤陀螺

1.1.2.5　天津航海仪器研究所

天津航海仪器研究所隶属中国船舶集团公司,是一个从事舰船惯性导航和操控技术的专业研究所,长期致力于舰船惯性导航技术研究和设备研制工作。所属的光纤陀螺研发与制造中心,依托本单位在惯性产品领域设计、研制的经验积累的雄厚基础,面向长航时舰船及陆用、机载、平台系统等装备需求和背景应用,开展光纤陀螺技术研发和产品研制,关键技术、工艺和核心元(部)件具有完全自主的知识产权,已形成完备的光纤陀螺技术指标体系和研制生产体系,设计、材料、工艺、加工、装配、测试、筛选各个环节实现了全方位可控。目前,年产光纤陀螺近3000轴,覆盖了从战术级、导航级到战略级的精度范围,且以中、高精度(0.01~0.001°/h)为主,基于光纤陀螺技术的系列化惯性系统产品已成功应用于海、陆、空、天等多个军、民用领域。

天津航海仪器研究所还针对长航时潜艇导航应用特点,重点开展了甚高精度(0.0001°/h)光纤陀螺研究。基于相对成熟的传统干涉型光纤陀螺技术实现甚高精度具有现实可行性,这需要深入了解误差机理,精心设计技术方案,在噪声抑制、标度稳定、线圈绕制和电磁兼容等关键技术方面进行突破。所采取的具体技术措施和设计特点如下:

(1)结构设计方面:针对系统需求,适当增加光纤线圈直径和长度($L \times D$);采用完善磁屏蔽和多层隔热缓冲结构设计降低 Shupe 误差。

(2)光路设计方面:采用高稳定大功率高斯谱放大自发辐射(Amplified Spontaneous Emission, ASE)光源提高信噪比;采用半导体增益饱和放大器(Semiconductor Optical Amplilier, SOA)抑制光源强度噪声;采用加长型 Y 波导器件抑制偏振噪声。

(3)电路设计和调试方面:考虑系统动态特性,采用过调制技术和探测器参数匹配技术降低噪声;采用多层板调制/解调电路优化设计降低电子交叉耦合引起的死区和漂移;采用约束回路增益方法减小振动零偏效应。

(4)光纤线圈制备方面:采用"对称绕制、精密布纤、真空灌胶、整体固化"等工艺,降低 Shupe 误差(漂移);关注固化胶体的黏弹特性,尤其是应力松弛特性,优化胶体配方和指标体系,提高光纤陀螺标度因数温度稳定性和长期稳定性。

每项技术措施都是必要的,但效果也是有限的,需要多项技术措施多管并举,综合优化。图1.12是直径为260mm 的甚高精度光纤陀螺样机。

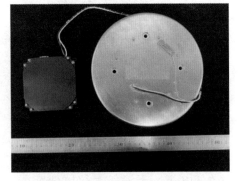

图1.12　天津航海仪器研究所研制的甚高精度光纤陀螺

天津航海仪器研究所研制的航海用高精度光纤陀螺及长航时高精度光纤惯性导航系统已经通过了摇摆、车载、环境、水下以及水面船载等多方面的测试和全面性能考核。2020 年长航时高精度光纤惯性导航系统搭载某水面船开展了跨大纬度、长航时、大海域试验,完成了全部单项技术验证;2021 年首次开展并完成多轮水下长航时试验,系统连续自主导航最长时间 90 天。试验结果表明,研制的高精度光纤陀螺惯性导航系统位置误差符合发散规律,整体导航定位精度可满足水下长航时自主导航的需求,充分验证了光纤陀螺惯性导航产品的先进性和可靠性。

1.2　航海应用光纤陀螺的性能要求和指标分析

相较于航空航天、陆战等领域,航海领域的光纤陀螺导航系统的特点在于能够提供长时间高精度的载体航向、姿态等导航信息。因此,航海导航对光纤陀螺性能指标有着较高的要求。船用光纤陀螺罗经、导航系统的长航时性能还特别强调在无卫星定位条件下的自主导航性能。无卫星的自主导航要求不仅可满足水下长航时潜器需求,也可确保在卫星导航信息失效时水面船舶具备高精度自主航姿信息的保障能力。这里侧重于长航时潜艇惯性导航应用讨论对光纤陀螺性能的基本要求,同时也兼顾光纤陀螺的一般航海应用特点。

1.2.1　长航时惯性导航对光纤陀螺性能的基本要求

在长航时惯性导航系统中,惯性敏感元件产生两种振荡型导航误差:一是舒勒(Schuler)周期,振荡周期为 84min;二是地球自转周期,振荡周期为 24h。例如,沿东向航行,陀螺偏置在纬度上产生一个周期为 24h 的正弦误差,在经度上产生一个周期为 24h 的余弦误差,而加速度计偏置在纬度和经度上产生 84min 的振荡误差。所有这些振荡型导航误差是有限而非发散的。典型的惯性导航误差在纬度上是 24h 周期性与 84min 周期性的叠加,在经度上除 24h 周期性与 84min 周期性的叠加之外,还存在一个发散的线性漂移。该漂移归因于地球旋转速率测量误差,即沿地球旋转轴的偏置分量或 15.041°/h 角速率测量的标度因数误差。这意味着长航时惯性导航最重要的参数是陀螺零偏性能。在高精度导航系统中,陀螺零偏性能应是控制水平最高的参数。决定陀螺零偏性能的两个指标是角随机游走和 Allan 方差意义上的零偏不稳定性,前者表征陀螺输出的短期噪声,后者体现陀螺零偏的长期漂移。

以 1n mile/月的高精度惯性导航性能为例,光纤陀螺 Allan 方差意义上的零偏不稳定性必须保持在 $2 \times 10^{-5}°/h$ 以下。相应的计算公式为

$$2 \times 10^{-5}°/h \times 30 \, 天 \times 24(h/天) = 0.0144° \approx 1'$$

习惯上,将地球椭圆子午线上纬度 1′ 所对应的弧长称为 1 海里(符号:n mile),由于地球是一个赤道略鼓、两极稍偏的椭圆体,赤道和两极附近的海里实际上并不相同。海里作为一种国际度量单位,1n mile = 1852m,是 2019 年我国与世界上大多数国家采用的 1929 年国际水文地理学会议规定的海里标准长度(相当于纬度 44°14′ 处的海里)。

另外,地球旋转速率(15.041°/h)测量的标度因数误差对应的零偏误差大致上也不能大于 $2 \times 10^{-5}°/h$,因而,满足这一条件的陀螺标度因数误差必须小于 1ppm。相应的计算公式如下:

$$10^{-6} \times 15.041°/h \approx 1.5 \times 10^{-5}°/h < 2 \times 10^{-5}°/h$$

如前所述,影响长航时导航误差的主要零偏因素是 Allan 零偏不稳定性,1n mile/月的导航性能对角随机游走性能的要求较低,只需要小于 $5 \times 10^{-4}°/\sqrt{h}$:

$$\sqrt{30 \, 天 \times 24(h/天)} \times 5 \times 10^{-4}°/\sqrt{h} \approx 0.0134° < 1'$$

但是,为了确保长航时自主惯性导航期间的性能,需要在对准阶段利用卫星定位系统等辅助手段对惯性敏感元件的零偏性能进行评估。客观上,为了减少对准时间,要求陀螺传感器的噪声尽可能低。如果希望 1h 内噪声的影响在所需的零偏精度范围内,即上面提到的 $2 \times 10^{-5}°/h$,角随机游走必须小于 $2 \times 10^{-5}°/\sqrt{h}$:

$$\sqrt{1h} \times 2 \times 10^{-5}°/\sqrt{h} = 2 \times 10^{-5}°$$

需要说明的是,上述针对 1n mile/月导航精度对零偏不稳定性、角随机游走和标度因数稳定性三项指标的分析是在恒温和静态模式下得到的,同时假定在大旋转速率和地球速率下的标度因数相同。实际中,用大旋转速率和地球速率分量标定的标度因数存在差异,因此动态模式或实践中要得到 1n mile/月的导航精度,对光纤陀螺性能指标的要求会更严格。

从系统角度来看,惯性导航系统的主要误差源包括惯性传感器误差、初始条件误差和导航解算误差,这三种误差对导航精度发挥了决定性作用。但是,采用双轴旋转调制技术后,对长航时高精度光纤惯性导航系统来说,如表 1.2 所示,仅剩下了陀螺随机误差(角随机游走)和标度因数误差引起发散的定位误差。在实际的使用中,由于航海用长航时高精度光纤惯性导航系统具有温控措施,在温控条件下,高精度光纤陀螺的标度因数在一个重调周期时间内必须是稳定的,而小角随机游走正是光纤陀螺航海应用的突出技术优势。另外,理论

上,陀螺偏置漂移经系统旋转调制后,引起的定位发散误差为 0,但在工程实践中,由于旋转调制措施的不理想,陀螺偏置漂移仍存在调制残差,其实际影响仍不容忽视。同时,在长航时应用中为了获得更高的定位精度或更长的潜航时间,对光纤陀螺零偏不稳定性和标度因数误差也提出了越来越高的要求。由于舰船使用环境的特殊性,可根据系统精度及其他任务指标要求对光纤陀螺进行合理选型,以满足海上复杂环境适应性要求。

表 1.2　双轴旋转调制惯导系统主要误差源

序号	误差源	采用双轴旋转调制后对定位指标影响
1	陀螺漂移偏置误差	定位发散误差基本为 0
2	陀螺随机误差	定位发散误差与 $\sqrt{t}$ 成正比
3	陀螺标度因数误差	与地球自转耦合,产生定位发散误差
4	陀螺安装误差	定位发散误差基本为 0
5	加速度计随机常值零位	定位发散误差基本为 0
6	加速度计随机噪声误差	定位发散误差基本为 0
7	加速度计标度因数误差	定位发散误差基本为 0
8	加速度计安装误差	定位发散误差基本为 0

1.2.2　零偏不稳定性的评估方法和改进措施

零偏不稳定性是国外光纤陀螺制造商经常采用的一种表征光纤陀螺长期漂移性能的一个指标,反映的是静止时恒定温度下扣除角速率白噪声和趋势项漂移后陀螺的角速率涨落。从噪声识别和分类的角度来看,零偏不稳定性在系统应用中具有重要意义,是任何一个导航系统采用卡尔曼滤波技术所能得到的"最好"精度。评估光纤陀螺长期零偏不稳定性的一种方法是 Allan 方差分析方法,是 Allan 方差曲线上斜率为零(探底)的一段曲线对应的纵坐标值。国外光纤陀螺制造商报道的零偏不稳定性指标通常是这样定义的(这通常还意味着 Allan 方差曲线不"翘尾"),这个指标一般在室温下测量,但需要较长时间的数据序列才对考察长期零偏不稳定性有意义。对于水面舰船和潜艇应用,长期零偏不稳定性将影响惯性导航系统一个航次的导航精度。

Allan 方差描述了在不同采样频率(平滑时间)下光纤陀螺输出的波动特性,体现了数据波动与采样频率的关系,因此可以较直观地从曲线的特征上对光纤陀螺零偏数据的长期漂移特性进行评估,进而对零偏引起的长期导航误差特性进行预估。

　　但是,在采用纯捷联技术方案的惯性导航系统中,光纤陀螺输出数据的处理分析显示,Allan 方差曲线在"探底"后通常会出现"翘尾"现象。实际中,"翘尾"水平("翘尾"在 Allan 方差曲线中所处的位置和量级)与船用纯捷联惯性导航系统的导航定位性能相对应。这种"翘尾"反映出光纤陀螺存在一种非常小的趋势性漂移或极其缓慢的长周期的残余零位漂移,对长航时导航精度产生影响,可以通过旋转调制来消除。如果按照旋转调制的思路对陀螺漂移进行数据处理再绘制 Allan 方差曲线,可以看到 Allan 方差曲线末端值进一步降低。图 1.13 所示为实测陀螺仪陀螺零偏与旋转调制处理后等效零偏的 Allan 方差特性的对比。Allan 方差曲线末端值降低的程度,通常认为与旋转调制策略相关,通常低于陀螺漂移本体 Allan 方差曲线最低值(探底值)的 1 倍左右。实践中,陀螺仪 Allan 方差曲线的探底值如果优于 2×10^{-5}°/h,考虑旋转调制技术的应用,旋转调制残差可设为 1×10^{-5}°/h。

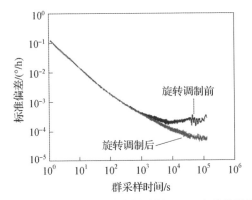

图 1.13　旋转调制前后的光纤陀螺 Allan 方差曲线比较

　　目前,国内高精度光纤陀螺的角随机游走指标与国外不相上下,但 Allan 方差意义的零偏不稳定性指标可能与国外差一个数量级以上(Allan 方差存在"翘尾"或较快发生"翘尾"现象),是造成航海应用光纤惯性导航系统测量精度与光纤陀螺常规精度指标不符的一个重要原因。第 4 章还要讲到,零偏不稳定性噪声过程是一个非平稳过程,但在有限的观测时间内,其非平稳自相关函数对应的功率谱密度看起来似乎是平稳的。工作时间 t 很大但有限时,零偏不稳定性引起的角随机漂移正比于 t,相比角随机游走,零偏不稳定性对系统性能的影响更大,也即长航时工作中零偏不稳定性将起主要作用。

　　Allan 零偏不稳定性与 $1/f$ 噪声特征相符,可能源于电路内部,与调制/解调电路的电磁兼容性能关系密切。根据长期的观察研究,笔者认为,由于陀螺输出为微弱信号,电学干扰可能对长期零偏不稳定性影响更大。通过模数接地分离、多点接地、电源分割、滤波网络优化、多重屏蔽/隔离等技术手段可以大大减小这些电学干扰,改进 Allan 零偏不稳定性。因此,零偏不稳定性首先是一个电路电磁兼容设计的优化问题。

影响零偏不稳定性的环境因素主要是温度变化。高稳定温控技术是长航时光纤陀螺惯性导航系统的优先实现方案。当然,温度控制不仅大大增加了惯性导航设备的体积、质量和功耗,还会影响惯性导航设备的启动时间。

1.2.3　角随机游走的进一步优化

与激光陀螺相比,角随机游走低是光纤陀螺应用于高精度惯性导航的一个重要优势。角随机游走 N 表征光纤陀螺的短期随机噪声,可以用短期测试数据的标准偏差 σ_{Ω}(国内称为零偏稳定性)和相应的采样(平滑)时间 T 表示:

$$N = \sigma_{\Omega} \cdot \sqrt{T} \tag{1.1}$$

这是因为在短期测试数据中,长期漂移分量还不明显,对评估角随机游走没有太大影响。例如,室温下 100s 平滑零偏稳定性为 0.001°/h 的光纤陀螺,其角随机游走约为

$$N = 0.001°/\text{h} \times \sqrt{(100/3600)\,\text{h}} \approx 0.00016°/\sqrt{\text{h}}$$

当然,更常见的方法是采用 Allan 方差分析方法获得角随机游走系数,N 的数值可直接在 Allan 方差曲线中读取 $T = 1\text{h}$ 时对应的 $-1/2$ 斜率直线(或其延长线)上对应的纵坐标数值得到。

对于航海应用的长航时甚高精度光纤陀螺,降低角随机游走意味着可能逼近或触及光纤陀螺的极限性能。这个极限性能理论上由散粒噪声决定,也称为散粒噪声极限。因此,降低光纤陀螺角随机游走,最主要的技术手段是抑制光源相对强度噪声,因为对于受相对强度噪声限制的光纤陀螺,尽管通过增加光纤长度可以进一步降低角随机游走,但仍未达到或"触及"散粒噪声极限(这一点在第 3 章还将详细讨论)。法国 iXBlue 公司、美国 Honeywell 公司和 Northrop Grumman 公司都把抑制光源相对强度噪声作为降低光纤陀螺角随机游走、持续追求光纤陀螺精度延伸的不可或缺的创新技术方案。

1.2.4　标度因数长期稳定性和基于角速率积分的标度因数测量方法

如前所述,对于 1n mile/月的高精度光纤陀螺惯性导航系统,零偏不稳定性、角随机游走和标度因数长期稳定性是三项主要的技术要求。普遍认为,光纤陀螺的标度因数稳定性比激光陀螺大约差一个数量级,是光纤陀螺应用于长航时高精度惯性导航面临的最主要技术挑战。优异的全数字闭环信号处理电

路性能,可使光纤陀螺标度因数线性度达到1ppm。尽管目前在温控条件下航海应用高精度光纤陀螺的标度因数月稳定性可以达到0.5ppm,但尚未更长时间的标度因数稳定性和重复性数据,而光源一级的波长稳定性测试受限于光谱分析仪的波长漂移,很难测量优于1ppm的波长稳定性。显然,对于长航时高精度光纤陀螺惯性导航系统,如果不采取温控措施,光纤陀螺的标度因数变化将严重制约惯性导航系统的精度。实际上,对于长航时高精度光纤陀螺惯性导航系统及其航海应用场景来说,采用温控技术导致的准备时间延长可能是更需要重点考量的问题。另外,对于含有旋转调制的长航时高精度光纤惯性导航系统,标度因数的不对称度及其精确测量方法也是非常重要的。

1.2.4.1　提高标度因数长期稳定性的技术措施

从实践来看,影响光纤陀螺标度因数长期稳定性有两个主要因素:宽带光源的波长稳定性,以及固化胶体黏弹特性和应力松弛引起的光纤线圈几何稳定性。

尽管温度控制或温度补偿对解决标度因数的温度稳定性有一定效果,但这一效果会受宽带光源的长期波长稳定性影响。在第2章还要讨论,采用大功率高斯型对称谱光源、控制光谱宽度或采用光谱滤波技术(辅以强度噪声抑制技术)是甚高精度光纤陀螺的基本途径。例如,法国iXBlue公司2014年报道的潜艇应用光纤陀螺到达探测器的光功率为160μW,假定其光纤长度为5～10km,光路总的损耗为23～26dB,则估计其光源输出功率为32～64mW,尤其是iXBlue公司采用光纤Bragg光栅进行光谱滤波来稳定波长,实际谱宽仅为5nm。

在采用旋转调制的航海应用光纤陀螺惯性导航系统中,光纤陀螺标度因数误差会与地球自转角速度耦合产生等效的天向和北向陀螺漂移误差,也会与船体摇摆角速度以及惯性测量单元旋转调制角速度耦合产生短时动态误差,限制了长航时航海惯性导航精度。目前,常用的标度因数误差的外场标定方法是在码头启动时进行系统级标定、估计陀螺标度因数及其误差,在航行过程中不再估计。但是,光纤陀螺系统的标度因数误差存在较为明显的时变特征,实际导航过程中,由于没有外界参考基准,仅凭单套旋转调制惯性导航系统难以标定出标度因数误差。为提高可靠性,载体通常配备多套高精度旋转调制航海惯性导航系统,利用多套惯性导航系统的冗余信息能够使惯性导航系统内部的部分系统性误差得到估计,从系统级解决高精度光纤陀螺标度因数逐次启动重复性和长期稳定性难题,但这无疑大大增加了航海惯性导航系统的成本。

笔者在研究、制备光纤线圈时发现,光纤线圈固化胶体的黏弹特性可能是除光源波长之外影响光纤陀螺标度因数温度稳定性和时间稳定性的另一个主要因素。光纤线圈的固化胶体是一种高分子材料,在线圈中体积占比较高,固化胶体的性能不仅和胶体本身的化学结构、合成方式有关,还受使用条件的影响。固化胶的自身性能会随温度变化而变化,如玻璃化转变等,甚至发生不可逆改变,影响光纤陀螺的标度因数温度稳定性。另外,根据黏弹力学理论,在恒定温度和形变的情况下,光纤线圈固化胶体的内部应力随时间衰减的现象,称为应力松弛。应力松弛与时间的关系为 $\sigma = \sigma_0 e^{-t/\tau_{re}}$,其中 σ_0 为初始应力,τ_{re} 为与胶体特性有关的应力松弛时间常数。线圈绕制、固化过程中未完全释放的残余内应力,成型后冻结在线圈内,在光纤陀螺应用和存储过程中慢慢发生松弛,应力松弛同样会导致线圈尺寸的微小变化,引起光纤陀螺标度因数的长期变化。这需要通过胶体选型或优化胶体配方来使光纤线圈的固化胶体达到最优。有关光纤陀螺标度因数温度稳定性和时间稳定性的更多讨论,详见第2章相关内容。

1.2.4.2　标度因数不对称度和基于角速率积分的测量方法

标度因数不对称度是衡量光纤陀螺标度因数性能的重要参数之一。国家军用标准测量光纤陀螺标度因数不对称度的方法是,在给定的动态范围内,对称地给出一组正向和反向旋转速率点,测量光纤陀螺在该速率下的输出数据,并用最小二乘法分别拟合正向、反向旋转速率的标度因数 K_+、K_- 和全部旋转速率的标度因数 K,从而计算标度因数不对称度 K_a。传统的角速率测试方法受转台自身速率控制可能存在不对称性影响,很难精确测量小于 1×10^{-6}(1ppm)的不对称度。然而,在某些系统应用如单轴旋转调制系统中,对标度因数不对称度提出了很高的要求。若单轴旋转系统以 6°/s 的角速度连续正转和反转,0.1ppm 的标度因数不对称度(相对误差)在 24h 将引起约 1.56′的经纬度误差,则对于 1nmile/24h 的精度,要求标度因数不对称度在0.1ppm 量级。对于如此的高精度需求,需要采用角速率积分的方法精确测量和评估标度因数不对称度。

角速率积分法测量光纤陀螺标度因数不对称度的步骤如下:

(1)将光纤陀螺安装固定在单轴速率转台上,光纤陀螺的输入轴与转台旋转轴平行。

(2)在转台任意 4 个正交角位置上(如 0°、+90°、+180°、+270°),测量转台静止时的陀螺输出,得到局地地球自转速率分量的平均测量值 $\overline{\Omega}_{earth}$。

(3)如图 1.14 所示,在静止状态下,采集光纤陀螺的角速率输出(数字量),视软件开启时刻为零时刻($t = 0$)。经一段时间至 t_{start} 时刻,设定转台以角速率 Ω_0 顺时针旋转一定方位角(通常取 $360° \times N$),转台到位静止后继续测试一段时间直到 t_{end} 时刻,数据采集结束。扣除局地地球自转速率分量,计算陀螺[0,

t_{end}]时间内顺时针(正向)旋转的角速率输出值的积分 θ_{D}^+。以同样的步骤,完成陀螺[$0,t_{\text{end}}$]时间内逆时针(反向)旋转的角速率输出值的积分 θ_{D}^-。

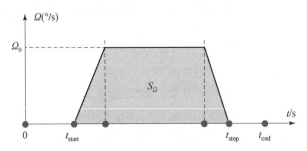

图1.14　角速率积分法数据采集时段与陀螺输出示意图

设系统设定的标度因数为 K_0,正向旋转 $360° \times N$ 时,实际数字输出的积分为 θ_{D}^+,则系统视在角度为 $\theta_{\text{D}}^+/K_0 = \theta^+$;反向旋转 $360° \times N$ 时,实际数字输出的积分为 θ_{D}^-,则系统视在角度为 $\theta_{\text{D}}^-/K_0 = \theta^-$。以设定输入角速率 $\pm\Omega_0$ 正向和反向旋转 $360° \times N$,不管实际转速是否准确,光纤陀螺的视在不对称度为

$$K_{\text{a}} = \frac{\theta_{\text{D}}^+ - \theta_{\text{D}}^-}{K_0 \cdot (360° \times N)} = \frac{\theta^+ - \theta^-}{360° \times N} \tag{1.2}$$

设 K_0^+、K_0^- 为设定输入角速率 $\pm\Omega_0$ 时的正、反转实际标度因数,根据角速率积分的优势:

$$\frac{\theta_{\text{D}}^+}{K_0^+} = 360° \times N = \int_0^{t_{\text{start}}^+} \bar{\Omega}_{\text{earth}} \mathrm{d}t + \int_{t_{\text{start}}^+}^{t_{\text{stop}}^+} \left[\Omega_0^+(t) + \bar{\Omega}_{\text{earth}} \right] \mathrm{d}t + \int_{t_{\text{stop}}^+}^{t_{\text{end}}^+} \bar{\Omega}_{\text{earth}} \mathrm{d}t$$

$$= \bar{\Omega}_{\text{earth}} t_{\text{end}}^+ + \int_{t_{\text{start}}^+}^{t_{\text{stop}}^+} \Omega_0^+(t) \mathrm{d}t = \bar{\Omega}_{\text{earth}} t_{\text{end}}^+ + S_\Omega \tag{1.3}$$

$$\frac{\theta_{\text{D}}^-}{K_0^-} = 360° \times N = \int_0^{t_{\text{start}}^-} \bar{\Omega}_{\text{earth}} \mathrm{d}t + \int_{t_{\text{start}}^-}^{t_{\text{stop}}^-} \left[\Omega_0^-(t) + \bar{\Omega}_{\text{earth}} \right] \mathrm{d}t + \int_{t_{\text{stop}}^-}^{t_{\text{end}}^-} \bar{\Omega}_{\text{earth}} \mathrm{d}t$$

$$= \bar{\Omega}_{\text{earth}} t_{\text{end}}^- + \int_{t_{\text{start}}^-}^{t_{\text{stop}}^-} \Omega_0^-(t) \mathrm{d}t = \bar{\Omega}_{\text{earth}} t_{\text{end}}^- + S_\Omega \tag{1.4}$$

式中:$\Omega_0^+(t)$、$\Omega_0^-(t)$ 分别为正向和反向旋转的实际角速率;$t_{\text{stop}}^+ - t_{\text{start}}^+$、$t_{\text{stop}}^- - t_{\text{start}}^-$ 分别为正向和反向旋转 $360° \times N$ 实际所需的时间;t_{end}^+、t_{end}^- 为正向和反向旋转角速率积分的结束时间,并有 $t_{\text{end}}^+ = t_{\text{end}}^-$,所以有:

$$\theta_{\text{D}}^+ = K_0^+ \cdot (360° \times N), \quad \theta_{\text{D}}^- = K_0^- \cdot (360° \times N) \tag{1.5}$$

$$K_{\text{a}} = \frac{\theta_{\text{D}}^+ - \theta_{\text{D}}^-}{K_0 \cdot (360° \times N)} = \frac{(K_0^+ - K_0^-) S_\Omega}{K_0 \cdot (360° \times N)} \tag{1.6}$$

当转台角位置精度足够时,$S_\Omega = 360° \times N$,因而有:

$$K_a = \frac{K_0^+ - K_0^-}{K_0} \qquad (1.7)$$

式(1.7)反映了在设定输入角速率 $\pm\Omega_0$ 点上(尽管正向和负向旋转的实际角速率可能不完全相同),正向和负向旋转 $360° \times N$ 时,实际标度因数相对输入标度因数的不对称度。由式(1.7)还可以看出,在不考虑其他误差因素的情况下,成倍增加旋转角度是不能提高测量精度的。

角速率积分法测量光纤陀螺标度因数不对称度的优点是:只要确保转位精度(转台角位置精度),正反旋转速率的不对称性对标度因数不对称度的测量精度没有影响;在转位前后静止时读取陀螺角输出,对陀螺和转位机构没有同步要求;陀螺出数误差发生在静止时段,对积分角输出影响较小。在船用双轴调制光纤陀螺系统中,载体运动时,陀螺敏感的角速率实际上是载体运动与旋转调制的合成角速率,因此动态情况下要求陀螺对任意旋转角速率,都应具有很好的标度因数不对称度。

表1.3是采用角速率积分法测量某型中等精度光纤陀螺标度因数不对称度的测量结果,可以看出,测量精度可以达到优于 1ppm。对于更高精度的光纤陀螺,标度因数不对称度的测量精度预期会更高一些。

表 1.3　采用角速率积分法测量某型光纤陀螺标度因数不对称度的结果

角速率/(°/s)	±5	±8	±10	±15	±20	±25	±30	±40	±50	±60
标度不对称度 K_a /ppm	0.276	0.105	0.144	0.540	0.090	0.262	0.324	0.312	0.108	0.324

影响角速率积分法测量光纤陀螺标度因数不对称度精度的可能因素有转台角位置精度、转台倾斜角度、陀螺失准角、陀螺随机噪声、陀螺零偏不稳定性和角加速度引起的跟踪误差等。这些因素的影响可能有正有负。

假设转台位置精度为 $1''$,则旋转 $360°$ 的角位置不确定为 $1''/360° = 1/(360 \times 3600) \approx 0.77\text{ppm}$,这会影响 1ppm 以下不对称度精度的测量。对于位置精度较低的转台,可以采用旋转 N 圈来提高角速率积分法测量光纤陀螺标度因数不对称度的精度。

采用角积分法测量光纤陀螺标度因数不对称度时,取转台 4 个正交位置上的零偏平均值作为陀螺的零偏,只考虑转台倾斜引起的最大误差,此时倾斜发生在与地球旋转轴平行的南 - 北方向上。设转台倾斜角度为 ϑ,则倾斜引起的零偏变化为

$$\Delta\Omega = \Omega_{earth} \cdot \left[\sin(\varphi + \vartheta) - \sin\varphi \right] \qquad (1.8)$$

式中:Ω_{earth} 为地球自转角速率,$\Omega_{earth} = 15°/\text{h}$;$\varphi$ 为当地纬度。因而转台倾斜引起

的标度因数不对称度为

$$K_a = \frac{\Delta\Omega \cdot t_{end}}{360} \qquad (1.9)$$

取 $\varphi \approx 39.17°$（天津市中心），假定 $\vartheta = 1'$，则有 $\Delta\Omega \approx 0.00436°/h$，$N = 1$ 圈时转台倾斜引起标度因数不对称度为 $K_a \approx 0.5\text{ppm}$。增加旋转圈数 N，t_{end} 也会相应增加，对于标度因数不对称度没有显著改善。

对于 100s 平滑 0.001°/h 的高精度光纤陀螺，角随机游走 $N \approx 0.00017°/\sqrt{h}$，取 $t_{end} = 150s$，旋转 $N = 1$ 圈时随机噪声引起的标度因数不对称度为

$$\frac{N \cdot \sqrt{t_{end}}}{360} = \frac{0.00017 \times \sqrt{150/3600}}{3600} \approx 10^{-8} = 0.01\text{ppm}$$

可见，随机噪声对标度因数不对称度的影响很小。

零偏不稳定性体现为在角速率积分法中四位置测量的平均零偏仍存在残余误差或测量重复性，对于上述 0.001°/h 的光纤陀螺，假定零偏残差或零偏重复性为 $B_c = 0.001°/h$，则旋转 $N = 1$ 圈时零偏不稳定性引起的标度因数不对称度为

$$\frac{B_c \cdot t_{end}}{360} = \frac{0.001 \times (150/3600)}{360} = 0.12\text{ppm}$$

显然，增加旋转圈数 N，t_{end} 也会相应增加，不会改善标度因数不对称度。

1.2.5　隅点运动误差

罗经是船舶必备的航海指向设备。光纤陀螺罗经不同于传统的只提供航向的船用陀螺罗经，而是一种三维航姿测量设备，具有高精度、快启动、高可靠性的技术特点。隅点是航海上划分方向的罗经点法中的一类方向点。罗经点法以正北为基准，将地面真地平划分为 32 等份，得出 32 个方向点，每个方向点称为一个罗经点，共有 4 个基点、4 个隅点、8 个三字点和 16 个偏点（图 1.15）。其中，4 个基点分别为北（N）、东（E）、南（S）和西（W）；4 个隅点是每两个基点之间的方向，分别为北东（NE）、南东（SE）、南西（SW）和北西（NW）；8 个三字点是基点和隅点之间的方向，分别为北北东（NNE）、东北东（ENE）、东南东（ESE）、南南东（SSE）、南南西（SSW）、西南西（WSW）、西北西（WNW）和北北西（NNW）；16 个偏点是基点或隅点与三字点之间的方向，分别为北偏东（N′E）、北偏西（N′W）等。罗经点划分并不是精确的方向确定。

隅点运动误差是一种主方位基点间的运动误差，运动方向为隅点方向，即 45° 与 225° 连线方向或 135° 与 315° 连线方向，偏差不大于 3°。隅点运动是航海用光纤陀螺系统的一项重要考核试验，隅点运动可代表船舶的整体运动，用于

图 1.15　罗经点法中定义的隅点方向(NW－SE、SW－NE)

在动态模拟试验中进行误差试验。国家标准 GB/T 24955.1—2010/ISO 22090－1：2002"船舶和海上技术"以及中国船级社指导性文件"船用产品检验指南"SGD 03—2008 对隅点运动误差试验的规定大致相同,描述如下:

(1)将罗经牢固安装在隅点运动试验台上,试验台的运动方向为隅点方向,安装误差不大于 ±3°。该试验台实际上就是一个简谐运动装置,水平运动分量的最大加速度为(1.0 ± 0.1)m/s²,周期大于 3s,持续时间为 2h。

(2)测量罗经隅点运动前、后的稳定点舷向,两次测量的舷向之差即由隅点运动引起,因此称为隅点运动误差。

显然,隅点运动误差反映了隅点运动过程中陀螺零偏的变化。对于这样一种频率较低的周期性线运动,理论上隅点运动没有耦合进角速率,隅点运动整周期内的角速率均值应与运动前后的静态零偏值相同,陀螺零偏在运动中不应发生变化,对光纤陀螺罗经来说,理论上不存在隅点运动误差。由此判断,隅点运动误差试验考察的是陀螺罗经因线加速度或重力加速度引起的误差,对于含质量块的机械陀螺,可能存在这样一种误差。

值得说明的是,如果隅点运动试验装置为水平直线导轨上的简谐线振动装置,考虑直线运动的固有偏差为 0.1°,水平陀螺在运动周期内由此引入的平均角速率为 0.1°/3s = 120°/h。由于光纤线圈受力时的弹性变形效应,敏感轴水平安装的光纤陀螺隅点运动过程中耦合的瞬态角速率会很高,因此光纤陀螺在设计上必须具有较好的动态特性。从这个意义上讲,隅点运动试验可以用来评估光纤陀螺的动态性能。

1.2.6 失准角

1.2.6.1 光纤陀螺失准角的误差来源

光纤陀螺敏感线圈等效平面的法线方向,或垂直于光纤线圈等效平面的轴称为光纤陀螺的输入轴(Input Axis,IA),如图 1.16 所示。给定旋转角速率,光纤陀螺绕其输入轴旋转时,其输出量具有最大值。与光纤陀螺底部安装基准面垂直的轴称为光纤陀螺输入基准轴(Input Reference Axis,IRA)。通过本体结构的安装基准靠面或基准定位销将光纤陀螺的安装基准面与惯性组合的本体结构固联。光纤线圈的等效平面与光纤

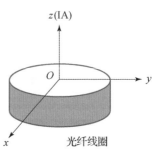

图 1.16 光纤陀螺的输入轴

陀螺的安装基准面通常不平行,也即输入轴与输入基准轴不重合,其夹角定义为光纤陀螺的失准角,这里用 γ 表示。

假定光纤陀螺的输入轴在 xyz 坐标系中沿 z 方向,光纤线圈的等效平面位于 $x-y$ 平面内,通常情况下失准角 γ 在 xoz 平面和 yoz 平面都有投影,IA 在 xoz 平面的投影与 z 方向的夹角用 α 表示,IA 在 yoz 平面的投影与 z 方向的夹角用 β 表示,失准角 γ 定义为

$$\gamma = (\alpha^2 + \beta^2)^{1/2} \tag{1.10}$$

失准角 γ 反映了光纤陀螺敏感轴与光纤线圈安装面的不垂直度,在陀螺产品中作为一种固有误差存在。在实际中,可以通过机械调整(如研磨安装面)或利用坐标转换标定并补偿失准角误差,以实现光纤陀螺对载体运动角速率的正确测量。

失准角如果固定不变,可以在系统一级进行补偿,但失准角的稳定性和重复性将影响系统补偿的效果。失准角稳定性定义为光纤陀螺与测量工装固联后,连续多次测量失准角的标准偏差。失准角重复性定义为在较长的时间间隔(不同的应用可能对时间间隔有不同的要求)后逐次启动或重复安装光纤陀螺时测得的失准角变化的标准偏差。在某些应用中,根据具体或特定的要求,还需要测量失准角对温度、温度梯度、加速度、振动等的灵敏度,并进行必要的修正或补偿。

不考虑光纤线圈安装面的机械加工误差,光纤陀螺的失准角主要源自绕制光纤线圈时光纤匝的螺旋状倾斜(图 1.17)。

图 1.17 光纤线圈绕制
引入的失准角误差

对于采用对称绕制的光纤线圈,每层光纤的螺旋倾角是一个常数,但线圈中点两侧光纤的螺旋倾角符号相反,所以光纤陀螺因线圈中点两侧光纤螺旋倾角的抵消而预计失准角会很小,测试结果证实通常小于 1′。在全温范围内应用的光纤陀螺,其输入轴失准角随温度的变化是影响光纤陀螺惯性系统性能的重要指标之一。特别是在大角速率或者高精度应用时,失准角的变化误差甚至超过零偏漂移误差和标度因数误差。采用温度补偿技术是一种提升光纤陀螺温度性能的有效方法,其中建立精确的温度模型是关键。例如,美国 Northrop Grumman 公司的惯性级光纤陀螺,失准角与温度的关系如图 1.18 所示。光纤线圈长 1km,在 −40 ~ +60℃ 的温度范围内,测得失准角的温度灵敏度为 0.03″/℃ ,温度拟合补偿后的残余失准角误差仅为 0.38″。总之,光纤陀螺的失准角误差主要归因于对称绕制光纤线圈时的残余(未完全抵消)螺旋状倾斜,或没有严格按照对称方法精密绕制光纤线圈。

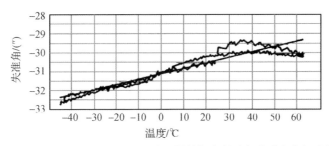

图 1.18   美国 Northrop Grumman 公司惯性级光纤陀螺失准角与温度的关系

1.2.6.2   光纤陀螺失准角的测量方法

通常采用高速旋转法测量光纤陀螺失准角,测试失准角的设备包括速率转台、测试工装和陀螺仪数据采集系统。高速旋转法是将光纤陀螺通过工装安置在速率转台上,转台转轴与地垂线平行(即转台台面水平),使光纤陀螺的 IRA 轴垂直于转台转轴。规定好测量工装和陀螺的 x、y 坐标。假定测试工装在 x 方向的安装误差为 α'(图 1.19),在 y 方向的安装误差为 β'。当转台高速旋转时,光纤陀螺输出均值除了包含因存在失准角和安装误差而耦合进的旋转速率分量,还含有对地球自转角速率的扫描(及平均)。当转速很大时,地球自转角速率的影响很小,通常可以忽略。

1. 测量 x 分量的失准角 α

测量工装和陀螺的 x 轴方向向上,即 xoz 平面垂直于转台台面,当转台以角速率 $\Omega_R(°/s)$ 转动时,陀螺敏感轴耦合进 x 轴的旋转角速率分量为 $\Omega_R\sin(\alpha+\alpha')$。

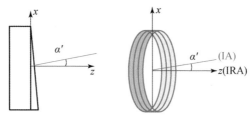

图 1.19　x 方向上的测试工装安装误差 α' 和光纤陀螺的失准角 α

当转台正转(如假定为顺时针旋转),光纤陀螺的输出均值为

$$\bar{\Omega}^{0°}_{\text{cw}-x} = \Omega_{0°} + \Omega_R \sin(\alpha + \alpha') \tag{1.11}$$

当转台反转(逆时针旋转),光纤陀螺的输出均值为

$$\bar{\Omega}^{0°}_{\text{ccw}-x} = \Omega_{0°} - \Omega_R \sin(\alpha + \alpha') \tag{1.12}$$

得

$$\alpha + \alpha' = \arcsin\left(\frac{\bar{\Omega}^{0°}_{\text{cw}-x} - \bar{\Omega}^{0°}_{\text{ccw}-x}}{2\Omega_R}\right) \tag{1.13}$$

为了消除测量工装的安装误差 α' 的影响,将陀螺旋转 180° 重新安装在测量工装上(x 轴方向向下)。当转台同样以角速率 Ω_R(°/s)转动时,陀螺敏感轴耦合进 x 轴的旋转角速率分量为 $\Omega_R \sin(-\alpha + \alpha')$。

当转台正转(如假定为顺时针旋转),光纤陀螺的输出均值为

$$\bar{\Omega}^{180°}_{\text{cw}-x} = \Omega_{180°} + \Omega_R \sin(-\alpha + \alpha') \tag{1.14}$$

当转台反转(逆时针旋转),光纤陀螺的输出均值为

$$\bar{\Omega}^{180°}_{\text{ccw}-x} = \Omega_{180°} - \Omega_R \sin(-\alpha + \alpha') \tag{1.15}$$

得

$$-\alpha + \alpha' = \arcsin\left(\frac{\bar{\Omega}^{180°}_{\text{cw}-x} - \bar{\Omega}^{180°}_{\text{ccw}-x}}{2\Omega_R}\right) \tag{1.16}$$

进而失准角的 x 分量 α(单位为角秒)为

$$\begin{aligned}
\alpha &= \frac{1}{2}\left\{\arcsin\left(\frac{\bar{\Omega}^{0°}_{\text{cw}-x} - \bar{\Omega}^{0°}_{\text{ccw}-x}}{2\Omega_R}\right) - \arcsin\left(\frac{\bar{\Omega}^{180°}_{\text{cw}-x} - \bar{\Omega}^{180°}_{\text{ccw}-x}}{2\Omega_R}\right)\right\} \\
&= \frac{180}{\pi} \times 3600 \times \frac{1}{2}\left\{\arcsin\left(\frac{\bar{\Omega}^{0°}_{\text{cw}-x} - \bar{\Omega}^{0°}_{\text{ccw}-x}}{2\Omega_R}\right) - \arcsin\left(\frac{\bar{\Omega}^{180°}_{\text{cw}-x} - \bar{\Omega}^{180°}_{\text{ccw}-x}}{2\Omega_R}\right)\right\}
\end{aligned} \tag{1.17}$$

通常需要多次重复上述测量过程,求 α 的平均值 $\bar{\alpha}$。

2. 测量 y 分量的失准角 β

同理,测量工装和陀螺的 y 轴方向向上,即 yoz 平面垂直于转台台面,当转台以角速率 Ω_R (°/s) 转动时,陀螺敏感轴耦合进 y 轴的旋转角速率分量为 $\Omega_R \sin(\beta + \beta')$。

失准角的 y 分量 β(单位为角秒)为

$$\beta = \frac{1}{2}\left\{ \arcsin\left(\frac{\bar{\Omega}^{0°}_{cw-y} - \bar{\Omega}^{0°}_{ccw-y}}{2\Omega_R}\right) - \arcsin\left(\frac{\bar{\Omega}^{180°}_{cw-y} - \bar{\Omega}^{180°}_{ccw-y}}{2\Omega_R}\right) \right\}$$

$$= \frac{180}{\pi} \times 3600 \times \frac{1}{2}\left\{ \arcsin\left(\frac{\bar{\Omega}^{0°}_{cw-y} - \bar{\Omega}^{0°}_{ccw-y}}{2\Omega_R}\right) - \arcsin\left(\frac{\bar{\Omega}^{180°}_{cw-y} - \bar{\Omega}^{180°}_{ccw-y}}{2\Omega_R}\right) \right\} \quad (1.18)$$

多次重复上述测量过程,求 β 的平均值 $\bar{\beta}$。

3. 计算失准角 γ

根据失准角 γ 定义,有

$$\gamma = (\bar{\alpha}^2 + \bar{\beta}^2)^{1/2} \quad (1.19)$$

在旋转角速率不大于陀螺最大输入角速率情况下,旋转时间适宜,采用高速旋转法测量光纤陀螺失准角的精度应在角秒以内。

4. 工装安装误差 γ' 的测量

利用上述方法,还可以确定工装安装误差的 x、y 分量 α'、β' 和安装误差 γ'(单位为角秒):

$$\alpha' = \frac{1}{2}\left\{ \arcsin\left(\frac{\bar{\Omega}^{0°}_{cw-x} - \bar{\Omega}^{0°}_{ccw-x}}{2\Omega_R}\right) + \arcsin\left(\frac{\bar{\Omega}^{180°}_{cw-x} - \bar{\Omega}^{180°}_{ccw-x}}{2\Omega_R}\right) \right\}$$

$$= \frac{180}{\pi} \times 3600 \times \frac{1}{2}\left\{ \arcsin\left(\frac{\bar{\Omega}^{0°}_{cw-x} - \bar{\Omega}^{0°}_{ccw-x}}{2\Omega_R}\right) + \arcsin\left(\frac{\bar{\Omega}^{180°}_{cw-x} - \bar{\Omega}^{180°}_{ccw-x}}{2\Omega_R}\right) \right\} \quad (1.20)$$

$$\beta' = \frac{1}{2}\left\{ \arcsin\left(\frac{\bar{\Omega}^{0°}_{cw-y} - \bar{\Omega}^{0°}_{ccw-y}}{2\Omega_R}\right) + \arcsin\left(\frac{\bar{\Omega}^{180°}_{cw-y} - \bar{\Omega}^{180°}_{ccw-y}}{2\Omega_R}\right) \right\}$$

$$= \frac{180}{\pi} \times 3600 \times \frac{1}{2}\left\{ \arcsin\left(\frac{\bar{\Omega}^{0°}_{cw-y} - \bar{\Omega}^{0°}_{ccw-y}}{2\Omega_R}\right) + \arcsin\left(\frac{\bar{\Omega}^{180°}_{cw-y} - \bar{\Omega}^{180°}_{ccw-y}}{2\Omega_R}\right) \right\} \quad (1.21)$$

$$\gamma' = (\bar{\alpha'}^2 + \bar{\beta'}^2)^{1/2} \quad (1.22)$$

从目前的实际测量结果来看,中精度(0.01°/h)光纤陀螺的室温失准角为几角秒。从系统补偿角度,需要关注失准角随温度的变化和失准角测量重复性。总的来说,对大多数应用,光纤陀螺的失准角不是一个重要问题。例如,iXBlue 公司的空间应用 Astrix 200 型惯性测量系统在整个力学和热环境下,光纤陀螺失准角变化的最大值为 $5''(25\mu\ \mathrm{rad})$。

1.2.7 启动性能和长期零偏重复性

舰船的启动条件面临着多样性和复杂性,为适应更多工况,在现有的码头启动、海上启动的基础上,增加锚泊启动等特殊工况的启动方式,还需要将各种启动模式无缝整合,既能提高设备使用性能,又便于船员简易操作。

启动对准是惯性装备的关键技术,影响系统正常工作性能。基于光纤陀螺的航海应用惯性设备的启动性能主要体现在启动时间、启动精度和外部条件限制等方面。一些特殊船舶希望具备快速反应的备航能力,一些普通船舶则希望在航行过程中因异常停止工作时能够用尽可能短的时间恢复正常。简言之,理想的船用光纤陀螺设备应当是启动时间短、精度高,并对船舶运动状态限制尽可能少。以上这些性能要求之间往往相互矛盾,如精度高与启动时间短,同时各型船舶的运动特性也存在差异。

尽管如此,与战术导弹制导等应用不同,航海应用光纤陀螺对快速启动要求相对来说是不高的。对于水面舰船和潜艇,光纤陀螺的启动时间不是问题而是优势,但光纤陀螺的长期零偏重复性更为重要。长期逐次启动的零偏重复性决定了捷联式惯性导航系统初始对准的有效性。另外,长期零偏重复性也从一个侧面反映了光纤陀螺的长期零偏稳定性,换句话说,光纤陀螺 Allan 方差意义的零偏不稳定性较差时,其启动零偏重复性也通常表现不佳。图 1.20 是某型光纤陀螺的长期逐次零偏重复性测试结果。可以看出,整个测量期间的室内温度变化峰值约 3.5℃,而该陀螺的全温零偏变化(定温极差)小于 0.02°/h,分析表明,这种逐次启动的长期零偏变化不是由逐次启动的室内温度不同引起的。在 60 天的逐次启动零偏数据中,陀螺逐次启动零偏重复性约为 0.0013°/h。该陀螺的逐次启动标度因数变化小于 50ppm,由此可以推断由标度变化引起的静态零偏变化小于 0.0005°/h,说明这种逐次启动的长期零偏变化也不是由逐次启动标度因数重复性引起的。初步研究表明,光纤陀螺的长期逐次零偏重复性可能由零偏不稳定性或角速率随机游走(Rate Random Walk, RRW)引起,与陀螺电路的电磁兼容特性或内部器件的老化效应有关。逐次启动的零偏漂移机理以及这方面更长时间的测量观察和研究仍在持续观察中。

航海用高精度光纤陀螺的核心部件为长光程、大尺寸光纤线圈,对温度较为敏感,导致光纤陀螺从加电启动至达到输出稳定期间存在温度启动漂移。一方面,惯性导航系统启动过程中工作温度的变化会使光纤陀螺的输出产生漂移

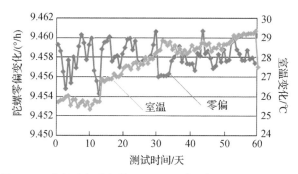

图 1.20　光纤陀螺的长期(60 天)逐次零偏重复性测试结果

误差,进而影响其测量精度;另一方面,光纤陀螺内部由于分布着不同的光电器件,加电启动后都会发热,从而改变陀螺内部温度环境,在新的热平衡建立之前,由于 Shupe 效应,光纤陀螺输出会随温度漂移。航海用高精度光纤陀螺温度漂移与长光程、大直径光纤线圈的环境温度、温度变化率及热传导造成的温度梯度有关。经过一段时间的热交换后,陀螺内部温度达到动态热平衡状态,光纤陀螺的输出也达到稳定。因此,对光纤陀螺启动漂移进行误差补偿很有必要。目前,针对光纤陀螺温度漂移误差的控制或补偿方法主要包括光纤陀螺线圈工艺改进、硬件温度控制和软件误差建模补偿。

光纤陀螺启动漂移引起的惯性导航稳态方位误差可表示为

$$\phi_z = \frac{\Omega_{\text{drift}}}{\Omega_{\text{earth}} \cos\varphi} \tag{1.23}$$

式中:ϕ_z 为稳态方位误差;Ω_{drift} 为等效东向陀螺漂移;Ω_{earth} 为地球自转角速度;φ 为当地地球纬度。例如,光纤陀螺启动漂移为 $0.001°/\text{h}$,取 $\Omega_{\text{earth}} = 15°/\text{h}$,$\varphi = 39°$,$\varphi_z \approx 0.3''$。惯性导航启动过程中,航向角对准精度主要取决于等效东向陀螺零偏漂移,由惯性导航的使用情况可知,对准时惯性导航 z 轴朝天,等效东向陀螺零偏漂移为 x 轴、y 轴陀螺零偏漂移在地理系东向投影的叠加,因此 x 轴、y 轴陀螺启动漂移为影响惯性导航对准精度的主要因素。

1.2.8　可靠性

对任何惯性测量设备来说,可靠性和寿命的认证都是确保完成任务的关键要素。因而,需要进行广泛的寿命试验和加速老化试验,以验证光纤陀螺元部件的可靠性和寿命。

光纤陀螺的可靠性是指光纤陀螺在规定的时期内和规定的条件下,完成规定时间的规定任务的能力。规定的时期是指产品的储存期;规定的条件通常是指产品的环境要求(环境因数);规定时间是指工作时间(平均工作寿命或平均无故障工作时间);规定任务是指产品满足性能要求;能力是指成功概率,即可靠度。

这里涉及光纤陀螺的几项可靠性指标包括储存期(存储寿命)、平均(无)故障工作时间、可靠度。储存期(也称为存储时间或存储寿命)是指在规定的储存环境条件下,产品性能不低于规定值的储存时间,有的产品具体规定了免标定时间。平均(无)故障工作时间反映产品的时间质量,是体现产品在规定时间内保持功能的一种能力,具体来说,是指相邻两次故障之间的平均工作时间,也称为平均工作寿命。另外,表征光纤陀螺可靠性的指标还包括产品失效率。

失效率是指陀螺在 t 时刻前没有失效条件下,在 t 时刻单位时间内失效的概率。失效率 λ 可以表示为

$$\lambda(t) = \frac{n(t) - n(t + \Delta t)}{n(t) \cdot \Delta t} \tag{1.24}$$

式中:$n(t)$ 为工作至 t 时刻没有失效的产品数量;$n(t + \Delta t)$ 为工作至 $t + \Delta t$ 时刻仍没有失效的产品数量。失效率的观测值是在某时刻后单位时间内失效的产品数与工作到该时刻尚未失效的产品数之比,即失效率曲线,有时形象地称为浴盆曲线(图1.21),由曲线可以看出,早期失效期、偶然失效期和耗损失效期三个典型产品失效阶段的划分规律。由于寿命长是光纤陀螺的一大优势,在实验中观察一组陀螺从开电连续工作至失效几乎是不可能的,必须采用加速老化方式评估光纤陀螺在常温或任何规定条件下的平均工作寿命。

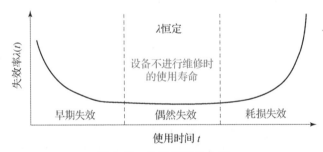

图1.21 失效率浴盆曲线

陀螺工作寿命随时间 t 的概率分布称为可靠度 $R(t)$。可靠度与陀螺失效率 λ 有关,通常服从指数分布,即

$$R(t) = \mathrm{e}^{-\lambda t} \tag{1.25}$$

因而,平均工作寿命或平均(无)故障工作时间(MTBF)可以表示为

$$\mathrm{MTBF} = \int_0^\infty R(t)\,\mathrm{d}t \tag{1.26}$$

式(1.25)和式(1.26)给出了光纤陀螺可靠度、失效率和平均(无)故障工作时间之间的关系。例如,美国 Honeywell 公司的空间应用精密级光纤陀螺(HP – FOG),零偏不稳定性小于0.0003°/h,角随机游走小于0.0001°/$\sqrt{\mathrm{h}}$,标度因数稳

定性小于 1ppm(短期测量),连续 10 年工作的可靠度为 0.996,由式(1.25)和式(1.26)得到,失效率 $\lambda \approx 5 \times 10^{-8}$,MTBF$\approx$200000h。

在实际中,MTBF 要大于光纤陀螺给定任务的工作寿命要求。美国 IEEE Std 952 – 2008 标准规定,在给出平均(无)故障工作时间时,应规定工作条件、分析方法以及故障判据。

从文献报道的情况来看,国外光纤陀螺的平均(无)故障工作时间的确定通常基于对构成光纤陀螺的光学和电子器件(包括光纤熔接点和电子元件焊点)的失效率评估。电路部分具有成熟的可靠性评估方法。光学元件是分别制造的,最后通过光纤熔接组成一个系统。光学元件的可靠性可以单独考核。目前,国外光纤陀螺产品的 MTBF 评估大多基于部件失效率估计。

国际上,光学和光电元件的寿命试验的主要行业标准是 Telcordia 文件 GR – 468 – CORE(有源器件)和 GR – 1221 – CORE(无源器件)。这些标准要求无源器件应进行 500h 的 85℃/85% 湿热试验,有源密封器件应进行 2000h 的 85℃ 高温试验。还可以采用典型加速老化因子(激活能 E_A 和湿度促进 η),导出在给定的加速老化试验下证实的等效任务寿命:

$$寿命 = 老化时间 \times \exp\left[\frac{E_A}{k_B} \cdot \left(\frac{1}{T_{mission}} - \frac{1}{T_{test}}\right)\right] \times \exp\left[\eta \cdot \left(RH_{mission}^2 - RH_{test}^2\right)\right]$$

(1.27)

式中: $T_{mission}$ 和 $RH_{mission}$ 为任务规定的环境条件; T_{test} 和 RH_{test} 为加速老化试验中所用的温度和湿度; k_B 为玻耳兹曼常数。

下面是 iXBlue 公司在空间应用光纤陀螺质量和可靠性方面的基本观点。

(1)空间应用的电路技术相对成熟,质量水平可以控制。关键是光学或光电元件的质量控制。在市场上没有空间认证的光学元件情况下,通过从光通信领域采购商业标准的光学元件,加严筛选升级到空间应用标准。

(2)对批次采购的光学元件进行质量检验,包括外观检查、内部质量一致性检查、温度/辐射/热真空试验等。试验后进行破坏性物理分析(Destructive Physical Analysis,DPA),考察元件试验前后的完整性。通过加严筛选,提升光学元件的可靠性指标。

(3)统筹陀螺级和元件级可靠性试验的困难,如将关键元件光源和 Sagnac 干涉仪分开进行试验。

(4)基于光纤陀螺光学元件和电路元器件的失效率,估计空间应用环境下光纤陀螺的可靠性。

表1.4 给出了法国 iXBlue 公司为欧洲航天局研制的空间应用光纤陀螺光学元件和电路板(航天级)的失效率,计算 MTBF$\approx$652316h。

表 1.4　iXBlue 公司的航天级光纤陀螺的可靠性

序号	元件名称		数量	失效率
1	光学元件 （含光纤熔接点）	泵浦二极管	1	1100×10^{-9}
2		Bragg 光栅	1	0.65×10^{-9}
3		掺铒光纤	4m	0.40×10^{-9}
4		光学隔离器	1	6.85×10^{-9}
5		5% 耦合器	1	4.55×10^{-9}
6		50% 耦合器	1	4.55×10^{-9}
7		集成光路	1	5.55×10^{-9}
8		传感光纤	1km	100×10^{-9}
9	电路板/电子元件	温度传感器	2	0.57×10^{-9}
10		光源驱动电路板	1	86×10^{-9}
11		信号处理电路板	1	224×10^{-9}
总　计				1533.12×10^{-9}

备注：空间飞行应用，环境温度 25℃。

光纤陀螺是全固态仪表，不含运动部件，具备固有的高可靠性，可以装备各种在极端环境中运行的惯性传感器系统：卫星、战略潜艇、远程火炮、极端深水机器人和车辆。航海用高精度光纤陀螺的光源、光电探测器、光纤线圈与信号处理电路容易受到盐雾、温度等海洋环境的影响，需要采取相应的技术措施。在光纤陀螺自身可靠性提升空间较为有限的情况下，提升惯性测量系统可靠性的常用方法是对组成该系统的光纤陀螺应用冗余技术。系统或子系统冗余是使惯性导航系统获取高可靠性、高稳定性和长寿命的有效技术之一，其核心思想是利用低可靠性元器件相互备份构成较高可靠性的系统。当组成系统的某一元器件失效时，可以隔离故障，切换到冗余部分代替失效部分继续运行，仅当规定的基础元器件均失效时系统才会发生故障，进而提高系统可靠性。

表 1.4 说明，光学元件基本上具有很高的可靠性，失效率小于 100×10^{-9}。因此，光纤陀螺的 MTBF 主要由电路部分决定。iXBlue 公司的这一观点与 Honeywell 公司一致。美国 Honeywell 公司的可靠性估计认为，光纤陀螺光路部分的 MTBF $= (2 \sim 7) \times 10^6 h$，Honeywell 公司的战略导弹制导应用高精度光纤陀螺(Strategic Fiber - Optic Gyroscope, SFOG)在可靠性方面主要加强了电路部分

的冗余设计,其结构如图 1.22 所示,冗余部分包括有源光学元件(泵浦激光二极管及其驱动/制冷电路)、数字和模拟电路(调制/解调电路板)、供电电源、温度传感器和线圈温控电路、信号处理器等。

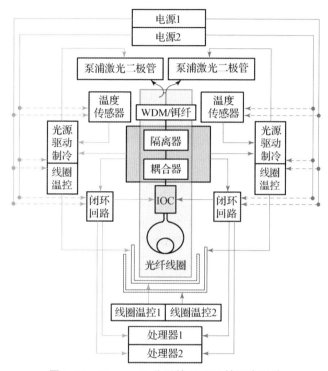

图 1.22　Honeywell 公司的 SFOG 的冗余设计

1.3　光纤陀螺的基本工作原理

1.3.1　Sagnac 效应

Sagnac 效应是法国科学家 Sagnac 于 1913 年提出的一种光学现象:沿着闭合光路反向传播的两束光波经光路传输后,返回到起始点会合并发生干涉,干涉信号的相位差正比于闭合光路法向敏感轴的旋转角速度。Sagnac 的实验最初是为了证明不存在以太介质,但这一效应却构成了现代一切光学陀螺仪的基础。严格来讲,Sagnac 效应描述光在旋转系(非惯性系)中的传播,是一种相对论性物理效应,必须采用广义相对论进行推导。本节根据经典力学中的速度合成公式推导 Sagnac 效应的基本公式,这与广义相对论的分析是一致的。同时,为分析简便,这里仅考虑圆形光路,但其结论可以推广到任何形状的闭合光路。

1.3.1.1　真空中的 Sagnac 效应

图 1.23 是一个圆形光学环路,也可理解为一个 N 匝的光学环路。假定光在真空中传播,静止时($\Omega = 0$),顺时针光波(Clock Wise,CW)和逆时针(Counter Clock Wise,CCW)光波经过 N 匝光学环路(线圈)的传输时间为 $t_{cw} = t_{ccw} = (N \cdot 2\pi R)/c$,其中 R 是环路的半径,c 是真空中的光速。

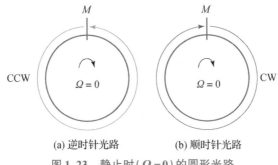

(a) 逆时针光路　　　　　　(b) 顺时针光路

图 1.23　静止时($\Omega = 0$)的圆形光路

当圆形光学环路绕其法向轴旋转($\Omega \neq 0$)时,可以用经典运动学的方法推导真空中的 Sagnac 效应。如图 1.24 所示,顺时针和逆时针光波从出射点 M 点出发,在圆形光学环路中传播 N 匝又回到出射点时,出射点已从 M 点移动至 M' 点。这可以理解为光传播速度不变,沿顺时针传播路程 $N \cdot 2\pi R$ 所需的时间比沿逆时针传播路程 $N \cdot 2\pi R$ 所需的时间要长。这一现象还可以理解为传播路程不变,顺时针的传播速度减小,而逆时针的传播速度增加。两种理解是等效的,这里采用后一种观点分析,根据经典力学的伽利略速度合成公式,有

$$c_{cw} = c - R\Omega, \quad c_{ccw} = c + R\Omega \tag{1.28}$$

式中:c_{cw}、c_{ccw} 分别为顺时针和逆时针的光传播速度。对应的传输时间为

$$t_{cw} = \frac{N \cdot 2\pi R}{c_{cw}} = \frac{N \cdot 2\pi R}{c - R\Omega}, \quad t_{ccw} = \frac{N \cdot 2\pi R}{c_{ccw}} = \frac{N \cdot 2\pi R}{c + R\Omega} \tag{1.29}$$

由于 $c \gg R\Omega$,顺时针和逆时针光波之间旋转引起的相位差,即 Sagnac 相移 ϕ_s 为

$$\phi_s = \frac{2\pi c}{\lambda_0}(t_{cw} - t_{ccw}) = \frac{2\pi c}{\lambda_0} \cdot \left(\frac{N \cdot 2\pi R}{c - R\Omega} - \frac{N \cdot 2\pi R}{c + R\Omega} \right)$$

$$= \frac{2\pi c}{\lambda_0} \cdot N \cdot 2\pi R \cdot \frac{2R\Omega}{c^2 - (R\Omega)^2} \approx \frac{8\pi S}{\lambda_0 c}\Omega = \frac{2\pi LD}{\lambda_0 c}\Omega \tag{1.30}$$

式中:L 为光路长度,$L = N \cdot 2\pi R$;D 为圆形光路直径,$D = 2R$;S 为圆形光路围成的面积,$S = N\pi R^2$。

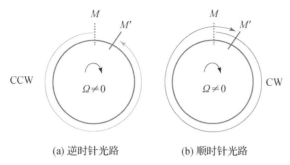

(a) 逆时针光路　　　　　　(b) 顺时针光路

图 1.24　旋转时 $(\Omega \neq 0)$ 圆形光路的 Sagnac 效应

1.3.1.2　介质中的 Sagnac 效应

如前所述, Sagnac 效应是光在旋转系中传播时发生的现象, 当考虑介质如光纤中的 Sagnac 效应时, 将介质中的光速 $c_{\mathrm{m}} = c/n_{\mathrm{F}}$ (n_{F} 是纤芯的折射率) 直接替代式 (1.30) 中的 c 是错误的, 因为光在静止介质中传播时, 对于静止的观测者来说, 光相对介质的传播速度为 $c_{\mathrm{m}} = c/n_{\mathrm{F}}$; 如果介质以速度 v 运动, 对于随介质一起运动的观测者来说, 光仍以速度 c/n_{F} 传播, 但对于相对介质静止的观测者来说, 光在介质中的传播速度却由于介质的运动而发生变化。在这种情形下, 会产生斐索牵引或多普勒效应, 补偿折射率 n_{F} 的效应。因此, 对于介质中的 Sagnac 效应, 式 (1.30) 实际上仍然成立, 与介质无关。下面简要分析这个问题。

同样参照图 1.26 的圆形光路, 此时圆形光路是纤芯折射率为 n_{F} 的光纤线圈。在旋转的 Sagnac 干涉仪中, 光相对光纤介质以速度 $c_{\mathrm{m}} = c/n_{\mathrm{F}}$ 传播, 但光同时以切向速度 $R\Omega$ 与光纤一同运动。根据狭义相对论的速度变换法则, 式 (1.28) 中的 c 对于顺时针和逆时针光波来说分别变为 c^+ 和 c^-:

$$c^+ = \frac{\dfrac{c}{n_{\mathrm{F}}} + R\Omega}{1 + \dfrac{\dfrac{c}{n_{\mathrm{F}}} \cdot R\Omega}{c^2}} \approx \frac{c}{n_{\mathrm{F}}} + \left(1 - \frac{1}{n_{\mathrm{F}}^2}\right)R\Omega = \frac{c}{n_{\mathrm{F}}} + \alpha_{\mathrm{F}} R\Omega \tag{1.31}$$

$$c^- = \frac{\dfrac{c}{n_{\mathrm{F}}} - R\Omega}{1 - \dfrac{\dfrac{c}{n_{\mathrm{F}}} \cdot R\Omega}{c^2}} \approx \frac{c}{n_{\mathrm{F}}} - \left(1 - \frac{1}{n_{\mathrm{F}}^2}\right)R\Omega = \frac{c}{n_{\mathrm{F}}} - \alpha_{\mathrm{F}} R\Omega \tag{1.32}$$

式中: $\alpha_{\mathrm{F}} = 1 - 1/n_{\mathrm{F}}^2$, 称为斐索牵引系数。

式(1.28)因而可以表示为

$$c_{cw} = c^+ - R\Omega \approx \frac{c}{n_F} - \frac{R\Omega}{n_F^2}, \quad c_{ccw} = c^- + R\Omega \approx \frac{c}{n_F} + \frac{R\Omega}{n_F^2} \tag{1.33}$$

顺时针和逆时针光波之间的相位差也即 Sagnac 相移 ϕ_s 变为

$$\phi_s = \frac{2\pi c}{\lambda_0}(t_{cw} - t_{ccw}) = \frac{2\pi c}{\lambda_0}\left(\frac{N \cdot 2\pi R}{c_{cw}} - \frac{N \cdot 2\pi R}{c_{ccw}}\right)$$

$$\approx \frac{2\pi c}{\lambda_0} \cdot N \cdot 2\pi R \cdot \left(\frac{\frac{2R\Omega}{n_F^2}}{\frac{c^2}{n_F^2}}\right) \approx \frac{8\pi S}{\lambda_0 c}\Omega = \frac{2\pi LD}{\lambda_0 c}\Omega \tag{1.34}$$

这与式(1.30)完全一致。因此,Sagnac 效应是一种与介质无关的纯空间延迟,只与光波长和闭合光路的面积有关。这对于光纤陀螺来说具有非常重要的意义。

1.3.2 光纤陀螺的光学互易性原理

互易性指的是,对于一个不随时间变化的线性系统,交换输入和输出端口,系统的响应不变。光学互易性原理是干涉式光纤陀螺仪实现高灵敏度测量的基础。光纤陀螺中的互易性,反映的是发生干涉的顺时针和逆时针两束光波经历的光路完全相同,这意味着静止时两束光波具有完全相同的相位延迟。这个特性保证了顺时针和逆时针两束光波发生干涉时,除了旋转引起的 Sagnac 相位差,不存在其他的附加相位差。

在早期光纤陀螺的基本光路中,从光源发出的光被一个分束器分成两束。两束光沿相反方向注入一个多匝光纤线圈中,经同一个分束器输出,并发生干涉。线圈的旋转使两束反向光波各自产生幅值相等、符号相反的 Sagnac 相移(也可以将 Sagnac 相移等效在顺时针或逆时针光路中)。在干涉仪输出端测量两束光波之间的相位差,得到与 Sagnac 相移成正比的旋转速率(图 1.25)。为了精确测量 Sagnac 相位差,必须减少 Sagnac 干涉仪两束反向传播光波之间受环境影响可能发生变化的其他寄生相位差。减少的程度直接决定了光纤陀螺的测量精度,这是早期光纤陀螺研究的重点,在此基础上,提出并确定了光纤陀螺的"最小互易性结构"。

"最小互易性结构"基于电磁网络理论的互易性原理。互易性具有非常广泛的物理意义,本书仅涉及与电磁波(光波)传播有关内容。简而言之,一个二端口器件或者一个多端口器件的任何两个输入输出端口,如果其正向输入输出特性与反向输入输出特性相同,则称这个二端口器件或这两个端口是互易性的。在光学系统中,具有互易性的两束反向传播光波的累积相位完全相同,不存在任何附加的相位差。

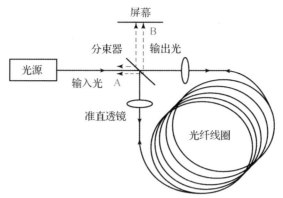

图 1.25　最早的光纤陀螺装置

光纤陀螺光路设计的一个重要特征,就是根据互易性原理来选择 Sagnac 干涉仪的两束反向传播光波的路径,即使两束反向传播光波具有相同的传输特性。这样,各种环境因素引起的光学系统的变化对两束光波来说是相同的,当两束光波发生干涉时,这种互易性结构具有很好的"共模抑制"作用,可以消除各种寄生相位差,从而能够非常灵敏地测量旋转引起的相移。

尽管互易性原理具有如此重要的意义,但对于许多光纤陀螺的设计和研究人员来说,互易性并未引起足够的重视。下面结合 Sagnac 干涉仪的光路结构,从光学元件和传输模式两方面讨论光纤陀螺的"最小互易性结构"的基本构造。

1.3.2.1　Sagnac 干涉仪的光学结构互易性

在图 1.25 所示的由分立光学元件组成的早期光纤陀螺装置中,从光源发出的平行光,通过分束器后分成两束,经微透镜聚焦在光纤线圈的两个入射端面上,在光纤线圈中分别沿顺时针和逆时针方向传播一周,再次经过微透镜,并扩束成平行光,返回到分束器。此时由两束光变为四束光,其合光分别在输出端口 A 和 B 形成两束干涉光波。端口 A 的干涉光束朝向光源,而端口 B 的干涉光束投向屏幕,可以在屏幕上观察到一个干涉图样。当整个系统绕光纤线圈等效平面的法向轴旋转时,由于 Sagnac 效应,两束反向传播光之间产生一个光程差 ΔL,进而产生一个相位差,屏幕上的干涉条纹有明暗的变化(对于小的转速,干涉条纹的明暗变化可能并不直观),或者说干涉条纹发生了移动。转速较大时,甚至可以用肉眼观察到干涉光的变化。

在图 1.25 所示的早期 Sagnac 干涉仪中,顺时针和逆时针光路看起来似乎是相同的,在静止时,人们期望光波重新会合获得精确的相长干涉。但是,V. Vali 和 R. Shorthill 教授在第一次演示光纤陀螺样机时就已发现,干涉图样在随外加惯性旋转发生移动的同时,还随时间和温度发生漂移。也就是说,在图1.25中的端口 B 进行检测时,尽管两束光波沿相反方向传播,通过的是同一个光纤线圈光路,但整个干涉仪结构并不是互易性的。这种"非互易性"究竟源自何处?下面从分束器的互易性(值得说明的是,对于给定的输入、输出端口,分束器正向和反向传播无疑具有互易性,这里讲的分束器互易性指的是在 Sagnac 干涉仪中使用分束器的哪些端口,两束干涉光波才具有互易性)、光波传播的单模互易性和偏振互易性三个方面来分析 Sagnac 干涉仪光路结构的互易性条件。

1. 分束器的互易性

研究表明,对于早期光纤陀螺中作为分束器的半透反射镜,正向和反向的透射(场振幅)系数之间没有差别。差别在于反射(场振幅)系数在很大程度上依赖于所选择的反射面。如图1.25所示,当在端口 B 检测干涉现象时,到达端口 B 的两束干涉光波,尽管传播路径相同,但顺时针光波在分束器上经历了两次透射,而逆时针时针光波在分束器上经历了两次反射,由于反射和透射的传输特性不同,会导致两束光波之间产生一个固有的相位差。

通过考虑一个理想的厚度为零的半透反射镜(分束器),可以证明反射光波和透射光波之间的确存在这样一个基本相位差。如图1.26所示,假定分束器没有损耗,反射功率、透射功率比(分光比)为 $1:1$,两束输入光波 E_1、E_2 从两侧同相到达这个对称性分束器上,各自的反射光波和透射光波的振幅分别为 E_{1R}、E_{1T} 和 E_{2R}、E_{2T},相位分别为 ϕ_{1R}、ϕ_{1T} 和 ϕ_{2R}、ϕ_{2T},则两个输出端口的干涉光强分别为

$$\begin{cases} I_1 = (E_{1R}e^{-i\phi_{1R}} + E_{2T}e^{-i\phi_{2T}})^* (E_{1R}e^{-i\phi_{1R}} + E_{2T}e^{-i\phi_{2T}}) \\ I_2 = (E_{2R}e^{-i\phi_{2R}} + E_{1T}e^{-i\phi_{1T}})^* (E_{2R}e^{-i\phi_{2R}} + E_{1T}e^{-i\phi_{1T}}) \end{cases} \tag{1.35}$$

由于分光比为 $1:1$,因此有 $E_{1R} = E_{1T} = E_1/\sqrt{2}$,$E_{2R} = E_{2T} = E_2/\sqrt{2}$,从而得

$$\begin{cases} I_1 = \dfrac{1}{2}E_1^2 + \dfrac{1}{2}E_2^2 + E_1 E_2 \cos(\phi_{1R} - \phi_{2T}) \\ I_2 = \dfrac{1}{2}E_1^2 + \dfrac{1}{2}E_2^2 + E_1 E_2 \cos(\phi_{2R} - \phi_{1T}) \end{cases} \tag{1.36}$$

从理论上讲,由于输入光波和分束器的对称性,两个输出端口的干涉光强是相等的($I_1 = I_2$),因此有

$$\cos(\phi_{1R} - \phi_{2T}) = \cos(\phi_{2R} - \phi_{1T}) \tag{1.37}$$

考虑 $\phi_{1T} = \phi_{2T} = 0$(理想分束器厚度为零),则由式(1.37)得 $\phi_{1R} = \phi_{2R}$。

另外,根据能量守恒,$I_1 + I_2 = E_1^2 + E_2^2$,从而进一步得

$$\cos(\phi_{1R} - \phi_{2T}) + \cos(\phi_{2R} - \phi_{1T}) = 0 \tag{1.38}$$

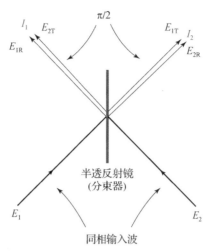

图 1.26　分束器反射光波和透射光波之间的固有相位差

得 $\phi_{1R} = \phi_{2R} = \pi/2$ 或者写成 $\phi_{1R} - \phi_{1T} = \phi_{2R} - \phi_{2T} = \pi/2$。这说明对于理想的分束器,反射光波和透射光波之间有一个 $\pi/2$ 的相位差。

对于一个实际的分束器(厚度不为零,两侧的反射系数不同,通常还存在附加损耗),反射光波和透射光波的相位 ϕ_{1R}、ϕ_{1T} 和 ϕ_{2R}、ϕ_{2T} 一般情况下会有 $\phi_{1R} \neq \phi_{2R}$,$\phi_{1T} = \phi_{2T} = \phi_{T} \neq 0$。在这种情况下,再来看在 Sagnac 光纤干涉仪的端口 A 和端口 B 检测干涉相位时会有何不同。

为简单起见,考虑图 1.27 所示的一个由实际分束器构成的 Sagnac 光纤干涉仪。假定光纤线圈的相位累积为 ϕ_0,对于图 1.27 中端口 A 输出的干涉光波来说,顺时针光波在分束器上经历了一次透射和一次反射,累积相位为

$$\phi_{cw}^{A} = \phi_{T} + \phi_0 + \phi_{AR} \tag{1.39}$$

式中:ϕ_T 为透射光波经过分束器的相位;ϕ_{AR} 为光波在分束器 A 侧反射传播时产生的相位。而逆时针光波同样经历了一次反射和一次透射,累积相位为

$$\phi_{ccw}^{A} = \phi_{AR} + \phi_0 + \phi_{T} \tag{1.40}$$

因而两束光波之间的相位差为

$$\Delta\phi_{A} = \phi_{cw}^{A} - \phi_{ccw}^{A} = 0 \tag{1.41}$$

可以看出,到达端口 A 的两束干涉光波是相长干涉,具有完全相同的相移,与分束器两侧的反射相位和透射无关。

另外,对于从端口 B 输出的干涉光波来说,顺时针光波在分束器上经历了两次透射,累积相位为

$$\phi_{cw}^{B} = \phi_{T} + \phi_0 + \phi_{T} \tag{1.42}$$

而逆时针时针光波经历了两次反射,累积相位为

$$\phi_{ccw}^{B} = \phi_{AR} + \phi_{0} + \phi_{BR} \tag{1.43}$$

式中:ϕ_{BR} 为光波在分束器 B 侧反射传播时产生的相位。因而两束光波之间的相位差为

$$\Delta\phi_{B} = \phi_{cw}^{B} - \phi_{ccw}^{B} = 2\phi_{T} - \phi_{AR} - \phi_{BR} \tag{1.44}$$

如果分束器是无损耗的,根据能量守恒定律,端口 A 的干涉光强与端口 B 的干涉光强是互补的,端口 B 的干涉是相消干涉,两束光波之间的相位差 $\Delta\phi_{B}$ 恰好等于 π。实际中分束器都存在着附加损耗,因此端口 B 的干涉光强与端口 A 的干涉光强并不完全是互补的,端口 B 处的干涉并非严格的相消干涉(相当于干涉条纹发生了移动),其两束反向传播光波之间的相位差 $\Delta\phi_{B} = 2\phi_{T} - \phi_{AR} - \phi_{BR}$,不再等于 π,而是与分束器的特性有关。由于分束器的特性会随着时间和环境条件(如温度)发生变化,端口 B 的干涉图样同样会随着时间和环境条件而发生变化,而端口 A 则不受时间和环境条件变化的影响,因此端口 A 称为互易性端口,端口 B 称为非互易性端口。这说明,仅当 Sagnac 干涉仪的输入/输出光波共享分束器一个端口时,Sagnac 干涉仪的光路结构才具有互易性。

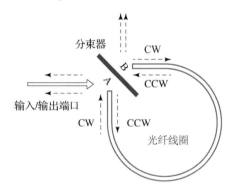

图 1.27 Sagnac 光纤干涉仪两个输出端口

2.单模(单一空间模式)互易性

除了分束器的特性,Sagnac 干涉仪的互易性还与光波的空间传播模式有关。众所周知,光场 $E(x,y,z,t)$ 在自由空间中传播满足波动方程:

$$\nabla^2 \cdot E(x,y,z,t) - \frac{1}{c^2} \cdot \frac{\partial^2 E(x,y,z,t)}{\partial t^2} = 0 \tag{1.45}$$

式中:c 为真空中的光速。波方程具有连续解,解的数量是无限的。考虑谐波解 $E(x,y,z,t) = E(x,y,z)\mathrm{e}^{i\omega t}$,代入式(1.45),得

$$\nabla^2 \cdot E(x,y,z) + \frac{\omega^2}{c^2}E(x,y,z) = 0 \tag{1.46}$$

由于 $\omega^2 = (-\omega)^2$,如果 $E(x,y,z,t) = E(x,y,z)\mathrm{e}^{i\omega t}$ 满足式(1.46),则 $E(x,y,z,$

$t) = E(x,y,z)\mathrm{e}^{-i\omega t}$ 同样是式(1.46)的一个解。在物理学上,这种数学符号的变化对应着沿相反方向传播的光波,它们具有完全相同的传播延迟和相前衰减,因而是"互易"的。

但是,当光在光纤中传播时,式(1.46)的波动方程变为

$$\nabla^2 \cdot E(x,y,z) + \frac{n_{\mathrm{F}}^2 \omega^2}{c^2} E(x,y,z) = 0 \tag{1.47}$$

式中:n_{F} 为光纤折射率。由于光纤的芯径与波长相比并不是很大,受波导边界条件约束,波动方程仅有一些离散的解,数量也有限。每个解都称为一个(空间)模式,模式不同,传播常数也不同,因此,相当于每个模式都有一个独立的光路,能够携带能量独立于其余模式传播,并以不同于其他模式的方式敏感所经历的与环境有关的扰动。另外,光在传播过程中,不同(空间)模式之间还存在着模式耦合。尽管顺时针光波和逆时针光波通过相同的光学系统,但却以不同的模式传播,显然也是不能满足互易性的。

采用图 1.28 所示的结构可以很容易地解决这一问题:利用一段真正的单模波导作为滤波器,将光从输入/输出公共端口入射进干涉仪中;由相反方向返回的干涉光波,通过同一段单模波导时被滤波,这确保了两束返回光波沿着完全相同的光路模式反向传播并干涉(假定光在光纤线圈中能维持这一模式)。这种情形称为单模(单一空间模式)互易性。可以看出,光纤陀螺的这种单模互易性工作不需要连续的单模传播,而只需在公共输入/输出端口放置一个单模滤波器。这要求主模式中必须保持足够的光功率通过输出滤波器(如单模光纤),而无用的信号被完全消除。例如,假定主模式中有90%的光,理论信噪比的衰减因子仅为 $\sqrt{0.9}$,而如果不进行单模滤波,10%的其他模式的光与主模式的传播常数不同,不同模式的光波在干涉时相位也不同,可能会产生一个等效相位差为 0.1rad 的很大的寄生相位误差。长度很短的一段单模光纤(1m)就可作为一个理想的空间模式滤波器。以单模形式入射进干涉仪中,沿相反方向传播后又以该单模形式离开干涉仪的光波不会产生任何相位误差。

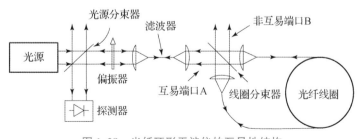

图 1.28　光纤环形干涉仪的互易性结构

事实上,目前大多数光纤陀螺采用了单模光纤线圈和单模光纤耦合器,在这样一个单模光纤系统中,光波的光路是唯一确定的,因而很好地满足了单模互易性条件。

3. 偏振(单一偏振模式)互易性

理想单模光纤存在着两个正交的简并偏振模式,它们的传播常数相同,即 $\beta_x = \beta_y$。但在实际的单模光纤线圈中,由于存在着许多内部或外部形变,如弯曲、扭转及折射率分布的不对称等,纤芯和包层热膨胀系数不同也会导致内部应力不对称,所有这些扰动都会破坏理想圆形波导的几何形状,进而影响两个本征偏振模式的传播速度,使光纤产生寄生双折射。在环形干涉仪中给定一个位置,两束反向传播光波的偏振态不同,经历的双折射也完全不同,其有效光路也可能是不同的,这破坏了环形干涉仪的偏振互易性,光纤的寄生双折射会产生一个寄生相位差。和空间模式滤波器类似,如果在 Sagnac 光纤干涉仪的输入/输出端口放置一个偏振器(图1.28),光在入射进干涉仪时被滤波,仅允许以一种线性偏振态(与偏振器的传输轴平行)入射进 Sagnac 干涉仪中,在干涉仪中沿相反方向传播并以相同偏振态离开的光波发生干涉,其他偏振分量被偏振器滤波掉,则沿相反方向传播的光波不产生相位误差,从而消除光波偏振态变化对陀螺性能的影响。与空间模式的情况类似,主偏振模式在光纤线圈中传播中必须保持足够的光功率通过输出偏振器,而耦合到正交偏振模式中的信号被完全消除,这要求光纤线圈不仅是单模光纤而且应是单模保偏光纤。采用保偏光纤目前已经成为光纤陀螺的主流技术方案。

当然,要完全解决偏振互易性问题,对偏振器的偏振抑制比要求非常严格。由于相干效应,残余的非互易相位(rad)等于偏振器的振幅抑制比,也就是说,-80dB 的很好的偏振抑制比产生的非互易相位可能高达 10^{-4}rad。质子交换铌酸锂集成光路和保偏光纤提供了极好的偏振抑制($-80 \sim -90\text{dB}$),显然这还远远不够,必须通过采用短相干时间的宽带光源发挥去相干/消偏效应的优势。由于保偏光纤和铌酸锂晶体的双折射,寄生的正交偏振与主信号的传播速度不同,丧失了与主信号的相干性,从而大大降低了这种寄生效应。

综上所述,Sagnac 光纤干涉仪的光路结构互易性包括以下三个方面。

(1)分束器的互易性确保两束反向传播光波历经的反射相移和透射相移相等,从而使干涉信号的固有相位(及其变化)抵消为零。

(2)单模(空间模式)互易性提供一个理想的"共模抑制",将静态时两束反向传播光波的累积相位(及其变化)抵消为零。

(3)偏振互易性使两束反向传播光波保持同一种偏振模式,免受光纤线圈感生双折射的影响。

1.3.2.2 光纤耦合器和 Y 波导的互易性分析

上一节分析了分束器的互易性,分束器是一个半透反射镜,而在实际的 Sagnac 光纤干涉仪中,具有理想分光比(50∶50)的 2×2 光纤耦合器和 Y 波导取代了作为分立元件的分束器。下面将通过分析证明:2×2 光纤耦合器的直通端口和耦合端口之间仍存在着一个附加的 $\pi/2$ 相位差,这一相位差的精确值同样与 2×2 光纤耦合器的理想性,如插入损耗、分光比和内部反射等有关;与分束器的情形一样,只有在输入/输出公共端口进行检测时,两束反向传播光波才具有互易性。

1. 2×2 光纤耦合器的互易性

对于图 1.29 所示的 2×2 光纤耦合器,假定内部没有反射,则由任何一侧的端口 $i(i=1,2)$ 至另一侧的端口 $j(j=3,4)$ 的正反方向具有相同的传输特性,称为光纤耦合器的互易性。由于光纤耦合器由两个光纤熔融拉锥制成,从端口 1 到端口 3(或从端口 3 到端口 1)、从端口 2 到端口 4(或从端口 4 到端口 2)均为在同一根光纤上传输,称为直通端口;从端口 1 到端口 4(或从端口 4 到端口 1)、从端口 2 到端口 3(或从端口 3 到端口 2)均为从一根光纤耦合到另一根光纤上,称为耦合端口。直通端口的反向传输具有互易性:$\phi_{13} = \phi_{31} = \phi_{t1}$,$\phi_{24} = \phi_{42} = \phi_{t2}$,并假定两个光纤的直通相位相等(因为经历相同的耦合区)$\phi_{t1} = \phi_{t2} = \phi_t$。从端口 1 到端口 4 和从端口 4 到端口 1 因传播路径相同而具有相同的耦合相移,记为 $\phi_{14} = \phi_{41} = \phi_{c1}$;同理,从端口 2 到端口 3 和从端口 3 到端口 2 也具有相同耦合相移,记为 $\phi_{23} = \phi_{32} = \phi_{c2}$。与前面分析的半透反射镜一样,在无损耗、分光比为 1∶1 的理想对称情况下,耦合相移与直通相移之差满足 $\phi_{c1} - \phi_{t1} = \phi_{c2} - \phi_{t2} = \pi/2$。当分光比不同和存在着附加损耗时,这种耦合传播路径仍具有互易性,但根据光纤耦合器的散射矩阵理论,传播路径不同则耦合相移不同,即 $\phi_{c1} \neq \phi_{c2} \neq \pi/2$。

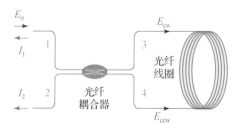

图 1.29　单模光纤耦合器及其构成的 Sagnac 干涉仪

现在再来看静止情况下，由 2×2 光纤耦合器构成的 Sagnac 干涉仪，假定振幅为 E_0 的入射光波从端口 1 进入 Sagnac 干涉仪，分别观察端口 1 和端口 2 的干涉输出 I_1 和 I_2。先看 I_1，不考虑 Sagnac 干涉仪的绝对相位累积（因为它对顺时针光波和逆时针光波都相同）。顺时针光波 E_{cw1} 的传播路径为 $1 \rightarrow 3 \rightarrow$ 光纤线圈 $\rightarrow 4 \rightarrow 1$，共经历了一次耦合 $4 \rightarrow 1$，耦合相移为 ϕ_{c1}。逆时针光波 E_{ccw1} 的传播路径为 $1 \rightarrow 4 \rightarrow$ 光纤线圈 $\rightarrow 3 \rightarrow 1$，也经历了一次耦合 $1 \rightarrow 4$，耦合相移同样为 ϕ_{c1}。在端口 1 发生干涉时，这两束反向传播光波的耦合相移及其随环境的变化完全相互抵消，干涉光波的相位差为 $\Delta\phi_1 = (\phi_{13} - \phi_{31}) - (\phi_{14} - \phi_{41}) = 0$，端口 1 具有一个稳定的干涉条纹，中心（零级）为一个明纹。

同理，再来计算 I_2。顺时针光波 E_{cw2} 的传播路径为 $1 \rightarrow 3 \rightarrow$ 光纤线圈 $\rightarrow 4 \rightarrow 2$，共经历了两次直通，没有经历耦合。而逆时针光波 E_{ccw2} 的传播路径为 $1 \rightarrow 4 \rightarrow$ 光纤线圈 $\rightarrow 3 \rightarrow 2$，经历了两次耦合 $1 \rightarrow 4$、$3 \rightarrow 2$，耦合相移分别为 ϕ_{c1}、ϕ_{c2}。因而在端口 2 发生干涉时，这两束反向传播光波的相位差为 $\Delta\phi_2 = (\phi_{c1} + \phi_{c2}) - 2\phi_t$。仅在无损耗、分光比为 1：1 的理想情况下，端口 2 干涉条纹的中心（零级）为一个暗纹（$\Delta\phi_2 = \pi$）。

综上所述，对于端口 2 来说，沿顺时针方向传播的光经过了两次直通，而沿逆时针方向传播的光经过了两次耦合。由于耦合器直通光波和耦合光波的相移不同，这意味着即使在陀螺静止时，两束反向传播光波之间也存在着一个 π 弧度的相位差。如前所述，光纤陀螺能够检测 $10^{-7} \sim 10^{-8}$ rad 的微小相位差，这意味着这个 π 弧度的相位差也应具有相同量级的稳定性。不幸的是，2×2 光纤耦合器的插入损耗、分光比通常是不稳定的，受环境温度、振动等的影响很大，这个 π 弧度的相位差也是不稳定的，因此，对于端口 2 来说，两束干涉光波的传播光路是"非互易"的，这在相位检测中产生较大的误差或漂移，影响光纤陀螺的零偏稳定性。而对于另一个端口 1 来说，顺时针和逆时针光束均经历了一次耦合和一次直通，这使它们沿着完全相同的光路反向传播，陀螺静止时，在端口 1 完全同相地干涉，中心条纹是一个非常稳定的明纹，与分束器的特性无关，因而端口 1 是互易的。只有从输入端口输出光波时，Sagnac 光纤干涉仪才具有这种互易性，这个输入/输出公共端口 1 通常称为互易性端口，而另一个端口 2 称为自由端口。

2. Y 波导的互易性

由于用一个 Y 分支多功能集成光路可以实现陀螺工作所需的全部功能，集成光学器件很早就被认为是研制光纤陀螺的一种非常有前途的技术途径。将 Y 波导集成光路取代 2×2 光纤耦合器与光纤线圈连接，成为目前光纤陀螺的主流光路组成。当然,集成光路较全光纤方案的决定性优势是其调制带宽大,可以采用闭环信号处理技术。

如图 1.30 所示,Y 分支波导由一段单模基波导和两个与之相连的单模分支波导组成,是一个"三"端口器件。其正向(从端口 1 输入)光波模式传输的工作原理很简单:在单模基波导中传播的光被对称的单模分支波导等分为两束。分支的张角很小(典型值为 1°),以便使损耗最低。

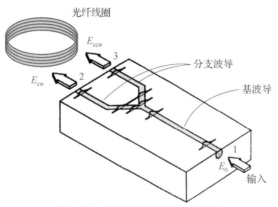

图 1.30 Y 波导的正向光波传输

反向(从端口 2 或端口 3 输入)传输的特性解释起来不是很直截了当,但是由于基波导中 50% 的光耦合进每个分支波导中,互易性理论表明,相同百分比的光从每个分支波导沿相反方向耦合进基波导中。通过把这对分支波导看成一个两模式波导可以理解反向工作。如图 1.31 所示,耦合进其中一个分支的光可以解释为一个对称基模和一个二阶非对称模式的叠加(图 1.31 中端口 2 和端口 3 中虚线表示的模场图样)。在有光的波导中(端口 2 输入)两个模式是同相的,在另一个没有光的波导(端口 3 输入)中两个模式之间存在着 π 弧度(或 180°)的相位差。在 Y 分支上,携有 50% 光功率的对称模式可以耦合进单模基波导中(相当于图 1.30 中的逆向),而在截止之上的非对称模式辐射进衬底中。也就是说,反向传输实际上也是一个四端口,其中第四个端口为辐射端口。这个辐射端口的存在使 Y 分支波导具有与 2×2 光纤耦合器相同的传播互易性。

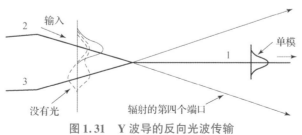

图 1.31 Y 波导的反向光波传输

已经看到,光纤陀螺的 Sagnac 干涉仪结构只需要使用三个端口,Y 分支是完全适合的。静止情况下,在这种结构中,基波导实际上充当了一个公共的输入/输出端口(图 1.30 中端口 1)。假定振幅为 E_0 的入射光波从端口 1 进入 Sagnac 干涉仪,分别沿顺时针和逆时针方向传播,返回光波在 Y 分支的合光点上发生干涉,然后经端口 1 输出。不考虑 Sagnac 干涉仪的绝对相位累积(因为它对顺时针光波和逆时针光波都相同)。顺时针光波 E_{cw} 的传播路径为 1→2→光纤线圈→3→1,相移为 $\phi_{12} + \phi_{31}$。逆时针光波 E_{ccw} 的传播路径为 1→3→光纤线圈→2→1,相移为 $\phi_{21} + \phi_{13}$。在端口 1 发生干涉时,这两束干涉光波之间的相位差为 $\Delta\phi = (\phi_{12} - \phi_{21}) - (\phi_{13} - \phi_{31})$。不考虑 Y 波导在分支点的内部反射,根据双向传输的互易性,即 $\phi_{12} = \phi_{21}$,$\phi_{13} = \phi_{31}$,则有 $\Delta\phi = 0$,与 Y 分支插入损耗和分光比无关,是一个稳定的干涉条纹,中心(零级)为明纹。从实质上讲,端口 1 作为一个互易性端口仍然是因为其是一个输入/输出公共端口。

1.3.2.3　光纤陀螺的最小互易性结构设计

综上所述,满足互易性条件的 Sagnac 光纤干涉仪及其光学元件必须具有下列结构特点:

(1)光纤线圈、分束器和偏振器等光学元件本身为互易性元件。

(2)光纤干涉仪的输入/输出共享一个端口。

(3)在输入/输出公共端口放置空间模式滤波器和偏振模式滤波器。

在 Sagnac 光纤干涉仪中,只有从入射端口返回的两束反向传播光波才具有互易性,因此,除了线圈分束器,还需要第二个分束器(称为光源分束器),将经环形干涉仪的输入/输出端口滤波后返回的干涉光波引出一部分到探测器。该分束器产生一个固有的 6dB 损耗,在其输入和输出端,将分别失去 50% 的有用光功率,但与互易性带来的重要改进相比,这些损失较小。应该指出,当两个分束器为 50∶50(或 3dB)分光比时,返回功率最大,为 25%。然而分光比无须非常精确,当采用分光比为 40∶60 的分束器时,则有 24% 的返回功率通过。

图 1.28 所示的光纤陀螺结构因具有分立型的光学元件,如分束器,而在实际应用中受到限制。图 1.32 所示为该互易性结构的全光纤形式。整个光路由

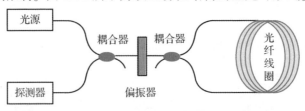

图 1.32　全光纤形式的光纤陀螺最小互易性结构

全导波结构组成:光源为带尾纤的半导体超辐射发光二极管或超荧光光纤光源,单模光纤耦合器(其中与线圈连接的单模光纤耦合器也作为空间模式滤波器)代替了分束器,光纤型的偏振器代替了分立元件的偏振器(偏振模式滤波器)。

图 1.33 所示为采用退火质子交换 Y 分支多功能集成光路(即 Y 波导)的最小互易性光纤陀螺结构,其中 Y 分支多功能集成光路上共集成了 1 个 3dB 耦合器、1 个偏振器(偏振模式滤波器)和 2 个宽带相位调制器(可推挽工作)。波导作为空间模式滤波器单模工作,这是目前闭环光纤陀螺的典型最小互易性结构。

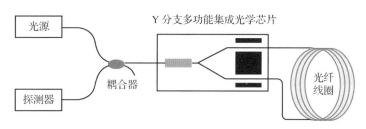

图 1.33　采用 Y 波导多功能集成光路的最小互易性光纤陀螺结构

采用最小互易性结构,光纤陀螺对环境的变化具有非常强的抗干扰能力,其效果大大超出传统光学干涉仪中所用的其他外部相位稳定技术。换句话说,互易性原理使光纤陀螺成为目前光学干涉测量技术中最精密的仪表之一。

下面用数字来说明上述观点。例如,光纤长度 L 为 1000m 的光纤陀螺,光程达到 $n_F L = 1.45 \times 1000 = 1450$m,要检测 0.01°/h 的旋转角速率,其引起的 Sagnac 光程差仅为 10^{-15}m,可以想见,由这种 Sagnac 光程差产生的微小相位差可能会淹没在沿传播方向的累积相位的变化之中。即使只考虑光路的热膨胀,在一般情况下相对稳定性达到 10^{-18} 也是不现实的,因为石英材料本身就展示了 10^{-7}/℃左右的膨胀系数,这需要将温度控制在 10^{-11}℃ 的精度。幸运的是,Sagnac 光纤干涉仪的互易性为这一问题提供了一个非常好的解决方案。在上述的例子中,光纤的热膨胀对 Sagnac 光纤干涉仪中的两束反向传播光波来说作用是相同的,也即具有互易性,而 Sagnac 效应是"非互易"的。光纤陀螺就是利用互易性原理来抑制热膨胀引起的不需要的相位漂移(不仅仅是热膨胀),从而可以非常精确和稳定地检测小角速率引起的非互易相位变化。目前,高精度光纤陀螺的测量精度已达 10^{-4}°/h,相当于原子直径量级的光程差。

总之,互易性是光纤陀螺的一个重要特征,也是深入理解光纤陀螺的一把钥匙。光纤陀螺已经成为光纤传感领域最成功和最精密的测量仪表,互易性原理起了关键作用。

1.3.3 光纤陀螺的调制/解调方法

Sagnac 光纤干涉仪的输出光强是 Sagnac 相移 ϕ_s 的余弦函数,因而对旋转速率 Ω 的响应是非线性和周期性的,尤其是这种余弦响应对于小的旋转角速率非常不敏感,因而需要采用光学和/或电学控制技术使陀螺输出响应线性化和灵敏化。这通常采用开环或闭环信号处理方法来实现。

1.3.3.1 正弦波调制开环光纤陀螺

图 1.34 所示为开环光纤陀螺的结构示意图。它由光路和电路两部分组成,其中光路部分包括宽带光源、两个光纤耦合器、偏振器、光纤线圈、探测器和压电陶瓷(PZT)相位调制器等。从光源发出的光,经光源耦合器、偏振器和(光纤)环耦合器分为两束,在光纤线圈中分别沿顺时针和逆时针方向传播,然后在环耦合器上再次合光,发生干涉。干涉光波经偏振器、光源耦合器到达光探测器,转换为电信号,再进行锁相、放大和解调输出。

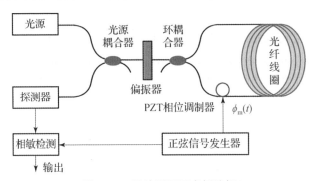

图 1.34 干涉型开环光纤陀螺

设 Sagnac 光纤干涉仪的输入光波的光场为 E_0,经过环耦合器(假定耦合器分光比为 1:1)后,顺时针和逆时针光波的光场为 $E_{cw} = E_{ccw} = E_0/\sqrt{2}$。不考虑光路损耗和两个光场沿光纤线圈长度的累积相位,在合光点上,叠加后环耦合器的输出光场为 $E_{out} = (E_{cw} + E_{ccw}\mathrm{e}^{\mathrm{i}\phi_s})/\sqrt{2}$, ϕ_s 即旋转引起的 Sagnac 相移,本书将其等效在逆时针光路中。干涉光波的输出光强为

$$I_{out} = E_{out}^* E_{out} = \frac{1}{2}(E_{cw} + E_{ccw}\mathrm{e}^{\mathrm{i}\phi_s})^*(E_{cw} + E_{ccw}\mathrm{e}^{\mathrm{i}\phi_s})$$

$$= \frac{1}{2}|E_0|^2(1 + \cos\phi_s) = \frac{I_0}{2}(1 + \cos\phi_s) \tag{1.48}$$

式中:$I_0 = |E_0|^2$。由于 I_{out} 是 ϕ_s 的余弦函数,该干涉输出对低旋转速率不敏感,而且由于是偶函数,也无法确定旋转方向。为了解决光纤陀螺的检测灵敏度和

旋转方向问题,需要给 Sagnac 光纤干涉仪施加一个相位偏置,使干涉仪工作在响应最灵敏的点上。如前所述,在采用互易性结构的光纤陀螺中,两束反向传播光波被设计成精确地沿相同的光路传播,旋转引起的 Sagnac 相移是唯一的非互易相移源,不可能在两束反向传播光波之间施加一个固定的相位偏置。但是,如果在光纤线圈的一端放置一个相位调制器(图 1.36),使两束光波在不同的时间受到相位调制 $\phi_\mathrm{m}(t)$,则可以产生一个动态相位偏置:

$$\Delta\phi_\mathrm{m}(t) = \phi_\mathrm{m}(t) - \phi_\mathrm{m}(t-\tau) \tag{1.49}$$

式中:τ 为光波通过光纤线圈的传输时间,$\tau = n_\mathrm{F}L/c$,n_F 为光纤折射率,L 为光纤长度,c 为真空中的光速。

假定相位调制信号为 $\phi_\mathrm{m}(t) = \phi_\mathrm{m0}\sin(\omega_\mathrm{m}t)$,其中,$\omega_\mathrm{m}$ 为调制频率,ϕ_m0 为调制信号的幅值,则有

$$\Delta\phi_\mathrm{m}(t) = \phi_\mathrm{m0}\sin(\omega_\mathrm{m}t) - \phi_\mathrm{m0}\sin\left[\omega_\mathrm{m}(t-\tau)\right] = \phi_0\cos\left[\omega_\mathrm{m}\left(t-\frac{\tau}{2}\right)\right] \tag{1.50}$$

式中:$\phi_0 = 2\phi_\mathrm{m0}\sin(\omega_\mathrm{m}\tau/2)$。施加相位调制后的干涉信号变为

$$I_\mathrm{out} = \frac{I_0}{2}\left\{1 + \cos\left[\phi_\mathrm{s} + \phi_0\cos\left(\omega_\mathrm{m}\left(t-\frac{\tau}{2}\right)\right)\right]\right\} \tag{1.51}$$

根据贝塞尔函数展开式:

$$\begin{cases} \cos\left[\phi_0\cos\left(\omega_\mathrm{m}\left(t-\dfrac{\tau}{2}\right)\right)\right] = J_0(\phi_0) + 2\displaystyle\sum_{n=1}^{\infty}(-1)^n J_{2n}(\phi_0)\cos\left[2n\omega_\mathrm{m}\left(t-\dfrac{\tau}{2}\right)\right] \\ \sin\left[\phi_0\cos\left(\omega_\mathrm{m}\left(t-\dfrac{\tau}{2}\right)\right)\right] = 2\displaystyle\sum_{n=1}^{\infty}(-1)^{n+1} J_{2n-1}(\phi_0)\sin\left[(2n-1)\omega_\mathrm{m}\left(t-\dfrac{\tau}{2}\right)\right] \end{cases} \tag{1.52}$$

则式(1.51)有

$$\begin{aligned} I_\mathrm{out} &= \frac{I_0}{2}\left\{1 + \cos\phi_\mathrm{s}\cos\left[\phi_0\cos\left(\omega_\mathrm{m}\left(t-\frac{\tau}{2}\right)\right)\right] - \sin\phi_\mathrm{s}\sin\left[\phi_0\cos\left(\omega_\mathrm{m}\left(t-\frac{\tau}{2}\right)\right)\right]\right\} \\ &= \frac{I_0}{2} + \frac{I_0}{2}\cos\phi_\mathrm{s}\left\{J_0(\phi_0) - 2J_2(\phi_0)\cos\left[2\omega_\mathrm{m}\left(t-\frac{\tau}{2}\right)\right]\right. \\ &\quad\left. + 2J_4(\phi_0)\cos\left[4\omega_\mathrm{m}\left(t-\frac{\tau}{2}\right)\right] - \cdots\right\} + \frac{I_0}{2}\sin\phi_\mathrm{s}\left\{2J_1(\phi_0)\sin\left[\omega_\mathrm{m}\left(t-\frac{\tau}{2}\right)\right]\right. \\ &\quad\left. - 2J_3(\phi_0)\sin\left[3\omega_\mathrm{m}\left(t-\frac{\tau}{2}\right)\right] + \cdots\right\} \end{aligned} \tag{1.53}$$

由式(1.53)可以看出,正弦波调制光纤陀螺的开环输出含有 ω_m 的各次谐波,当陀螺静止时($\phi_\mathrm{s} = 0$),输出仅含调制频率的偶次谐波,其中以二次谐波为主;当陀螺旋转时($\phi_\mathrm{s} \neq 0$),则产生调制频率的奇次谐波,其中以一次谐波为主,如图 1.35 所示。利用相敏检测电路在 $\sin\left[\omega_\mathrm{m}(t-\tau/2)\right]$ 处进行解调,得到光纤

陀螺的开环输出(一次谐波的幅值):

$$I_{out} = I_0 J_1(\phi_0)\sin\phi_s \qquad (1.54)$$

当 $\phi_0 \approx 1.8\text{rad}$，$J_1(1.8) = 0.58$ 对应着一阶贝塞尔函数 J_1 的最大值，此时可得到最大灵敏度。

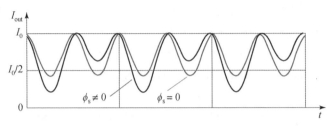

图 1.35　正弦波调制开环光纤陀螺的探测器输出波形

动态相位偏置调制技术虽然可以使光纤陀螺工作在对旋转速率最灵敏的工作点上，但开环输出仍是旋转角速率的正弦函数，其测量范围有限，标度因数线性度较差，且光强、电路增益的漂移也会产生测量误差。因此，目前主流的光纤陀螺技术方案为闭环方案。

1.3.3.2　基于模拟锯齿波的闭环光纤陀螺

如前所述，在光纤陀螺中，旋转引起的 Sagnac 相移与角速率成正比，而 Sagnac 干涉仪的输出响应是 Sagnac 相移的余弦函数，相对角速率来说是非线性和周期性的，需要施加偏置相位调制和反馈控制等信号处理技术以实现所需的灵敏度和动态范围。对所有的光学干涉仪来说这是一个共性问题，因为只有光强才能被现有的平方律光探测器直接测量。换句话说，如果现有的光探测器能够直接监测光信号的相位，就不存在非线性响应问题了。采用闭环信号处理方法，可以把光纤陀螺的非线性响应转换为近似线性响应。

闭环光纤陀螺技术的目的之一就是把开环系统在低旋转速率下取得的性能拓展到高旋转速率。为了使系统闭环，需要在陀螺的敏感线圈一端加入一个宽带反馈控制元件，如铌酸锂集成光学电光相位调制器，通过给相位调制器施加一个适当的调制信号，使两束反向传播光波之间引入一个非互易相位差，补偿旋转引起的 Sagnac 相移 ϕ_s。采用这种方法，不管旋转速率有多大，Sagnac 干涉仪的顺时针和逆时针光束之间的相位差始终控制在零位，闭环光纤陀螺对旋转速率的响应基本上是线性的，通过测量满足这一条件所引入的非互易相位差作为光纤陀螺的输出。这就是"相位置零"闭环反馈方法。

给铌酸锂电光相位调制器施加一个调制信号 $\phi(t)$ 时，两束反向传播光波之间产生一个非互易相移 $\Delta\phi(t)$ 变为

$$\Delta\phi(t) = \phi(t) - \phi(t - \tau) \tag{1.55}$$

在两束反向传播光波之间产生一个恒定相位差的理想相位调制形式是一个时间上连续的相位斜波（斜率为 ω_r），如图 1.36 所示。在这种情况下，调制信号 $\phi(t)$ 为

$$\phi(t) = \omega_r t \tag{1.56}$$

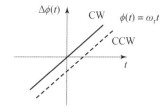

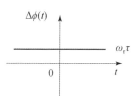

(a) 一个连续相位斜波 $\phi(t)=\omega_r t$　　　　(b) 两束反向传播光波之间的相位差

图 1.36　相位斜波调制产生的恒定相位差 $\Delta\phi(t)$

由式（1.55），由调制产生一个固定的非互易相移：

$$\Delta\phi(t) = \omega_r \tau \tag{1.57}$$

式中：τ 为光纤线圈的传输时间。这样，通过改变相位斜波的斜率 ω_r，可以控制非互易相移的幅值，并反作用于旋转引起的 Sagnac 相移，保持两束反向传播光波之间总的相移为零：$\phi_s - \omega_r \tau = 0$。由于集成光学相位调制器不能产生一个无限的相位斜波。为了避免这一问题，且仍能模拟无限相位斜波的效果，采用图 1.37 所示的锯齿波相位调制波形。理想的锯齿波相位调制具有周期性复位，振幅为 ϕ_{saw0}，周期为 T，即

$$\phi(t) = \frac{\phi_{saw0}}{T}(t - nT)，\quad nT \leqslant t \leqslant (n+1)T，\quad n = 0,1,2,\cdots \tag{1.58}$$

$$\Delta\phi(t) = \begin{cases} \dfrac{\phi_{saw0}}{T}\tau - \phi_{saw0} = \omega_r \tau - \phi_{saw0}，& nT \leqslant t \leqslant nT + \tau \\[2mm] \dfrac{\phi_{saw0}}{T} = \omega_r \tau，& nT + \tau \leqslant t \leqslant (n+1)T \end{cases} \tag{1.59}$$

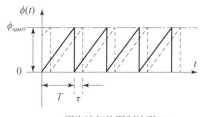

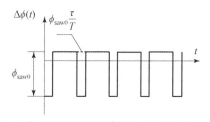

(a) 锯齿波相位调制波形 $\phi(t)$　　　　(b) 由锯齿波相位调制产生的非互易相移 $\Delta\phi(t)$

图 1.37　锯齿波相位调制波形和非互易相移

式中：$\omega_r = \phi_{saw0}/T$，T 为锯齿波调制的周期。由图 1.37 可以看出，如果锯齿波调制振幅 ϕ_{saw0} 为 $2\pi\text{rad}$，在一个周期 T 上，由 $T-\tau$ 的时间相位调制产生的相移为 $\Delta\phi(t) = \omega_r\tau$，与无限相位斜波产生的非互易相移相同，而在 2π 复位时的 τ 时间内产生的相移为 $\Delta\phi(t) = \omega_r\tau - 2\pi$。由于干涉仪对相位差的余弦或正弦响应具有 2π 周期性，在这种情形下，$\Delta\phi(t)$ 的整个波形可以用来使旋转引起的相移置零，而光纤陀螺的工作点将在 $\Delta\phi = 0$ 和 $\Delta\phi = 2\pi$ 之间跃变。相位斜波的斜率通过调节锯齿波波形的频率 ω_r 来控制：$\phi_s - \omega_r\tau = 0$，频率 ω_r 作为闭环光纤陀螺的输出：

$$\omega_r = \frac{\phi_s}{\tau} = 2\pi \cdot \frac{D}{n_F\lambda_0} \cdot \Omega \text{ 或 } f_r = \frac{\phi_s}{2\pi\tau} = \frac{D}{n_F\lambda_0} \cdot \Omega \qquad (1.60)$$

式中：$f_r = \omega_r/2\pi$；λ_0 为平均光波长；n_F 为光纤的有效折射率；D 为线圈直径；Ω 为输入角速率。定义角增量 θ_{inc} 为一个锯齿波调制周期 T 内的积分角：

$$\theta_{inc} = \int_0^T \Omega dt = \frac{n_F\lambda_0}{2\pi D} \int_0^T \omega_r dt \qquad (1.61)$$

由于对于任何频率 ω_r，当复位为 2π 时（$\phi_0 = 2\pi$），有

$$\int_0^T \omega_r dt = 2\pi \qquad (1.62)$$

因此，如果锯齿波每次 2π 复位进行一次脉冲计数，一次脉冲计数的角增量即系统的固有标度因数，也称为脉冲当量或角当量 K_θ，则

$$K_\theta = \theta_{inc} = \int_0^T \omega_r dt = \frac{n_F\lambda_0}{D} \text{（rad/脉冲）} \qquad (1.63)$$

或用角秒/脉冲表示：

$$K_\theta = 3600 \times \frac{180}{\pi} \cdot \frac{n_F\lambda_0}{D} \text{（角秒/脉冲）} \qquad (1.64)$$

脉冲当量或角当量 K_θ 与线圈长度 L 无关，但却与线圈直径 D 成反比，这说明光纤陀螺具有与环形激光陀螺类似的速率积分输出特性。

锯齿波调制闭环光纤陀螺同样还需要一个偏置调制（通常情况下为正弦波相位调制：$\phi_m(t) = \phi_{m0}\sin(\omega_m t)$），将工作点移到灵敏度最高的点上。当处理回路闭环工作时，在 $T-\tau$ 的时间内，调制产生的非互易相移完全抵消了旋转引起的相移，考虑干涉仪施加偏置后的正弦响应，输出信号为零；但在复位后的时间 τ 内，如果调制振幅 $\phi_{saw0} \neq 2\pi$，则输出信号会产生一个误差，如图 1.38 所示。这一点非常重要，可以利用每次 2π 复位时的周期 τ 内的误差信号，对 2π 复位进行校准和控制。

由图 1.38 可以看出，对于满足 $T = \tau$ 的旋转速率，由于干涉仪输出响应的周期性，即使相位调制器在工作也不会产生非互易相移。这说明，锯齿波调制

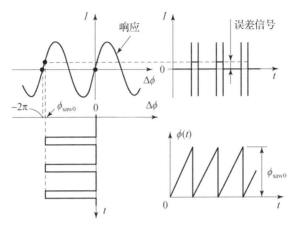

图 1.38　非理想相位斜波的复位效应

闭环光纤陀螺的动态范围应小于 $f_r = 1/\tau$,也即单干涉条纹工作的最大角速率为

$$\Omega_{max} = \frac{\lambda_0 c}{LD}(\text{rad/s}) = \frac{180}{\pi} \cdot \frac{\lambda_0 c}{LD}(°/s) \tag{1.65}$$

例如,取中等精度光纤陀螺典型值 $L = 1200\text{m}$,$D = 100\text{mm}$,$\lambda_0 = 1.55\mu\text{m}$,则有 $\Omega_{max} = 222°/s$。

　　锯齿波调制闭环方案(图 1.39)是目前广泛采用的全数字闭环方案的基础,具有检测精度高、动态范围大、标度因数稳定性好等优点。通过铌酸锂波导相位调制器对光波施加锯齿波调制,理想情况下,光纤陀螺探测器在陀螺开环工作时的相敏检测输出可以表示为

$$V_{out} = G \cdot J_1(\phi_0)\sin(\phi_s - \omega_r\tau) \tag{1.66}$$

式中:G 为与电路增益、光功率以及正弦波偏置调制深度有关的比例系数;$J_1(\phi_0)$ 为一阶贝塞尔函数,当正弦波偏置调制振幅 $\phi_0 \approx 1.8\text{rad}$ 时,$J_1(1.8) = 0.58$ 对应着最大值,此时可得到最大灵敏度。利用反馈控制回路使 $V_{out} = 0$,得到理想锯齿波调制的闭环检测输出频率:$\omega_{out} = \omega_r$。

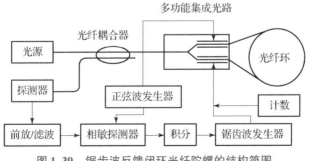

图 1.39　锯齿波反馈闭环光纤陀螺的结构简图

实际应用中由于各种因素的影响,陀螺的开环输出将含有锯齿波调制频率的高次谐波,也即产生了边带:

$$V_{out} = G \cdot \sum_{m=-\infty}^{+\infty} |S_m|^2 \cdot \sin(\phi_s - m\omega_r\tau) \qquad (1.67)$$

式中:S_m 称为边带振幅。闭环状态时($V_{out} = 0$),满足式(1.67)的陀螺输出频率 $\omega_{out} \neq \omega_r$,而与 S_m 有关,其频差 $\Delta\omega = \omega_{out} - \omega_r$ 反映了标度因数的非线性误差,这种标度因数误差的来源概括起来有两类:一类是锯齿波调制波形失真,如峰值相位发生漂移、存在回扫时间等;另一类是铌酸锂相位调制器的固有误差,包括附加强度调制,波导/光纤端面的背向反射和偏振串音等。在工程实际中必须切实采取技术措施抑制 $m \neq 1$ 的所有边带 S_m。边带抑制是模拟锯齿波反馈闭环光纤陀螺的关键技术。

1.3.3.3　基于数字阶梯波的闭环光纤陀螺

数字闭环光纤陀螺的原理与模拟闭环光纤陀螺原理相同,结构如图1.40所示,数字方法的最大魅力是运用 D/A 转换器的自动溢出,很容易实现精确的 2π 复位。其数字信号处理及其外围电路包括前置放大/滤波器、A/D 转换器、逻辑处理电路、D/A 转换器和功率放大器等。其中,数字信号处理芯片采用现场可编程门阵列(Field – Programmable Gate Array,FPGA)或专用集成电路(Application – Specific Integrated Circuit,ASIC),主要功能为角速率误差信号解调、数字积分、数字阶梯波生成、方波偏置与阶梯波数字叠加和数字信号输出等。

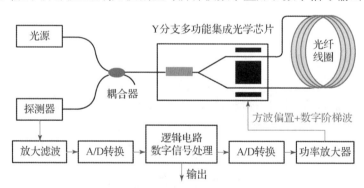

图1.40　数字闭环光纤陀螺的结构简图

数字闭环光纤陀螺具有以下优点:

(1)解决了开环光纤陀螺的标度因数非线性问题,扩大了动态范围。

(2)克服了模拟闭环光纤陀螺中锯齿波回扫时间的问题。

(3)奇、偶采样相减的数字解调本质上消除了任何的电子漂移。

数字闭环光纤陀螺已经成为国内、外中高性能干涉型光纤陀螺的主流技术方案,其更详细的调制/解调和数字处理原理详见第2章相关内容。

参考文献

[1]LEFÈVRE H C.光纤陀螺仪[M].张桂才,王巍,译.北京:国防工业出版社,2002.

[2]张桂才,杨晔.光纤陀螺工程与技术[M].北京:国防工业出版社,2023.

[3]薛连莉,沈玉芃,宋丽君,等.2019年国外导航技术发展综述[J].导航与控制,2020,19(2):1-9.

[4]张维叙.光纤陀螺及其应用[M].北京:国防工业出版社,2008.

[5]翁海娜,宫京,胡小毛,等.混合式光纤陀螺惯导系统在线自主标定[J].中国惯性技术学报,2017,25(1):1-5.

[6]薛连莉,陈少春,陈效真.2017年国外惯性技术发展与回顾[J].导航与控制,2018,17(2):1-9,40.

[7]杨晔,陈馨,张桂才.基于角速率积分法的光纤陀螺标度因数不对称度测量方法[J].中国惯性技术学报,2012,20(3):343-347.

[8]张桂才.光纤陀螺原理与技术[M].北京:国防工业出版社,2008.

[9]谢元平,范会迎,王子超,等.双轴旋转调制捷联惯导系统旋转方案优化设计[J].中国惯性技术学报,2021,29(4):421-427,436.

[10]刘为任,李德春,李茂春,等.高精度航海用光纤陀螺惯性导航技术展望[J].导航与控制,2022,21(5/6):241-249.

[11]DIVAKARUMI S, KEITH G, NARAYANAN C,et al. Strategic interferometric fiber-optic gyroscope for ballistic missile inertial guidance[C]. AIAA Guidance, Navigation and Control Conference and Exhibit, 2008.

[12]ADAMS G, GOKHALE M. Fiber optic gyro based precision navigation for submarines[C]. AIAA Guidance, Navigation, and Control Conference, 2000.

[13]赵坤,胡小毛,刘伯晗.舰船长航时光纤陀螺惯导系统技术及未来发展[J].中国惯性技术学报,2022,30(3):281-287.

[14]SANDERS G A,SANDERS S J, STRANDJORD L K, et al. Fiber optic gyro development at honeywell[C]. Fiber Optic Sensors and Applications XIII, SPIE Vol.9852, 2016.

[15]KORKISHKO Y N, FEDOROV V A, PRILUTSKIY V E,et al. Highest bias stability fiber-optic gyroscope SRS-5000[C]. DGON Inertial Sensors and Systems(ISS),2017.

[16]王巍,张桂才.闭环光纤陀螺中铌酸锂相位调制器的附加强度调制及其影响[J].中国惯性技术学报,1995,3(1):55-58.

[17]GUATTARI F, MOLUCON C, BIGUEUR A,et al. Touching the limit of FOG angular random walk:challenges and application[C]. DGON Inertial Sensors and Systems (ISS), 2016.

[18]BERNAUER F, WASSERMANN J, GUATTARI F,et al. BlueSeis3A:Full characterization of a 3C broadband rotational seismometer[J]. Seismological Research Letters,2018,89(2A):620-629.

[19]徐海刚,裴玉锋,刘冲,等.光纤陀螺惯导在航海领域的发展与应用[J].中国惯性技术学报,2018,5(2):7-11.

[20]MEAD D T, MOSOR S. Progress with Interferometric Fiber Optic Gyro at Honeywell[J]. Proc. of SPIE,2020,11405:1140509.

[21]卞鸿巍,马恒,王荣颖,等. 国内船用光纤陀螺罗经最新技术发展[J]. 海军工程大学学报, 2021, 33(3):1-7.

[22]Generic reliability assurance requirements for optoelectronic devices used in telecommunications equipment: GR-468-Core[S]. Telcordia,2004.

[23]邱嘉苹,王磊,黄腾超,等. 干涉式光纤陀螺技术发展综述[J]. 光学学报, 2022, 42(17): 136-145.

[24]中国人民解放军总装备部.光纤陀螺仪测试方法:GJB 2426A—2015[S].北京:总装备部军标出版发行部,2015.

[25]GR-1221-Core. Generic Reliability Assurance Requirements for Passive Optical Components[Z]. Telcordia,1999.

[26]Reliability of fibre optic interconnecting devices and passive components part 2: Quantitative assessment of reliability based on accelerated aging tests-temperature and humidity: steady state:IEC 62005-2 Ed. 1.0 B:2001[S]. Telcordia,2001.

第2章 航海应用光纤陀螺的核心元(部)件

干涉型光纤陀螺由光路和电路两部分组成。光路包括宽带光源、光纤耦合器、光探测器、集成光路和保偏光纤敏感线圈5个光学元件,电路(通常)是两块印制电路板(Printed Circuit Board,PCB),即光源驱动电路和全数字闭环处理及其外围电路。宽带光源采用的超荧光光纤光源(Super fluorescent Fiber Source,SFS)也是一个光学组件,由多个光学元件构成,如泵浦二极管、波分复用器、光隔离器、光反射器、掺铒光纤和布拉格光纤光栅等。光纤陀螺中的大部分光学元件采用光通信领域成熟的元件制造技术或产品,通过加严筛选等质量控制环节,其寿命和可靠性完全满足需求。本章面向航海应用长航时高精度光纤陀螺,重点介绍已实现自主研发且具有自主知识产权的三个核心元(部)件:大功率高稳定宽带光纤光源、光纤敏感线圈和全数字闭环调制/解调电路,讨论这些元(部)件的特性、工作原理、设计和制造工艺以及相关的误差控制技术。

2.1 大功率高稳定宽带光纤光源

2.1.1 宽带光纤光源应用于高精度光纤陀螺的优势

干涉型光纤陀螺不仅寿命得到预期的提高,而且其精度也正在突破传统机械陀螺和激光陀螺的性能限制。高精度和甚高精度已经成为干涉型光纤陀螺拓展应用范围的一个重要发展方向,其应用包括空间定向和基准、战略导弹制导、潜艇惯性导航、精密地震测量和天文观测等。国外基于光纤陀螺的1n mile/月级别的潜艇用惯性导航系统已有报道并在持续研究,其光纤陀螺的零偏稳定性达到0.0001°/h。其中,大功率高斯型宽带掺铒光纤光源是甚高精度光纤陀螺的关键元件,具有功率大、波长稳定性好等优点,对实现甚高精度光纤陀螺

0.0001°/h 的零偏稳定性（100s）和优于 1ppm 的标度因数稳定性具有重要意义。

早期干涉型光纤陀螺采用的宽带光源是超辐射发光二极管（Super Luminescent Diode, SLD）。SLD 的光束发散角较大，与单模光纤的耦合效率较低，导致光源出纤功率小。另外，归因于半导体材料带隙能的温度敏感性，SLD 光波长随温度的漂移大，这对光纤陀螺标度因数性能来说也是一个根本性问题。因此，自 20 世纪 80 年代中期稀土掺杂光纤出现后，采用稀土掺杂光纤（主要是掺铒光纤）放大器制作宽带光源取得重要进展，并逐渐在光纤陀螺中得到应用。目前，采用大功率高稳定（功率稳定性和波长稳定性）宽带掺铒光纤 ASE 光源已成为高精度和甚高精度光纤陀螺光路设计的一个突出特征。归纳起来，掺铒光纤光源主要有以下几个优点。

（1）输出功率高。超辐射发光二极管具有较弱的时间相干性，非常适合于干涉型光纤陀螺；但是 SLD 与单模光纤的耦合效率较低，限制了其输出功率的提高。与 SLD 相比，宽带掺铒光纤光源不仅可以实现宽带高功率输出，与光纤的耦合效率也较高，提高了光纤陀螺光路系统的信噪比。目前，针对不同的应用需求，掺铒光纤光源的输出功率可以做到 10～100mW，比 SLD 高 1～2 个数量级。另外，掺铒光纤光源的大功率还为三轴光纤陀螺惯性组合的光源共享提供了条件，有利于实现中高精度惯性系统的小型化和降低成本。

（2）宽谱。掺铒光纤中的自发辐射光子与输入信号无关，也没有输入光的相干特性，自发辐射光子被光纤放大器放大，形成放大的自发辐射。这种弱相干光源大大降低了光纤陀螺中瑞利背向散射、偏振交叉耦合等引起的相干噪声。

（3）波长稳定性好。由于稀土的能级比半导体能级稳定，因而掺铒光纤光源具有较好的光谱稳定性。对于高精度和甚高精度光纤陀螺，还可以通过光谱滤波进一步提高掺铒光纤光源的波长稳定性。

（4）无偏振辐射。宽带掺铒光纤光源出射的是无偏（振）光，也即非偏振光，这有利于减少光路中双折射引起的各种误差，同时允许人们采用一般的单模耦合器作为光纤陀螺的光源耦合器。

（5）寿命长。从宽带光纤光源的理论研究和应用效果来看，公认其比超辐射发光二极管的寿命长，这已经成为光纤陀螺的重要优势之一。

总之，宽带掺铒光纤光源是光纤陀螺的理想光源，是实现高精度（也称为精密级或战略级，0.001°/h）和甚高精度（也称为基准级，0.0001°/h）光纤陀螺的重要保障。

2.1.2　宽带光纤光源的分类

迄今为止，人们已经实验验证了 4 种类型的宽带光纤光源，即谐振型光纤激光器（Resonant Fiber Laser，RFL）、波长扫描光纤激光器、SLD – EDFA 串联光源和超荧光光纤光源。与超辐射发光二极管相比，这些宽带光纤光源都具有较好的输出特性，尤其是阈值低、转换效率高和辐射光谱宽，光谱对温度变化的敏感性比超辐射发光二极管低 1 ~ 2 个数量级，因而使得这些宽带光纤光源比起其他光源更适合中、高精度和甚高精度光纤陀螺应用，其中研究和应用最多的是超荧光光纤光源。

2.1.2.1　谐振型光纤激光器

如图 2.1 所示，谐振型光纤激光器的工作原理与标准的激光器相同，它由一段有源光纤构成，光纤端面进行抛光处理，然后在每个端面放置一个微光反射镜，形成光学谐振腔。泵浦输入端的反射镜对泵浦光有很好的透射率，对谐振激光具有很高的反射率；与之相反，有源光纤另一端作为 RFL 输出端，对谐振激光部分透射，对泵浦光高反射，以便未被吸收的泵浦光功率在谐振腔中循环下去。

图 2.1　谐振型光纤激光器

谐振型光纤激光器的宽带光谱，要求激光器跃迁具有宽的不均匀增益线宽。掺钕石英光纤中的 $^4F_{3/2} \rightarrow ^4I_{11/2}$ 跃迁满足这个条件。而掺铒光纤中的 $^4I_{13/2} \rightarrow ^4I_{15/2}$ 跃迁几乎是均匀加宽的，不满足这个条件，如果用掺铒光纤制作谐振型光纤激光器，线宽通常只有大约 1nm 量级。因此，掺铒光纤不宜制作能产生宽带激光辐射的谐振型光纤激光器。

2.1.2.2　波长扫描光纤激光器

波长扫描光纤激光器本质上是一个谐振型光纤激光器，在稀土掺杂光纤激光器腔内放置一个声光移频器并扫描其声频。如图 2.2 所示，有源光纤放置在两个反射镜之间。第一个反射镜是透射泵浦光、反射信号光的双色镜。为了避免形成一个内部谐振腔，有源光纤另一端面被斜抛成一定角度。从 Bragg 衍射盒出射的未偏转(零阶光束)作为输出光,经 Bragg 衍射盒(移频器)发生偏转的一阶频移光束经第二个反射镜反射回光纤。

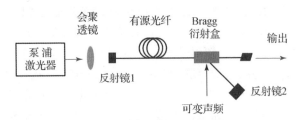

图 2.2　波长扫描光纤激光器

对于一个给定角位置、给定声频的 Bragg 衍射盒,仅有一个特定的波长满足 Bragg 条件,光纤激光器在该波长上发生振荡。如果改变声频,根据 Bragg 条件,虽然激光器波长也相应发生变化,但也只是在激光介质的增益带宽上适当调节。如果声频在很慢的速率下动态变化,足以允许腔内建立激光辐射,则沿增益曲线对激光辐射以同样的速率扫描,将在比扫描周期长的时间内产生一种宽带辐射。波长扫描光纤激光器的优点是通过任意的宽带增益介质产生宽带辐射,与增益介质的加宽机理无关。

2.1.2.3　SLD – EDFA 串联光源

SLD – EDFA 串联光源与光通信中将掺铒光纤作为一个光学放大器是一个道理。如图 2.3 所示,采用中心波长约为 1.55μm 的低功率超辐射发光二极管作为种子源,SLD 的输出被掺铒光纤光学放大器(Erbium – doped Optical Fiber Amplifier,EDFA)放大。当用 60mW 的光功率泵浦 EDFA 时,可以产生 20mW 的宽带输出光功率。对于该方案,需要重点关注和研究 SLD – EDFA 串联光源的波长稳定性。

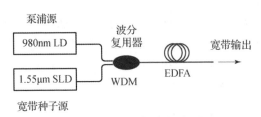

图 2.3　SLD – EDFA 串联宽带光源

对于大功率需求,也可以考虑 ASE – EDFA 串联光源,即图 2.3 中的 1.55μm 波长 SLD 种子源用一个 1.55μm 的宽带 ASE 光源取代。EDFA 的光增益有两种定义形式:一是净增益,即 EDFA 输出功率与种子源输入功率之比;二是毛增益,即包括模场匹配转换等在内的 EDFA 输出功率与输入功率之比。后一个增益指标更具实用性。掺铒光纤的光增益主要与铒纤长度和截面参数有关，包括纤芯 - 包层折射率差、芯径、铒离子（和其他掺杂离子）浓度等。图 2.4 显示了输出/输入功率之比（光增益）与铒纤（铒离子浓度为 700wt - ppm）长度 L_{Er} 的典型关系。可以看出，小信号输入时（小于 -30dBm），给定铒纤长度，光增益几乎不变；当输入信号功率变大时，光增益降低，这种大信号增益下降效应称为"增益饱和"。增益饱和由反转粒子数不足引起，当输入信号功率很低时，由信号光激发的光子数比总的受激离子少，有足够的受激离子仍占据 $^4I_{13/2}$ 能态；但是，随着输入信号功率的增加，受激 Er^{3+} 数减少，因为受激辐射过程中受激光子数大大增加，粒子数反转水平已不能维持，导致 EDFA 的光增益下降。增益饱和的优势是可以利用增益压缩抑制相对强度噪声的。图 2.4 还表明，掺铒光纤的光增益并不简单地与铒纤长度 L_{Er} 成正比，铒纤过长，小信号增益也会达到饱和，这是因为较长的铒纤比较短的铒纤产生更大的自发辐射，消耗了反转粒子，从而限制了 EDFA 放大信号的增长。

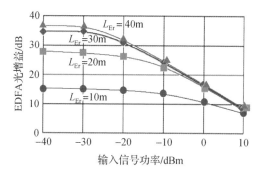

图 2.4　不同铒纤长度时光增益与输入信号功率的关系

2.1.2.4　超荧光光纤光源

超荧光光纤光源不含光学谐振腔，只由一段有源光纤构成。利用激光二极管将有源光纤泵浦到高能态上，某些自发辐射光子被纤芯俘获，沿有源光纤传播时被放大。光纤输出为放大的自发辐射光。这种放大的自发辐射光也称为超荧光。

通常情况下，被纤芯俘获的自发辐射光子在有源光纤中沿前（与泵浦方向一致）、后（与泵浦方向相反）两个方向传播、放大。前向的 ASE 由有源光纤泵浦输入端附近俘获的前向传播的自发辐射光子引起；而后向 ASE 由有源光纤另一端附近的自发辐射光子引起。在充分泵浦的情况下，转换效率很高，ASE 的光功率可以很大。在超荧光光纤光源设计中，有源光纤的两个端面必须经过处理，以避免光纤端面的菲涅耳反射耦合回有源光纤中形成谐振激光器。

采用不同的稀土掺杂光纤,超荧光光纤光源可以产生不同波长的超荧光辐射。例如,掺钕(Nd^{3+})光纤的$^4F_{3/2} \rightarrow ^4I_{11/2}$跃迁产生 1.06μm 的超荧光,而 1.55μm 的超荧光光纤光源是在铒离子 Er^{3+} 掺杂光纤的$^4I_{13/2} \rightarrow ^4I_{15/2}$跃迁上完成的。这里主要讨论 1.55μm 超荧光掺铒光纤光源。国际上,超荧光掺铒光纤光源的研究主要就是受光纤陀螺等潜在应用需求推动和发展起来的,主要追求的是大功率和高(光谱或波长)稳定。

作为光纤陀螺应用的超荧光掺铒光纤光源,根据 ASE 传播的方向不同以及掺铒光纤两端是否存在反射(镜),1.55μm 超荧光掺铒光纤光源具有 5 种基本结构,如图 2.5 所示。图中掺铒光纤的端面为平端,表示反射性端面,斜端则表示非反射性端面。掺铒光纤的两端均为非反射性端面,称为单程结构;如果掺铒光纤的一端为非反射性端面,另一端为反射性端面,则称为双程结构。从掺铒光纤的泵浦端输出的是后向 ASE,从泵浦端的相对端输出的是前向 ASE。图 2.5(a)是单程前向(Single – pass Forward,SPF)结构,图 2.5(b)是单程后向(Single – pass Backward,SPB)结构,图 2.5(c)是双程前向(Double – pass Forward,DPF)结构,图 2.5(d)是双程后向(Double – pass Backward,DPB)结构。若在超荧光光纤光源输出端的相对端加上一个种子源,则可构成超荧光光纤放大器,如图 2.5(e)所示,其中光纤陀螺的输出信号再次进入掺铒光纤,经过放大从掺铒光纤的另一端输出。

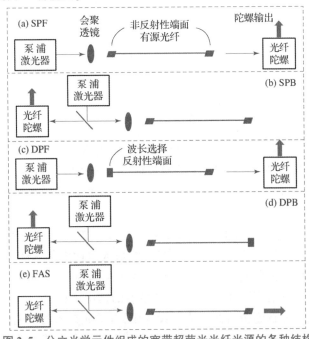

图 2.5　分立光学元件组成的宽带超荧光光纤光源的各种结构

超荧光光纤光源的每一种结构都有自身的优缺点。单程结构只利用一个方向的自发辐射,而双程结构则利用两个方向的自发辐射,所以双程结构较单程结构具有较高的转换效率或可以采用较低的泵浦功率。

实际中,图2.5(a)的单程前向结构是将泵浦光通过波分复用器(Wavelength Division Multiplex,WDM)注入有源光纤中,在掺铒光纤中沿前、后两个方向产生放大的自发辐射;前向ASE从掺铒光纤输出后进入光纤陀螺,后向的ASE没有被有效利用;单程前向SFS的最大缺点是输出功率低,尤其是掺铒光纤较长时,在光纤输出端泵浦光消耗殆尽,这时前向ASE非常弱。在光纤陀螺应用中一般不采用单程前向结构。

图2.5(b)的单程后向结构也是将泵浦光通过波分复用器注入掺铒光纤中,前向的ASE为无用光,后向的ASE通过波分复用器和隔离器后进入光纤陀螺。理论和实验发现,对于单程后向结构,通过选取适当的掺铒光纤长度,光源的平均波长可以对大范围内的泵浦功率变化不敏感,因而呈现高的波长稳定性。因此,单程后向结构可以作为光纤陀螺的备选光源。

对于图2.5(c)的双程前向结构,反射镜在泵浦光的输入端,采用波分复用器将泵浦光注入掺铒光纤中,产生的后向ASE经反射镜反射后再次通过掺铒光纤,被放大并与前向ASE叠加,形成更强的前向输出功率,经隔离器后进入光纤陀螺。

图2.5(d)的双程后向结构的泵浦光同样经波分复用器注入掺铒光纤中,前向ASE光经反射镜反射后再次通过掺铒光纤放大并与后向ASE光叠加,形成更强的后向输出功率,再经波分复用器和隔离器后进入光纤陀螺。研究表明,与双程前向结构相比,双程后向结构具有更好的波长稳定性。与单程后向结构相比,双程后向结构在铒纤的前端增加了一个反射镜,因此比单程后向结构的泵浦转换效率更高,并且通过优化参数,可使双程后向结构的光源在高波长稳定性的前提下得到较大的光谱宽度。对于掺铒光纤,在未经滤波或光谱整形情况下,以较保守的公式计算,双程后向结构的最大谱宽近似为20nm(位于1.55μm波长附近),而单程后向结构光源的自然光谱谱宽仅为10nm(位于1.53μm波长附近)左右。此外,对于双程后向结构的光源,同样需要在输出端添加光学隔离器来消除反馈信号的影响。

如图2.5(e)所示,超荧光光纤放大器(Fiber Amplifier Source,FAS)除了利用掺铒光纤的后向ASE外,光纤陀螺的输出信号在进入探测器前又一次经过掺铒光纤,此时掺铒光纤作为光纤放大器,对陀螺输出信号进行放大。所以这种结构将光源和光放大器融为一体,理论上值得重视。但是FAS也有不利之处,如很难用一个FAS作为三轴光纤陀螺共享的光源。因此,目前很少采用FAS结构的宽带光源。

2.1.3　宽带掺铒光纤光源的光学特性

宽带掺铒光纤光源工作在长波长 1550nm 波段附近,是石英光纤的低损耗、低色散窗口。对于机载和空间应用的光纤陀螺,工作在长波长还可以缩短高能辐射后光纤的恢复时间。

2.1.3.1　ASE 输出谱的演变

对光谱谱型的设计需要结合掺铒光纤在 1550nm 附近的增益和吸收谱随铒纤长度的演变来分析。图 2.6 是一例 AT&T 公司掺铒光纤在 1550nm 附近典型吸收谱和增益谱的实际测量值。图 2.7 是 120mW 泵浦功率下,采用不同铒纤长度时对输出光谱的仿真。可以看出,ASE 的输出谱通常为左右双峰结构。铒纤长度较短(<20m)时,以 1530nm 辐射为主,尽管 1530nm 峰附近为铒纤的一个主要吸收峰,但同样也是增益峰,由于泵浦光很强导致铒离子吸收增益饱和,综合后呈高增益,所以 1530nm(左峰)会占据主导地位。随着铒纤长度增加,在大约 20m 附近,1530nm 辐射和 1560nm 辐射几乎相等,左峰和右峰大致相当。铒纤长度进一步增加(如 25m),1560nm 峰(右峰)逐渐突出,超过 1530nm 峰,因为在此过程中,1530nm 峰被吸收,1560nm 峰逐渐达到饱和,通过二次泵浦,1560nm 峰成为主峰。实际上,铒纤长度继续增加时,双峰均由饱和状态变成不饱和状态,且光纤中的损耗逐渐增加,又因为 1530nm 处的增益比 1560nm 处高,所以在铒纤长度更长时,1530nm 峰又逐渐成为主峰。研究表明,铝铒共掺可以提高整个波长范围内的光谱平坦度。

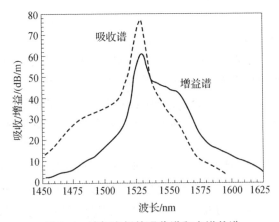

图 2.6　掺铒光纤的吸收谱和光增益谱

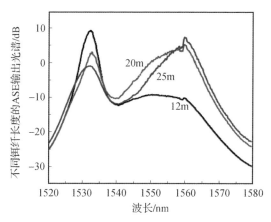

图 2.7　增益谱随铒纤长度的变化

2.1.3.2　转换效率

在四能级激光跃迁（如掺钕石英光纤的 1.06μm 波长的 $^4F_{3/2} \to {}^4I_{11/2}$ 跃迁）情形下，双程结构和单程结构输出功率与泵浦功率的依赖性和转换效率的理论公式已经导出，并被实验证实：随着泵浦功率的增加，输出功率起初增加得很缓慢；随后 ASE 占主要地位时，输出功率呈指数关系增加；最后，增益趋于饱和，输出功率与泵浦功率呈近似线性关系。在泵浦功率很高的极限下，基于四能级激光跃迁的超荧光光纤光源的转换效率 η 定义为线性输出范围内的斜率，可以表示为

$$\eta = \eta_Q \frac{h\nu_s}{h\nu_p} \tag{2.1}$$

式中：$h\nu_s$ 和 $h\nu_p$ 分别为信号光子和泵浦光子的能量；η_Q 为量子效率。对于双程超荧光光纤光源，有 $\eta_Q = 1$，转换效率 η 很高，接近 $h\nu_s/h\nu_p$ 的比值，即每个被吸收的泵浦光子都转换为一个输出信号光子。对于单程超荧光光纤光源，有 $\eta_Q = 1/2$，转换效率 η 最大值为 1/2，因为前向和后向两个方向产生同样数量的信号光子。

掺铒石英光纤的 1550nm 波长的 $^4I_{13/2} \to {}^4I_{15/2}$ 属于三能级激光跃迁，尽管物理机制和工作条件的具体情况与四能级系统不同，掺铒超荧光光纤光源同样可以有很高的转换效率和很大的输出功率。它与四能级超荧光光纤光源的主要区别是：信号在未泵浦的铒纤中受到强的基态吸收（Ground State Absorption，GSA），这导致前向和后向输出功率通常不同。信号在正增益区域产生，在负增益区域衰减。对于一段较长的三能级有源光纤，在靠近泵浦输入端的有限区域内增益为正,在光纤的远端增益为负,因此前向信号在光纤的远端被衰减。另外,后向信号不受光纤远端影响,因为信号根本没有经过远离泵浦端的那段光纤。最终的结果是,前向信号功率总是小于后向信号功率。只有在泵浦功率很大、铒纤较短时,前向信号功率和后向信号功率才会比较接近。随着铒纤长度增加,前向信号和后向信号的功率差别只会越来越大。

另一个非常有趣的效应是,沿铒纤的负增益区域,前向信号由于 GSA 而衰减,一些被吸收的光子通过自发辐射重新发射光子。这部分重新发射的光子沿向后方向通过光纤的正增益区域时被纤芯捕获、放大,增加了后向信号的功率。随着铒纤长度的增加,这一有趣效应变得更强。事实上,这一效应如此之强,以至采用足够高的泵浦功率泵浦足够长的铒纤时,前向信号几乎全部转换为后向信号。这种现象与单程四能级超荧光光纤光源形成鲜明对照,预计超荧光掺铒光纤光源比超荧光掺钕光纤光源的转换效率高得多。

2.1.3.3 平均波长和谱宽

宽带光源平均波长 $\langle \lambda \rangle$ 的定义通常采用功率加权平均的方式,即在整个光谱上对所有波长的功率加权平均:

$$\langle \lambda \rangle = \frac{\int_{-\infty}^{\infty} \lambda \cdot I_{\lambda}(\lambda) \, d\lambda}{\int_{-\infty}^{\infty} I_{\lambda}(\lambda) \, d\lambda} \tag{2.2}$$

式中: $I_{\lambda}(\lambda)$ 为空间域(波长域)的功率谱。当 $I_{\lambda}(\lambda)$ 为对称谱时,平均波长 $\langle \lambda \rangle$ 即光谱的中心波长 λ_0。

对于对称性光谱,通常用 3dB 谱宽(或 FWHM 谱宽)定义宽带光源的谱宽。但是,定义一个双峰结构光谱的 3dB 谱宽是非常困难的,因此采用功率加权方式计算谱宽更能准确反映光谱特性,定义为

$$\Delta \lambda = \frac{\int_{-\infty}^{\infty} I_{\lambda}(\lambda) \, d\lambda}{I_{max}} \tag{2.3}$$

式中: I_{max} 为横跨谱型的最大值。

在光纤陀螺中,各种机理引起的相干误差正比于用功率的平方加权的光谱宽度,因此采用功率的平方加权的光谱宽度对光纤陀螺来说可能更为理想:

$$\Delta \lambda = \frac{\left| \int_{-\infty}^{\infty} I_{\lambda}(\lambda) \, d\lambda \right|^2}{\int_{-\infty}^{\infty} I_{\lambda}^2(\lambda) \, d\lambda} \tag{2.4}$$

对于图 2.8 所示的 ASE 自然谱,依次用 3dB 谱宽、功率加权和功率的平方

加权三种方法计算的谱宽分别为 11nm、14nm、22nm。可以看出，3dB 谱宽（或 FWHM 谱宽）是一个比较保守的定义。

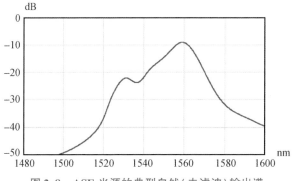

图 2.8 ASE 光源的典型自然（未滤波）输出谱

2.1.3.4 平均波长的温度稳定性

平均波长的温度稳定性是宽带光纤光源设计的核心研究内容。除零偏稳定性外，光纤陀螺的测量精度还取决于标度因数的稳定性，Sagnac 标度因数 K_s 可以表示为

$$K_s = \frac{2\pi LD}{\langle \lambda \rangle c} \tag{2.5}$$

式中：L 和 D 分别为光纤长度和线圈直径；$\langle \lambda \rangle$ 为宽带光源的平均波长；c 为真空中的光速。可以看出，宽带光源平均波长 $\langle \lambda \rangle$ 的稳定性直接影响光纤陀螺的标度因数稳定性，是宽带光源中最重要的设计参数。对于对称性光谱的宽带光源，平均波长 $\langle \lambda \rangle$ 即中心波长 λ_0。

宽带光源的平均波长变化主要源于环境温度变化。平均波长 $\langle \lambda \rangle$ 的温度稳定性通常用单位 ppm 或 ppm/℃ 表征。在掺铒光纤光源中，平均波长 $\langle \lambda \rangle$ 的变化有下列 5 种来源：

$$\frac{d\langle \lambda \rangle}{dT} = \frac{\partial \langle \lambda \rangle}{\partial T} + \left(\frac{\partial \langle \lambda \rangle}{\partial \lambda_p}\right)\left(\frac{\partial \lambda_p}{\partial T}\right) + \left(\frac{\partial \langle \lambda \rangle}{\partial I_p}\right)\left(\frac{\partial I_p}{\partial T}\right) + \left(\frac{\partial \langle \lambda \rangle}{\partial F}\right)\left(\frac{\partial F}{\partial T}\right) + \left(\frac{\partial \langle \lambda \rangle}{\partial SOP}\right)\left(\frac{\partial SOP}{\partial T}\right)$$

$$\tag{2.6}$$

式（2.6）中第一项由掺铒光纤光源中吸收和辐射的互动过程以及在这一过程中光谱随温度漂移的符号和幅值决定，反映的是掺铒光纤的辐射波长对温度的固有依赖性，与掺铒光纤自身的特性有关。

式（2.6）中第二项是泵浦波长 λ_p 的温度变化对辐射波长的影响。在采用泵浦激光器进行泵浦时，泵浦激光器中的激光二极管具有很强的温度依赖性，温度变化会使泵浦波长发生变化,进而改变泵浦吸收率,而沿掺铒光纤的粒子数反转是泵浦吸收率的函数,这就会使光谱的平均波长$\langle\lambda\rangle$发生变化。但由于目前采用的泵浦激光器通常都使用了光纤光栅波长稳定技术,同时,选择泵浦吸收带的峰值作为泵浦,可以大大减少泵浦波长扰动引起的光源输出波长不稳定性。

式(2.6)中第三项是温度变化导致了泵浦功率I_p的改变,进而导致光谱的形变,从而影响平均波长$\langle\lambda\rangle$。这是热效应与增益饱和效应的结果。

式(2.6)中第四项与光纤陀螺的光反馈水平F有关。宽带光源对陀螺的光反馈敏感,而光反馈水平随温度变化,进而影响平均波长$\langle\lambda\rangle$。

式(2.6)中第五项与 ASE 的偏振态(State of Polarization,SOP)有关。光源输出的超荧光是部分偏振光,温度会导致偏振态变化,从而影响输出平均波长$\langle\lambda\rangle$。

上述 5 个参数之间并不完全是线性相关的,而是存在着高阶的温度相关性。随着宽带光源热设计和制造工艺的改进与提升,高阶温度相关项预计会非常小。

2.1.3.5　对光反馈的敏感性

大部分宽带光源的光谱都展示了不同程度对光反馈的敏感性。消除不必要的光反射和光反馈非常重要,因为它们会导致激光振荡。宽带光源对光反馈的敏感主要有产生光谱扰动和产生光源噪声两种表现形式。光反馈还与光纤陀螺的最小互易性结构密切相关,通常会有大量返回光反馈到光源,其主要的解决办法是采用隔离器减少光反馈。

光反馈对光源噪声的影响很早就已受到关注,实验表明,宽带光源对光纤陀螺光路的振幅调制型光反馈有很高的灵敏度,即使光反馈比入射信号低 30dB。这种对光反馈的敏感性导致在光纤陀螺的调制频率附近产生一个相对较强的信号,比探测系统中的电噪声极限高 40dB。在光源和光纤陀螺之间插入一个隔离度 30dB 的光隔离器,可以减少这种误差信号。对于较高性能的光纤陀螺,采用较高性能的光隔离器可以彻底解决光反馈问题。

2.1.4　宽带光纤光源的噪声特性:相对强度噪声的半经典描述

在半经典理论中,宽带光纤光源的输出光场表示成具有确定的振幅和随机的相位。光探测器是一个平方律器件,得到的光电流与平均光功率成正比。任何经典理论都无法估计加在光信号上的噪声平均功率,在光放大的量子理论中,放大的自发辐射光子相对输入信号的放大来说,构成的是一种噪声,宽带

ASE 光纤光源的噪声平均功率为

$$I_N = Nh\nu \cdot \Delta\nu_{\mathrm{FWHM}} \tag{2.7}$$

式中：N 为放大器的 ASE 光子数；h 为普朗克常数；ν 为平均波长；$\Delta\nu_{\mathrm{FWHM}}$ 为宽带光纤光源的谱宽（这里取对称性光谱的3dB谱宽）。

与光纤放大器不同，在光纤陀螺应用中，宽带 ASE 光场自身作为信号光场参与干涉过程，可以给出旋转引起的 Sagnac 相位信息；同时，后面将要分析，宽带 ASE 不同波长尤其是相邻波长的光场之间的场叠加产生的强度涨落对于 Sagnac 相位的测量来说，又构成了一种（拍）噪声，在这个意义上来说，宽带 ASE 光场也是一种噪声光场。

半经典理论仍借助于经典理论描述噪声光场，但描述噪声光场振幅时采用了上述量子理论的结果。因而，采用宽带 ASE 光纤光源时，入射到探测器上的经典噪声光场振幅可以表示为

$$E_{\mathrm{ASE}}(\delta\nu_s) = \sqrt{2Nh\nu_s\delta\nu_s} \cdot \sum_{k=-M}^{M} \cos\left[2\pi(\nu_s + k\delta\nu_s)t + \varphi_k\right] \tag{2.8}$$

式中：$Nh\nu_s\delta\nu_s$ 是以 ν_s 为中心的谱宽 $\delta\nu_s$ 上的平均 ASE 功率；M 为一个整数，$M = \Delta\nu_{\mathrm{FWHM}}/2\delta\nu_s$。总的 ASE 光场假定由光频为 $\nu_s + k\delta\nu_s$ 的 $2M$ 个独立的辐射模式叠加而成，每个辐射模式的偏振相同，但具有随机的相位 φ_k，则谱宽 $\delta\nu_s$ 内的瞬时 ASE – ASE 拍频光功率为

$$
\begin{aligned}
I_{\mathrm{ASE-ASE}}(t) &= 2Nh\nu_s\delta\nu_s \cdot \sum_{k=-M}^{M}\sum_{l=-M}^{M} \cos\left[2\pi(\nu_s + k\delta\nu_s)t + \varphi_k\right]\cos\left[2\pi(\nu_s + l\delta\nu_s)t + \varphi_l\right] \\
&= Nh\nu_s\delta\nu_s \cdot \sum_{k=-M}^{M}\sum_{l=-M}^{M}\left\{\cos\left[4\pi\nu_s + 2\pi(k+l)\delta\nu_s t + (\varphi_k + \varphi_l)\right]\right. \\
&\quad \left. + \cos\left[2\pi(k-l)\delta\nu_s t + (\varphi_k - \varphi_l)\right]\right\}
\end{aligned}
\tag{2.9}
$$

由于探测器的电学检测带宽 B 远小于光学带宽 $\Delta\nu_{\mathrm{FWHM}}$，式(2.9)中的 $\cos\left[4\pi\nu_s + 2\pi(k+l)\delta\nu_s t + (\varphi_k + \varphi_l)\right]$ 对应着 2 倍光频分量，其功率谱肯定位于 B 之外，因而时间平均 $\langle\cos\left[4\pi\nu_s + 2\pi(k+l)\delta\nu_s t + (\varphi_k + \varphi_l)\right]\rangle = 0$，其中 $\langle\ \rangle$ 表示求时间平均。因而有

$$\langle I_{\mathrm{ASE-ASE}}(t)\rangle = Nh\nu_s\delta\nu_s \cdot \sum_{k=-M}^{M}\sum_{l=-M}^{M}\langle\cos\left[2\pi(k-l)\delta\nu_s t + (\varphi_k - \varphi_l)\right]\rangle \tag{2.10}$$

在探测器上，ASE – ASE 拍频光功率引起的光电流为

$$
\begin{aligned}
i_{\mathrm{ASE-ASE}}(t) &= q\dot{N}_e = q\eta_Q\dot{N} = q\eta_Q\frac{I_{\mathrm{ASE-ASE}}(t)}{h\nu_s} \\
&= q\eta_Q N\delta\nu_s \cdot \sum_{k=-M}^{M}\sum_{l=-M}^{M}\cos\left[2\pi(k-l)\delta\nu_s t + (\varphi_k - \varphi_l)\right]
\end{aligned}
\tag{2.11}
$$

式中：$I_{\text{ASE-ASE}}$ 为到达光探测器的有效光功率，$I_{\text{ASE-ASE}}(t)=\dot{N}h\nu_s$；$\eta_Q$ 为探测器量子效率，$\eta_Q=\dot{N}_e/\dot{N}$；q 为电子电荷；h 为普朗克常数；ν_s 为光频率；N_e 为单位时间内光子数 N 入射到光二极管上激发的原电子数；$i_{\text{ASE-ASE}}$ 为探测器的光电流，$i_{\text{ASE-ASE}}=q\dot{N}_e$。

$k\neq l$ 时，两个交叉项 $\cos[2\pi(\nu_s+k\delta\nu_s)t+\varphi_k]$ 和 $\cos[2\pi(\nu_s+l\delta\nu_s)t+\varphi_l]$ 的相位是随机的且不相关的，因而有

$$\langle i_{\text{ASE-ASE}}(t)\rangle=\langle\cos[2\pi(k-l)\delta\nu_s t+(\varphi_k-\varphi_l)]\rangle=0$$

$k=l$ 时，式（2.11）中交叉随机相位 $\varphi_k-\varphi_l=0$，得

$$\langle i_{\text{ASE-ASE}}(t)\rangle\big|_{k=l}=q\eta_Q N\delta\nu_s\cdot\sum_{k=-M}^{M}\langle\cos[0]\rangle=q\eta_Q N\delta\nu_s\cdot 2M=q\eta_Q N\Delta\nu_{\text{FWHM}}$$

$$(2.12)$$

式中：$\Delta\nu_{\text{FWHM}}=2M\cdot\delta\nu_s$。又由式（2.9），有

$$\begin{aligned}
i_{\text{ASE-ASE}}^2(t)&=\left\{2q\eta_Q N\delta\nu_s\cdot\sum_{k=-M}^{M}\cos[2\pi(\nu_s+k\delta\nu_s)t+\varphi_k]\right.\\
&\quad\left.\cdot\sum_{k=-M}^{M}\cos[2\pi(\nu_s+k\delta\nu_s)t+\varphi_k]\right\}^2\\
&=\left\{2q\eta_Q N\delta\nu_s\cdot\sum_{k=-M}^{M}\cos[2\pi(\nu_s+k\delta\nu_s)t+\varphi_k]\right.\\
&\quad\left.\cdot\sum_{l=-M}^{M}\cos[2\pi(\nu_s+l\delta\nu_s)t+\varphi_l]\right\}^2\\
&=4(q\eta_Q N\delta\nu_s)^2\left\{\sum_{k=-M}^{M}\sum_{l=-M}^{M}\cos[2\pi(\nu_s+k\delta\nu_s)t+\varphi_k]\right.\\
&\quad\left.\cdot\cos[2\pi(\nu_s+l\delta\nu_s)t+\varphi_l]\right\}^2\\
&=(q\eta_Q N\delta\nu_s)^2\left\{\sum_{k=-M}^{M}\sum_{l=-M}^{M}\left\{\cos[4\pi\nu_s+2\pi(k+l)\delta\nu_s t+(\varphi_k+\varphi_l)]\right.\right.\\
&\quad\left.\left.+\cos[2\pi(k-l)\delta\nu_s t+(\varphi_k-\varphi_l)]\right\}\right\}^2
\end{aligned}$$

$$(2.13)$$

式（2.13）中与 2 倍光频分量有关的项 $\cos[4\pi\nu_s+2\pi(k+l)\delta\nu_s t+(\varphi_k+\varphi_l)]$，其功率谱位于探测器的检测带宽 B 之外，可以不予考虑，所以由式（2.13）得

$$\langle i_{\text{ASE-ASE}}^2(t)\rangle=(q\eta_Q N\delta\nu_s)^2\cdot\left\langle\left\{\sum_{k=-M}^{M}\sum_{l=-M}^{M}\cos[2\pi(k-l)\delta\nu_s t+(\varphi_k-\varphi_l)]\right\}^2\right\rangle$$

$$(2.14)$$

利用具有不相关相位项的时间平均值为零这一性质，则有

$$\langle i^2_{\text{ASE-ASE}}(t)\rangle\big|_{k\neq l} = (q\eta_{\text{Q}}N\delta\nu_{\text{s}})^2 \cdot \left\langle \left\{ \sum_{k=-M}^{M}\sum_{l\neq k}^{M}\cos\left[2\pi(k-l)\delta\nu_{\text{s}}t+(\varphi_k-\varphi_l)\right]\right\}^2\right\rangle$$

$$= (q\eta_{\text{Q}}N\delta\nu_{\text{s}})^2 \cdot \left\langle \left\{ \sum_{k=1}^{2M}\sum_{l\neq k}^{2M}\cos\left[2\pi(k-l)\delta\nu_{\text{s}}t+(\varphi_k-\varphi_l)\right]\right\}^2\right\rangle$$

$$= 2(q\eta_{\text{Q}}N\delta\nu_{\text{s}})^2 \cdot \left\{ \sum_{k=1}^{2M}\sum_{l\neq k}^{2M}\left\langle\cos^2\left[2\pi(k-l)\delta\nu_{\text{s}}t+(\varphi_k-\varphi_l)\right]\right\rangle\right\}$$

$$(2.15)$$

而

$$\langle i^2_{\text{ASE-ASE}}(t)\rangle\big|_{k=l} = (q\eta_{\text{Q}}N\delta\nu_{\text{s}})^2 \cdot \left\langle \left\{ \sum_{k=1}^{2M}\sum_{l=k}^{2M}\cos\left[2\pi(k-l)\delta\nu_{\text{s}}t+(\varphi_k-\varphi_l)\right]\right\}^2\right\rangle$$

$$= (q\eta_{\text{Q}}N\delta\nu_{\text{s}})^2 \cdot (2M)^2 = (q\eta_{\text{Q}}N\Delta\nu_{\text{FWHM}})^2 \qquad (2.16)$$

根据统计理论，拍频光功率引起的光电流涨落的方差为

$$\sigma^2_{\text{ASE-ASE}} = \langle i^2_{\text{ASE-ASE}}(t)\rangle - \langle i_{\text{ASE-ASE}}(t)\rangle^2$$

$$= \langle i^2_{\text{ASE-ASE}}(t)\big|_{k\neq l}\rangle - \langle i_{\text{ASE-ASE}}(t)\big|_{k\neq l}\rangle^2 + \langle i^2_{\text{ASE-ASE}}(t)\big|_{k=l}\rangle - \langle i_{\text{ASE-ASE}}(t)\big|_{k=l}\rangle^2$$

$$= 2(q\eta_{\text{Q}}N\delta\nu_{\text{s}})^2 \cdot \left\{ \sum_{k=1}^{2M}\sum_{l\neq k}^{2M}\left\langle\cos^2\left[2\pi(k-l)\delta\nu_{\text{s}}t+(\varphi_k-\varphi_l)\right]\right\rangle\right\}$$

$$(2.17)$$

注意：式（2.17）与式（2.15）相同，意味着方差 $\sigma^2_{\text{ASE-ASE}}$ 只与 $k\neq l$ 的 ASE 光场叠加有关（因此也称为拍频噪声或拍噪声）。

考察式（2.17）中的双重求和，可以发现，在 $\delta\nu_{\text{s}}$ 有 $2M-1$ 项，其值为 $(q\eta_{\text{Q}}N\delta\nu_{\text{s}})^2\cdot(2M-1)$；在 $2\delta\nu_{\text{s}}$ 有 $2M-2$ 项，其值为 $(q\eta_{\text{Q}}N\delta\nu_{\text{s}})^2\cdot(2M-2)$；在 $3\delta\nu_{\text{s}}$ 有 $2M-3$ 项，其值为 $(q\eta_{\text{Q}}N\delta\nu_{\text{s}})^2\cdot(2M-3)$；……；在 $(2M-1)\delta\nu_{\text{s}}$ 有 1 项，其值为 $(q\eta_{\text{Q}}N\delta\nu_{\text{s}})^2$；在 $2M\delta\nu_{\text{s}}$ 没有项。而在直流 $\delta\nu_{\text{s}}=0$ 附近为 $2(q\eta_{\text{Q}}N\delta\nu_{\text{s}})^2\cdot 2M$，则功率谱密度为

$$S(f=0) = \frac{2(q\eta_{\text{Q}}N\delta\nu_{\text{s}})^2\cdot 2M}{\delta\nu_{\text{s}}} = 2(q\eta_{\text{Q}}N)^2\cdot\Delta\nu_{\text{FWHM}} \qquad (2.18)$$

在 $2M\delta\nu_{\text{s}}$ 没有项，意味着

$$S(f=\Delta\nu_{\text{FWHM}}) = 0 \qquad (2.19)$$

因而，ASE – ASE 拍频光电流的功率谱密度可以用解析式表示为

$$S_{\text{ASE-ASE}}(f) = 2(q\eta_{\text{Q}}N)^2\cdot\Delta\nu_{\text{FWHM}}\left(1-\frac{f}{\Delta\nu_{\text{FWHM}}}\right) \qquad (2.20)$$

落入探测器的检测带宽 B 之内的 ASE – ASE 拍噪声为

$$\sigma^2_{\text{ASE-ASE}} = \int_0^B S(f)\,\mathrm{d}f = 2(q\eta_{\text{Q}}N)^2\cdot\Delta\nu_{\text{FWHM}}\int_0^B\left(1-\frac{f}{\Delta\nu_{\text{FWHM}}}\right)\mathrm{d}f$$

$$= 2(q\eta_Q N)^2 \cdot \Delta\nu_{FWHM}\left(B - \frac{B^2}{2\Delta\nu_{FWHM}}\right) \tag{2.21}$$

对于光纤陀螺应用,探测器检测带宽 B 通常为 $1 \sim 100\text{MHz}$ 量级,而中心波长为 $\lambda_0 = 1.55\mu\text{m}$ 的宽带掺铒 ASE 光源,光学带宽为几纳米至几十纳米,设 $\Delta\lambda_{FWHM} = 5\text{nm}$,由 $\Delta\nu_{FWHM} = c\Delta\lambda_{FWHM}/\lambda_0^2$ 得到相应的光学带宽为 $\Delta\nu_{FWHM} \approx 6.24 \times 10^{11}\text{Hz}$,因此 $\Delta\nu_{FWHM} \gg B$。式(2.21)的 ASE – ASE 拍噪声电流可以简化为

$$\sigma_{ASE-ASE}^2 = 2(q\eta_Q N)^2 \cdot \Delta\nu_{FWHM}B = \langle i_{ASE-ASE}(t)\rangle^2 \frac{2B}{\Delta\nu_{FWHM}} \tag{2.22}$$

上面的分析假定了 ASE 宽谱光具有相同的偏振。实际上,宽带掺铒 ASE 光源一般为无偏(振)光源,两个正交模式具有相等的光功率(光电流),式(2.22)的 ASE – ASE 拍噪声电流应是两个正交模式各自拍噪声电流的和:

$$\sigma_{ASE-ASE}^2 = 2\left(\frac{\langle i_{ASE-ASE}(t)\rangle}{2}\right)^2 \frac{2B}{\Delta\nu_{FWHM}} = \langle i_{ASE-ASE}\rangle^2 \frac{B}{\Delta\nu_{FWHM}} \tag{2.23}$$

显然,拍噪声的标准偏差 $\sigma_{ASE-ASE}$ 与平均光电流(光功率)$\langle i_{ASE-ASE}\rangle$ 成正比,因此该噪声也称为相对强度噪声(Relative Intensity Noise,RIN)。

2.1.5 大功率高稳定宽带掺铒光纤光源的设计

宽带掺铒 ASE 光纤光源的设计包括光学结构(含器件组成)、铒纤长度(与铒离子浓度有关)、泵浦波长(980nm 或 $1.48\mu\text{m}$)、泵浦功率(与所需的光源功率和光谱形状有关)和光谱滤波 5 项内容。通过控制和优化上述 5 个设计要素,得到满足设计需求的光源输出功率、谱宽以及功率和光谱的温度稳定性。除此之外,为了实现最佳设计,铒纤掺杂浓度、铒离子分布、模式尺寸、铒纤尺寸等也必须给出限定的范围。通常情况下,采用正交温度试验优化铒纤长度和泵浦功率等光源参数。根据陀螺精度级别不同,光谱滤波需要考虑对称光谱的滤波设计和波长稳定的滤波设计(或者两者的结合)。下面针对高精度和甚高精度光纤陀螺应用,探讨大功率高稳定宽带掺铒 ASE 光纤光源的设计。

2.1.5.1 掺铒光纤光源的结构设计和指标要求

高精度(约 $0.001°/\text{h}$)和甚高精度(约 $0.0001°/\text{h}$)已经成为干涉型光纤陀螺的一个重要优势,其中大功率高稳定宽带掺铒光纤光源作为高精度光纤陀螺的核心元(部)件,具有输出功率大、波长稳定性好等优点,对实现精密级(零偏稳定性 $0.001°/\text{h}$,标度因数稳定性 5ppm)和基准级(零偏稳定性 $0.0001°/\text{h}$,标度因数稳定性 1ppm)高精度光纤陀螺具有重要意义。

以基准级甚高精度光纤陀螺为例,大功率高稳定掺铒光纤光源的典型技术指标大致如下:

(1)输出功率:>30mW(300mA)。

(2)全温输出功率稳定性:<3%(-40~+60℃)。

(3)准高斯型对称性光谱。

(4)全温波长稳定性:30ppm(-40~+60℃);温补后全温3ppm。

(5)光谱宽度:<10nm。

(6)光谱调制度(纹波):<0.1dB。

(7)光谱不对称性:<-15dB。

在光路设计中,对于 30mW 的大功率输出,需要采用大电流驱动泵浦激光器来提高泵浦输入功率,同时为提高转换效率,采用双程后向结构(图 2.9)。着眼于实用性和高转换效率,采用 976nm 激光二极管泵浦。选取高性能的波分复用器、隔离器、反射器和滤波器等搭建掺铒光纤光源光路,优化光路装配工艺环节,降低光谱调制度。考虑掺铒光纤光源的功率稳定性和波长稳定性要求,采用正交试验对泵浦功率、铒纤长度等参数进行优化。通过对掺铒光纤光源的荧光谱进行滤波,获得准对称性的高斯型光谱,抑制光纤陀螺中的二阶相干误差。

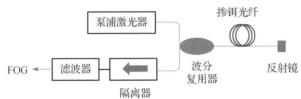

图 2.9 采用实际器件构建的双程后向宽带 ASE 光源

掺铒光纤光源的特性是掺铒石英各能级的粒子数密度与光学信号之间相互作用的结果。光功率沿铒纤长度的演变可由一组传播和速率方程来描述。掺铒光纤光源的建模在数学上属于求解一组非线性微分方程的边界问题,而实际的边界与掺铒光纤光源的光路结构有关。下面结合掺铒光纤的能级以及文献报道的大量理论仿真和实验测量,阐述大功率高稳定掺铒光纤光源的优化设计,尤其是以波长稳定性为核心目标开展掺铒光纤光源的设计。

2.1.5.2 掺铒光纤的能级

铒是一种稀土元素,其自由离子具有不连续的能级。在铒离子(Er^{3+})被掺杂到石英基质中后,由于 Stark 效应,每个能级都分裂为许多密切关联的相邻能级,组成一个能带。例如,与自发辐射有关的$^4I_{13/2}$和$^4I_{15/2}$分别分裂为 7 个和 8 个次能级,构成激光上能态和激光下能态(基态)。图 2.10 所示为掺铒石英的能级(能带)结构。

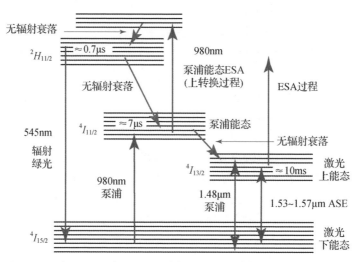

图 2.10 在 980nm 或 1480nm 波长上泵浦的掺铒石英光纤的能级，
包括各种可能的 ESA 过程及各个能态的寿命

为了获得粒子数反转，需要把铒离子（Er^{3+}）泵浦到激光上能态。实现这个目标有两种方法：一种是在大约 980nm 波长上进行间接泵浦激励；另一种是在 1.48μm 波长上进行直接泵浦激励。两者均产生 1.55μm 波段的宽带放大自发辐射光，恰好位于石英光纤的低损耗、低色散工作窗口，在光通信领域具有重要意义。

如图 2.10 所示，对于 980nm 波长的间接泵浦激励，处于能级 $^4I_{15/2}$ 的铒离子吸收 980nm 波长的泵浦光后激发到 $^4I_{11/2}$ 能级，并具有约 7μs 的短寿命。随后，被光子激发的电子非辐射地自发跃迁到激光上能态 $^4I_{13/2}$，在该能态具有相对较长（约 10ms）的寿命，称为亚稳态能级。因此，被泵浦至较高能级 $^4I_{11/2}$ 的铒离子会很快跃迁到中间能级 $^4I_{13/2}$ 上，并在这个能级上停留较长的时间，即铒离子会在这个中间能级上累积，形成粒子数反转。铒离子的亚稳态能级和激光下能态 $^4I_{15/2}$ 之间具有一定的宽度，使得掺铒光纤的自发辐射放大增益谱具有一定的连续波长范围，典型值为 1530 ~ 1570nm。

在上述分析中，可以忽略在 980nm 的 $^4I_{11/2}$ 泵浦能态的居留，因为在这个能态的寿命很短。但是，当在 980nm 波长附近泵浦时，观察到掺铒光纤在辐射绿光。这种现象最有可能的原因是泵浦能态的激发态吸收（Excited State Absorption，ESA），也称为 980nm 泵浦的上转换过程（图 2.10）。泵浦吸收发生在泵浦能态和一个非常短暂的能态 $^2H_{11/2}$ 之间，通过一个辐射可见光和红外光的中间能态无辐射地自发跃迁回泵浦态。在 545nm 绿光附近，$^2H_{11/2}$ 能态的辐射最强（寿命约为 0.7μs）。

对于 $1.48\mu m$ 的直接泵浦激励，该过程只包括两个能级。处于下能态 $^4I_{15/2}$ 的铒离子吸收 $1.48\mu m$ 的泵浦光激发到上能态 $^4I_{13/2}$，因为该能态的寿命约为 10ms，铒离子会在该能级上累积并产生粒子数反转。此时，接近 $1.55\mu m$ 的放大自发辐射就发生在下能态 $^4I_{15/2}$ 与上能态 $^4I_{13/2}$ 之间。

掺铒光纤光源利用光纤中放大自发辐射对泵浦光进行光放大，在掺铒光纤被激光泵浦时，根据泵浦强度的不同，掺铒光纤会处于以下三种不同的状态。

（1）泵浦强度较低时，亚稳态 $^4I_{13/2}$ 的粒子数小于基态（激光下能态）$^4I_{15/2}$ 的粒子数，此时掺铒光纤中只存在自发辐射荧光。上能态 $^4I_{13/2}$ 的粒子将以自发辐射的方式向基态能级跃迁，并产生波长 1550nm 左右的光子，其频率、相位、方向是随机的。由于光纤的波导结构，一部分自发辐射光子沿光纤导波方向被光纤捕获并传输。

（2）泵浦强度逐渐增强，亚稳态 $^4I_{13/2}$ 的粒子数逐渐增加，处于自发辐射状态的铒粒子数也不断增加，此时，这些粒子之间的相互作用也随之加强。直到亚稳态 $^4I_{13/2}$ 的粒子数大于基态（激光下能态）$^4I_{15/2}$ 的粒子数，形成粒子数反转。在极强的相互作用下，铒离子发光的特性逐渐趋向一致，单个铒离子独立的自发辐射逐渐变为多个离子协调一致的受激辐射，称为"放大自发辐射"。当泵浦功率足够强时，在掺铒光纤特定方向上的放大自发辐射将大大加强，形成超荧光。因此，宽带掺铒 ASE 光源也称为超荧光光纤光源。

（3）当泵浦强度很大时，掺铒光纤中的辐射放大增益会完全抵消系统的损耗，形成自激振荡而产生激光（这需要谐振腔）。

可以看出，放大自发辐射是一种介于荧光与激光之间的过渡状态。当泵浦强度达到一定程度，处于自发辐射态的光子数目受激放大，进而呈雪崩式倍增，但又由于反转的粒子数尚未达到振荡阈值，因而没有形成激光振荡。研究表明，只有 980nm 和 $1.48\mu m$ 泵浦与激光上能态的激发态吸收无关，而且两种波长的激光二极管产品也比较成熟，均可用于制作超荧光掺铒光纤光源。采用 980nm 波长泵浦时，要求在掺铒光纤必须单模传播，以避免高阶泵浦模式对宽带掺铒 ASE 光纤光源波长稳定性产生影响。

2.1.5.3　宽带掺铒光纤光源的平均波长稳定性设计

对于光纤陀螺应用来说，期望宽带光源的平均波长应不受温度影响或对温度不敏感，也即要求 $d\langle\lambda\rangle/dT\approx0$。这就需要优化式（2.6）中 5 项与温度 T 有关的参数，其中前三项是优化的重点，下面将详细讨论。式（2.6）中第一项是掺铒光纤固有的热效应，第二项和第三项中的 $\partial\lambda_p/\partial T$ 和 $\partial I_p/\partial T$ 取决于所用的泵浦激光器，并且只能通过优化泵浦二极管的特性来控制；相反，$\partial\langle\lambda\rangle/\partial\lambda_p$ 和 ∂

$\langle\lambda\rangle/\partial I_p$ 可以通过许多不同方法控制。有研究表明,$\partial\langle\lambda\rangle/\partial I_p$ 取决于 ASE 光源所采用的结构,实验证实,单程与双程结构均有可能获得平均波长不随泵浦光功率变化的工作状态。

下面以双程后向结构为例,讨论采用 980nm 波长泵浦的宽带掺铒光纤 ASE 光源的参数选取和优化设计。

1. 泵浦功率 I_p 对平均波长 $\langle\lambda\rangle$ 的影响

对于掺铒 ASE 光源,不同铒纤长度下,平均波长是泵浦功率的函数。双程后向 ASE 光源泵浦功率对光源平均波长 $\langle\lambda\rangle$ 的影响如图 2.11(a)所示,每条曲线上泵浦功率有两个拐点:一个位于曲线的波谷,一个位于曲线的波峰,存在平均波长不随泵浦光功率变化的工作状态,即 $\partial\langle\lambda\rangle/\partial I_p = 0$;而且,随着铒纤长度的增加,这两个位置都朝着高泵浦功率的方向移动,表明从 $\partial\langle\lambda\rangle/\partial I_p = 0$ 的设计考虑,采用较长的铒纤需要更高的泵浦功率。给定铒纤长度,通过比较每条曲线的低泵浦和高泵浦区域的曲线斜率可以看出,在高泵浦区域,平均波长比在低泵浦区域更趋于稳定,且在泵浦功率较高的区域存在平坦带,曲线的斜率 $\partial\langle\lambda\rangle/\partial I_p$ 为零或者接近零;平坦带的位置与铒纤长度和泵浦功率均有关,因而是可调的。另外,随着铒纤长度的增加,平坦带区域扩大,这意味着平均波长在较大的泵浦功率范围内是稳定的,因而大功率高稳定宽带掺铒光纤光源具有内在的可设计性。

图 2.11(b)给出了 980nm 泵浦时平均波长稳定性 $\partial\langle\lambda\rangle/\partial I_p$ 随铒纤长度的变化。铒纤最佳长度定义为 $\partial\langle\lambda\rangle/\partial I_p = 0$ 时的铒纤长度,可以看出,该最佳长度随着泵浦功率增加而缓慢增加。铒纤最佳长度左右的曲线斜率反映了该泵浦

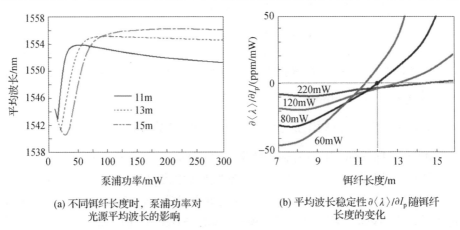

(a) 不同铒纤长度时,泵浦功率对
光源平均波长的影响

(b) 平均波长稳定性 $\partial\langle\lambda\rangle/\partial I_p$ 随铒纤
长度的变化

图 2.11　980 nm 泵浦时双程后向 ASE 光源的平均波长稳定性

功率下铒纤长度相对 $\partial\langle\lambda\rangle/\partial I_{\mathrm{p}}=0$ 时的容差(可调节范围)。曲线斜率越小,则铒纤长度的容差越大。图 2.11(b)还表明,最佳铒纤长度的容差随泵浦功率的增加而显著增大(表现为曲线斜率明显平缓)。对于航海应用的高精度光纤陀螺,高泵浦功率是 ASE 大输出功率的必然要求,由图 2.11 可以发现,在高泵浦功率区域,泵浦功率和铒纤长度都存在较大的可调节范围,这为大功率高稳定 ASE 光源的参数选取和优化($\partial\langle\lambda\rangle/\partial I_{\mathrm{p}}=0$, $\partial\langle\lambda\rangle/\partial L_{\mathrm{Er}}=0$)提供了理论依据。

需要说明的是,泵浦功率和铒纤长度的调节同样会引起光谱宽度的变化,但大功率高稳定 ASE 光源的设计还包括对 ASE 光谱进行整形滤波(光谱对称滤波和波长稳定滤波),因而泵浦功率和铒纤长度优化引起的输出谱宽变化不会影响最终输出光谱的谱宽和波长稳定性。

2. 泵浦波长 λ_{p} 对平均波长 $\langle\lambda\rangle$ 的影响

图 2.12 所示为泵浦波长 λ_{p} 对 ASE 平均波长 $\langle\lambda\rangle$ 的影响,其中铒纤长度取自图 2.11(b)中的 $L_{\mathrm{Er}}=12\mathrm{m}$,泵浦功率为 80mW 时该长度满足 $\partial\langle\lambda\rangle/\partial I_{\mathrm{p}}=0$。由图 2.12 可以看出,最小平均波长变化 $\partial\langle\lambda\rangle/\partial\lambda_{\mathrm{p}}=0$ 总是出现在峰值吸收波长约 976nm 处,而与泵浦功率无关。因此,采用 976nm 泵浦激光器,式(2.6)中第二项也即泵浦波长 λ_{p} 的温度变化对辐射波长的影响是可以消除的。与 $\partial\langle\lambda\rangle/\partial I_{\mathrm{p}}=0$ 的情形不同,泵浦波长不存在一个 $\partial\langle\lambda\rangle/\partial\lambda_{\mathrm{p}}=0$ 的平坦区域,当泵浦光波长偏离 976nm 后,曲线斜率会迅速变大。因此,980nm 波长泵浦严格来说应在其泵浦吸收波长 976nm 上泵浦。如果仍采用 980nm 泵浦,需要对 $\partial\langle\lambda\rangle/\partial I_{\mathrm{p}}$ 和 $\partial\langle\lambda\rangle/\partial\lambda_{\mathrm{p}}$ 两种影响因素统筹、优化。由图 2.12(a)可知,泵浦光波长偏离 976nm 峰值吸收波长 4nm,曲线的斜率将变为 32ppm/nm。因此,对于市售的 980nm 激光泵浦二极管,全温范围内的泵浦波长约为 0.1nm,泵浦波长在全温范围内引起的平均波长变化约为 3.2ppm。图 2.12(b)是优化 $\partial\langle\lambda\rangle/\partial I_{\mathrm{p}}$ 和

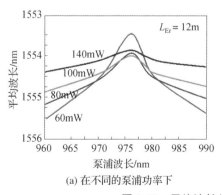

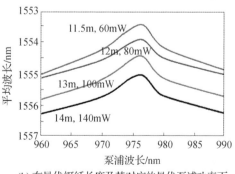

(a) 在不同的泵浦功率下   (b) 在最优铒纤长度及其对应的最优泵浦功率下

图 2.12　平均波长 $\langle\lambda\rangle$ 随泵浦波长 λ_{p} 的变化

$\partial\langle\lambda\rangle/\partial\lambda_p$ 两种影响后,泵浦波长对平均波长的最小影响曲线。可以看出,对于不同的最佳铒纤长度,在其对应的最佳泵浦功率下,平均波长随泵浦波长的变化基本相同,而且 $\partial\langle\lambda\rangle/\partial\lambda_p=0$ 总是出现在泵浦波长等于976nm时。注意,在设计中平均波长的具体值并不重要,本章主要关注的是平均波长变化(波长稳定性)。

3. 固有温度系数对平均波长$\langle\lambda\rangle$的影响

宽带掺铒光纤光源的固有温度系数 $\partial\langle\lambda\rangle/\partial T$ 源自信号光吸收和辐射截面以及泵浦吸收率随温度的变化,这个系数的精确值依赖于泵浦波长、泵浦功率和给定铒纤的长度。图2.13给出了给定泵浦功率下不同泵浦波长下的固有温度系数随铒纤长度的变化情况。可以看出,对于每种泵浦波长,都有两个固有温度系数为零的点,对应一长一短两个铒纤长度。但是,需要仔细考究这两个铒纤长度哪个更适合减小固有温度系数对平均波长$\langle\lambda\rangle$的综合影响。尤其是,图2.13与图2.11结合来看,对于典型的980nm泵浦,采用大约12m的铒纤长度时,$\partial\langle\lambda\rangle/\partial I_p$ 和 $\partial\langle\lambda\rangle/\partial T$ 同时得到较小的值。图2.13还表明,对于每种泵浦波长,当铒纤长度大于一定值后,固有温度系数达到一个饱和稳定值,不再随铒纤长度变化。

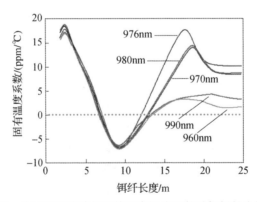

图2.13　在不同泵浦波长下的固有温度系数随铒纤长度的变化

图2.14给出了泵浦功率对固有温度系数的影响。选取的铒纤长度为12m、13m和14m,根据图2.11(b)估计,它们的 $\partial\langle\lambda\rangle/\partial I_p\approx0$ 分别出现在泵浦功率约为80mW、100mW和140mW处。可以看出,在它们的最佳泵浦功率附近 ±20mW的容差范围内有 $\partial\langle\lambda\rangle/\partial I_p\approx0$,$|\partial\langle\lambda\rangle/\partial T|<2$ppm/℃。因此,如果工作温度的变化控制在0.1℃以内,固有热系数引起的平均波长的变化就可以小于0.2ppm。

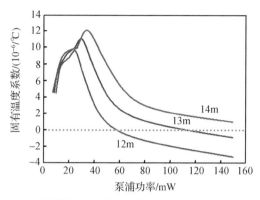

图 2.14　不同最优铒纤长度下固有温度系数随泵浦功率的变化

总之,在选择最佳铒纤长度时,需要综合考虑铒纤的温度系数、泵浦功率及泵浦波长对掺铒光纤光源波长稳定性的综合影响。

4. 光反馈对平均波长⟨λ⟩的影响

上面的讨论都假设没有光反馈,而光纤陀螺通常存在 −10 ~ −30dB 的光反馈,光反馈会改变宽带掺铒光纤光源的光谱特性。事实上,即使采用隔离器或者斜抛铒纤端面,仍然会有一些残余的光反馈。因此,知道光反馈在多大程度上影响 ASE 光源的性能是很重要的,图 2.15 给出了不同光反馈水平下平均波长变化的理论仿真和不同结构下掺铒光纤光源平均波长变化的测量结果。考虑实际应用的光隔离器隔离度约 40dB,隔离度的全温变化约 2dB,以图 2.15(b) 中后向信号的测量值为例,计算在 −40dB 光反馈水平下(±10dB)的光反馈灵敏度约为 1nm/20dB ≈ 30ppm/dB。以此推算,要使光反馈引起的全温平均波长稳定性控制在 10ppm/dB,预计光反馈应小于 −60dB。

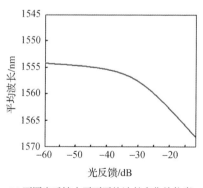

(a) 不同光反馈水平下平均波长变化的仿真

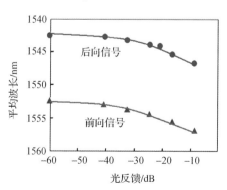

(b) 不同结构掺铒光纤光源平均波长变化的测量值

图 2.15　光反馈水平对平均波长变化的影响

图 2.16 所示为在不同的光反馈水平 F 下,平均波长$\langle\lambda\rangle$随泵浦波长 λ_p 的变化情况。最佳平均波长(也即满足$\partial F/\partial\lambda_p=0$)仍需要在 976nm 波长处泵浦。注意到对于不同的泵浦波长,平均波长随光反馈的增大向长波长移动。可以看出,在 976nm 泵浦时,-40dB 反馈光对应的平均波长比没有光反馈时向上移动2.7nm。-60dB 反馈光和没有反馈光对应的平均波长的差异很小(小于 0.1nm),这再次表明需要 60dB 的隔离器。

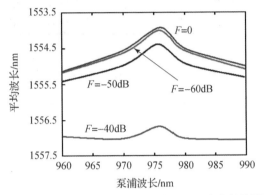

图 2.16　光反馈对泵浦波长相关的光源平均波长的影响

5. 正交性温度试验

平均波长随铒纤长度、泵浦波长、泵浦功率和光反馈水平的变化系数有正有负,因此,在给定的光源结构(包括特定铒纤浓度或铒纤型号)和泵浦波长基础上,可以通过正交性温度试验,对泵浦功率(泵浦电流)和铒纤长度等参数进行优化,在保证足够高的光源输出功率水平下将温度变化对平均波长的影响降至最低限度。给定光源结构(如双程后向)和泵浦波长,输出功率主要依赖于泵浦电流和铒纤长度,并由此确定满足大输出功率的驱动电流(范围)。通过自长而短截取铒纤长度方式,利用实验光路可以分别测量平均波长稳定性随泵浦电流和铒纤长度的变化。选取一段 12m 长的某型铒纤逐段截取,按双程后向结构搭建掺铒光纤光源,将整个掺铒光纤光源的光路全部置于温箱中,进行 $-40\sim$ 60℃的温度循环,采用光谱仪监测输出光谱,并测量平均波长的全温漂移,测量结果如图 2.17 所示,选择合适的铒纤长度(2.86~2.91m),全温平均波长稳定性小于 30ppm。25℃下的平均波长稳定性测试结果如图 2.18 所示。在测试的时间范围内(大于 48h),平均波长的均值为 1530.59nm,平均波长的峰峰变化为0.0057nm,计算得到常温下的平均波长稳定性为 3.72ppm。后面本书还会讨论到,3.72ppm 的平均波长稳定性可能还包括光谱仪自身的影响,实际制作的掺铒光纤光源的常温波长稳定性将优于 3ppm。

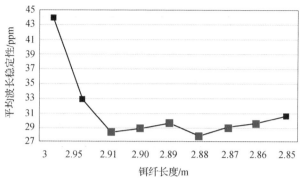

图 2.17　全温平均波长稳定性的测量数据

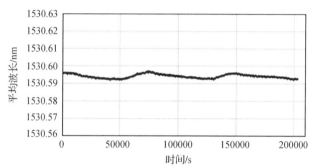

图 2.18　常温（25℃）的平均波长稳定性测量数据

2.1.5.4　宽带掺铒光纤光源的光谱对称滤波设计

如前所述，铒离子的能级结构决定了掺铒光纤 ASE 光源的输出谱在 1530nm 和 1560nm 附近形成不对称的双峰。在不同的泵浦驱动功率、铒纤长度下，双峰的光强占比不同，图 2.19 实验测量了两种不同铒纤长度在各种泵浦功率下的光谱双峰形状变化（在峰值波长处由上至下驱动电流依次为 200mA、180mW、160mW、140mW、80mW）。这种不对称的双峰结构不但会限制光谱的有效谱宽，还会对光源的平均波长稳定性造成影响。后面还要讨论，光谱形状对采用弱相干光源的光纤陀螺非常重要，谱形的不对称性和不均匀性（纹波）在光纤陀螺中会产生二阶相干效应和标度因数误差。因此，必须采用滤波器对宽带掺铒光纤光源的原始自然谱进行光谱对称滤波处理。

宽带掺铒光纤光源原始谱的整形滤波的设计目标是产生一个纹波（调制度）小的对称性光谱，所设计的滤波器的衰减谱通常与掺铒光纤光源原始的增益谱相反。根据陀螺实际要求，滤波方式根据滤波后谱型的不同可分为两种：一种是矩形（平坦）滤波，另一种是高斯型滤波。两种滤波方式产生的光谱均为关于中心波长的准对称性光谱。

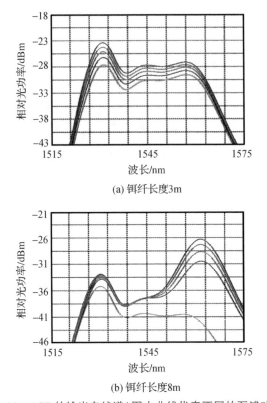

(a) 铒纤长度3m

(b) 铒纤长度8m

图2.19　ASE的输出自然谱(图中曲线代表不同的泵浦功率)

矩形滤波的特点是谱宽大,通常在30nm以上,这对于光纤陀螺的精度提升或噪声降低具有重要意义,参数优化后的双程后向ASE光源的平均波长温度灵敏度可达到5ppm/℃。但矩形谱光源对于光纤陀螺光路中其他器件(特别是Y波导)透射谱的匹配性要求较高,同时因为削平了1530nm主峰,输出光功率较小。图2.20给出了典型的矩形(准对称)光谱的滤波设计。对于双程后向矩形谱的掺铒光纤光源,光谱形状对光源各器件参数如铒纤掺杂浓度、无源光纤器件插入损耗、泵浦功率等参数敏感,在滤波器滤波谱型确定的前提下,光源调试中可能需要综合考虑光谱平坦度与波长稳定性。

高斯型滤波根据滤波器的滤波参数可分为带通滤波和定制滤波两种。最简单的方式是对光谱的两个波峰选择其中一个进行带通滤波。例如,将1530nm峰保留,滤去1560nm峰,从而形成中心波长约为1530nm的准高斯型光谱;或者将1560nm峰保留,滤去1530nm峰,从而形成中心波长约为1560nm的准高斯型光谱。这种方式实现起来简单,只需要1530nm或1560nm窗口的带通光纤滤波器即可,且滤波器的温度稳定性较好,缺点是滤波后的输出光谱的对

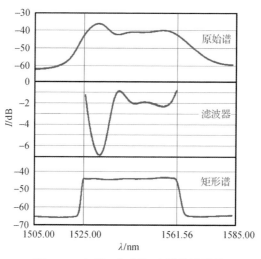

图 2.20　矩形（准对称）光谱滤波设计

称性有时相对较差。对于定制滤波器的方式，在保留主峰的情况下，对主峰两侧的实际光谱形状进行对称性整形，以此获得滤波参数并进行定制滤波器设计。采用定制滤波器的方法，优点是输出光谱对称性较好，可以实现理想的高斯型光谱设计，缺点是定制参数增加了滤波器的工艺复杂度，同时，滤波器的输出特性可能易受温度影响。综合成本和工艺复杂度的考虑，在实际中通常选用带通滤波器进行光谱整形和滤波，从而得到一个准高斯型光谱（图 2.21）。

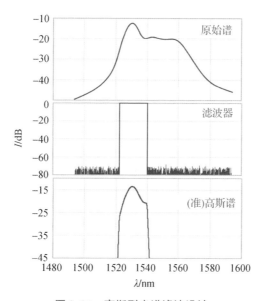

图 2.21　高斯型光谱滤波设计

中心波长 1530nm 的准高斯型掺铒光纤光源具有较好的波长稳定性,在 $-40\sim+60℃$ 范围内的甚至可以做到波长漂移小于 1×10^{-5},但滤波后的谱较窄,谱宽仅为 $6\sim8$nm,而且光功率损失也较大。中心波长 1560nm 的准高斯型掺铒光纤光源,全温波长漂移小于 5×10^{-5},波长稳定性略差于 1530nm 的准高斯型掺铒光纤光源,但谱宽可达到 $12\sim14$nm。在带通滤波和定制滤波设计中,虽然中心波长为 1560nm 的准高斯型掺铒光纤光源较中心波长为 1530nm 的准高斯型掺铒光纤光源谱宽要大 1 倍,但平均波长温度稳定性有所下降,同时与矩形谱宽相比仍有一定差距。若需要进一步增加谱宽,可以考虑在掺铒光纤光源自然光谱上进行全光谱高斯滤波的方式。采用这种全光谱滤波方法,得到的高斯谱掺铒光纤光源,谱宽可以达到 20nm(图 2.22),平均波长的温度灵敏度优于 0.1ppm/℃,但输出功率同样较低,需要增加泵浦驱动电流实现大功率输出。

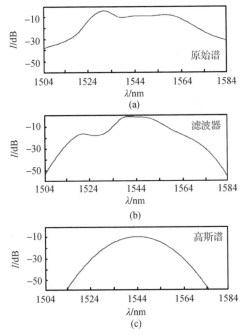

图 2.22　全光谱的高斯型滤波设计

2.1.5.5　宽带掺铒光纤光源的波长稳定滤波设计

标度因数是光纤陀螺的重要性能指标,标度因数稳定性对惯性导航系统的精度保持具有重要影响。由 Sagnac 效应的基本公式可以看出 Sagnac 标度因数 K_s 与光波长的关系:

$$K_s = \frac{2\pi LD}{\lambda_0 c} \tag{2.24}$$

式中：K_s 为 Sagnac 标度因数；L 为光纤线圈长度；D 为光纤线圈直径；λ_0 为平均波长；c 为真空中的光速。显然，波长变化将带来同样量级的标度因数变化。

在闭环光纤陀螺中，采用"数字阶梯波"技术产生一个反馈相位差 ϕ_f，用于抵消旋转引起的 Sagnac 相移 ϕ_s：

$$\phi_f = \frac{2\pi\Delta L_{FB}}{\lambda_0} \tag{2.25}$$

式中：ΔL_{FB} 为反馈相位的等效光程，$\Delta L_{FB} = -n_e^3\gamma_{33}L_{eff}V_d/d$，$n_e$ 为铌酸锂波导的非常折射率，γ_{33} 为铌酸锂晶体的电光系数，L_{eff} 为波导有效长度，d 为电极间距，V_d 为阶梯高度对应的驱动电压。闭环状态时，有 $\phi_f + \phi_s = 0$，也即

$$\frac{2\pi LD}{\lambda_0 c}\Omega = \frac{2\pi\Delta L_{FB}}{\lambda_0} \tag{2.26}$$

等号两边具有相同的波长依赖性，闭环光纤陀螺的标度因数似乎与波长无关：对于任意波长，驱动电压产生等量的相位差补偿旋转引起的相位差。然而，在采用以方波偏置调制为基础的闭环光纤陀螺中，上述分析仅当阶梯波可以无限高、不存在 2π 复位时才成立。

在理想的数字相位阶梯波复位中，阶梯波产生的反馈相位 ϕ_f 恰好补偿旋转引起的 Sagnac 相移 ϕ_s，即 $\phi_f + \phi_s = 0$。此时，假定在 M 个完整解调时钟周期内没有产生复位，而在第 $M+1$ 个完整解调时钟周期上恰好产生一次复位，由于 $(M+1)\phi_f = 2\pi$ 和 $\phi_f + \phi_s = 0$ 同时成立，M 个完整解调时钟周期内的归一化信号 $S(t)$ 为

$$S(t) = 1 + \cos(\phi_b + \phi_f + \phi_s) \tag{2.27}$$

式中：ϕ_b 为方波偏置相位。在复位期间，工作点移动 2π 仍能保持归一化余弦干涉输出信号不变：

$$S_r(t) = 1 + \cos[\phi_b + (\phi_f - 2\pi) + \phi_s] = S(t) \tag{2.28}$$

阶梯波上升和复位期间干涉信号的值保持在相同水平上，不会产生任何输出误差。

但事实上，在全数字闭环光纤陀螺中必须进行 2π 复位，2π 复位则与光波长有关。当波长发生变化时，令 $\Delta\lambda/\lambda_0 = \varepsilon'$，则 Sagnac 相移相应地变为 $\phi_s(1-\varepsilon')$，反馈相位（如阶梯高 ϕ_f）变为 $\phi_f(1-\varepsilon')$，2π 复位变为 $(\phi_f - 2\pi)(1-\varepsilon')$。此时，仍假定在 M 个完整解调时钟周期内没有产生复位，在第 $M+1$ 个完整解调时钟周期上产生一次复位，由于 $(M+1)\phi_f = 2\pi$ 和 $\phi_f + \phi_s = 0$ 同时成立，M 个完整解调时钟周期内的归一化输出信号变为

$$S'(t) = 1 + \cos[\phi_b + \phi_s(1-\varepsilon') + \phi_f(1-\varepsilon')] \tag{2.29}$$

复位期间的归一化输出信号 $S'_r(t)$ 变为

$$S'_r(t) = 1 + \cos[\phi_b + \phi_s(1-\varepsilon') + (\phi_f - 2\pi)(1-\varepsilon')] \tag{2.30}$$

由此得到的平均误差 $\langle \Delta S(t) \rangle$ 为

$$\langle \Delta S(t) \rangle = \frac{M[S(t) - S'(t)] + [S_r(t) - S'_r(t)]}{M+1} = \frac{2\pi\varepsilon'}{M+1} \cdot \sin\phi_b = \phi_f \varepsilon' \cdot \sin\phi_b$$

$$(2.31)$$

产生的标度因数的非线性误差为

$$\frac{\langle \Delta S(t) \rangle}{\pi} = \frac{\phi_f \sin\phi_b}{\pi} \cdot \varepsilon' = -\frac{\phi_s \sin\phi_b}{\pi} \cdot \varepsilon' \qquad (2.32)$$

这是一种正比于波长变化 ε' 的标度因数误差。因此,波长稳定性认为是掺铒光纤光源的最重要的设计指标。

如前所述,宽带掺铒 ASE 光源的输出光谱和波长稳定性依赖于泵浦功率、铒纤长度和环境温度,可以简单理解为掺铒 ASE 的 1530nm 主吸收峰和 1550 ~ 1560nm 的侧峰(较平坦时或称为侧翼)之间的竞争引起。其中,任何一个峰的相对强度变化都会对平均波长产生重要影响。要实现 1ppm 的平均波长稳定性,必须通过光谱滤波来稳定光谱。在输出端的探测器前面采用一个光谱稳定的窄带光学滤波器对光波进行光谱滤波来提高波长稳定性是最简单的方法(图 2.23)。由于宽带光源的每个辐射波长都是独立的行为,这种方法等效于陀螺实际光谱为光源辐射谱和滤波器透射谱的乘积。假定参考滤波器具有稳定的透射谱,实际光谱的稳定性的改进因子为光源谱宽与滤波器响应宽度比值 r_s 的平方。当然,其缺点是探测器的接收功率减少为 $1/r_s$。这就说明,可以采用光谱较窄的宽带光源来提高波长稳定性,同时采用大功率光源来提高信噪比。本章的分析还表明,光谱不对称性也对闭环光纤陀螺标度因数产生影响。图 2.24 所示为法国 iXBlue 公司采用光纤 Bragg 光栅进行光谱滤波的实际例子。采用光纤 Bragg 光栅进行光谱滤波后,生成谱是一个准矩形光谱,实际谱宽仅为 5nm。2014 年,iXBlue 公司报道的潜艇应用光纤陀螺,到达探测器的光功率为 160μW,假定其光纤长度为 5 ~ 10km,光路总的损耗为 23 ~ 26dB,则估计其光源输出功率为 32 ~ 64mW。采用大功率宽带光源、控制光谱宽度或采用光谱滤波技术(辅以强度噪声抑制技术)是甚高精度光纤陀螺的基本途径。

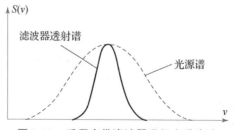

图 2.23 采用窄带滤波器进行光谱滤波

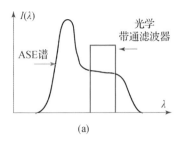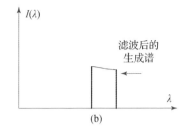

图 2.24　采用光纤 Bragg 光栅进行光谱滤波

需要说明的是,光纤陀螺的 Sagnac 标度因数实质上与到达光探测器的光波波长有关,也即与整个光路的透射传输谱有关,因此,掺铒光纤光源的波长稳定滤波设计放置在光探测器前面的光纤陀螺输出端,效果可能会更好。

2.1.6　采用波长基准的宽带光源长期波长稳定性的测试方法

对于长航时舰船应用的高精度光纤陀螺来说,宽带光源的长期波长稳定性可能会优于目前商用光谱分析仪（Optical Spectrum Analyzer, OSA）的长期波长稳定性,这限制了利用光谱分析仪对高稳定宽带光源平均波长长期漂移的评估。为了修正光谱分析仪自身的长期涨落,可以采用图 2.25 所示的方案,引入一个基准波长,对光谱分析仪标校。基准波长可以采用窄线宽、带温控的分布反馈式激光器（Distributed Feedback Laser, DFB）,激光波长的温度稳定性应优于 0.001nm。在光谱分析仪的光谱显示屏上,这个波长基准叠加在宽带光源的光谱上,为光谱分析仪波长标定提供一个绝对校准。光谱分析仪实际读出的宽带光源平均波长与读出的基准波长的差值变化,反映的才是宽带光源平均波长的长期稳定性,因为基准波长的读出值假定包含了光谱分析仪自身的波长变化。

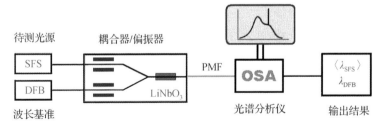

图 2.25　采用波长基准的宽带光源长期波长稳定性的测试装置

为了考察光谱分析仪给出的波长漂移是源于仪器自身还是源于被测器件,Park 等进行了一系列实验。首先,采用与基准激光器具有相似波长和稳定性的第二个 DFB 激光二极管（分别记为 DFB1 和 DFB2）取代 SFS 来检验这个问题。

图2.26示出了光谱分析仪同时记录的这两个激光器在48h内的平均波长变化。可以看出,两条曲线的共同特征为:①存在类似短期噪声的波长波动,峰峰振幅小于0.001nm(约为0.7ppm);②存在周期为3~4h、峰峰振幅为0.002nm(约1.4ppm)的准周期性波长振荡;③存在周期为24h、峰峰振幅为0.005nm(约3.5ppm)的全局准周期性波长振荡。

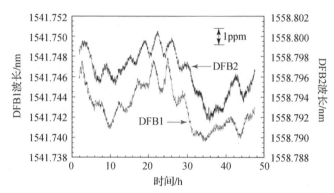

图2.26　采用图2.25所示装置记录的两个高稳定激光二极管在48h周期内的波长变化

第一项为波长的短期随机涨落,从幅值上看约0.5ppm。可能归因于激光器自身或光谱分析仪的稳定性,由于激光器通常比光谱分析仪稳定,后者存在短期随机波动的可能性更大。这种随机波动可以进行平均处理,对于评估宽带光源的长期波长稳定性影响不大。

第二项是周期为3~4h的波长振荡,其是光谱分析仪的固有漂移特征。Park还假定仪器自身的波长漂移是均匀的,模型如图2.27所示,也即对于任何一个波长,光谱分析仪都存在这样一个周期性漂移特征:涨落周期和振幅相当,但具有随机的相位。对于宽带光源,光谱分析仪读出的平均波长没有观察到这样一种周期性涨落,是因为宽带光源的光谱足够宽(谱宽通常大于10nm),这些涨落因相位不同被平均掉了。在激光器波长的光谱分析仪读出中,必须对这种周期性涨落进行平滑处理,才能作为波长基准。

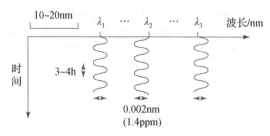

图2.27　光谱分析仪的固有周期性波长涨落的模型和机理:涨落振幅和周期大致相当,但相位不同

　　第三项是周期为 24h 的准周期性波长振荡（约 3.5ppm），直觉上应与室温变化引起的光谱分析仪波长漂移有关。为了确认这种温度依赖性，可以考察图 2.26 中两条曲线的相关性。对两条曲线用 ±3.5h 的时间窗口进行平滑，以消除 3～4h 的准周期性分量，平滑后的曲线示于图 2.28（DFB2 的曲线被平移 –17nm 放在 DFB1 曲线的附近）。显然可以看出，两个激光器的 24h 波长振荡是强相关的，显然存在着共同的起因。将 DFB2 换成宽带掺铒光纤光源，重复这一实验，用 ±3.5h 的时间窗口平滑后，DFB1 和宽带掺铒光纤光源的波长变化如图 2.29 所示，正如上文所料，宽带掺铒光纤光源波长随时间的漂移与基准波长的漂移曲线具有强相关性，这种长期漂移不是掺铒光纤光源自身的固有漂移，而是与室温变化引起的光谱分析仪的波长漂移有关，可以对宽带掺铒光纤光源波长随时间的漂移进行补偿，以排除光谱分析仪自身的漂移因素。对于图 2.29 所示的测量，补偿后宽带掺铒光纤光源的平均波长稳定性约为 ±0.5ppm。这大大提高了光谱分析仪测量宽带掺铒光纤光源平均波长时间稳定性的精度。

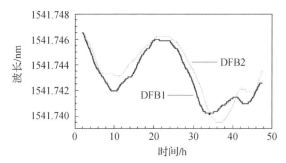

图 2.28　DFB1 和 DFB2 波长漂移的相关性：用 ±3.5h 的时间窗口对图 2.26 的 DFB1 和 DFB2 曲线进行平滑（DFB2 的曲线被平移 –17nm）

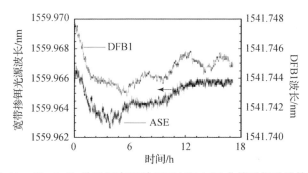

图 2.29　用 ±3.5h 的时间窗口对 DFB1 和 ASE 曲线进行平滑的结果

　　图 2.30 所示是按照上述方法实测的一例笔者自行研制的宽带掺铒光纤光源的平均波长漂移，测量时间大约 100h。可以看出，掺铒光纤光源的平均波长

漂移与 DFB 的平均波长漂移在很大程度上具有类似的同步漂移特性,这是测量所用的光谱分析仪引起的。扣除仪器的波长漂移,掺铒光纤光源的波长稳定性约为 ±0.8ppm。

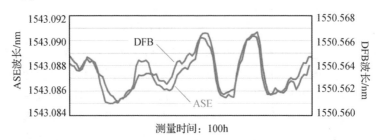

图 2.30　采用波长基准测量自研 ASE 光源的波长稳定性的测量结果

2.1.7　宽带光纤光源光谱特性对光纤陀螺性能的影响

宽带掺铒光纤光源是基于掺铒光纤中放大的自发辐射效应的一种光源,具有输出功率大、波长稳定性好等优点,更适合于中高精度光纤陀螺。描述宽带光源光谱特性的参数包括平均波长、光谱宽度、光谱形状、光谱调制度(纹波)、光谱(频域)不对称度等。本节运用相干光理论,在考察光谱形状和光相干函数精细结构的基础上,综合评价宽带光源的光谱特性以及对光纤陀螺零偏性能和标度因数性能的影响。

如前所述,光纤陀螺所用的宽带掺铒光纤光源大多为高斯型光谱或矩形光谱,理想的高斯型光谱和矩形光谱为对称性光谱,通过对掺铒光纤光源的光谱进行滤波来实现。

2.1.7.1　高斯型光谱及其相干函数

频域高斯型光谱的归一化功率谱密度 p_ν 可以表示成

$$p_\nu = \frac{1}{\sqrt{2\pi}\cdot\sqrt{2}\Delta\nu}e^{-\frac{(\nu-\nu_0)^2}{2(\sqrt{2}\Delta\nu)^2}} = \frac{1}{\sqrt{2\pi}\cdot\sqrt{2}\Delta\nu}e^{-\frac{(\nu-\nu_0)^2}{4(\Delta\nu)^2}} \qquad (2.33)$$

式中:$\Delta\nu$ 为高斯型光谱的 1σ 均方根半宽,与频域高斯型谱的半最大值全宽 $\Delta\nu_{FWHM}$(3dB 谱宽)的关系为

$$e^{-\frac{(\Delta\nu_{FWHM}/2)^2}{4(\Delta\nu)^2}} = \frac{1}{2} \qquad (2.34)$$

两边取对数并化简,得

$$\Delta\nu_{FWHM} = 4\sqrt{\ln2}\cdot\Delta\nu \approx 3.33\Delta\nu \qquad (2.35)$$

将式(2.35)代入式(2.33),得到用 $\Delta\nu_{FWHM}$ 表征的高斯型归一化功率谱密度为

$$p_\nu = \frac{1}{\sqrt{2\pi}\frac{\Delta\nu_{FWHM}}{2\sqrt{2\ln 2}}} e^{-\frac{(\nu-\nu_0)^2}{2\left(\frac{\Delta\nu_{FWHM}}{2\sqrt{2\ln 2}}\right)^2}} \tag{2.36}$$

这是一个关于中心频率 ν_0 对称的中心型偶数功率谱密度。

由 $\lambda_0\nu = c$，得到 $\nu = c/\lambda_0$，$\Delta\nu = c\Delta\lambda/\lambda_0^2$，代入 p_ν，得到空间域的归一化功率谱密度 p_λ 为

$$p_\lambda = \frac{\lambda_0^2}{\sqrt{2\pi}\cdot\sqrt{2}c\Delta\lambda} e^{-\frac{\left(\frac{\lambda_0}{\lambda}\right)^2(\lambda-\lambda_0)^2}{4(\Delta\lambda)^2}} \tag{2.37}$$

对于宽带掺铒光纤光源（对其他宽带光源也适合），由于在 ASE 的 $1520 \sim 1560\mathrm{nm}$ 范围内，$\lambda_0/\lambda \approx 1$，因而式（2.37）可以简化为

$$p_\lambda = \frac{\lambda_0^2}{\sqrt{2\pi}\cdot\sqrt{2}c\Delta\lambda} e^{-\frac{(\lambda-\lambda_0)^2}{4(\Delta\lambda)^2}} \tag{2.38}$$

也就是说，频域高斯型光谱近似对应着空间域高斯型光谱。

空间域高斯型光谱的半最大值全宽 $\Delta\lambda_{FWHM}$ 满足：

$$e^{-\frac{(\Delta\lambda_{FWHM}/2)^2}{4(\Delta\lambda)^2}} = \frac{1}{2} \tag{2.39}$$

两边取对数并化简，得

$$\Delta\lambda_{FWHM} = 4\sqrt{\ln 2}\cdot\Delta\lambda \approx 3.33\Delta\lambda \tag{2.40}$$

将式（2.40）代入式（2.38），有

$$p_\lambda = \frac{1}{\sqrt{2\pi}\frac{c\Delta\lambda_{FWHM}}{2\sqrt{2}\sqrt{\ln 2}\lambda_0^2}} e^{-\frac{(\lambda-\lambda_0)^2}{2\left(\frac{c\Delta\lambda_{FWHM}}{2\sqrt{2}\sqrt{\ln 2}\lambda_0^2}\right)^2}} \tag{2.41}$$

式中：

$$\Delta\nu_{FWHM} = \frac{c\Delta\lambda_{FWHM}}{\lambda_0^2} \tag{2.42}$$

由式（2.33），高斯型光谱的相干函数 $\gamma_c(\tau)$ 为

$$\gamma_c(\tau) = \int_{-\infty}^{\infty} p_\nu \cdot e^{i2\pi\nu\tau} d\nu = \int_{-\infty}^{\infty} \frac{1}{\sqrt{2\pi}\cdot\sqrt{2}\Delta\nu} e^{-\frac{(\nu-\nu_0)^2}{4(\Delta\nu)^2}} \cdot e^{i2\pi\nu\tau} d\nu$$

$$= e^{-(2\pi\Delta\nu\tau)^2} \cdot e^{i2\pi\nu_0\tau} \tag{2.43}$$

式中：τ 为纯时间延迟（注意，本节定义的 τ 应与其他章节定义的光纤线圈传输时间 τ 区别开来），$\gamma_c(\tau)$ 的包络 $e^{-(2\pi\Delta\nu\tau)^2}$ 反映了高斯型光谱的时间相干性。由 $\gamma_c(\tau)$ 包络的指数衰减特征可知，高斯型光谱的相干函数随时间延迟 τ 迅速衰减，没有较高阶的相干峰，这对抑制光纤陀螺的相干噪声具有优势。典型高斯

型光谱曲线 $p_\nu - \nu$ 及其对应的相干函数曲线 $\gamma_c(\tau)$ 如图 2.31 所示。高斯型光谱的相干时间 τ_c 定义为

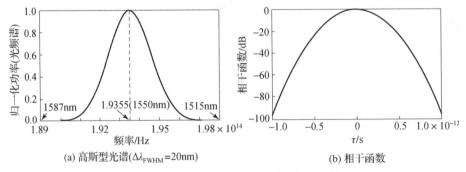

(a) 高斯型光谱($\Delta\lambda_{FWHM} = 20nm$) (b) 相干函数

图 2.31 典型宽带光源的光谱和相干函数

$$\tau_c^2 = \frac{\int_{-\infty}^{\infty} \tau^2 |\gamma_c(\tau)|^2 d\tau}{\int_{-\infty}^{\infty} |\gamma_c(\tau)|^2 d\tau} = \frac{\int_{-\infty}^{\infty} \tau^2 e^{-2(2\pi\Delta\nu\tau)^2} d\tau}{\int_{-\infty}^{\infty} e^{-2(2\pi\Delta\nu\tau)^2} d\tau} = \frac{1}{4(2\pi\Delta\nu)^2} \quad (2.44)$$

也即

$$\tau_c \cdot \Delta\nu = \frac{1}{4\pi} \quad (2.45)$$

将式(2.45)代入 $\gamma_c(\tau)$ 得到高斯型谱的时间相干函数为

$$\gamma_c(\tau) = e^{-\frac{1}{4}\left(\frac{\tau}{\tau_c}\right)^2} \quad (2.46)$$

当 $\tau = \tau_c$ 时,则有

$$\gamma_c(\tau_c) = e^{-\frac{1}{4}} \approx 0.8 \quad (2.47)$$

也即延迟时间等于相干时间 τ_c 时,干涉条纹的干涉对比度仍达到接近 80%。

再看由 $\Delta\nu_{FWHM}$ 确立的延迟时间 $\tau = 1/\Delta\nu_{FWHM}$,由式(2.35),代入 $\gamma_c(\tau)$,有

$$\gamma_c(1/\Delta\nu_{FWHM}) = e^{-\frac{1}{4}\left(\frac{\pi}{\sqrt{\ln 2}}\right)^2} \approx 0.028 \quad (2.48)$$

这意味着,$\tau = 1/\Delta\nu_{FWHM}$ 可以作为光波失去相干性的时间标志,此时干涉对比度降为 2.8%,因此,去相干时间 τ_{dc} 可以定义为

$$\tau_{dc} = \frac{1}{\Delta\nu_{FWHM}} \quad (2.49)$$

事实上,在许多文献中仍将式(2.49)定义为相干时间,可以认为这是一种非常保守、不甚严谨的定义。

2.1.7.2 矩形光谱及其相干函数

理想频域矩形光谱如图 2.32 所示,其归一化功率谱密度 p_ν 可以表示为

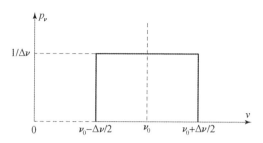

图 2.32　频域归一化理想矩形光谱

$$p_\nu = \begin{cases} \dfrac{1}{\Delta\nu}, & \nu_0 - \dfrac{\Delta\nu}{2} < \nu < \nu_0 + \dfrac{\Delta\nu}{2} \\ 0, & 其他 \end{cases} \tag{2.50}$$

式中：ν_0 为中心（光）频率；$\Delta\nu$ 为频域矩形光谱的宽度。注意，对于理想的矩形光谱，$\Delta\nu = \Delta\nu_{\mathrm{FWHM}}$。频域理想矩形光谱的自相关函数 $\gamma_c(\tau)$ 为

$$\gamma_c(\tau) = \int_{\nu_0 - \frac{\Delta\nu}{2}}^{\nu_0 + \frac{\Delta\nu}{2}} \frac{1}{\Delta\nu} \mathrm{e}^{\mathrm{i}2\pi\nu\tau} \mathrm{d}\nu = \mathrm{e}^{\mathrm{i}2\pi\nu_0\tau} \frac{\sin(\pi\Delta\nu\tau)}{\pi\Delta\nu\tau} = \mathrm{e}^{\mathrm{i}2\pi\nu_0\tau} \cdot \mathrm{sinc}(\pi\Delta\nu\tau)$$

$$\tag{2.51}$$

频域理想矩形光谱的相干函数曲线 $|\gamma_c(\tau)| - \tau$ 如图 2.33 所示。可以看出，谱密度仍关于某个频率 ν_0 对称，但 $\gamma_c(\tau)$ 在某些 τ 上为零。由于 sinc 函数的周期性，在相干函数 $|\gamma_c(\tau)|$ 的主峰两侧，随着 τ 的增加，存在大量周期性的次峰，次峰之间的周期为 $1/\Delta\nu$，其中第一个次峰的高度为 $2/3\pi$（约 $-6.7\mathrm{dB}$），第 n 个次峰高度为 $2/(2n+1)\pi$。n 个次峰构成的包络导致 $|\gamma_c(\tau)|$ 曲线下的面积增加，由下一节可知，谱宽同为 $\Delta\lambda_{\mathrm{FWHM}} = 20\mathrm{nm}$ 时矩形光谱的相干性是高斯型的 $1/0.66 \approx 1.5$ 倍。对于相同 $\Delta\lambda_{\mathrm{FWHM}}$ 的矩形和高斯型光谱，采用矩形谱宽带光源的光纤陀螺将具有较大的相干噪声。

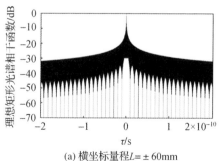

(a) 横坐标量程 $L = \pm 60\mathrm{mm}$

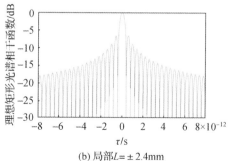

(b) 局部 $L = \pm 2.4\mathrm{mm}$

图 2.33　理想矩形光谱（$\Delta\lambda_{\mathrm{FWHM}} = 20\mathrm{nm}$）的自相关函数

2.1.7.3 光谱调制度对光纤陀螺零偏性能的影响

除了宽带光源的谱宽 $\Delta\lambda_{\text{FWHM}}$ 对光纤陀螺性能有影响,还有一个光谱特性必须引起足够重视,这就是宽带光源的光谱调制度(纹波),也称为残余谱调制,它反映了宽带光源有源区域内的微弱激射现象,尤其是发光功率较高的器件。残余谱调制在相干函数中导致寄生的次相干峰,即"二阶相干效应"。

对于高斯型光谱,由式(2.33),含有谱调制的高斯型谱的归一化功率谱密度 p_ν^m 可以近似表示为

$$p_\nu^m = \frac{1}{\sqrt{2\pi}\cdot\sqrt{2}\Delta\nu}\mathrm{e}^{-\frac{(\nu-\nu_0)^2}{4(\Delta\nu)^2}}\cdot\left\{1+m\cdot\cos\left[2n\pi\frac{\nu-\nu_0}{\Delta\nu}\right]\right\} \tag{2.52}$$

式中:m、n 为与谱调制有关的参数,m 表征谱调制的相对幅值,n 表征谱调制的周期。含有谱调制的高斯型谱的相干函数 $\gamma_c^m(\tau)$ 为

$$\gamma_c^m(\tau) = \int_{-\infty}^{\infty}\frac{1}{\sqrt{2\pi}\cdot\sqrt{2}\Delta\nu}\mathrm{e}^{-\frac{(\nu-\nu_0)^2}{4(\Delta\nu)^2}}\left\{1+m\cdot\cos\left[2n\pi\frac{\nu-\nu_0}{\Delta\nu}\right]\cdot\mathrm{e}^{\mathrm{i}2\pi\nu\tau}\mathrm{d}\nu\right.$$

$$= \mathrm{e}^{-(2\pi\Delta\nu\tau)^2}\cdot\mathrm{e}^{\mathrm{i}2\pi\nu_0\tau}+\frac{1}{2}m\cdot\mathrm{e}^{\mathrm{i}2\pi\nu_0\tau}\left\{\mathrm{e}^{-4\pi^2(n+\Delta\nu\tau)^2}+\mathrm{e}^{-4\pi^2(n-\Delta\nu\tau)^2}\right\} \tag{2.53}$$

因而,归一化后:

$$\frac{|\gamma_c^m(\tau)|}{|\gamma_c^m(0)|} = \frac{\mathrm{e}^{-(2\pi\Delta\nu\tau)^2}+\frac{1}{2}m\cdot\left\{\mathrm{e}^{-4\pi^2(n+\Delta\nu\tau)^2}+\mathrm{e}^{-4\pi^2(n-\Delta\nu\tau)^2}\right\}}{1+m\cdot\mathrm{e}^{-4n^2\pi^2}} \tag{2.54}$$

含有谱调制的频域高斯型光谱的相干函数如图 2.34 所示。谱调制导致寄生的次相干峰,$m = 2\%$(谱调制约为 0.088dB)时,次相干峰约为 −20dB。次相干峰幅值与谱调制相对幅值 m 的关系如图 2.35 所示。这种二阶次相干峰的强度由谱调制深度决定。

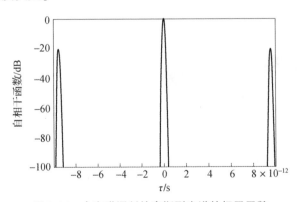

图 2.34　含有谱调制的高斯型光谱的相干函数

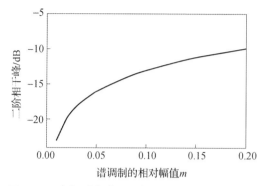

图 2.35　高斯型光谱二阶相干峰幅值与 m 的关系

对于矩形光谱，含有谱调制的矩形光谱的归一化功率谱密度 p_ν^m 可以表示为

$$p_\nu^m = \begin{cases} \dfrac{1}{\Delta\nu}\left\{1 + m \cdot \cos\left[2n\pi\dfrac{\nu - \nu_0}{\Delta\nu}\right]\right\}, & \nu_0 - \dfrac{\Delta\nu}{2} < \nu < \nu_0 + \dfrac{\Delta\nu}{2} \\ 0, & \text{其他} \end{cases} \tag{2.55}$$

其相干函数 $\gamma_c^m(\tau)$ 为

$$\begin{aligned} \gamma_c^m(\tau) &= \int_{\nu_0 - \frac{\Delta\nu}{2}}^{\nu_0 + \frac{\Delta\nu}{2}} \frac{1}{\Delta\nu}\left\{1 + m \cdot \cos\left[2n\pi\frac{\nu - \nu_0}{\Delta\nu}\right]\right\} \cdot e^{i2\pi\nu\tau}\,d\nu \\ &= \mathrm{sinc}(\pi\Delta\nu\tau) \cdot e^{i2\pi\nu_0\tau} + \frac{m}{2}\left\{\mathrm{sinc}\left[2\pi\left(\frac{n}{\Delta\nu} - \tau\right)\frac{\Delta\nu}{2}\right]\right. \\ &\quad \left. + \mathrm{sinc}\left[2\pi\left(\frac{n}{\Delta\nu} + \tau\right)\frac{\Delta\nu}{2}\right]\right\} \cdot e^{i2\pi\nu_0\tau} \end{aligned} \tag{2.56}$$

归一化后：

$$\frac{|\gamma_c^m(\tau)|}{|\gamma_c^m(0)|} = \left|\mathrm{sinc}(\pi\Delta\nu\tau) + \frac{m}{2}\left\{\mathrm{sinc}\left[2\pi\left(\frac{n}{\Delta\nu} - \tau\right)\frac{\Delta\nu}{2}\right] + \mathrm{sinc}\left[2\pi\left(\frac{n}{\Delta\nu} + \tau\right)\frac{\Delta\nu}{2}\right]\right\}\right| \tag{2.57}$$

含有谱调制的矩形光谱及其相干函数分别如图 2.36 和图 2.37 所示。如前所述，由于矩形光谱 sinc 相干函数的周期性，在相干函数 $|\gamma_c(\tau)|$ 的主峰两侧，随着 τ 的增加，存在大量周期性的次峰。存在谱调制的情况下，次峰的包络几乎掩没了谱调制产生的二阶相干峰。也就是说，对于相同的谱宽 $\Delta\lambda_{\mathrm{FWHM}}$，矩形光谱的相干性比相同谱宽的高斯型高 1.5 倍，远比谱调制产生的二阶相干峰问题严重，因此，高精度光纤陀螺应考虑慎用矩形宽带光源。

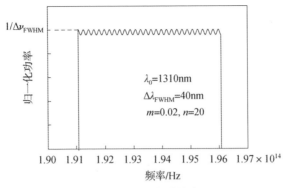

图 2.36 含有谱调制的矩形光谱仿真 ($\Delta\nu = \Delta\nu_{FWHM}$)

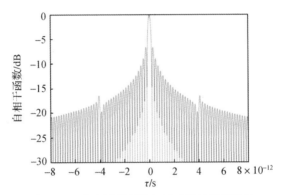

图 2.37 含有谱调制的矩形光谱的相干函数

二阶相干峰的存在会引起光纤陀螺的相位误差,进而影响光纤陀螺的精度。考虑光纤陀螺保偏光纤线圈中的偏振交叉耦合波的情况:在光纤线圈中任一点 A 处由主偏振模式耦合到正交偏振模式中的少量光波,在点 B 处重新耦合回主偏振模式中;如果该交叉耦合波因这段传输距离产生的相对主波的光程差正好等于二阶次相干峰的光程差,则该交叉耦合波仍然与主波发生干涉,干涉对比度由二阶次相干峰的幅值(高度)决定。在保偏光纤中,偏振交叉耦合具有分布式特点,点 A 处产生的交叉耦合波应视为以 A 点为中心的一段消偏长度上的平均偏振交叉耦合。在光纤陀螺中,满足二阶次相干的偏振交叉耦合点的数量 M 为

$$M = \frac{L - (L_A - L_B)}{L_d} \tag{2.58}$$

式中:L 为光纤线圈长度;($L_A - L_B$) 为 A、B 两点之间的距离,对应着满足二阶次相干的光程差;L_d 为保偏光纤的消偏长度。

如前所述,对于高斯型光谱,将去相干时间定义为 $\tau_{dc} = 1/\Delta\nu_{FWHM}$,此时

$\gamma_c(\tau_{dc}) \approx 0.028$，可以作为光波失去相干性的时间标志。相应的去相干长度 $L_{dc} = c \cdot \tau_{dc}$。另外，消偏长度定义为主偏振模式和正交偏振模式的波列在保偏光纤中传播过程因折射率不同而产生光程差导致波列不再重叠所需的光纤长度。设光纤折射率为 n_F，由于一个模式的累积光程为 $n_F L_d$，另一个模式的累积光程为 $(n_F + \Delta n_b) L_d$，则有

$$(n_F + \Delta n_b) L_d - n_F L_d = \Delta n_b L_d = L_{dc} \tag{2.59}$$

于是消偏长度 L_d 满足

$$\frac{L_d}{L_{dc}} = \frac{1}{\Delta n_b} = \frac{L_b}{\lambda_0} \tag{2.60}$$

式中：L_b 为保偏光纤的拍长，$L_b = \lambda_0 / \Delta n_b$，$\Delta n_b$ 为保偏光纤的双折射（两个正交偏振模式的折射率差）。

满足二阶次相干条件的每一个偏振交叉耦合波与主波的干涉光强可以表示为

$$I_{out} = \langle (E_{cw} + E_{ccw} + E_{cross})^* (E_{cw} + E_{ccw} + E_{cross}) \rangle$$

$$= \left\langle \left(\frac{E_0}{\sqrt{2}} e^{i\frac{\phi_s}{2}} + \frac{E_0}{\sqrt{2}} e^{-\frac{\phi_s}{2}} + \frac{E_0}{\sqrt{2}} k_A k_B e^{-i\left(\frac{\phi_s}{2} + \phi_j\right)} \right)^* \left(\frac{E_0}{\sqrt{2}} e^{i\frac{\phi_s}{2}} + \frac{E_0}{\sqrt{2}} e^{-i\frac{\phi_s}{2}} + \frac{E_0}{\sqrt{2}} k_A k_B e^{-i\left(\frac{\phi_s}{2} + \phi_j\right)} \right) \right\rangle$$

$$\tag{2.61}$$

式中：E_{cw} 和 E_{ccw} 分别为顺时针和逆时针主偏振模式的光场；E_{cross} 为（耦合到主偏振模式中的）偏振交叉耦合光场。产生的相位误差可以表示为

$$\phi_{ej} = \arctan \left(\frac{E_0^2 k_A k_B \gamma' \sin\phi_j}{E_0^2 + E_0^2 k_A k_B \gamma' \sin\phi_j} \right) \approx k_A k_B \gamma' \sin\phi_j \tag{2.62}$$

式中：ϕ_s 为旋转引起的 Sagnac 相移，$j = 1, 2, \cdots, M$；k_A、k_B 分别为 A、B 两点的振幅型偏振交叉耦合系数（假定 $k_A = k_B$）；ϕ_j 为第 j 个偏振交叉耦合波相对主波的寄生相位；γ' 为二阶次相干峰的幅值（高度）。由于偏振交叉耦合波的统计特性，ϕ_j 在 $[0, 2\pi]$ 之间均匀分布，因此，总的相位误差 ϕ_e 的平均值为零，其均方差等于每个 ϕ_{ej} 的均方差 σ_{ej}^2 之和：

$$\sigma_e^2 = \sum_{j=1}^{M} \sigma_{ej}^2 \approx \frac{1}{2} M \cdot k_A^2 \cdot k_B^2 \cdot \gamma'^2 \tag{2.63}$$

二阶次相干峰引起的相位噪声为

$$\sigma_e = \sqrt{\frac{M}{2}} k_A k_B \gamma' \tag{2.64}$$

假定光源 $\Delta \nu_{FWHM} = 40 nm$，$\lambda_0 = 1550 nm$，则 $L_{dc} = 6 \times 10^{-5} m$。保偏光纤取 $\Delta n_b = 5 \times 10^{-4}$，则消偏长度 $L_d = L_{dc} / \Delta n_b = 12 cm$。对于 $L = 1500 m$ 的光纤线圈，消光比 25dB，则保偏光纤 h 参数为 $h = 2.1 \times 10^{-6} / m$，$M = 1500 / 0.24 = 6250$。

由此得

$$k_A = k_B = \sqrt{hL_d} = (2.1 \times 10^{-6} \times 0.12)^{1/2} \approx 5 \times 10^{-4}$$

取 $\gamma' = 10^{-2}(-20\text{dB})$，得

$$\sigma_e = \sqrt{\frac{6250}{2}} \times 2.1 \times 10^{-6} \times 0.12 \times 10^{-2} \approx 1.4 \times 10^{-7} \text{rad}$$

假定环圈直径 $D = 80\text{mm}$，产生的等效角速率误差为 $\Omega_e \approx 0.02°/\text{h}$。二阶次相干峰引起的相位噪声类似于相干背向散射噪声，理论上是一种白噪声，但有学者认为，其统计特性可能介于白噪声和 $1/f$ 噪声之间，因此二阶相干峰的存在会影响中高精度光纤陀螺的性能。

2.1.7.4　光谱不对称性对光纤陀螺标度因数性能的影响

对称性光谱可以得到一个关于中心频率 ν_0 对称的中心型偶数功率谱密度，并进而得到一个实相干函数 γ_c。对于不对称性光谱，中心型功率谱密度可以分解为一个偶数谱密度和一个奇数谱密度之和，即

$$\gamma_c(\tau) = \gamma_{ce} - i \cdot \gamma_{co} = |\gamma_c(\tau)| e^{-i\psi(\tau)} \tag{2.65}$$

式中：$|\gamma_c(\tau)| = \sqrt{\gamma_{ce}^2(\tau) + \gamma_{co}^2(\tau)}$；$\psi(\tau) = \arctan(\gamma_{co}/\gamma_{ce}) \approx \gamma_{co}/\gamma_{ce}$。

光纤陀螺的干涉输出因而可以表示为

$$I_{out} = I_0\{1 + |\gamma_c(\tau)|\cos[\phi_s + \psi(\tau)]\} \tag{2.66}$$

式中：ϕ_s 为 Sagnac 相移；I_0 为 Sagnac 干涉仪的输入光功率。任何 Sagnac 相移 ϕ_s 都可以用等效时间延迟 τ 表示为 $\phi = 2\pi\nu_0\tau$，其中 ν_0 为光波的平均频率，τ 是与 ϕ_s 对应的时间延迟。干涉输出用两束光波之间的等效相位差 $\phi = 2\pi\nu_0\tau$ 表示时，则有

$$I_{out} = I_0\{1 + |\gamma_c(\tau)|\cos[\phi + \psi(\phi)]\} \tag{2.67}$$

可以看出，光谱不对称性在光纤陀螺输出中产生一个与输入 ϕ（如旋转引起的 Sagnac 相移）有关的相位误差 $\psi(\phi)$，这会对光纤陀螺的标度因数产生影响。

考虑干涉型闭环光纤陀螺中典型的四态方波调制，光纤陀螺的干涉输出可以表示为

$$I_{out}(t) = I_0\{1 + |\gamma_c[\phi_m(t)]|\cos[\Delta\phi_m(t) + \phi_s + \phi_f + \psi(\phi)]\} \tag{2.68}$$

闭环状态下，$\phi_s + \phi_f$ 非常小，由式（2.67），每一态的解调结果为

$$I_{out}^{(1)}(t) = I_0\{1 + |\gamma_c(\phi_b)|[\cos\phi_b - (\phi_s + \phi_f + \psi(\phi_b))\sin\phi_b]\} \tag{2.69}$$

$$I_{out}^{(2)}(t) = I_0\{1 + |\gamma_c(a\phi_b)|[\cos(a\phi_b) - (\phi_s + \phi_f + \psi(\phi_b))\sin(a\phi_b)]\} \tag{2.70}$$

$$I_{out}^{(3)}(t) = I_0\{1 + |\gamma_c(\phi_b)|[\cos\phi_b + (\phi_s + \phi_f + \psi(\phi_b))\sin\phi_b]\} \tag{2.71}$$

$$I_{\text{out}}^{(4)}(t) = I_0 \{ 1 + |\gamma_{\text{c}}(a\phi_{\text{b}})| [\cos(a\phi_{\text{b}}) + (\phi_{\text{s}} + \phi_{\text{f}} + \psi(\phi_{\text{b}})) \sin(a\phi_{\text{b}})] \}$$

$$(2.72)$$

式中：a 满足四态偏置条件 $(a+1)\phi_{\text{b}} = 2\pi$，$\phi_{\text{b}}$ 是偏置调制相位，并利用了 $|\gamma_{\text{c}}(\phi_{\text{b}})| = |\gamma_{\text{c}}(-\phi_{\text{b}})|$，$|\gamma_{\text{c}}(a\phi_{\text{b}})| = |\gamma_{\text{c}}(-a\phi_{\text{b}})|$，$\psi(-\phi_{\text{b}}) = -\psi(\phi_{\text{b}})$。
正、负采样相减得到光纤陀螺的解调输出为

$$I_{\text{out}}^{(1)}(t) - I_{\text{out}}^{(2)}(t) - I_{\text{out}}^{(3)}(t) + I_{\text{out}}^{(4)}(t) = -2I_0 [|\gamma_{\text{c}}(\phi_{\text{b}})| \sin\phi_{\text{b}} \\ + |\gamma_{\text{c}}(a\phi_{\text{b}})| \sin(a\phi_{\text{b}})] \cdot (\phi_{\text{s}} + \phi_{\text{f}}) \quad (2.73)$$

可以看出，工作在相位差为零的第一级干涉条纹上的干涉式光纤陀螺，光谱不对称性不产生相位误差。

为了考察光谱不对称性对闭环光纤陀螺标度因数的影响，需要研究光谱不对称性引起的调制通道的等效增益变化。将式（2.67）重新写为

$$I_{\text{out}}(t) = I_0 \{ 1 + \gamma_{\text{ce}}[\phi_{\text{m}}(t)] \cos[\Delta\phi_{\text{m}}(t) + \phi_{\text{s}} + \phi_{\text{f}}] \\ + \gamma_{\text{co}}[\phi_{\text{m}}(t)] \sin[\Delta\phi_{\text{m}}(t) + \phi_{\text{s}} + \phi_{\text{f}}] \} \quad (2.74)$$

式（2.67）中的 $\psi(\phi)$ 对标度因数影响极小，在式（2.74）中被忽略。考虑采用宽带光源的 Sagnac 干涉仪的有限相干性，$\phi_{\text{s}} + \phi_{\text{f}} = 0$ 时，四态方波调制的两个重要参数 a、ϕ_{b} 应满足 $I_{\text{out}}(\pm\phi_{\text{b}}) = I_{\text{out}}(\pm a\phi_{\text{b}})$，因而有

$$\gamma_{\text{ce}}(\phi_{\text{b}})\cos\phi_{\text{b}} + \gamma_{\text{co}}(\phi_{\text{b}})\sin\phi_{\text{b}} = \gamma_{\text{ce}}(a\phi_{\text{b}})\cos(a\phi_{\text{b}}) + \gamma_{\text{co}}(a\phi_{\text{b}})\sin(a\phi_{\text{b}})$$

$$(2.75)$$

考虑典型的四态方波调制 $(\phi_{\text{b}}, a\phi_{\text{b}}, -a\phi_{\text{b}}, -\phi_{\text{b}})$，假定 Sagnac 相移 ϕ_{s} 非常小，每一态的解调结果为

$$I_{\text{out}}^{(1)}(t) = I_0 \{ 1 + \gamma_{\text{ce}}(\phi_{\text{b}}) [\cos\phi_{\text{b}} - (\phi_{\text{s}} + \phi_{\text{f}})\sin\phi_{\text{b}}] \\ + \gamma_{\text{co}}(\phi_{\text{b}}) [\sin\phi_{\text{b}} + (\phi_{\text{s}} + \phi_{\text{f}})\cos\phi_{\text{b}}] \} \quad (2.76)$$

$$I_{\text{out}}^{(2)}(t) = I_0 \{ 1 + \gamma_{\text{ce}}(a\phi_{\text{b}}) [\cos(a\phi_{\text{b}}) - (\phi_{\text{s}} + \phi_{\text{f}})\sin(a\phi_{\text{b}})] \\ + \gamma_{\text{co}}(a\phi_{\text{b}}) [\sin(a\phi_{\text{b}}) + (\phi_{\text{s}} + \phi_{\text{f}})\cos(a\phi_{\text{b}})] \} \quad (2.77)$$

$$I_{\text{out}}^{(3)}(t) = I_0 \{ 1 + \gamma_{\text{ce}}(a\phi_{\text{b}}) [\cos(a\phi_{\text{b}}) + (\phi_{\text{s}} + \phi_{\text{f}})\sin(a\phi_{\text{b}})] \\ + \gamma_{\text{co}}(a\phi_{\text{b}}) [\sin(a\phi_{\text{b}}) - (\phi_{\text{s}} + \phi_{\text{f}})\cos(a\phi_{\text{b}})] \} \quad (2.78)$$

$$I_{\text{out}}^{(4)}(t) = I_0 \{ 1 + \gamma_{\text{ce}}(\phi_{\text{b}}) [\cos\phi_{\text{b}} + (\phi_{\text{s}} + \phi_{\text{f}})\sin\phi_{\text{b}}] \\ + \gamma_{\text{co}}(\phi_{\text{b}}) [\sin\phi_{\text{b}} - (\phi_{\text{s}} + \phi_{\text{f}})\cos\phi_{\text{b}}] \} \quad (2.79)$$

其中利用了函数的奇偶性 $\gamma_{\text{ce}}(-\phi_{\text{b}}) = \gamma_{\text{ce}}(\phi_{\text{b}})$，$\gamma_{\text{co}}(-\phi_{\text{b}}) = -\gamma_{\text{co}}(\phi_{\text{b}})$，$\gamma_{\text{ce}}(-a\phi_{\text{b}}) = \gamma_{\text{ce}}(a\phi_{\text{b}})$，$\gamma_{\text{co}}(-a\phi_{\text{b}}) = -\gamma_{\text{co}}(a\phi_{\text{b}})$。

事实上，全数字闭环光纤陀螺必须进行 2π 复位。假定在 M 个完整解调周期内没有产生复位，而在第 $M+1$ 个完整解调周期恰好产生一次复位。利用式（2.75），则 $\phi_{\text{s}} + \phi_{\text{f}} = 0$ 时，前 M 个时钟周期内调制通道的视在增益误差信号（解调序列为 "$+$，$-$，$-$，$+$"）为

$$I_{\text{out}}^{(1)}(t) - I_{\text{out}}^{(2)}(t) - I_{\text{out}}^{(3)}(t) + I_{\text{out}}^{(4)}(t) = 2I_0 \{ [\gamma_{\text{ce}}(\phi_b)\cos\phi_b$$
$$+ \gamma_{\text{co}}(\phi_b)\sin\phi_b] - [\gamma_{\text{ce}}(a\phi_b)\cos(a\phi_b) + \gamma_{\text{co}}(a\phi_b)\sin(a\phi_b)]\} = 0 \quad (2.80)$$

但在复位期间的 1 个时钟周期内,四态输出中的 ϕ_b 变为 $2\pi - \phi_b$,$a\phi_b$ 变为 $2\pi - a\phi_b$,则有

$$I_{\text{out}}^{(1)}(t) - I_{\text{out}}^{(2)}(t) - I_{\text{out}}^{(3)}(t) + I_{\text{out}}^{(4)}(t)$$
$$= 2I_0 \{ [\gamma_{\text{ce}}(2\pi - \phi_b)\cos\phi_b + \gamma_{\text{co}}(2\pi - \phi_b)\sin\phi_b]$$
$$- [\gamma_{\text{ce}}(2\pi - a\phi_b)\cos(a\phi_b) + \gamma_{\text{co}}(2\pi - a\phi_b)\sin(a\phi_b)]\} = \varepsilon_a \neq 0 \quad (2.81)$$

说明由于光谱不对称性,调制通道产生一个视在(伪)增益误差信号 ε_a,通过第二反馈回路导致对调制通道增益的"错误"调整。由式(2.81)可以看出,调制通道的视在(伪)增益误差信号 ε_a 不仅与相干函数的不对称分量 γ_{co} 有关,还与相干函数的对称分量 γ_{ce} 在两个相邻干涉条纹上的相干度差值有关。由于采用过调制技术($\phi_b > \pi/2$)时标度因数非线性误差正比于增益误差的平方,调制通道的这种视在(伪)增益变化可能对光纤陀螺的标度因数产生影响。

2.2　光纤敏感线圈

光纤线圈是光纤陀螺敏感载体角运动的核心元件。Sagnac 效应的检测基于这样一个事实:光纤线圈中两束反向传播光波之间的干涉相位应完全由旋转引起。在实际应用中,环境因素诸如温度、振动和机械或热应力等随时间的变化,会非均匀地作用于光纤线圈,引起两束反向传播光波之间光程变化的不对称性,使两束光波之间产生一个非互易相位误差,与旋转引起的 Sagnac 相移无法区分,构成光纤陀螺的偏置误差,称为 Shupe 误差。目前,消除这些环境扰动的常用方法是精密绕制具有特殊图样的光纤线圈,并对绕制图样进行固化,以增强光纤线圈的抗环境干扰能力。本节阐述了光纤线圈产生 Shupe 误差和标度因数误差的机理,详细讨论了光纤线圈的精密绕制和固化等相关技术与工艺。

2.2.1　高精度光纤陀螺对光纤线圈的性能要求

以精密级(0.001°/h)长航时高精度光纤陀螺为例,对光纤敏感线圈的基本要求大致如下:

(1)Shupe 系数:$< (0.05°/h)/(℃/min)$。

(2)不同温度段的 Shupe 系数一致性:$< (0.01°/h)/(℃/min)$。

(3)定温极差:$< 0.01°/h(-40 \sim +60℃)$。

(4)标度因数全温稳定性:$< 10\text{ppm}(-40 \sim +60℃)$。

（5）标度因数长期稳定性：<10ppm。

狭义的 Shupe 误差主要有两种类型：纤芯温度变化率（温度梯度）引起的 Shupe 效应和外界应力变化率（应力梯度）引起的 Shupe 效应。前者由纤芯温度变化通过光弹效应导致光纤折射率变化，在光纤线圈中产生非互易相移；后者由光纤涂层、固化胶体和线圈骨架等温度变化产生膨胀或收缩，对纤芯施加不均匀热应力，进而通过光弹效应导致光纤折射率变化，在光纤线圈中产生非互易相移。无论温度 Shupe 效应还是应力 Shupe 效应，本质上都是温度变化的结果，这两项 Shupe 效应之和构成了光纤陀螺 Shupe 误差的主要成分。纤芯温度变化率和横跨线圈的温度梯度由热传递方程决定，温度梯度的存在必然引起热传递，引起光纤线圈空间各点温度随时间的变化。因此，温度梯度引起的 Shupe 误差与温度变化率引起的 Shupe 误差是同一现象的两种表述。这种狭义的瞬态效应引起的 Shupe 误差一般用 Shupe 系数表示，通常与线圈的温度变化率成近似线性关系，是光纤陀螺偏置温度梯度灵敏度的直接表示，单位为（°/h）/（℃/min）。

线圈骨架、固化胶体与光纤之间的热膨胀系数不匹配，以及光纤涂层、固化胶体热胀冷缩引起的热应力，导致在光纤陀螺的工作温度范围内，当线圈温度达到稳定时，不同温度下的陀螺偏置不同。这种温度或热应力引起的偏置误差广义上也称为 Shupe 误差，与温度变化率引起的 Shupe 误差不同，它一般表现为线圈平均温度的线性函数。这种全温 Shupe 误差的峰峰值是组成陀螺定温极差的重要部分，而定温极差是评估光纤线圈温度特性的一项重要指标，它反映了光纤陀螺的偏置温度灵敏度，单位为（°/h）/℃。值得说明的是，除了线圈平均温度引起的 Shupe 偏置误差，实际中电路因素如探测器输出信号的尖峰脉冲不对称性也会引起光纤陀螺零偏随温度的变化，对定温极差产生重要影响。抑制尖峰脉冲是高精度光纤陀螺的关键技术之一，第 3 章还将详细讨论。

光纤陀螺标度因数稳定性包括两个方面：一是温度稳定性，与全温标度因数变化以及可补偿性有关，通常用补偿后的全温标度因数重复性表征；二是时间（长期）稳定性，表现为光纤陀螺生产、测试、高低温老化、储存（长期静置）、系统应用等历时性环节的标度因数变化。温度稳定性通常由光纤涂层、固化胶体或骨架等复合因素的全温热膨胀系数、模量及其变化对光纤纤芯施加的热应力引起，时间稳定性通常与高聚物材料如固化胶体或光纤涂层的长期应力松弛效应有关。一般陆用导航与定位系统要求全局（温度/时间）标度因数稳定性小于 20ppm，机载惯性导航系统要求标度因数稳定性小于 10ppm，精密级高精度光纤陀螺惯性导航系统则要求任务周期内的标度因数稳定性小于 1ppm，而甚高精度战略应用长航时光纤陀螺惯性导航系统标度因数稳定性小于 0.1ppm。总之,热应力引起标度因数的温度稳定性,应力松弛效应引起标度因数的时间稳定性,两者都与线圈固化胶体的黏弹特性有关,这需要通过胶体选型或优化胶体配方来优化固化后光纤线圈的热力学特性。

2.2.2 光纤陀螺中的 Shupe 效应

D. Shupe 在 1980 年首次提出,当一段光纤存在着时变的温度扰动时,除非这段光纤位于光纤中部,否则两束反向传播的干涉光波不会恰好同时受到扰动。这种位置不对称的环境温度变化或应力变化通过改变光纤的局域折射率在两束反向传播光波之间产生一个附加相移。当光纤陀螺线圈中存在位置不对称点的温度扰动或应力变化时,两束反向传播的光波在不同时刻经过这段光纤将产生一个非互易相移。该非互易相移与旋转引起的 Sagnac 相移无法区分,在光纤陀螺中将产生较大的偏置误差。这种由温度或应力引起的非互易性称为 Shupe 效应。之后,Shupe 效应作为光纤陀螺最主要的误差源引起国内外学者的关注,他们尝试通过光纤线圈绕制和固化技术抑制这一效应的研究一直持续至今。N. J. Frigo 在 1983 年理论分析了常规柱形(螺旋)绕法、双极及四极对称绕法的区别,并证明采用四极对称绕法可使 Shupe 误差减小三个数量级。此后,四极对称绕法作为主流的光纤线圈绕制方法得到了广泛应用和改进。美国 Honeywell 公司 1994 年报道了八极和十六极绕法的专利技术,1999 年又提出了交叉式的四极对称绕法。美国 Litton 公司还结合骨架匹配、胶体固化、线圈黏接等技术和工艺开展研究。除了特殊的对称绕制方法,一般来讲,对光纤线圈绕制的基本要求还包括:①光纤必须以非常小的张力绕制;②绕制过程中必须有足够的排纤精度,避免上一层光纤下陷到下一层光纤中;③绕制各层光纤的过渡不能在光纤中引入突然弯曲或应力突变;④最好采用正交方式绕制。为了满足这些要求,绕制设备、绕制工艺、固化胶体的性质和固化工艺等都是非常重要的。下面首先推导两种 Shupe 效应引起的非互易相位误差,为后面讨论光纤线圈精密对称绕制及固化工艺提供理论基础。

2.2.2.1 纤芯温度变化引起的 Shupe 误差

如图 2.38 所示,沿光纤线圈长度,位置 z 处的一小段光纤 δz 上累积的相位 $\delta \phi$ 为

$$\delta \phi = \frac{2\pi}{\lambda_0} n_F \delta z \qquad (2.82)$$

式中:n_F 为纤芯折射率;λ_0 为平均光波长。对于一个温度变化 dT,这个累积相位的变化为

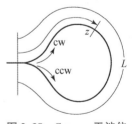

图 2.38 Sagnac 干涉仪

$$\frac{d(\delta\phi)}{dT} = \frac{2\pi}{\lambda_0}\left[\frac{dn_F}{dT}\cdot\delta z + n_F\cdot\frac{d(\delta z)}{dT}\right] = \frac{2\pi}{\lambda_0}\left[\frac{dn_F}{dT}\cdot\delta z + n_F\cdot\frac{1}{\delta z}\frac{d(\delta z)}{dT}\cdot\delta z\right]$$

$$(2.83)$$

其中,石英纤芯的热膨胀系数 α_{SiO_2} 定义为

$$\alpha_{SiO_2} = \frac{1}{\delta z}\frac{d(\delta z)}{dT}$$

$$(2.84)$$

将其代入式(2.83),得

$$d(\delta\phi) = \frac{2\pi}{\lambda_0}\left(\frac{dn_F}{dT} + n_F\cdot\alpha_{SiO_2}\right)dT\cdot\delta z$$

$$(2.85)$$

通常情况下,石英纤芯的热膨胀系数 $\alpha_{SiO_2} = 5.5\times10^{-7}/\mathrm{℃}$,石英折射率的温度依赖性 $dn_F/dT = 8.5\times10^{-6}/\mathrm{℃}$。

图 2.38 中,在位置 z 处,顺时针和逆时针光波之间的时间延迟 $\Delta t(z)$ 为

$$\Delta t(z) = \frac{L-z}{c/n_F} - \frac{z}{c/n_F} = \frac{L-2z}{c/n_F}$$

$$(2.86)$$

式中:L 为光纤线圈长度。在线圈的中点 $z = L/2$,$\Delta t(z) = 0$,在线圈的两端 $z = 0$ 和 $z = L$,$\Delta t(z) = n_F L/c$ 最大。

如果位置 z 处的温度变化率为 dT/dt,环形 Sagnac 干涉仪在该处一小段光纤 δz 上产生的非互易相位误差 $\delta\phi_e$ 为

$$\delta\phi_e(z) = \frac{2\pi}{\lambda_0}\left(\frac{dn_F}{dT} + n_F\cdot\alpha_{SiO_2}\right)\frac{dT(z)}{dt}\cdot\Delta t(z)\cdot\delta z$$

$$(2.87)$$

分析这一非互易相位误差在光纤线圈长度上的累加情况,最好的方法是考虑位于坐标 z 和 $L-z$ 两处的一对对称的光纤段。对于这样的一对光纤段,干涉仪中产生的非互易相位误差 $\delta\phi_{ep}$ 为

$$\delta\phi_{ep} = \delta\phi_e(z) + \delta\phi_e(L-z)$$

$$(2.88)$$

由此得

$$\delta\phi_{ep}(z) = \frac{2\pi}{\lambda_0}\left(\frac{dn_F}{dT} + n_F\cdot\alpha_{SiO_2}\right)\left[\frac{dT(z)}{dt}\cdot\frac{L-2z}{c/n_F} + \frac{dT(L-z)}{dt}\cdot\frac{L-2(L-z)}{c/n_F}\right]\cdot\delta z$$

$$= \frac{2\pi}{\lambda_0}\left(\frac{dn_F}{dT} + n_F\cdot\alpha_{SiO_2}\right)\left[\frac{dT(z)}{dt} - \frac{dT(L-z)}{dt}\right]\cdot\frac{L-2z}{c/n_F}\cdot\delta z \quad (2.89)$$

其中利用了:

$$L - 2(L-z) = -(L-2z)$$

$$(2.90)$$

对整个光纤线圈长度积分,得到纤芯温度变化率 dT/dt 引起的 Shupe 相位误差 ϕ_{e-T}:

$$\phi_{e-T} = \frac{2\pi}{\lambda_0}\left(\frac{dn_F}{dT} + n_F\cdot\alpha_{SiO_2}\right)\int_0^{L/2}\left[\frac{dT(z)}{dt} - \frac{dT(L-z)}{dt}\right]\frac{L-2z}{c/n_F}dz \quad (2.91)$$

这个结果很重要,它表明,纤芯温度变化率 dT/dt 引起的 Shupe 效应 ϕ_{e-T} 依赖于对称光纤段 z 和 $L-z$ 处的温度变化率之差,也即依赖于对称光纤段的残余温度变化率。换句话说,如果相对光纤中心位置对称的两段光纤上的温度变化率相同,则它们引起的非互易相位误差相互抵消。以上正是采用对称绕法抑制 Shupe 误差的理论依据。

2.2.2.2　外界应力变化引起的 Shupe 误差

纤芯自身温度变化率 dT/dt 引起的 Shupe 效应 ϕ_{e-T} 也可视为纤芯自身因热膨胀产生的热应力 σ_F 变化引起的 Shupe 效应,因为由式(2.85)可得:

$$\frac{d(\delta\phi)}{dT} = \frac{2\pi}{\lambda_0}\left(\frac{dn_F}{dT} + n_F \cdot \alpha_{SiO_2}\right) \cdot \delta z = \frac{2\pi}{\lambda_0}\left(\frac{dn_F}{dT} + n_F \cdot \frac{1}{E_{SiO_2}}\frac{d\sigma_F}{dT}\right) \cdot \delta z$$

$$= \frac{2\pi}{\lambda_0}\left(\frac{dn_F}{d\sigma_F}\frac{d\sigma_F}{dT} + n_F \cdot \frac{1}{E_{SiO_2}}\frac{d\sigma_F}{dT}\right) \cdot \delta z = \frac{2\pi}{\lambda_0}\left(\frac{dn_F}{d\sigma_F}\frac{1}{dT} + n_F \cdot \frac{1}{E_{SiO_2}}\frac{1}{dT}\right)d\sigma_F \cdot \delta z$$

$$\tag{2.92}$$

式中:E_{SiO_2} 为石英纤芯的弹性模量,且有

$$\frac{d\sigma_F}{dT} = \alpha_{SiO_2}E_{SiO_2} \tag{2.93}$$

因而得:

$$d(\delta\phi) = \frac{2\pi}{\lambda_0}\left(\frac{dn_F}{d\sigma_F} + \frac{n_F}{E_{SiO_2}}\right)d\sigma_F \cdot \delta z \tag{2.94}$$

式(2.85)与式(2.94)的比较表明,纤芯自身温度变化的影响等效于纤芯自身热应力变化的影响。如果将式(2.94)中的 σ_F 看成光纤涂层、固化胶、缓冲层、骨架等纤芯之外的线圈材料因素对纤芯施加的综合热应力 σ,则式(2.94)可写为

$$d(\delta\phi) = \frac{2\pi}{\lambda_0}\left(\frac{dn_F}{d\sigma} + \frac{n_F}{E}\right)d\sigma \cdot \delta z \tag{2.95}$$

式中:E 为纤芯外围涂层、固化胶、缓冲层、骨架等的等效弹性模量。同样地,沿整个光纤长度积分,得到纤芯外围应力变化率 $d\sigma/dt$ 引起的 Shupe 效应 $\phi_{e-\sigma}$:

$$\phi_{e-\sigma} = \frac{2\pi}{\lambda_0}\left(\frac{dn_F}{d\sigma} + \frac{n_F}{E}\right)\int_0^{L/2}\left[\frac{d\sigma(z)}{dt} - \frac{d\sigma(L-z)}{dt}\right]\frac{L-2z}{c/n_F}dz \tag{2.96}$$

由上面的分析可以看出,式(2.91)与式(2.96)之和构成了光纤陀螺总的 Shupe 误差。

2.2.2.3　温度二阶导数引起的 Shupe 误差

光纤线圈经历变化的温度梯度时的偏置误差常用光纤陀螺的偏置时变温

度梯度灵敏度表示。解释与时间有关的陀螺偏置误差与变化的温度梯度之间关系的理论称为 Tdotdot Shupe 理论。这是一种时变类型的 Shupe 偏置误差,由 D. M. Shupe 在 1980 年的一篇文章中第一次提出,也称为温度的二阶效应,它表现为在小温度变化率下,陀螺输出呈现振荡(图 2.39),振荡的波形与温度的二阶时间导数相关(当然还与绕制和固化工艺有关)。光纤陀螺的偏置温度梯度灵敏度的单位为 $(°/h)/(℃/h^2)$ 或 $(°/h)/(℃/min^2)$,目前试验发现它与光纤线圈所用固化胶体的热传导特性有关。

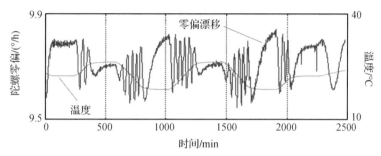

图 2.39　升、降温速率较小时(如小于 $0.05℃/min$)陀螺输出的振荡情况

Tdotdot Shupe 理论指出,制造光纤线圈基质材料的热导率等特性与陀螺中的时变温度梯度引起的与时间有关的偏置误差相关。通过增加光纤线圈基质的热导率,可以相应减小 Tdotdot Shupe 效应。固化好的光纤陀螺线圈基体主要由光纤涂覆和固化胶体组成。整个光纤线圈的热导率是这种复杂成分的函数。因为光纤是外购,其涂覆层材料无法“改变”,因此要改善整个光纤线圈的基质热导率必须直接改善固化胶体的热导率,如在胶体中添加适当的填充剂。

除热导率外,在灌封胶体中添加填充剂,还可以改善和调节(固化时或固化后)胶体的其他多项特性,如线膨胀系数、硬度、黏度、收缩率、导电性、导磁性、胶接强度、抗腐蚀性、延展性、热容和比热容等。填充剂大多为粉状材料,使用前应过筛,一般要求 100~300 目或更低。针对提高线圈热导率的应用,几种填充剂的粒度和作用为:铝粉,200~325 目或更低,提高导热性,降低线膨胀系数和收缩率;银粉,250~300 目或更低,提高导热性和导电性;炭黑,提高导热性、导电性和强度。

热导率是表征材料热传导能力的性能参数,即在稳定的条件下,单位温度梯度下垂直通过单位面积方向的热量,单位为 $W/(m·K)$。采用填充炭的硅树脂作为灌封材料,室温条件下其热导率大约为 $0.35W/(m·K)$,这样整个光纤线圈的热导率约为 $0.25W/(m·K)$。在硅树脂中填充银粉,室温条件下其热导率大约为 $1.4W/(m·K)$,可使整个光纤线圈的热导率提升至大约 $1.2W/(m·K)$。因此,在热导率方面会有大约 4 倍的改善。采用高热导率的胶体固化线圈,预期 Tdotdot Shupe 效应会相应地降低或消除。

在胶体中添加填充剂会增强热导率,同时也可能会影响胶体的黏附力。另外,市场上的填充剂通常表面上有一涂层材料。这种涂层是制造工序的一部分,也称为表面改性,为这种材料的可生产性提供了必要的润滑质量。适当地选择涂层材料能够改进其在胶体内的浸润和悬浮状态。涂层材料可能是有机的,也可能是无机的,可以溶解在胶体中。在需要高导电率的应用中,涂层材料有时会影响胶体的固化机制。例如,铂化的胶体对固化抑制物特别敏感。因此,选择适当的涂层材料是确定胶体填充剂配方的重要因素。

2.2.3 光纤线圈的骨架设计

2.2.3.1 骨架材料的选择

光纤线圈是光纤陀螺的基本元件,它通常绕制在或黏接到刚性骨架上。骨架通常由支撑线圈的芯轴和芯轴两端约束线圈的法兰组成(图 2.40),光纤在由芯轴和法兰确定的空间上绕制成环圈形状。在选择骨架时,最好是线圈和骨架的热膨胀系数接近或相等,当温度变化时保持光纤的形变最小。如果只考虑径向热膨胀或轴向热膨胀,则使线圈和骨架的热膨胀系数接近是相对简单的。但是由于固化后的光纤线圈径向热膨胀与轴向热膨胀

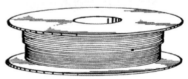

图 2.40 含骨架的光纤陀螺线圈

系数差别较大,很难找到一个合适的骨架材料,既能在两个方向与线圈的热膨胀系数接近,又适合于将线圈与陀螺本体结构连接起来。

骨架材料具有适当的或高的热导率是有益的,可以降低光纤线圈的温度梯度。骨架的比热容(质量乘以材料的比热)高,确保线圈热平衡快,可以降低温度变化的不均匀性。据国外报道,由具有高热导率的碳复合材料制成的骨架,可以做到温度变化时在径向和轴向上都能保持对称的热膨胀。用于骨架的碳复合材料还应具有高弹性模量(热机械稳定性高),如美国 Amoco 公司 P - 25 型、P - 55 型和 P - 100 型碳纤维产品,弹性模量分别为 2.5×10^7 psi(磅力每平方英寸)、5.5×10^7 psi 和 10^8 psi。

骨架材料的选取还需考虑下列特点:①轻质,因为减少传感器质量意味着更大的载体负荷,特别是在航天应用中;②表面皱纹分布(光洁度)适当(尤其是

非金属复合材料）。皱纹分布可以通过对表面抛光来改进。用较硬的材料抛光，皱纹参数值也较低，对安装和其他可能的应力引起的本地变形也较不敏感。典型的骨架材料包括：金属合金，如硬铝、钛等；碳纤维复合材料；金属基体复合材料，如陶瓷增强金属；陶瓷以及上述任何材料制成的其他复合材料。目前，主流的无骨架光纤线圈（脱骨线圈）同样需要骨架作为其支撑或安装基准。

2.2.3.2　骨架结构的设计

光纤线圈通过环圈支撑结构（也称为骨架）安装在陀螺仪本体上，骨架和线圈通常都是同轴的圆柱形结构。骨架的功能通常有两个方面：①固定光纤线圈；②将线圈的输入轴通过骨架的基准安装面与惯性空间预定的方向对准。传统的骨架设计为同质"工"字形剖面，也即骨架由中央圆柱形芯轴和芯轴两端的法兰组成，光纤线圈绕制在骨架芯轴上，形成一个三明治结构（图 2.41）。"工"字形骨架结构具有很好的振动性能，也展示了各向同性的热膨胀特性，但在陀螺热特性上很难做到设计合理。这是因为线圈在轴向的热膨胀系数通常比径向大 1~2 个数量级，如果骨架的热膨胀系数与光纤线圈径向热膨胀系数接近，则线圈的轴向热膨胀将超过线轴；相反，如果骨架的热膨胀系数接近线圈的轴向热膨胀系数，则预计温度变化时芯轴具有相对较大的径向热膨胀，挤压光纤线圈。也就是说，尽管线圈关于轴向和径向是各向异性的，但骨架是各向同性的，偏置误差就源自于传统骨架和线圈的热膨胀特性的这种不匹配。在典型的固化线圈中，径向热膨胀系数约为 10ppm/℃，而轴向热膨胀系数大于 200ppm/℃。安装在传统铝骨架上的光纤线圈的轴向膨胀可能会产生 500psi 以上的应力。

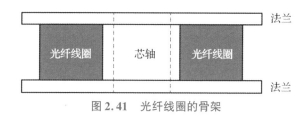

图 2.41　光纤线圈的骨架

另外一种骨架设计为单端法兰设计（图 2.42），在原来的"工"字形结构基础上去掉一端法兰。线圈直接绕制在芯轴上，或绕制好后黏接到法兰上。当受热时，线圈可以不受约束地轴向膨胀，消除了传统双法兰骨架结构中线圈受到轴向压缩产生的应力。这种单一边缘法兰设计增加了线圈安装的灵活性，提高了陀螺的热性能。考虑线圈和骨架的轴向膨胀不同，环圈和芯轴之间不能硬连接，导致线圈与法兰之间是一种悬臂式结构，对环境振动可能会比较敏感。

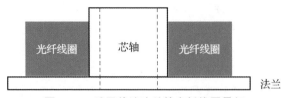

图 2.42 采用单端法兰的光纤线圈骨架

单一中央法兰设计(图 2.43),只有一个法兰,位于芯轴中央,将线圈一分为二,对于同样的光纤长度和线圈直径,与单一边缘法兰设计相比,线圈的谐振频率将提高 1 倍,改善了光纤陀螺的振动特性,但增加了线圈绕制或黏接的复杂性。

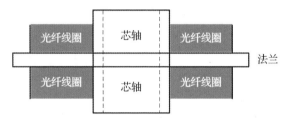

图 2.43 采用单一中央法兰的光纤环圈骨架

2.2.3.3 骨架/光纤线圈的径向和轴向热膨胀

一根连续光纤绕制成圆柱形光纤线圈并用胶体材料灌封、固化,(固化后)胶体受热膨胀受冷收缩是其固有特性。当温度变化时,其在三维方向上的尺寸都会发生变化,任意一个方向上的变形程度用线膨胀系数表示,定义为温度每变化 1℃时,样品一维尺寸变化值与其原始尺寸之比,单位为℃$^{-1}$。线圈是公认的各向异性结构,在径向和轴向会呈现出显著不同的热膨胀系数,这由线圈的几何结构在径向和轴向上的差分抗挠性决定。

在径向,当光纤陀螺经历温度变化时,光纤线圈的径向膨胀取决于石英纤芯,线圈沿径向向内、向外都存在膨胀。骨架在温度变化下同样发生膨胀,各向同性材料制作的传统骨架可能相对中心轴沿径向和轴向均匀膨胀。总的来说,骨架的径向膨胀大于光纤线圈的径向向内膨胀,骨架和光纤线圈之间产生显著的力学界面,导致骨架向外的径向压力施加到光纤线圈界面上,将应力传给光纤线圈。在最糟的情形下,径向膨胀导致线圈中可能发生裂痕或其他机械损伤。骨架因温度变化产生径向膨胀,施加于光纤的热应力 σ 的计算公式为

$$\sigma = (\alpha_1 - \alpha_2) \cdot \Delta T \cdot E_{\text{coil}} \tag{2.97}$$

式中:ΔT 为温度变化;α_1 和 α_2 分别是骨架材料和光纤线圈的径向热膨胀系数,$\alpha_2 = 5.5 \times 10^{-7}/℃$;$E_{\text{coil}}$ 为光纤线圈的杨氏模量(Pa)。

　　在轴向,通常情况下,骨架材料和线圈具有不同的热膨胀系数,光纤线圈的轴向膨胀主要由聚合物外涂层和固化材料的热膨胀系数决定,呈现了相对较大的热膨胀(而径向膨胀主要由石英纤芯构成的光纤匝决定,呈现出相对较小的膨胀)。对于图 2.41 所示的"工"字形光纤线圈骨架,光纤线圈和法兰紧密接触,当温度上升时,由于光纤线圈的轴向热膨胀受限于两个法兰之间相对固定的距离,线圈受到明显的轴向压缩。法兰通常比光纤线圈硬得多,法兰使邻近法兰的光纤线圈匝受到限制。受法兰限制的这一部分光纤线圈,其膨胀不同于远离法兰的其他光纤线圈匝的膨胀。这样,不同部分的热膨胀之差在光纤线圈中产生明显的热应变梯度。另外,邻近法兰的光纤线圈的匝变形较大,形变引起光纤线圈的不对称性,由于环境因素,如温度变化、振动引起的应力,导致光通过光纤线圈时的光学中点发生移动,在陀螺输出中产生较大的 Shupe 偏置误差。

2.2.3.4　对骨架线轴、法兰与光纤线圈之间缓冲层的要求

　　缓冲胶层用来解决热膨胀失配产生的 Shupe 偏置误差。以图 2.44 所示的单一边缘法兰为例,温度变化时,光纤线圈和法兰的轴向热膨胀之差,被轴向缓冲层吸收,改善了光纤线圈沿轴向的应变均匀性。由于法兰比光纤线圈模量高,发生热膨胀时,靠近法兰的光纤线圈比远离法兰的光纤线圈受到更大限制。由于缓冲层具有较低的弹性剪切模量,使靠近法兰表面的光纤线圈比没有缓冲层时的膨胀要大。这样缓冲层的存在使靠近法兰的光纤线圈比远离法兰的光纤线圈具有更接近的膨胀速率,进而经受的应变程度也更接近,两者的轴向应变量大致相同,大大降低了轴向应变梯度。同理,骨架线轴外表面的径向缓冲层降低了光纤线圈的径向应变梯度。

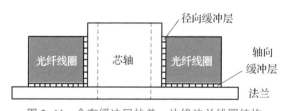

图 2.44　含有缓冲层的单一边缘法兰线圈结构

　　缓冲胶层最好采用低热导材料,以降低向线圈的热传导速率,保持线圈的热对称性。缓冲胶层可以是预压成型的胶体材料,使其变形与骨架的向外膨胀以及光纤线圈沿径向的向内膨胀相适应,在由于温度变化发生膨胀和收缩时,缓解骨架施加在线圈上的作用载荷,减小骨架对环圈的应力和线圈的变形。当胶层比骨架材料软时,光纤线圈中引起的应力一般小于骨架膨胀引起的应力。

与胶体材料的轴向压缩有关的流体静压力通过胶体材料的超弹特性和胶体周围可用的自由面积所允许的侧向膨胀得到缓解。

缓冲层的厚度还与光纤陀螺的振动灵敏度要求有关,采用较厚的缓冲层,虽然衰减了线圈的谐振频率,但增加了线圈的振动幅值。采用相对较薄的缓冲层可以降低线圈的振动灵敏度(非谐振状态下)。缓冲层的厚度一般在 $100 \sim 600\mu m$。缓冲层的泊松比范围可选择 $0.4970 \sim 0.4980$,弹性模量可选择近似为 $7 \times 10^{-6} Pa$。根据国外报道的典型实验结果,对于一个 200m 长的光纤线圈,增加适当的缓冲后,Shupe 偏置误差下降为原来的 1/3。

总之,最佳的骨架设计包括:①骨架芯轴由较低膨胀系数的碳复合材料或钛合金制成,以便与固化后线圈的热膨胀系数匹配。②两侧法兰结构,法兰采用钛合金材料,既确保热膨胀小,又具有适当的抗振动性。对于特定的应用,也可以采用单一边缘法兰或单一中央法兰设计,并确保线圈谐振频率远离环境振动范围。③骨架芯轴、法兰与光纤线圈之间填充适当厚度的缓冲层或胶层,吸收线圈与骨架之间热膨胀不同产生的应力,该缓冲层最好同时具有隔热效果,以便于通过抑制温度梯度降低 Shupe 效应。

2.2.3.5 脱骨线圈

随着各领域对光纤陀螺的应用性能越来越高,带骨架结构的光纤线圈已经不能满足中高精度光纤陀螺的温度性能要求。如前所述,由于骨架材料与光纤本身材质的线膨胀系数存在差异,环境温度变化时,骨架和线圈产生的形变不同。各向同性材料的骨架在温度发生变化时沿着径向和轴向均匀形变;各向异性的光纤线圈沿径向由于受光纤石英纤芯的限制与骨架材料形变相比通常要小得多,线圈轴向形变受光纤涂敷层材料和填充胶体线膨胀系数影响比骨架材料的形变大,这种因骨架形变和光纤线圈形变不一致导致二者之间互相挤压,严重时甚至发生光纤线圈和骨架分离,环圈出现裂痕现象,产生热应力施加到光纤线圈上,引起光纤折射率发生改变,最终引入一个非互易相位误差,严重影响光纤陀螺温度性能。

脱骨架光纤线圈是将中心骨架和两侧法兰完全脱离,线圈仅由绕制光纤和固化胶体组成,在环境温度变化时,消除了骨架形变对光纤线圈产生的应力影响,光纤陀螺的温度性能显著提高。采用脱骨光纤线圈,避免了骨架对光纤线圈的应力影响。目前,脱骨技术和工艺日益成熟,脱骨线圈已成为近年来国内外中高精度光纤陀螺工程应用的主流线圈结构形式。例如,法国 iXBlue 公司、美国 Honeywell 公司均采用脱骨线圈制作光纤陀螺产品。

制作脱骨线圈,首先需要利用可分离式光纤线圈绕制工装进行线圈的绕制与固化,这种分离式绕制工装如图 2.45 所示,由芯轴和两侧法兰三个部件组成。其次,在可分离式绕制工装上均匀喷涂脱模剂,完成光纤线圈绕制、灌胶和固化。最后,通过拆卸可分离式绕制工装,将绕制工装与线圈本体脱离。

图 2.45　绕制光纤线圈的脱骨工装

2.2.4　光纤线圈的精密对称绕制技术

如前所述,光纤线圈中温度变化引起的 Shupe 效应会给光纤陀螺的输出带来较大的漂移,并因此限制其应用。由式(2.91)和式(2.96)可知,Shupe 效应的重要特征表现为:①一段特定的光纤对 Shupe 偏置误差的贡献,与这段光纤到线圈中点的距离成正比;②一段特定的光纤对 Shupe 偏置误差的贡献,是该段光纤上相位扰动的时间导数的函数,也即 Shupe 偏置误差与该段光纤的温度或应力变化率成正比;③如果作用在线圈光纤段上的相位扰动相对线圈中点是等距的(对称段),且扰动幅值和符号相同,则 Shupe 偏置误差被抵消。Shupe 效应的这些特征前面已经通过数学推导得出,对称绕制方法正是基于上述特征提出的。对称性是指光纤陀螺线圈内彼此相邻的光纤段(或点)到光纤中点(严格来讲,应是 Sagnac 光纤干涉仪的光学中点)的距离相等,这样,两束反向传播光波在通过光纤时,在同一时间经历相同的相位扰动,因而相互抵消,不产生任何偏置误差。

2.2.4.1　四极、八极和十六极对称绕法

光纤线圈的绕制方法有多种,可分为常规绕法(柱形绕法)和对称绕法两大类,其中对称绕法又包括四极对称、八极对称、十六极对称绕法和交叉式对称绕法等,占据光纤线圈绕制的主流地位,主要目的是减少温度变化引起的 Shupe 误差。各种对称绕法对温度变化引起的偏置漂移的抑制效果各不相同。

1.柱形绕法

柱形绕法是从光纤一端绕起,沿骨架芯轴边缘(法兰)顺时针(或逆时针)

螺旋式绕制,直至绕制到线圈骨架的另一端法兰,实现该绕制方法的第一层光纤的缠绕;然后,将剩余光纤在第一层之上同样顺时针(或逆时针)绕制,从骨架一端法兰绕制到另一端法兰的内侧,形成第二层光纤,以此类推,得到图2.46所示的柱形绕法光纤线圈。柱形绕法是一种常规绕法,不具有对称性,容易引起最大的 Shupe 误差。

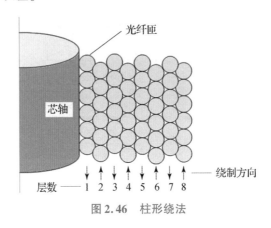

图 2.46　柱形绕法

2. 四极对称绕法

如图2.47所示,为了绕制一个四极对称光纤线圈,要从一根连续光纤的中点绕起,两侧光纤分别绕在两个分纤轮上,第一个分纤轮用于沿顺时针方向在线圈骨架上绕制第一层的各匝。第一层是从骨架的一端法兰(P端)绕到另一端法兰(Q端)。此时,第二个分纤轮固定在某一适当位置,随骨架一起转动。然后,第一个分纤轮固定在某一适当位置,随骨架一起转动,第二个分纤轮用于沿逆时针方向在线圈骨架上绕制第二层的各匝。第二层也是从骨架的 P 端绕到 Q 端法兰,随后再从 Q 端往回绕到 P 端法兰,形成第三层光纤。紧接着,第一个分纤轮再从骨架 Q 端往回绕到 P 端法兰,形成第四层的各匝光纤。这样,光

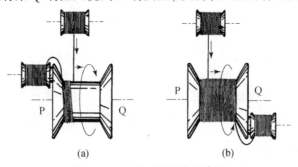

图 2.47　多极对称绕法示意图

纤中点一侧的光纤构成光纤线圈的第一和第四层,另一侧的光纤构成光纤线圈的第二和第三层,这四层光纤通常称为一个四极结构,如图 2.48 所示。如果用"+"和"-"分别标记光纤中点两侧的光纤,则四极的周期性层结构为"+--+",称为正向四极。由于光纤较长,需要重复性地有多个四极,因此四极对称光纤线圈具有"+--++--++--+……"的层结构。可以看出,四极对称光纤线圈要求线圈的层数为 4 的倍数。

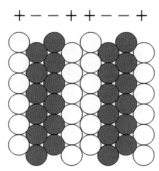

图 2.48　四极对称绕法的层结构(2 个周期)

3.八极对称绕法

将四极对称光纤线圈的周期性层结构"+--+"改变符号,变成"-++-",称为反向四极。一个正向四极和一个反向四极构成的八层结构"+--+-++-",称为正向八极。由于光纤较长,需要重复性地有多个八极,因此八极对称光纤线圈具有"+--+-++-+--+-++-……"的层结构,如图 2.49 所示。可以看出,八极对称光纤线圈要求线圈的层数为 8 的倍数。

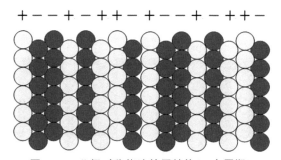

图 2.49　八极对称绕法的层结构(2 个周期)

4.十六极对称绕法

同理,可以将一个八极对称光纤线圈的周期性层结构"+--+-++-"的符号变号,改为"-++-+--+",称为反向八极。一个正向八极层结构和一个反向八极层结构构成的周期性十六层结构"+--+-++--++-+--+",称为正向十六极。由于光纤较长,十六极对称线圈需要重复性地有多个十六极层结构,因此十六极对称光纤线圈具有"+--+-++--++-+--+……"的层结构,如图 2.50 所示。可以看出,十六极对称光纤线圈要求线圈的层数为 16 的倍数。

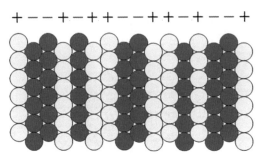

图 2.50　十六极对称绕法的层结构(1 个周期)

2.2.4.2　采用十六极对称线圈抑制轴向温度梯度灵敏度

以一个十六极对称线圈(假定仅有 16 层)为例,说明轴向 Shupe 误差的产生原因,层序号 1～16 的定义如图 2.51 所示。显然,层 1 对应光纤线圈一端的一段光纤,层 16 对应光纤线圈另一端的一段光纤。考虑线圈最外面的 4 层光纤(1 个四极周期),由于四极对称绕法的工艺特点,层 1 相对于层 16 有一个轴向空间偏移量 d,层 2 相对于层 15 有一个轴向空间偏移量 d,层 3 相对于层 14 有一个轴向空间偏移量 d,以此类推。这个空间距离 d 可以是一个或几个光纤外径的尺寸,也可以小于一个光纤直径。当存在一个时变径向和轴向温度梯度时,光纤中点两侧对称的光纤层或光纤匝感受的温度变化稍有不同,这样,光纤线圈中的两束反向传播光波经历的光程不同,因而产生一个相位误差。一些绕

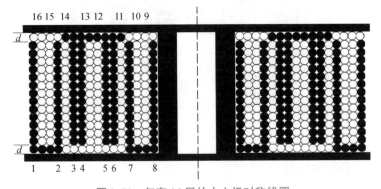

图 2.51　仅有 16 层的十六极对称线圈

制缺陷，如每层匝数不同、光纤匝下陷等也可以部分等效为类似的误差。下面通过公式推导和分析来说明，采用十六极对称线圈，理论上可以消除轴向温度梯度引起的 Shupe 偏置误差。

由式（2.91），只考虑纤芯温度变化率引起的 Shupe 效应，由于 $n_F \cdot \alpha_{SiO_2}$ 比 dn_F/dT 小近似 1 个数量级，温度变化引起的 Shupe 偏置误差近似为

$$\Omega_{e-T} = \frac{1}{LD} \cdot n_F \cdot \frac{dn_F}{dT} \int_0^{L/2} \left[\frac{dT(l)}{dt} - \frac{dT(L-l)}{dt} \right] (L - 2l) \, dl$$

$$= \frac{1}{LD} \cdot n_F \cdot \frac{dn_F}{dT} \int_0^L \frac{dT(l)}{dt} (L - 2l) \, dl \qquad (2.98)$$

式中：L、D 分别为光纤长度和线圈直径；n_F 为光纤折射率；dn_F/dT 为折射率 n_F 的温度系数；$dT(l)/dt$ 为光纤线圈长度段 l（某一层光纤的长度）上的温度变化率。设光纤线圈的总匝数为 N，由于 $L = N\pi D$，式（2.98）变为

$$\Omega_{e-T} = \frac{N\pi}{L^2} \cdot n_F \cdot \frac{dn_F}{dT} \int_0^L \frac{dT(l)}{dt} (L - 2l) \, dl \qquad (2.99)$$

还可以将式（2.99）化为层层求和，得到方程

$$\Omega_{e-T} = \frac{N\pi}{L^2} \cdot n_F \cdot \frac{dn_F}{dT} \cdot \sum_{i=1}^m \left[\int_{l_1(i)}^{l_2(i)} \frac{dT(i)}{dt} (L - 2l) \, dl \right] \qquad (2.100)$$

式中：i 表示层序号，反映了该层光纤在整根光纤中所处的位置（而非在光纤线圈中的层顺序）；m 为光纤线圈的总层数（假定为 16 的倍数）；$l_1(i)$ 为从光纤线圈起点到第 i 层光纤起点的长度；$l_2(i)$ 为从光纤线圈起点到第 i 层光纤终点的长度；$dT(i)/dt$ 为描述第 i 层光纤的温度变化率或第 i 层光纤两侧温度梯度 ΔT_i 的函数。这里：

$$\frac{\Delta T_i}{R_H} = \frac{1}{C_H} \frac{dT(i)}{dt} \qquad (2.101)$$

式中：R_H、C_H 分别为光纤的热阻和热容。因而有

$$l_1(i) = \frac{L}{m}(i - 1), \quad l_2(i) = \frac{L}{m} i \qquad (2.102)$$

对式（2.100）进行积分得

$$\Omega_{e-T} = \frac{N\pi}{m^2} \cdot n_F \cdot \frac{dn_F}{dT} \cdot \sum_{i=1}^m \left[\frac{dT(i)}{dt} \cdot (1 + m - 2i) \right] \qquad (2.103)$$

用式（2.103）可以粗略评估存在轴向和径向的线性温度梯度时，四极、八极和十六极对称绕制方式的相对 Shupe 偏置误差，如表 2.1 和表 2.2 所示。其中，表 2.1 中第一列是含有一个完整十六极对称光纤线圈的层结构，用" + "" － "符号表示光纤中点两侧的光纤，第二列是层序号，按光纤长度从一端到另一端的顺序来定义，即对于一个十六层的光纤线圈，1~8 代表了光纤中点一侧的光纤，

9~16 代表了另一侧的光纤(图 2.51);第三列是位置加权因子,是 Shupe 效应的基本特征;第四列是径向温度梯度因子,假定为线性变化,也即无论是径向还是轴向,从外到内线性递减的温度变化;第五列是十六极结构的径向残余 Shupe 误差;第六列是轴向温度梯度因子;第七列是十六极结构的轴向残余 Shupe 误差。从表 2.1 和表 2.2 可以看出,相对于二极对称结构:①四极对称线圈能够大大抑制径向温度梯度产生的 Shupe 误差,但仍存在残余误差,且四极对称线圈无法抑制轴向温度梯度产生的 Shupe 误差;②八极对称线圈可以完全消除径向温度梯度产生的 Shupe 误差和部分抑制轴向温度梯度产生的 Shupe 误差;③十六极对称线圈理论上可以完全消除径向和轴向温度梯度产生的 Shupe 误差。

表 2.1　采用十六极对称线圈结构抑制温度梯度引起的径向和轴向 Shupe 偏置误差

一个完整的十六极对称结构			温度梯度引起的相对 Shupe 偏置误差			
			径向		轴向	
层结构	层编号 i	位置加权因子 $1+m-2i$	温度梯度因子	十六极残余误差	温度梯度因子	十六极残余误差
+	1	15	16		2	
−	16	−15	15		1	
	15	−13	14		1	
+	2	13	13		2	
−	14	−11	12		2	
+	3	11	11		1	
+	4	9	10		1	
−	13	−9	9		2	
−	12	−7	8	0	2	0
+	5	7	7		1	
+	6	5	6		1	
−	11	−5	5		2	
+	7	3	4		2	
−	10	−3	3		1	
−	9	−1	2		1	
+	8	1	1		2	

表 2.2　各种对称线圈结构的相对 Shupe 误差

光纤线圈 绕制类型	相对残余 Shupe 误差	
	径向	轴向
四极对称	8	64
八极对称	0	16
十六极对称	0	0

最后，值得说明的是，之所以说"粗略"，是指这种分析仅考虑了每一层光纤在光纤长度和光纤线圈中的平均位置因子，而没有考虑每一匝光纤在光纤长度和光纤线圈中的位置因子，更精确的分析需要借助于有限元仿真。

2.2.4.3　交叉式四极对称绕法

由上面的分析可知，四极对称绕法对抑制轴向热辐射引起的旋转速率误差是无效的，可以考虑交叉式四极对称绕法。交叉式四极对称绕制法的具体过程如图 2.52 所示，将一段光纤的中点紧密贴在骨架芯轴表面，并固定于距离骨架两端法兰相等的位置处，图 2.52 中颜色不同的圆圈代表分布线圈中点两侧的光纤，箭头方向表示线圈绕制方法，不同于四极对称绕法从骨架芯轴的一端开始绕制，交叉式四极对称绕法是将线圈中点两侧的光纤从骨架芯轴的中点（图 2.52（a）中 0 点）开始，绕制至骨架两侧的法兰。图 2.52（b）为绕制第二层时，两侧光纤向中间绕制的示意图。交叉绕法的难点集中在换向交叉绕制，如图 2.52（c）所示。当第三层绕制开始时，需将两侧光纤换向，绕制反向的两层。

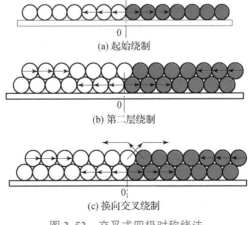

(a) 起始绕制

(b) 第二层绕制

(c) 换向交叉绕制

图 2.52　交叉式四极对称绕法

如此反复进行绕制,即可完成线圈绕制。图 2.53 所示为交叉式四极对称绕法的层结构,从光纤线圈的剖面来看,交叉式四极对称绕法的层结构分成均等的两部分:一部分为正向四极" + – – + ",一部分为反向四极" – + + – ",可以有效消除前面分析的轴向 Shupe 误差。

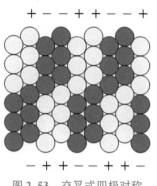

图 2.53　交叉式四极对称绕法的层结构(2 个周期)

2.2.4.4　光纤线圈绕制方法的比较

研究光纤线圈各种绕制方法的主要目的是降低温度变化引起的非互易性相位误差。由式(2.98),假定光纤线圈共有 p 层,每层匝数为 q 匝,因此长度为 L 的光纤线圈可以等效为共由(pq)匝光纤构成。设第 i 匝光纤起点位置相对光纤线圈一端(设 A 端)起始点的坐标长度为 l_i,第 i 匝光纤的长度为 $\mathrm{d}l_i$,则第 i 匝光纤的结束点距光纤线圈 A 端的坐标位置为 $l_i + \mathrm{d}l_i$,分别将第 i 匝光纤的起始点坐标代入式(2.98),可以得到精确到匝的 Shupe 误差表达式为

$$\Omega_{e-T} = \frac{1}{LD} \cdot n_F \cdot \frac{\mathrm{d}n_F}{\mathrm{d}T} \sum_{i=1}^{pq} \dot{T}(l_i)(L - 2l_i - \mathrm{d}l_i)\,\mathrm{d}l_i \qquad (2.104)$$

式中:$(L - 2l_i - \mathrm{d}l_i)$ 为第 i 匝光纤的位置因子;$\dot{T}(l_i)$ 为环境温度场引起第 i 匝光纤的温度变化率。由式(2.104)可知,不同的绕制方法导致光纤线圈中各匝光纤的位置因子不同,据此可以通过建模分析比较各种光纤线圈绕制方法的优劣。图 2.54 示出了一例十六极对称绕制方法的模型,纤芯上标注的数字即第 i 匝光纤。根据光纤线圈的结构尺寸和材料组分的热力学参数,利用有限元分析模型得到光纤线圈纤芯处的温度场分布,代入式(2.104),可以计算不同绕制方法引起的 Shupe 误差 Ω_{e-T}。表 2.3 给出了一例采用不同绕制方法绕制相同匝数光纤线圈的 Shupe 误差仿真结果。结果表明,交叉式四极对称绕法对 Shupe 误差的抑制能力最好,十六极、八极和四极对称绕制方法依次次之。需要说明的是,实际中由于交叉式四极对称绕法需要保证线圈中点位置位于骨架芯轴的中点,并且在骨架芯轴的中点位置,线圈中点两侧光纤都需要换层绕制,排纤要求更加严格,绕制难度大大增加,这对光纤绕环设备提出了更高要求,不适合于目前的光纤线圈批量生产;而十六极绕法由正向和反向两个八极绕制而成,虽然总的绕制层数必须是 16 的倍数,但较八极绕法可以减少光纤两端换向绕制的次数与换向绕制产生的误差,在绕制工艺方面具有较大优势。

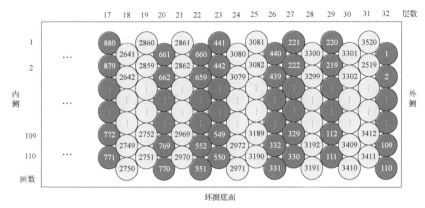

图 2.54　十六极对称绕制方法的建模

表 2.3　采用不同绕制方法的 Shupe 误差

对称绕制方法	Shupe 误差/(°/h)
四极	0.8
八极	0.2
十六极	0.05
交叉式四极	0.01

2.2.5　光纤线圈的固化胶体

需要采用胶体对绕制的线圈进行固化。胶体材料的选择对线圈的性能影响很大。固化线圈主要有两个优点：一个是线圈绕制中或绕制后灌封和固化可以稳定绕制图样。采用逐层固化，可以确保有一个平坦的光纤层界面，便于下一层光纤的绕制，这种绕制环境便于对生成的光纤线圈几何图样的控制，包括内部光纤间距、每层的光纤匝数、光纤层数等重要参数，并使绕制缺陷（光纤匝数缺失）最小。另一个优点是通过选择适当的胶体材料及必要的填充材料，降低对温度、振动等环境影响因素的灵敏度。

2.2.5.1　对固化胶体的基本要求

线圈固化胶体的研究通常涉及的参数有模量、热膨胀系数、热导率、比热容、密度、玻璃化温度、泊松比等。根据光纤陀螺不同应用需求，对胶体的各项指标参数的要求也存在差异，其中优先关注的是固化胶体的模量和玻璃化温度。表 2.4 给出了固化胶体的常规参数及所使用的测试仪器。

表 2.4 胶体常规参数及测试仪器

测试方法/测试仪器	测试指标
DSC 示差扫描量热仪	熔点、玻璃化温度、比热、热稳定性
TMA 静态热机械分析仪	玻璃化温度、热膨胀系数、CTE(热膨胀系数随温度变化曲线)
DMA 动态热机械分析仪	玻璃化温度、各种模量

光纤线圈的涂胶方式有刷胶、喷涂、带胶(绕制)和真空浸胶(灌封)等。刷胶是用毛刷将胶体涂布在物体胶接表面的手工涂胶法,它适用于黏度小、溶剂挥发慢的胶体。刷胶最好顺着一个方向,往返刷胶容易卷进气泡。喷涂是用涂胶枪把胶体涂布在物体胶接表面上。带胶(绕制)是在线圈绕制过程中将胶体先涂敷到光纤上。无论是刷胶、喷涂,还是带胶(绕制)都称为"湿法"绕制技术。真空浸胶是先采用"干法"(不带胶)绕制线圈,然后抽真空将胶体浸入线圈内部。

涂胶量是在工艺过程中控制胶接质量、确保固化线圈取得最佳性能的一项指标。对于结构胶接,在胶层完全浸润被胶材料表面的前提下,涂胶量应当适宜,胶层过厚,非但无益,反而有害。胶层越厚,缺陷出现的概率越多,变形越大,收缩越大,胶层的残余应力也越大,将直接影响其黏接强度。

胶体固化后与物体胶接面及其邻近处发生破坏所需的应力称为黏接强度。胶层太厚会影响其黏接强度,这是因为:①随着胶层厚度增加,胶层内部缺陷(气孔、裂纹)迅速呈指数型增加,导致黏接强度下降;②胶层越厚,温度变化引起的内应力也越大,造成黏接强度损失越大。胶层太薄也会影响其黏接强度,因为胶层太薄则胶接面上容易产生局部缺胶,构成胶接缺陷,在受力时,缺陷中心容易产生应力集中,加速胶层破裂,降低黏接强度。

胶体在一定条件下通过化学反应获得胶接强度的过程称为固化。线圈的固化通常与胶体材料的选择有关。紫外环氧树脂需要考虑是逐层固化还是整体固化,因为绕制完成后紫外光可能很难穿透进线圈内部,且容易造成内、外层固化不均衡。"湿法"绕制技术在线圈绕制过程中多采用热固化胶,一般在线圈绕制完成后进行固化。

对线圈而言,线圈与骨架界面的黏接,对胶接强度要求较高;线圈内部层匝之间的固化,对胶接强度要求较低(对线膨胀系数、模量等其他指标有特殊要求)。国外有资料表明,固化胶体材料的剪切胶接强度大于40psi 可以满足陀螺线圈要求。

胶体材料的硬度表示其抵抗外界压力的能力,反映了材料本身(固化后)的软硬程度,与材料的其他力学特性如弹性、压缩变形、杨氏模量等有密切关系。固化后胶体的硬度测量主要采用邵氏硬度计。在胶体中添加某种"填充材料"可以增加胶体的硬度,提高材料与振动有关的偏置性能。例如,尽管高于玻璃化温度时"裸"硅树脂材料具有相对较低的杨氏模量,填充剂的添加允许人们获得所需要的振动阻尼。在效果上,添加填充材料增加了硅树脂在弹性区的硬度,将陀螺的振动灵敏度降低到所需的水平。例如,在固化线圈的填充材料中,炭黑在增强胶体模量和导热性方面具有极好的特性。

在胶体的黏性和其热导率之间存在着折中考虑。增加填充剂的内容会增强热导率,但是可能会影响其黏附力,对某些应用可能不合适。黏度是胶体的内摩擦,单位是帕·秒(Pa·s)或毫帕·秒(mPa·s)。帕·秒与泊(P)、厘泊(cP)的关系是:$1P = 0.1Pa·s, 1cP = 1mPa·s$。没有添加填充剂等固体成分的胶体属于牛顿流体,其黏度称为真黏度。添加了填充剂等固体成分的胶体属于非牛顿流体,其黏度称为表观黏度。大多数胶体的黏度是表观黏度,单位是帕·秒(Pa·s),可以用旋转黏度计测量。黏度直接影响绕环和固化的工艺参数。填充胶体的黏度在整个工作寿命期内应小于25000cP。这一要求意味着在添加填充材料之前,胶体的真黏度可能会在3000cP以下。增加填充剂的浓度会提高热导率等性能。但是,工作黏度的上限决定了填充剂的填充浓度。工作黏度的限制由灌胶方式、所需的工作寿命以及诸如光纤的浸润性等物理因素所决定。如果黏度太高,在绕环时胶体将无法浸润并覆盖光纤。

胶体在室温下的固化速度必须足够慢,这样才能允许完成带胶绕环以及灌胶过程。然而,固化的速度又不能太慢,否则会造成胶体下流(成水滴状),影响后面的绕环工作。绕环和灌胶过程最好持续4h。因此,灌注混合物在4h后的黏度不能超过25000cP。通过在带胶绕制中采用加热激励,可以有效和精确地固定各匝光纤的位置,避免绕制不均匀和排纤不致密造成上一层的某(些)匝光纤落到下一层,保证后续的精密绕制,降低Shupe偏置误差。另外,真空灌胶、整体固化仍是高性能光纤线圈的必然要求。

2.2.5.2　固化胶体玻璃化温度引起的偏置效应

光纤涂覆和固化线圈的胶体材料大多为高分子聚合物材料。非晶态高聚物或部分结晶高聚物的非晶区,当温度升高或从高温降温时,会发生玻璃化转变,这个转变过程的实质是高聚物的链段运动随着温度的降低被"冻结"或随着温度的升高被激发。当高聚物发生玻璃化转变时,除形变与模量外,高聚物的比热容、线膨胀系数、热导率等都会表现出突变或不连续的变化。材料的模量从高到低变化对应的温度范围称为玻璃转化区。这个温度范围的中间值称为玻璃化温度 T_g。在低于玻璃转化区的温度上,涂层材料是硬的或呈"玻璃态";在高于玻璃转化区的温度下,涂层材料是软的或呈"高弹态"。粗略地,玻璃转化区的低端温度定义为玻璃态模量值的 1/3 处的温度;玻璃转化区的高端温度定义为高弹态模量值的 3 倍处的温度。适用于线圈固化的高聚物胶体材料,应具有下列特征:①玻璃化温度在光纤陀螺工作的温度范围之外;②弹性模量足够大,以有效降低偏置振动灵敏度。

玻璃化温度是胶体的一种物理特性。每一种胶体材料都用其玻璃化温度表征,在玻璃转化区可以观察到材料的杨氏模量发生显著改变。这个区域见证了随着温度的升高,从玻璃态向高弹态的转化。图 2.55 所示为具有传统涂层的通信光纤的硅树脂内涂层材料的杨氏模量与温度的函数关系。在约 $-40℃$ 以上,模量基本上是一个常值,但是低于约 $-40℃$ 时,内涂层材料的杨氏模量急剧增加,可以清楚地显示出模量有大约一个数量级的变化。图 2.56 所示为温度从 $-100℃$ 升至 $+100℃$ 时,固化的丙烯酸盐涂覆材料 NORLAND 65 的杨氏模量与温度的关系曲线,图中实线是杨氏模量的实部,虚线是杨氏模量的虚部。可以看到,材料杨氏模量的突然衰减始于丙烯酸盐胶体冷却至 $0℃$ 时,这种转化在大约 $+50℃$ 时完成。这对应着该聚合物从玻璃态向高弹态的物理转化。转化区的中心近似与模量虚部曲线的峰一致,发生在 $+28℃$。在转化区域,NORLAND 65 的杨氏模量从 220000psi 降为 400psi,硬度下降至 1/500。采用这种光纤绕制的线圈,低温下的光纤陀螺偏置尖峰通常与内涂层模量的剧烈变化有关,高温下的偏置漂移对应着外涂层材料的模量渐变。

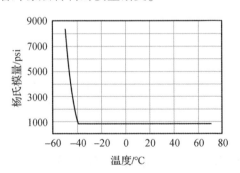

图 2.55　光纤内涂层的弹性模量与温度的关系

理想情况下,光纤涂层材料和固化胶体材料的弹性模量在陀螺的工作温度范围内应该近似为常值。因而,涂层材料和固化胶体的玻璃转化区应在陀螺的工作温度范围之外。如果陀螺温度在固化胶体(或者固定器件、尾纤的胶体)的玻璃转化区,则会产生明显的偏置尖峰效应和偏置交叉效应。偏置尖峰效应是

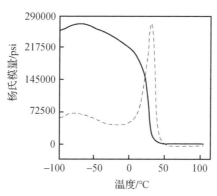

图 2.56　丙烯酸盐外涂覆材料弹性模量与温度的关系

指在变温过程中,固化胶的模量发生很大变化,由此产生的瞬态非对称热应力变化使陀螺输出频繁发生突变(图 2.57),也称为偏置尖峰。偏置尖峰的方向与变温方向有关,也即如果升温时偏置尖峰朝上,则在同一温度范围内降温时,偏置尖峰朝下。这是偏置尖峰效应的一个重要特征。随着固化胶迅速从玻璃态转化为高弹态(或从高弹态转化为玻璃态),热应力开始较均匀地分布于整根光纤,因此发生偏置尖峰效应的概率下降直至消失。

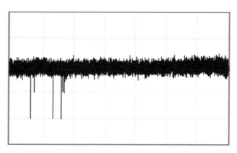

图 2.57　变温过程中的偏置尖峰效应

　　偏置交叉效应是指将光纤陀螺从低温升到高温(正向)和从高温降至低温(反向)时,如果温度范围跨越玻璃转化区,则陀螺的这两条偏置输出曲线并不是具有一定趋势的重合或平行曲线,而是出现了两次或多次交叉。如图 2.58所示,由不同方向的温度斜坡获得的数据曲线在 +5℃ 和 +50℃ 两个温度点附近发生交叉。这种交叉表明,偏置与温度变化率的相关性或 Shupe 系数同样与温度有关,换句话说,在玻璃转化区,该光纤线圈的 Shupe 系数与温度呈非线性关系。这种温度依赖性使对陀螺偏置的分析处理异常复杂,温度建模和补偿变得更加困难。

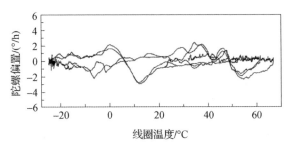

图 2.58 变温过程中的偏置交叉效应

2.2.6 光纤线圈的制备工艺

制备光纤线圈是指为满足工程化光纤陀螺特定温度性能需求,采用专门的线圈绕制设备,将一根光纤按照特殊的对称绕制方法缠绕在给定骨架上,同时为满足陀螺振动、冲击等力学性能要求,还需要对线圈灌胶、固化。高精度光纤线圈均采用脱骨工艺,并对光纤线圈进行磁屏蔽和密封。高性能光纤线圈的制备(以及制备前、后)包含一系列复杂工序,主要有光纤退扭、线圈绕制、施胶、固化和脱骨、线圈黏接与焊封等。

2.2.6.1 光纤线圈的退扭

对于实际的光纤线圈,由于制作光纤预制棒时的螺旋状残余应力,会不可避免地引入一定程度的扭转,扭转对应的剪应力将产生圆双折射,导致法拉第效应,在磁场环境下引起一种非互易相位误差。光纤预制棒或光纤拉制过程中造成的光纤扭转是固有的,一旦光纤拉制完成即无法改变,但光纤拉制完成后由于转盘、分盘运输而导致的扭转则可以进行退扭处理。退扭技术是指在绕制线圈前对光纤扭转水平进行预估,采用专用复绕设备消除光纤拉制后期产生的扭转,以降低光纤陀螺的磁场灵敏度。在退扭处理前,要对光纤进行常规性能测试、张力筛选和纤径筛查。退扭过程中还可以对光纤涂覆层进行清理,减少灰尘、杂质对线圈绕制质量的影响。

2.2.6.2 光纤线圈的低张力对称绕制和精密排纤

光纤线圈绕制中的低张力和精密排纤绕制技术是光纤线圈绕制的核心技术。光纤线圈绕制设备通过张力控制伺服装置控制张力大小与张力波动范围。绕制张力不仅要均匀,而且必须足够低,以避免光纤波导中产生应力,特别是在光纤线圈绕制启动、停止操作期间如何保证其张力稳定性是控制光纤线圈绕制质量的关键因素。大量试验已经证明,低张力绕制的光纤线圈具有优异的温度性能。

另外，绕制张力越小，绕制操作越困难。同时，低张力容易造成同层光纤匝之间出现间隙，或光纤匝跃出该层高度，造成线圈的一致性变差，甚至破坏光纤线圈的热对称性。因此，在低张力绕制状态下实现精密排纤也是线圈绕制的核心技术。排纤精度主要分为光纤环绕制过程中每层边缘跃纤处的排纤精度和绕制每层中间区域的排纤精度两部分。边缘跃纤的光纤排纤主要由对称绕制方案决定，而线圈每层中间段的排纤精度则由绕制设备的机械精度决定，通过精密辅助排纤模块传递到线圈绕制操作面上。精密排纤辅助模块一般是一个能够进行左右和上下二维运动的挡纤针或压块结构。通过精密滑台点动，挡纤针或压块能够对骨架上正在绕制的光纤进行实时定位。除此之外，精密精度还与工装卡具精度和光纤纤径一致性有关。

2.2.6.3　光纤线圈的施胶

为确保光纤线圈的环境适应能力，尤其是温度和力学环境的适应性，如冲击、振动、温度变化等，必须在绕制过程中或绕制完成后对光纤线圈进行固化。实际应用中，固化胶体的施胶工艺方式一般包括带胶、涂胶、喷胶和灌胶 4 种。

带胶工艺是指在光纤线圈绕制过程中，在绕制每一匝光纤的过程中利用相应的带胶装置，使固化胶体均匀包裹在光纤的外表面，该工艺实现难度较灌胶工艺大幅降低，易于实现。但在实施过程中对绕环工作环境要求较高，需谨防灰尘、杂质等非理想环境条件导致的工艺缺陷对光纤线圈性能与可靠性的影响，严格匹配带胶绕制速度，绕环张力，并确保在绕环过程中不发生或较少发生退绕，光纤交叠等现象的发生。

涂胶工艺是指在光纤线圈绕制过程中，每绕制完成一层光纤后，在其表面用毛刷等工艺将胶体涂覆在光纤层表面的工艺。该工艺实现最为容易。但工艺一致性较差，人为操作因素对光纤涂胶一致性、均匀性都会产生不可预计的影响，且绕制过程中胶体由于外力涂覆作用容易沿光纤层发生下层现象，该操作在高精度光纤线圈绕制过程中基本属于禁止工艺，只在低精度光纤线圈制作过程中使用。

喷胶工艺是指在光纤线圈绕制过程中采用专门研发的喷胶嘴装置，将胶水均匀喷涂到光纤层表面的工艺，该工艺是涂胶操作的升级版，较涂胶操作，喷胶工艺可提升胶体喷涂的一致性与均匀性。

灌胶工艺是指当光纤线圈绕制完成后，将光纤线圈整体浸没在流动性较好的固化胶体中，通过抽真空再加压的方式，将光纤线圈中的气泡抽出，使胶体填充到光纤线圈内部。在早期的光纤线圈灌胶操作中，由于光纤线圈绕制张力过大,且张力非均匀,绕制层数多,胶体流动性差,压力控制缺少经验等实际原因,灌胶的实际效果并不十分理想,尤其是光纤线圈内侧灌胶不均匀,存在"气线"等问题,如图2.59(a)所示。随着对灌胶工艺的不断探索与研究,灌胶工艺已经基本完善,通过研究骨架开孔、真空脱泡、提升胶体流动性、降低线圈绕制张力等方法,对大多数尺寸的光纤线圈均可采用灌胶工艺对其进行施胶操作。该技术最大的好处是对于批量生产的光纤线圈,采用一致的灌胶参数,光纤线圈温度特性的一致性大幅提升。

(a) 非理想灌胶工艺下线圈   (b) 工艺改进后理想灌胶工艺下
　　　中的气线　　　　　　　　　　　的脱骨光纤线圈

图 2.59　灌胶工艺

2.2.6.4　光纤线圈的固化和脱骨

根据光纤线圈固化胶的固化方式,可以将其分为紫外光固化胶体与热固化胶体,还有紫外、热双组分固化胶体。紫外光固化胶体是指采用紫外光引发固化的胶体,光纤线圈固化用紫外胶体一般采用丙烯酸酯类紫外固化胶,其性能与光纤外涂层用紫外固化胶体较匹配,其固化采用的设备一般为紫外固化箱,工艺参数包括紫外光波长范围、紫外固化灯辐照度、固化时间等。热固化胶体是指采用高温进行固化的胶体,但由于线圈所用光纤无法耐受较高温度,所以热固化胶体的固化温度不能超过光纤的极限工作温度,工艺参数包括固化温度、固化时间等。紫外、热双组分固化胶体顾名思义,是采用紫外与高温均可发生固化的胶体,在使用过程中一般先采用紫外固化,使线圈内部光纤快速固化保证其位置不发生改变,然后再利用适当的高温进行固化。

胶体的玻璃化转变过程对光纤线圈温度性能有重要影响。图2.60所示为固化后的光纤线圈在玻璃化转变过程期间的热应力仿真。当线圈处于胶体的玻璃化转变温度时,由于胶体热力学参数发生巨变,导致每匝光纤受到的热应力发生突变。如果热应力分布关于光纤线圈中点不对称性,将产生大的 Shupe

误差,甚至出现偏置尖峰效应。因此,固化胶体的玻璃化温度需在光纤线圈的工作温度之外。

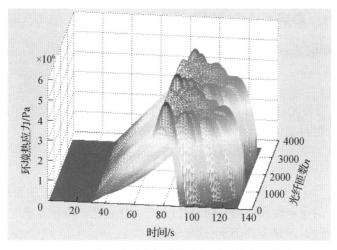

图 2.60　包含玻璃化转变的光纤线圈热应力曲线

低精度光纤陀螺一般直接采用光纤线圈的安装骨架作为其绕制工装进行线圈绕制与固化,但骨架材料与光纤线圈及其固化胶体的非匹配性会引起光纤线圈传热、热机械性能发生改变,会影响光纤线圈的温度性能。高精度光纤陀螺通常采用脱骨光纤线圈,将骨架与线圈本体脱离,最终形成无骨架光纤线圈。

2.2.6.5　光纤线圈的黏接

脱骨光纤线圈必须固定在线圈安置盒上,安置盒的安装基准面与惯性组合的本体结构固联,与线圈安置盒底部安装基准面垂直的轴构成光纤陀螺的输入基准轴。现阶段最为常用的线圈黏接方法为底面黏接,即将光纤线圈的底面与光纤线圈安置盒底部采用特制的黏接胶体进行黏接。黏接后的光纤线圈呈现一种悬臂梁结构,需要通过黏接胶体的选型和黏接工艺的优化,确保光纤线圈满足光纤陀螺的振动、温度以及盐雾和高湿等航海应用环境。

2.2.6.6　光纤线圈的焊封

脱骨光纤线圈黏接到金属安置盒内后,需采用激光焊接方式对金属安置盒进行密封,仅将光纤线圈的两端尾纤从线圈安置盒内伸出,与 Y 波导进行直接对接耦合。线圈侧面与金属安置盒之间的空气间隙缓冲了线圈的热传导作用,可以有效抑制环境温度变化引起的 Shupe 误差。金属安置盒还可以采用高磁导率的磁屏蔽材料(μ 金属),以降低光纤陀螺的磁场灵敏度。

2.2.7 固化胶体热力学特性对标度因数稳定性的影响

2.2.7.1 影响光纤陀螺标度因数稳定性的因素

光纤陀螺的 Sagnac 标度因数 K_s 为

$$K_s = \frac{2\pi LD}{\lambda_0 c} \qquad (2.105)$$

式中:L 为光纤长度;D 为环圈直径;λ_0 为光源平均波长;c 为真空中的光速。标度因数 K_s 的相对变化为

$$\frac{dK_s}{K_s} = -\frac{d\lambda_0}{\lambda_0} + \frac{d(LD)}{LD} \qquad (2.106)$$

由式(2.106)可以看出,影响光纤陀螺标度因数稳定性的主要因素是光源平均波长 λ_0 的稳定性和环圈几何尺寸(LD)的稳定性。闭环处理电路对标度因数误差也有影响,不是主要因素,这里忽略。

光源平均波长的稳定性与光源谱宽 $\Delta\lambda$ 的平方根成反比,即光源谱宽越宽,波长稳定性越差。目前,优化设计的高斯型掺铒超荧光光纤光源,谱宽 $\Delta\lambda$ 约 10nm,未加补偿的全温平均波长变化可以达到 30ppm,且具有相当可补性,所以光源平均波长的稳定性不是目前光纤陀螺标度因数温度稳定性和时间(长期)稳定性的主要影响因素。

一般认为,单纯石英光纤的线性膨胀系数小于 1ppm/℃,理论上,线圈径向膨胀受石英纤芯构成的光纤匝约束,同样呈现出相对较小的热膨胀,不是几何尺寸稳定性的主要因素。但线圈几何尺寸通常还受固化胶体影响,比较复杂,光纤涂层、固化胶体和骨架等受外界温度变化影响施加于纤芯的热应力,引起线圈几何尺寸的本地微观变化,可能会大于宏观的径向热膨胀效应,是标度因数温度稳定性的主要因素;而固化胶体的应力松弛效应,则造成光纤陀螺标度因数随时间的长期变化。

2.2.7.2 纤芯温度引起的标度因数变化

虽然 Sagnac 效应是与光纤折射率 n_F 无关的纯空间延迟,但由于讨论标度因数变化问题可以不涉及 Sagnac 干涉仪的非互易性,最直接有效的方法是从光程($n_F L$)入手考察 Sagnac 标度因数的温度灵敏度。

光纤线圈中的基模传播经过光纤长度 L 累积的相位 ϕ 为

$$\phi = \frac{2\pi}{\lambda_0} \cdot n_F L \qquad (2.107)$$

光波相位随温度 T 的变化为

$$\frac{\mathrm{d}\phi}{\mathrm{d}T} = \frac{2\pi}{\lambda_0} \cdot \frac{\mathrm{d}(n_F L)}{\mathrm{d}T} = \frac{2\pi}{\lambda_0} \cdot \left[n_F \frac{\mathrm{d}L}{\mathrm{d}T} + L \frac{\mathrm{d}n_F}{\mathrm{d}T} \right] \tag{2.108}$$

省略 $2\pi/\lambda_0$，只考虑光程（$n_F L$），温度灵敏度表达为

$$S^T = \frac{1}{n_F L} \cdot \frac{\mathrm{d}(n_F L)}{\mathrm{d}T} = \frac{1}{L} \cdot \frac{\mathrm{d}L}{\mathrm{d}T} + \frac{1}{n_F} \cdot \frac{\mathrm{d}n_F}{\mathrm{d}T} = S_L^T + S_{n_F}^T \tag{2.109}$$

式中：温度灵敏度 S^T 包括两项：单位温度变化的光纤长度相对变化（因而称为 S_L^T）和单位温度变化的模式有效折射率相对变化（因而称为 $S_{n_F}^T$）。由于光纤涂层（通常是聚合物）的热膨胀系数一般比石英大两个数量级，涂层的膨胀拉长了光纤，涂层热膨胀引起的光纤长度变化是对 S_L^T 的主要贡献。折射率项 $S_{n_F}^T$ 是三种效应的和：第一项是光纤的横向热膨胀，改变了芯径尺寸，进而改变了光纤基模的有效折射率；第二项是热膨胀产生的应变，这些应变通过弹光效应改变了折射率；第三项是光纤温度变化引起的材料折射率变化（热光效应）。对标准单模光纤来说，典型测量值为 $S_{n_F}^T \approx 6\mathrm{ppm}/\mathrm{℃}$，$S_L^T \approx 2.2\mathrm{ppm}/\mathrm{℃}$，进而 $S^T = 8.2\mathrm{ppm}/\mathrm{℃}$。因此，在温度变化引起的光程变化 $\Delta(n_F L)$ 中 n_F 起主要作用，约为 600ppm。也即温度变化引起的 L 的相对变化对标度的影响仅 220ppm，且具有相当的可补偿性，对标度因数温度稳定性影响较小。

2.2.7.3　外界应力引起的标度因数变化

光纤线圈中的外界应力变化显然也会对 $n_F L$ 产生关联作用：

$$\Delta(n_F L) = n_F \Delta L + L \Delta n_F = \left(n_F + L \frac{\mathrm{d}n_F}{\mathrm{d}L} \right) \Delta L \tag{2.110}$$

其中，

$$L \frac{\mathrm{d}n_F}{\mathrm{d}L} = -\frac{n_F^3}{2}(p_{12} - \nu p_{12} - \nu p_{11}) \tag{2.111}$$

式中：n_F 为石英折射率，$n_F = 1.45$；p_{11}、p_{12} 为石英的弹光系数，$p_{11} = 0.121$，$p_{12} = 0.27$；ν 为石英的泊松比，$\nu = 0.16$。由

$$\frac{\Delta L}{L} = \frac{\Delta\sigma}{E_{SiO_2}} \tag{2.112}$$

式中：$\Delta\sigma$ 为光纤纤芯受到的外界应力（MPa）；E_{SiO_2} 为杨氏模量（$1/E_{SiO_2}$ 称为柔量或应力松弛系数）。则

$$\Delta n_F = -\frac{n_F^3}{2}(p_{12} - \nu p_{12} - \nu p_{11})\frac{\Delta\sigma}{E_{SiO_2}} \tag{2.113}$$

因而有

$$\frac{\Delta n_F}{n_F} = -0.218\frac{\Delta\sigma}{E_{SiO_2}} \tag{2.114}$$

可以看出,应力引起的光纤长度相对变化和折射率相对变化都与杨氏模量成反比。在应力引起的光程变化 $\Delta(n_F L)$ 中,n_F 的相对变化较小,L 起主要作用,因而对全温标度因数变化影响较大。

2.2.7.4 标度因数的温度稳定性和长期稳定性

图 2.61 所示为光纤陀螺采用不同固化胶体(图中标注了三种胶体 A、B、C)的全温标度因数变化(未补偿),其中含光源平均波长随温度变化和光纤长度随温度变化引起的标度因数变化。实际中,宽带超荧光光纤光源的全温波长稳定性为 100~300ppm 量级,而实际测量的光纤陀螺,采用不同胶体固化,全温标度因数的变化为 600~1200ppm,且胶体不同,全温标度因数变化也相差较大,这说明,固化胶体的热应力对全温标度因数的变化具有重要影响。

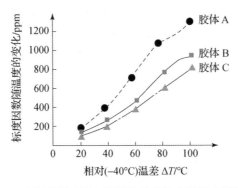

图 2.61 光纤线圈采用不同固化胶体的全温标度因数变化

图 2.62 所示为同一种固化胶体(胶体 C)的陀螺,在经过若干高温老化、低温储存、高低温循环、长期静置等环境试验后的全温标度因数测试曲线(未补

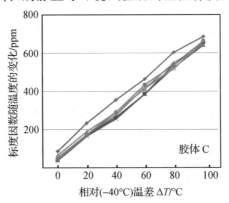

图 2.62 同一种固化胶体在经过若干高、低温
(包括静置)后的全温标度因数变化的重复性

偿）。由图 2.62 可以看出，热应力引起的全温标度因数变化趋势基本没变，但经过不同环境条件（和时间）后，逐次全温测量时，每个恒定温度点上的标度因数重复性高达几十 ppm。这样大的标度因数变化无法用光源平均波长 λ_0 变化和光纤长度 L 的热膨胀来解释，且很难建模补偿，应与固化胶体的应力松弛效应有关。

胶体固化过程中未及时释放的应力，固化后冻结在光纤线圈内，在存储或使用过程中会慢慢松弛，导致固化后的线圈尺寸发生微小变化。另外，即使没有外界应力，固化胶体的机械性能也可能会由于高聚物分子结构中发生的变化而随时间变化。分子排列变化引起的高聚物机械性能变化称为物理老化，分子键改变引起的高聚物机械性能变化称为化学老化。物理老化可能与固化胶体固化不足、固化不均匀或固化过度等诸多工艺因素有关。这导致玻璃化温度 T_g 的精确位置依赖于物理老化过程。例如，图 2.63 给出了较长时间连续高、低温储存后，胶体 C 的热机械特性（Dynamic Thermomechanical Analysis，DMA）曲线的演变。可以看出，胶体 C 的玻璃化温度 T_g 的原始位置约为 +107℃；高温（120℃）储存两周，测得的玻璃化温度 T_g 的位置向右移动至 +123℃，继续高温（120℃）储存两周，T_g 的位置又继续向右移动至 +132℃；然后低温（-50℃）储存两周，T_g 的位置移动至原始位置左侧的 +98℃，继续低温（-50℃）储存两周，T_g 的位置又继续向左移动至 +75℃。如前所述，光纤涂层和固化胶体均为高聚物材料，固化胶体通过刷胶、真空灌封等方法浸入光纤线圈中进行固化，存在诸多缺陷，因此对标度因数时间稳定性的影响可能会更大。线圈固化后长期高温储存，在热氧条件下，一方面，胶体发生后固化行为，原来未完全反应的特征集团进一步交联，分子链交联度增大；另一方面，在热氧作用过程中，胶体中极少量的残余溶剂和小分子物质进一步从胶体中挥发，胶体分子链段通过热运动逐渐占据残余溶剂和小分子物质挥发留下的自由空穴，分子间作用力增大，分子链段运动变缓，胶体刚性增加。这导致高温储存后玻璃化温度 T_g 向高温方向移动。长时间低温储存，胶体内部相区分布以及相边界分子力减小，或者胶体中的缺陷附近存在较大残余应力，使分子链断裂，高分子链的柔性提高，玻璃化温度降低。由于缺陷是有限的，这种长时间、交替的高、低温储存，胶体后固化、残余分子挥发、缺陷附近分子链断裂和分子链交联趋于稳定值，玻璃化温度逐渐稳定在一个不同于原始位置的中间值上。由于所用的固化胶体工作在玻璃化温度以下，应力松弛效应会很小，随时间的稳定需要很长的时间，这对标度因数时间稳定性产生影响。不同的胶体，热机械特性的变化也会不同，导致光纤陀螺标度因数随物理老化和时间的变化趋势也会不同。固化胶体的应力松弛效应的大小与胶体的固有黏弹特性、物理老化进程有关，是可以"设计"的。

图 2.64 所示为对固化胶体优化"设计"后测量的包括标度温补、高温老化、低温储存、静置等历时性环节的标度因数变化,在高、低温储存等严苛的环境条件下长达 50 天的全温标度因数重复性小于 15ppm。

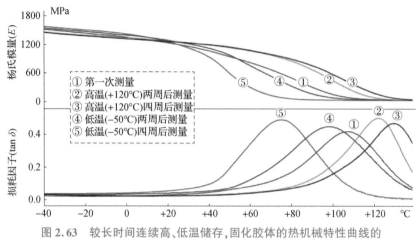

图 2.63　较长时间连续高、低温储存,固化胶体的热机械特性曲线的历时性演变,引起光纤陀螺标度因数随时间的变化

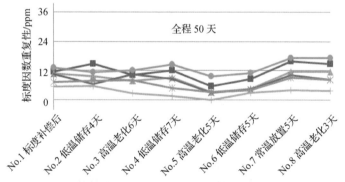

图 2.64　固化胶体优化后的光纤陀螺标度因数温度稳定性和时间稳定性
(共有 8 次测量,每次测量数据沿纵坐标轴的离散性代表标度因数温度稳定性
($-40 \sim +60℃$),整体数据沿横坐标的变化代表历经高温老化、低温储存等环节的
标度因数时间稳定性,全局数据的标度因数重复性小于 1.5×10^{-5})

　　总之,热应力引起标度因数的温度稳定性,应力松弛效应引起标度因数的时间(长期)稳定性,两者都与胶体的黏弹特性有关,这需要通过优化胶体配方来使光纤线圈的固化胶体达到最佳。

2.2.8　光纤线圈 Shupe 误差的热应力模型

　　如前所述,光纤线圈是按照对称方法绕制并填充合适的胶体整体固化而形成的,因此在存在外界热扰动的情况下,光纤本身内外涂层以及纤芯的参数变化、光纤绕制方法和绕制工艺,以及光纤固化胶体的参数和固化工艺都会影响光纤线圈内部的温度分布。当光纤线圈处于时间和空间都变化的温度场中时,光纤线圈的各种材料都会随温度升高而膨胀,随温度降低而收缩。当物体不受约束时,物体内部不会产生热应力。只有当温度变化所引起的膨胀或收缩受到约束时,才会产生热应力。因此,当光纤线圈受到外界温度冲击时,改变的不仅仅是线圈的温度分布,同时也改变了线圈的热应力分布。早期的温度引起的 Shupe 误差模型只考虑了纤芯温度的影响,不能完全刻画实际灌封后的光纤线圈在受到外部温度冲击时所引起的非互易性误差,而通过建立热应力引起的光纤线圈 Shupe 误差模型,可以将光纤纤芯、内外涂层、填充胶体以及骨架结构等不同的材料参数一并考虑,不仅能准确地预测 Shupe 误差,而且还是优化光纤线圈绕制和固化工艺的重要分析工具。

　　与温度不同,应力不是一个数值标量,而是一个具有六个不同方向的张量(三个正应力和三个独立的切应力),对应力张量进行转换可以得到三个沿主方向的主应力 σ_1、σ_2 和 σ_3,此时应力分量变为三个。麦克斯韦应力 – 光性定律给出了物体折射率与所受主应力的关系,由于光纤线圈主要受到来自径向、轴向和沿光纤长度方向(纵向)的正应力分别为 σ_x、σ_y 和 σ_z,另外三个方向的切应力非常小,可以忽略不计,因此这三个方向的正应力也就可以近似看成三个主应力。因而,式(2.96)热应力引起的 Shupe 误差进一步可以表示为

$$\phi_{e-\sigma} = \sum_{\sigma = \sigma_x, \sigma_y, \sigma_z} \left\{ \frac{2\pi}{\lambda_0} \left(\frac{dn_F}{d\sigma} + \frac{n_F}{E} \right) \int_0^{L/2} \left[\frac{d\sigma(z)}{dt} - \frac{d\sigma(L-z)}{dt} \right] \frac{L-2z}{c/n_F} dz \right\}$$

$$(2.115)$$

　　由于光纤陀螺通常采用保偏光纤线圈,保偏光纤有快轴(f)、慢轴(s)之分,而光纤陀螺工作在单一偏振模式。如图 2.65 所示,不妨假设,光纤陀螺工作在快轴上,由于线圈绕制过程中存在光纤扭转,保偏光纤工作的偏振主轴(f)与光纤线圈坐标系的 x 轴产生一个夹角 θ,最终得到由瞬态热应力效应产生的非互易 Shupe 误差为

$$\phi_{e-\sigma} = \frac{2\pi}{\lambda_0} \left(C_1 \sin\theta + C_2 \cos\theta + \frac{n_F}{E} \right) \int_0^{L/2} \left[\frac{d\sigma_x(z)}{dt} - \frac{d\sigma_x(L-z)}{dt} \right] \frac{L-2z}{c/n_F} dz$$

$$+ \frac{2\pi}{\lambda_0} \left(C_1 \cos\theta + C_2 \sin\theta + \frac{n_F}{E} \right) \int_0^{L/2} \left[\frac{d\sigma_y(z)}{dt} - \frac{d\sigma_y(L-z)}{dt} \right] \frac{L-2z}{c/n_F} dz$$

$$+ \frac{2\pi}{\lambda_0} \left(C_2 + \frac{n_F}{E} \right) \int_0^{L/2} \left[\frac{d\sigma_z(z)}{dt} - \frac{d\sigma_z(L-z)}{dt} \right] \frac{L-2z}{c/n_F} dz \qquad (2.116)$$

式中:$C_1 = 4.5 \times 10^{-6}/\text{MPa}$、$C_2 = 7.5 \times 10^{-7}/\text{MPa}$,为应力 – 光性系数,它们与光纤的弹性模量、泊松比、折射率和弹光系数有关。

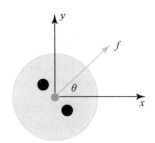

图 2.65　保偏光纤快、慢轴与线圈坐标系的夹角

为了定量计算光纤陀螺的 Shupe 误差值，需要对式(2.116)离散化处理。假设光纤线圈每匝光纤经历相同的温度变化，则每匝光纤上的温度变化率或应力变化率是相同的。假定线圈有 M 层光纤，每层光纤有 N 匝，光纤长度为 L，则光纤线圈的光纤总匝数为 $M\cdot N$，也即长度为 L 的光纤被分成了 $M\cdot N$ 段，则式(2.116)的 Shupe 误差离散化后可以表示为

$$\phi_{e-\sigma} = \frac{2\pi}{\lambda_0}\left(C_1\sin\theta + C_2\cos\theta + \frac{n_F}{E}\right)\cdot\frac{n_F}{c}\cdot\sum_{i=1}^{MN}\frac{\partial\sigma_x(l_i,t)}{\partial t}(L - 2l_i - \mathrm{d}l_i)\mathrm{d}l_i$$
$$+ \frac{2\pi}{\lambda_0}\left(C_1\cos\theta + C_2\sin\theta + \frac{n_F}{E}\right)\cdot\frac{n_F}{c}\cdot\sum_{i=1}^{MN}\frac{\partial\sigma_y(l_i,t)}{\partial t}(L - 2l_i - \mathrm{d}l_i)\mathrm{d}l_i$$
$$+ \frac{2\pi}{\lambda_0}\left(C_2 + \frac{n_F}{E}\right)\cdot\frac{n_F}{c}\cdot\sum_{i=1}^{MN}\frac{\partial\sigma_z(l_i,t)}{\partial t}(L - 2l_i - \mathrm{d}l_i)\mathrm{d}l_i \quad (2.117)$$

式中：l_i 为第 i 匝(段)光纤起点距离光纤线圈起点的长度；$\mathrm{d}l_i$ 为第 i 匝光纤的长度；$\sigma_x(l_i,t)$、$\sigma_y(l_i,t)$ 和 $\sigma_z(l_i,t)$ 分别为第 i 匝在 t 时刻 x、y 和 z 方向的应力(分布)。

光纤线圈实际上是一个三维的轴对称圆柱体结构，可以将其简化成一个轴对称二维平面模型，也即在均匀的环境温度场中每一匝光纤的温度和应力状态相同。图 2.66 展示了如何将光纤线圈的三维结构简化为二维轴对称模型，图 2.66(a)为光纤线圈的三维结构，图 2.66(b)为简化以后的二维轴对称模型。图中标记了光纤线圈平均直径 D(平均半径 r)、线圈内(半)径 r_0，以及各个方向的温度 T 和自然对流转换系数 h。

由图 2.66 可以看出，虽然将光纤线圈用一个二维模型等效，但模型的剖面依然由复杂的复合材料构成，包括纤芯、光纤内涂层、外涂层以及周围存在的固化胶体，不同的材料具有不同的物理属性，由于这些材料的热力学参数与能量相关，因此可以使用体积分数和质量分数占比对其进行归一化处理，但如果把环圈看成一个均匀单质材料，则只能计算环圈的传热模型，如图 2.67 所示。

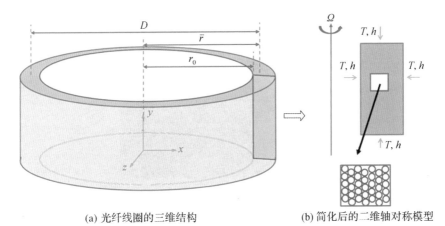

(a) 光纤线圈的三维结构　　　　　　　(b) 简化后的二维轴对称模型

图 2.66　光纤线圈的三维结构简化为二维轴对称模型

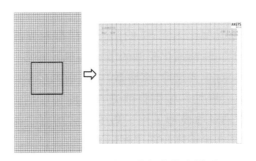

图 2.67　均匀归一化数值仿真模型

　　然而,不同材料的热力学参数是不能利用体积分数或者质量分数占比来进行等效计算的。在这种情况下,如果想要计算光纤线圈的热－应力耦合场模型来得到纤芯所受到的应力大小,就必须建立光纤线圈的精细化模型,这给数值建模提出了新的挑战。如图 2.66 所示,由于光纤

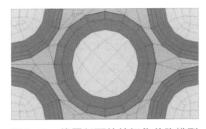

图 2.68　线圈剖面的精细化单胞模型

线圈绕制为逐层交错排列,可以先建立线圈截面的一个精细化单胞模型,如图 2.68 所示。从图 2.68 中可以看出,该结构不同的颜色表示不同的材料,中间浅蓝色为纤芯,而紫色圆环为内涂层,红色圆环为外涂层,其他深蓝色部分表示灌封胶体。该模型使用热－结构耦合场单元,通过轴向复制单胞有限元模型可以得到一层上的所有匝,再将一层上的所有匝沿着径向复制,即可得到所有层上的匝,表示为光纤线圈的二维轴对称精细化有限元仿真模型(图 2.69)。

图 2.69　精细化二维轴对称光纤线圈截面有限元模型

　　利用二维轴对称光纤线圈截面的精细化有限元模型,可以计算环境温度变化引起的每匝光纤线圈的热应力分布及其变化,再根据离散化的 Shupe 误差公式,得到整个光纤线圈总的非互易 Shupe 误差。

　　图 2.69 的精细化模型比图 2.67 的归一化模型对光纤线圈物理和几何参数的刻画更加细致,但同时精细化模型的节点和单元繁多、计算量大,对计算所需的硬件要求也更高,对于大尺寸、多匝数、多层数的模型以及温度变化范围较大时所需计算时间大大增加。根据目前光纤线圈精度的需求来说,10000m 量级的光纤线圈的二维轴对称模型采用一般的台式仿真工作站就可以满足计算需求,线圈更长则需要考虑采用并行工作站进行仿真计算。

　　通过温度(变化)试验,对精细化模型估算光纤陀螺 Shupe 误差的准确性进行了实验验证。图 2.70 所示为某型光纤陀螺线圈 Shupe 误差的仿真和实测曲线的比较。实验中,初始温度为 25℃,以 1℃/min 的温度变化率降至 -40℃,保温 60min,然后以 1℃/min 的温度变化率升至 +60℃。线圈结构为 32 层 × 64 匝,光纤长度为 702m,光纤外径为 165μm,线圈内(半)径 r_0 为 52.28mm,平均

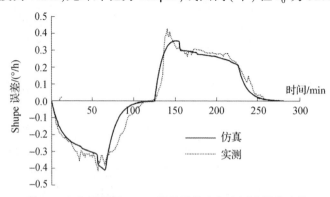

图 2.70　光纤线圈 Shupe 误差的仿真和实测曲线的比较

半径 $\bar{r}$ 为 54.57mm，采用十六极对称绕法绕制。仿真中自然换热系数设定为 $h = 5 \mathrm{W}/(\mathrm{K} \cdot \mathrm{m}^2)$，光纤线圈精细化模型的热力学参数如表 2.5 所示，其中光纤外涂层、固化胶体的弹性模量和热膨胀系数与温度的关系如表 2.6 所示。由图 2.70 可以看出，模型仿真与实测结果高度一致，这说明，将热应力效应引入光纤线圈有限元数值模型中，可以较为真实地反映线圈的热致 Shupe 误差，而热应力的离散化模型有赖于精细化有限元数值模型的建立，从而使光纤线圈热致 Shupe 误差数学模型更加完备。

表 2.5　光纤线圈精细化模型的热力学参数

热力学参数	纤芯	光纤内涂层	光纤外涂层	固化胶体
导热率/（W/（K·m））	1.38	0.15	0.15	0.2
比热容/（J/（kg·K））	740	1400	1400	1400
密度/（kg/m³）	220	1490	1170	1250
直径/μm	80	130	165	2.5
弹性模量/MPa	71700	3.5	—	—
泊松系数	0.16	0.46	0.4	0.4
热膨胀系数	5.5×10^{-7}	300×10^{-6}	—	—

表 2.6　光纤外涂层、固化胶体的弹性模量和热膨胀系数与温度的关系

温度/℃	光纤外涂层		固化胶体	
	弹性模量/MPa	热膨胀系数/ $\times 10^{-6}$	弹性模量/MPa	热膨胀系数/ $\times 10^{-6}$
−40	1700	58	1283	173
−20	1650	62	704	178
0	1600	66	463	182
20	1585	70	316	187
40	1500	74	219	191
60	1450	78	138	195

实际中，Shupe 误差的离散化公式和光纤线圈的精细化模型还可以用于光纤线圈的优化设计。例如，在陀螺设计阶段，针对光纤长度、平均直径、线圈剖

面窗口尺寸、对称绕制方法、线圈的封装结构、结构材料的选择、光纤固化胶体的材料参数(弹性模量、泊松比、导热系数、比热、热膨胀系数等)以及光纤自身的几何尺寸等参数,通过仿真、估计光纤线圈的 Shupe 误差,对陀螺和线圈的设计参数进行最佳规划。

2.2.9 光纤陀螺的偏置振动灵敏度

光纤陀螺的偏置振动灵敏度(包括声振动和机械振动)也是在光纤线圈设计中必须要考虑的问题,它同样与环圈骨架的机械设计和固化胶体的选择有关。与 Shupe 偏置误差的机理相似,光纤陀螺的偏置振动灵敏度是由振动动态应变通过光弹效应引起光纤长度或折射率变化而造成的。当这种由振动引起的应变沿光纤线圈非对称分布时,等效为一个非互易相位调制,在陀螺输出中产生一个非互易相位误差。降低光纤陀螺偏置振动灵敏度的方法有三个层次的问题:首先,环圈骨架的结构设计的谐振频率,必须远大于环境振动条件所要求的频率范围;其次,固化胶体与线圈、骨架装配后的自然谐振频率应在光纤陀螺的工作带宽之外;最后,需要统筹固化线圈的胶体特性,在降低光纤陀螺偏置振动灵敏度的同时满足光纤线圈的 Shupe 性能要求。

结构件谐振频率高低反映了结构刚度的大小。在对环圈部件结构刚度的比较中,谐振频率低,说明结构刚度比较低,即在同样的外力作用下,线圈的结构变形大,从而变形应力带来的误差也相应变大。在进行陀螺结构设计时,应避免在应用频率范围内出现谐振点。借助于有限元分析可以从理论上对陀螺结构的振动模态尤其是各阶谐振点进行计算机仿真,在设计上做到使谐振频率远离陀螺的应用频率。而通常考虑的光纤陀螺偏置振动灵敏度,是指不存在结构谐振情况下,环境振动引起的光纤陀螺噪声增加。

一般认为,固化光纤线圈的胶体材料组分对光纤陀螺的偏置振动灵敏度有重要影响。适用于环圈固化的基于高聚物的胶体材料,除了其玻璃化温度在光纤陀螺工作的温度范围,固化胶体的比重也应与光纤线圈的有效比重相当。胶体分布的均匀性、对称性、黏接强度以及胶体与光纤材料的比重差别,引起线圈 – 胶体的组合体形成一个等效弹簧块系统。在相同外力的作用下,光纤和附着在光纤上的胶体产生相对运动,导致光纤产生周期性调制。在这种情况下,在线圈敏感轴方向会耦合少量角振动,角振动引起的零偏正比于振动台面传递给环圈支撑骨架的周期性压力,进而正比于振动的加速度。设正弦线振动为

$$A = A_0(f)\sin(2\pi ft) \tag{2.118}$$

式中:$A_0(f)$ 为正弦振动的位移幅值,通常与振动频率有关。

如前所述,在相同的外力 F 作用下,光纤和胶体的加速度不同,形成相对运

动，因而有

$$F = m_1 a_1^l = m_2 a_2^l, \quad \Delta a^l = a_1^l - a_2^l = F\left(\frac{1}{m_1} - \frac{1}{m_2}\right) \tag{2.119}$$

式中：m_1、m_2 分别为线圈等效弹簧块系统的线圈和胶体的等效质量；a_1^l、a_2^l 分别为线圈等效弹簧块系统的线圈和胶体的加速度；F 为振动台传递给环圈支撑骨架的周期性压力。因而光纤线圈中光纤受到的调制可表示为

$$\phi_v(t) = K_a \cdot a_0^l \sin(2\pi ft) \tag{2.120}$$

式中：K_a 与光弹系数、光纤和胶体的物理特性、线圈的几何参数和工艺参数有关。振动引起的瞬态线加速度为

$$a^l = -(2\pi f)^2 A_0(f)\sin(2\pi ft) = a_0^l \sin(2\pi ft) \tag{2.121}$$

加速度幅值 $a_0^l = -(2\pi f)^2 A_0(f)$ 通常是一个常数，也即随着振动频率 f 的增加，线振动的位移量 $A_0(f)$ 将减小。

与正弦相位调制类似，振动对陀螺产生的非互易相位调制为

$$\Delta\phi_v(t) = \phi_v(t) - \phi_v(t-\tau) = 2K_a \cdot a_0^l \cdot \sin(\pi f\tau) \cdot \cos\left[2\pi f\left(t - \frac{\tau}{2}\right)\right]$$
$$\tag{2.122}$$

式中：τ 为光在光纤线圈中的传输时间。陀螺对振动的响应幅值为

$$\Omega_v \approx 2K_a \cdot a_0^l \cdot \sin(\pi f\tau) \cdot \frac{\lambda_0 c}{2\pi LD} \tag{2.123}$$

由于振动频率 f 远小于光纤线圈的本征调制频率，也即 $f \ll 1/2\tau$，式 (2.123) 可以写成

$$\Omega_v \approx 2K_a \cdot a_0^l \cdot \pi f\tau \cdot \frac{\lambda_0 c}{2\pi LD} = K_a a_0^l \tau \frac{\lambda_0 c}{LD} \cdot f = K_a a_0^l \frac{n_F \lambda_0}{D} \cdot f \tag{2.124}$$

式中：n_F 为光纤的折射率。

这说明，线加速度 a_0^l 恒定时，陀螺对正弦振动的响应是振动频率的线性函数（图 2.71）。在光纤陀螺的带宽范围内，无论振动的方向平行于环圈输入轴（垂向或轴向振动）或是垂直于环圈输入轴（横向或水平振动），都将是这样。光纤陀螺的偏置振动灵敏度用偏置（°/h）除以振动频率与线振动加速度之积表示：

$$R_v = \frac{\Omega_v}{a_0^l f} = K_a \cdot \frac{n_F \lambda_0}{D} \tag{2.125}$$

R_v 是一个常数，其大小与光纤和胶体的物理特性、光纤线圈几何参数和工艺参数有关。线加速度一般用重力加速度 g 表示，因而偏置振动灵敏度 R_v 的单位是 $(°/h)/(g \cdot Hz)$。

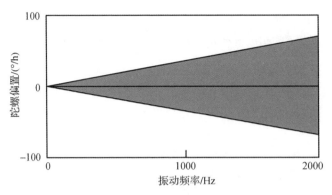

图 2.71　光纤陀螺的偏置振动响应

　　上面的分析表明,光纤陀螺的偏置振动灵敏度通常考察的是振动过程中引起的陀螺噪声增加,而非谐振状态下的陀螺输出漂移,也即认为环圈的谐振频率远离振动频率范围。此时,纤芯的高应力和应变由振动引起的动态放大(而非谐振)产生。这种有害的动态放大效应源自于采用了弹性模量/硬度不够的固化胶体材料。具有高杨氏模量的固化胶体材料,可以降低振动引起的偏置误差,显著改进光纤陀螺的振动灵敏度。因为提高固化胶的模量后,振动产生的机械应力将在较大程度上被固化胶承受,因而缓解了光纤承受的机械应力和应变。另外,杨氏模量又不能高到环境温度远离固化胶体材料的固化温度,否则将产生与陀螺工作有关的其他问题,如与温度有关的光纤裂痕、保偏光纤 h 参数的劣化(偏振交叉耦合)和较大的偏置温度灵敏度(Shupe 误差)。国外研究表明,杨氏模量在 1000~20000psi 的胶体材料能够满足偏置振动要求和较低的偏置热应力要求。

　　如果线圈-胶体组成的弹簧块系统的谐振频率在振动输入的频率范围内,陀螺仪可能产生寄生的输出信号。为了避免这一问题,胶体材料可以通过添加适当的"填充剂",增强其在弹性区的硬度,得到所需要的杨氏模量,以提高陀螺胶体材料与振动有关的偏置性能。胶体可以填充实心或中空的石英微粒以减小胶体和光纤线圈的比重差别,进而调节线圈-胶体组合的谐振频率。填充剂同样增加了胶体的黏性和硬度,充当一个改进的振动阻尼器。例如,当受到一个机械输入激励时,降低了振动输入的潜在放大。黏滞性或库仑阻尼同样可以用来降低环境的高频振动输入对 Sagnac 线圈的影响。因而,设计人员对陀螺性能将具有较好的控制度。在一些情形中,高频振动输入的存在可以使信号处理过载,由此产生振动零偏效应,见第 4 章的相关内容。对于恒定的角位移,当角速率正比于频率增加时会产生这种情况。骨架线轴及法兰与线圈之间的缓冲层对光纤陀螺的偏置振动灵敏度有重要影响。一般情况下,通过采用较厚的缓冲层衰减线圈的谐振频率,但增加了线圈的振幅。因此,采用相对较薄的缓冲层具有相对较低的振动灵敏度。缓冲层的厚度一般在 $100 \sim 600\,\mu m$。为了降低线圈对环境振动的灵敏度,最好线圈和骨架之间轴向和径向都是硬安装。在线圈的轴向中心增加胶层表面积或采用较硬的胶层,都可实现硬安装。

2.2.10　精密光纤绕环机的设计、制造与工艺

如前所述,光纤线圈是光纤陀螺的敏感元件,是产生 Sagnac 效应的核心光路,在光纤陀螺中生产难度和制造成本最大。为提高光纤陀螺的温度性能,敏感线圈必须以特定的图样绕制,在特殊的绕制设备上完成。光纤线圈的绕制图样、排纤精度、张力控制等都会影响光纤线圈的质量,进而对光纤线圈的热对称性以及后续的线圈施胶固化等环节产生不利影响,最终影响光纤陀螺的温度性能。光纤线圈绕制设备也称为光纤绕环机,是光纤陀螺线圈绕制的专用设备。到目前为止,国外光纤陀螺研发单位均自主研发精密光纤绕环机,用于光纤线圈的制造、生产,以降低光纤陀螺成本。鉴于此,笔者针对航海应用光纤陀螺产品量产,设计、开发出一款具有自主知识产权的精密光纤绕环设备。

2.2.10.1　精密光纤绕环机的原理和工艺要求

光纤线圈的绕制设备,主要是实现半自动或全自动模式下将光纤整齐而又均匀地一层一层绕制在绕环工装上。绕环机上负责绕制的机构称为缠绕轴,又称为主轴。绕环工装就同轴安装在主轴上,通过主轴的匀速旋转从而带动绕环工装匀速旋转,将光纤一匝一匝缠绕在绕环工装上。为了实现在绕制过程中施加在光纤上的张力均匀恒定,将张力控制系统引入绕环机设备当中。通过调整送纤轮旋转速度,去匹配匀速旋转主轴的速度,使张力保持在一个恒定的范围之内,并且通过一个力学传感器作为反馈单元形成闭环控制,从而实现绕环过程当中施加在光纤上的张力保持在一个恒定的值,保证了光纤张力的稳定性。整个绕制过程中,光纤一匝一匝缠绕在绕环工装上,每绕制一匝,绕环工装所在的主轴单元就向左或者向右平移一定距离,一般情况下是移动一个光纤直径大小的距离,通过这样的操作,光纤能够一匝一匝整齐地排布在绕环工装上。与此同时,通过绕环机上的视频监控设备,可以将头发丝粗细的光纤放大几十倍,并显示在显示屏上,通过人工监控或者图像识别技术实时监控每一匝光纤排布是否整齐,并施加人为干预调整,保证光纤排布始终整齐。

光纤绕环机是一台综合了光纤缠绕、张力控制、自动排布、视觉监控等功能的半自动或全自动绕环设备,在绕环机的帮助下可以实现光纤线圈的高精度绕制功能。绕环机的精度从某种程度上决定了光纤线圈绕制的精度。从绕环工

艺出发,如果要实现高精度环圈绕制必须对主轴精度、张力波动精度以及排纤单元的定位精度有一定的要求。首先,主轴作为整个绕环机最重要的部分,主轴的径向旋转跳动和主轴轴向跳动直接影响绕环工装安装精度,从而影响绕环过程当中绕环工装的上下跳动和左右摆动。一般情况下,要求主轴的径向跳动精度为0.5mm,主轴轴向的跳动精度为0.1mm,只有精度达到以上范围之内才能保证绕环的精度。其次,张力波动也会给绕环带来非常大的误差。通常情况下,要求主轴缠绕速度在20r/min条件下,张力波动应当小于1g。随着缠绕速度增加,张力波动也会随之增加,但最大张力波动不得大于1.5g,不然就无法保证光纤缠绕过程当中的均匀性,从而会给缠绕过程引入误差。最后,排布单元也是非常重要的一个单元,整个主轴单元是安装在精密滑台上的,这个精密滑台配合伺服电机就构成了排布单元,排布单元可以使主轴左右移动,从而使光纤能够一匝一匝向左或者向右绕制。所以绕环机的排布单元要求还是比较高的,主要体现在精密滑台的定位精度误差要求小于0.1mm,重复定位精度误差要求小于0.05mm,只有满足以上精度要求,才能在光纤排布过程中实现精准定位,从而实现光纤整齐排布。

2.2.10.2 精密光纤绕环机的设计和功能实现

本书所研制的精密光纤绕环机包括绕制单元、放纤单元、张力控制单元、排布单元、视觉监控单元。

1.绕制单元

绕制单元是光纤绕环机最基础的部分,结构设计一般分为两种:一种是单悬臂的旋转主轴结构,另一种采用双顶尖旋转结构。单悬臂结构的主轴和车床的结构非常相似,但比车床更简单,就是由一根卧式的车床主轴组成,不需要齿轮箱等变速机构,主轴与高精度伺服电机直接连接,通过控制伺服电机的转速来控制主轴的旋转速度,从而控制绕环的速度。单悬臂结构的主轴优点是刚性好、精度高、稳定耐用;缺点是比较笨重,占地面积比较大,不容易实现小型化。双顶尖主轴结构的光纤绕环机如图2.72所示,和车床顶尖结构也非常相似。双顶尖结构的主轴,其中一边是顶尖主动轴,另外一边是从动轴,类似于车床的尾座,但是是固定的。主动轴同样通过与高精度伺服电机直接相连接实现旋转速度的控制,从动轴只是实现支撑和转动作用。这种结构的主轴,需要中间安装一根芯棒,绕环工装安装在这根芯棒中央,绕环过程中,通过主轴带动芯棒转动,从而实现光纤缠绕的功能。这种双顶尖结构的优点是体积小巧,能够实现机器的小型化;缺点同样明显,就是对机器零部件的加工精度和安装精度要求比较高,该结构对于高精度光纤绕环机不太合适。目前,欧美国家的绕环机一般采用的都是单悬臂主轴结构(图 2.73),而国内光纤绕环机以双顶尖主轴结构为主。

图 2.72　双顶尖主轴结构的光纤绕环机

图 2.73　美国 KVH 公司的单悬臂主轴结构光纤对称绕环设备

2. 放纤单元

前面所述的缠绕单元属于收纤单元,主要是将光纤收(缠绕)到绕环工装上,有收就得有放,放纤单元实现光纤的自动放出功能。放纤单元也是一个旋转的轴,轴的一端连接高精度伺服电机,另一端安装有放纤轮。通过控制伺服电机,调整转速,实现自动放纤功能。放纤单元通常情况下不单独控制,需要与张力控制单元配合,实现自动放纤功能。

3. 张力控制单元

张力控制单元不是单独的一个控制单元,它是和缠绕单元、张力控制、放纤单元有机结合在一起实现张力的控制,是绕环机的核心功能部件。张力的产生是由放纤单元的速度和缠绕单元的速度之差带来的。当放纤的线速度小于缠绕线速度时,光纤上就会产生张力,并且线速度差越大产生的张力就越大。因而可以通过调整缠绕单元的速度和放纤单元的速度来调节张力。同时,为了精准控制张力,引入压力传感器作为测量反馈元件,对张力进行测量,形成闭环控制,将反馈数据发送给运动控制单元,运动控制单元对放纤单元的伺服电机进行调速控制,从而实现张力的平稳控制,其原理如图2.74所示。图中缠绕单元的主轴以恒定速度旋转,进行收纤缠绕动作。放纤单元的放纤轮进行放纤动作。放纤速度会对压力传感器产生影响,压力传感器测量压力数据,并将实时数据反馈给运动控制单元,运动控制单元通过调整放纤轮的转速调整放纤速度,从而保证张力始终在一定范围内波动,实现张力精准调控,以保持张力值恒定。实际的张力控制结构是一系列滑轮组和力学传感器组成的一个复杂的机械结构,如图2.75所示。

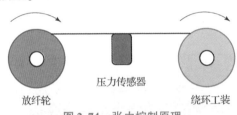

图2.74　张力控制原理

图2.75　实际的张力控制结构

4.排布单元

一般情况下,排布单元是一个定位精度非常高的滑台,主要实现光纤排布过程中绕环工装在左右方向的平移。所以,主轴单元就安装在这个滑台之上。因为对排布单元定位精度要求很高,所以这种滑台制造起来难度较大。为了实现滑台的精准定位,国内部分企业甚至安装光栅尺来提高滑台的定位精度。在绕环过程当中,缠绕单元一匝一匝将光纤缠绕在绕环工装上,同时每绕一匝排布单元就向左或者向右移动一个尺寸,该移动尺寸为光纤直径大小,从而实现光纤在绕环工装上的精密排布。

5. 视觉监控单元

即便是高精度的排布,偶尔也会出现排布误差,这需要一个视觉监控单元。视觉监控单元就是一个放大几十倍的摄像头和显示器,能够实时对缠绕过程的监控。绕环工人在环圈绕制过程中发现光纤排布出现问题能够马上将机器停下,并进行人为的修正,之后再进行自动绕制。或者引入视觉识别系统,对缠绕过程中的排布误差进行自动识别,发现问题机器自动停止并进行报警,而后进行人工修正,再自动绕制。

总之,光纤绕环机是光纤线圈绕制的关键设备,绕环机的精度和功能直接影响光纤线圈的性能及生产效率。本书研制的精密光纤绕环机如图 2.76 所示,采用龙门式单悬臂主轴结构,绕环机功能和技术参数如表 2.7 所示。图 2.77 所示为自研光纤绕环机绕制的不同规格的脱骨光纤线圈。除了上面介绍的单元功能,为探索各种绕环和固化工艺,笔者还在绕环机设备基础上进行了进一步的工艺改进,如加入辅助排纤工装、带胶模块、视觉识别等功能模块,方便了绕环工人的操作。尽管目前所研制的精密光纤绕环机为半自动化绕环,需要人为干预,但精度指标完全满足光纤线圈的绕制需求。同时,为提高光纤线圈生产效率,正在进一步开发全自动精密光纤绕环机。

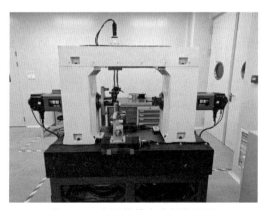

图 2.76　自研的精密光纤绕环机

表 2.7　自研精密光纤绕环机的功能和技术参数

技术参数/功能	典型指标
张力波动	≤0.5g
主轴径向跳动	≤0.01mm
主轴端向跳动	≤0.01mm
排纤精度	≤0.01mm
主要功能	张力恒定
	自动收放纤
	多极绕制
	视频监控
	自动排纤

图 2.77　自研光纤绕环机绕制的不同尺寸的脱骨光纤线圈

2.2.11　分布式偏振串音分析仪的设计和研发

干涉型光纤陀螺通常采用弱相干光源和全保偏光路,保偏光纤的高双折射引起的消偏效应对于抑制光纤陀螺的相干偏振噪声具有重要意义,因而,在光纤线圈绕制过程中,需要分析并避免光纤线圈保偏能力的劣化。传统的偏振测量技术不能分辨和识别保偏光纤线圈中随机偏振耦合点的空间分布,而基于白光干涉的分布式偏振串音分析仪可以检测光纤陀螺光路中分布式偏振串音,精确确定这些偏振串音的位置和幅值,为进一步估算光纤陀螺的残余偏振误差提供依据。也就是说,分布式偏振串音分析仪为检测光纤线圈的绕制质量提供了一种手段。基于这一认识,笔者研发出一款分布式偏振串音分析仪(图 2.78),检测灵敏度达高达 −95dB,动态范围为 75dB,功能包括光纤线圈内部偏振耦合缺陷点位置与偏振串音大小的精确检测、光纤线圈消光比测量、保偏光纤双折射测量、光源自相干函数及相干长度测量、Y 波导芯片消光比测量等。表 2.8 所示为 DPXA – 1000 型分布式偏振串音分析仪的规格参数。

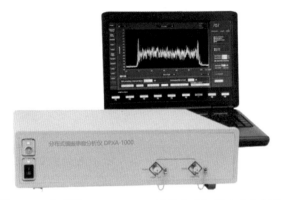

图 2.78　自研的 DPXA – 1000 型分布式偏振串音分析仪

表 2.8　DPXA – 1000 型分布式偏振串音分析仪的规格参数

规格参数	典型值
光学参数	
工作波长	1310nm 或 1550nm
测量灵敏度	– 95dB
动态测量范围	75dB
测量精度	0.25dB
测量范围	3km
测量速度	12.5m/s
空间分辨率	6cm
PER 测量范围	>30dB
SLD 光源功率	>7dBm
SLD 带宽	>30nm
电学参数	
供电	220V,50Hz
通信接口	USB 2.0
软件	偏振串音测量软件 DPXA – 1000

续表

规格参数	典型值
电学参数	
显示单元	便携式计算机
物理参数	
尺寸	2U 机箱 355mm × 355mm × 88.9mm
重量	6kg
光纤类型	保偏单模光纤
光纤接头	FC/PC
工作温度	10 ~ 50℃
储存温度	− 20 ~ 60℃

2.2.11.1　分布式偏振串音分析仪的原理

分布式偏振串音分析仪基于白光迈克尔逊干涉以检测分布式偏振串音,其原理及构成如图 2.79 所示,它是一种采用宽带光源(超辐射发光二极管)的光学系统。在分布式偏振串音分析仪中,除非两个光束的光程差短于光源的相干长度,否则这两个光束不会发生干涉,因此系统可以定位偏振耦合点以及待测器件(Device Under Test,DUT)的偏振串音幅值。

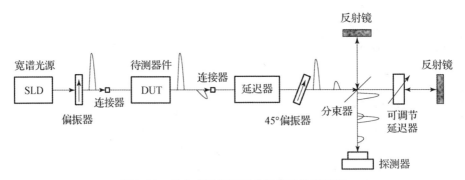

图 2.79　分布式偏振串音分析仪的检测原理

宽带光源 SLD 出射的白光通过一个偏振器耦合进入被测器件即保偏光纤线圈的慢轴传播,若光纤线圈中存在偏振耦合点,部分光将耦合到保偏光纤的快轴中。由于快轴的线偏振光比慢轴的线偏振光传播得要快，在光纤线圈的输出端，沿快轴传播的偏振分量将比沿慢轴传播的偏振分量超前 $\Delta L = \Delta n_b z$，其中，ΔL 是光程差，Δn_b 是保偏光纤线圈的双折射，z 是偏振耦合点到光纤线圈输出端的距离。

考虑如果存在多个偏振耦合点，则会出现二阶干涉峰，称为重影串音峰。也就是说，在一个偏振耦合点处耦合进入快轴中的光将在 DUT 的后续偏振耦合点处重新耦合回慢轴。因此，DPXA – 1000 型分布式偏振串音分析仪在 DUT 的末端放置一个光学延迟装置，该光学延迟装置产生的光程差大于由 DUT 引起的快分量和慢分量之间的光程差，以消除由二阶耦合引起的重影串音峰值，从而可以准确地识别和测量 DUT 中的大量偏振串音点，而不会产生偏振串音伪信号。

另一个偏振器与慢轴成 45°角放置在补偿干涉仪前，将慢轴光和快轴光分量投射到同一方向，从而在补偿干涉仪中的两个光分量之间产生干涉图案。补偿干涉仪本质上是一种扫描迈克尔逊干涉仪，它可以通过可变延迟线（Variable Delay Line，VDL）调整一条光路的长度。当干涉仪平衡时，出现干涉峰值，但当光程差大于相干长度时，干涉峰消失。当通过调整 VDL 补偿光程差时，它再次出现。光电检测器读出干涉峰值并结合 VDL 位置信息可实现偏振串音点精确定位和幅度检测。

2.2.11.2　分布式偏振串音分析仪用于光纤线圈绕制质量检测

当光纤线圈中存在不理想排纤情况，如光纤之间存在扭曲、微弯、挤压、爬升、拉伸等缺陷，使光纤固有双折射发生改变，将产生高偏振耦合点。

分布式偏振串音检测应用于保偏光纤线圈质量控制，主要功能体现在以下 4 个方面：①原料光纤质量检测和筛选；②光纤线圈绕制工艺改进；③光纤线圈绕制设备性能评估；④光纤线圈热应力分析。

众所周知，保偏光纤的 h 参数表征的是保偏光纤的偏振保持能力，是一个集总参数，没有给出偏振耦合发生在保偏光纤中一个缺陷点上或若干缺陷点上以及这些点的具体位置信息，而采用消光比测试仪测量保偏光纤偏振串音也只能反映出光纤整体的偏振保持情况。可以利用分布式偏振串音分析仪对绕制线圈的原料光纤进行检测和筛选，避免存在严重缺陷的原料光纤进入光纤绕制工序中。图 2.80 所示为一段 1500m 保偏光纤原料的分布式偏振串音测量结果，在 488m 和 794m 处分别观察到两个分别为 – 43dB 和 – 48dB 的高偏振串音点。在绕制线圈时，需要去除高偏振串音部分，以确保光纤线圈的质量。

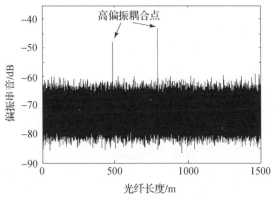

图 2.80　含有两个缺陷点的1500m保偏光纤分布式偏振串音检测曲线

Shupe效应引起的非互易性相位误差是光纤陀螺温度漂移的主要来源。工程应用中通常采用对称绕法,如四极绕法、八极绕法等绕制光纤线圈,减小Shupe误差。如前所述,对称绕法是从光纤中点开始绕制,光纤的一半顺时针绕制,另一半逆时针绕制,两侧光纤遵循预设的对称绕制顺序完成整个光纤线圈的制作。然而,在线圈绕制过程中,许多绕制误差如光纤爬升误差、间隙误差和下陷误差等,都会显著降低对称绕法抑制Shupe效应的有效性,同时也将导致光纤线圈内产生由绕制工艺不当引起的偏振串音。图 2.81 所示为一个已绕制完成的1240m保偏光纤线圈的分布式偏振串音测量结果,既存在多个高偏振串音点,又存在多个高偏振串音区。分析发现,两个周期相邻的高偏振串音点之间的距离等于环圈中一层的光纤长度,同时高偏振串音区的宽度等于环圈中两层的光纤长度。高偏振串音点是由光纤跃层处理过程引起的,该过程是将低层的光纤向上移动,从而保证后续上层光纤完成绕制。高偏振串音区是由垫料工艺造成的,在每8层光纤完成绕制后,为了更好保持后续绕制光纤层平坦度,通

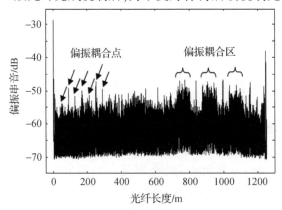

图2.81　1240m保偏光纤线圈的分布式偏振串音测量

过在最新完成的光纤层上放置一片纸状材料以保持下一个绕制光纤层平坦。基于保偏光纤线圈的分布式偏振串音测量结果,工艺人员可立即识别出绕制缺陷并对生成机理进行分析,这有助于改进光纤线圈的绕制工艺。

　　通常,保偏光纤线圈的绕制是在半自动光纤绕环机上进行的,需要操作工人的持续参与。精密排纤和张力控制是绕制高性能光纤线圈的重要因素。绕制设备必须能够准确放置光纤并进行绕制,并且必须能够准确控制张力。在绕制过程中,人为因素或设备因素都有可能使光纤线圈内产生高偏振串音区或高偏振串音点。有些绕制设备采用弓形挡纤机构,放置在线圈骨架的两法兰之间,以辅助绕制过程中光纤排列整齐。弓形挡纤机构的位置不准确会导致许多潜在的绕制缺陷,如绕制张力变化。图 2.82(a)展示了初始绕制后和通过调整用于光纤引导的弓形挡纤机构重绕后环圈中第二层的偏振串音测量结果;如图 2.82(b)中的放大图所示,挡纤机构位置不理想条件下的平均偏振串音强度远高于正常水平。通过分布式偏振串音测试评估绕制设备性能可帮助工艺人员发现绕制设备引起的绕制缺陷。

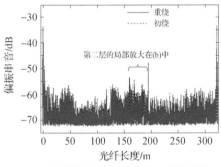 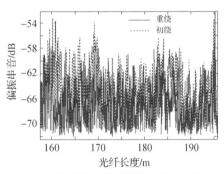

(a) 通过调整用于光纤引导的弓形挡纤机构,在初始绕制和重绕之后, 线圈中第二层的偏振串音测量结果

(b) 第二层偏振串音测量细节放大视图

图 2.82　偏振串音测量结果

　　由于光纤线圈中的光纤和填充胶体材料具有不同的物理特性,所以保偏光纤线圈的偏振保持性能在温度变化后可能会发生变化。图 2.83 表明,由于填充胶体材料的热膨胀在光纤上引起附加热应力,保偏光纤线圈的平均偏振串音水平增加了 5dB,并且由于填充胶体材料不均匀,在 700m 和 1100m 光纤长度之间的偏振串音幅值显著增加。测量不同温度下热应力效应引起的保偏光纤线圈偏振串音的变化,有助于选择理想的线圈填充胶体材料。温度引起的双折射变化也可以从分布式偏振串音点在最右侧光纤连接点的位置差获得。

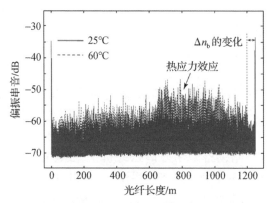

图 2.83　热应力效应引起的光纤线圈偏振串音变化

总之,分布式偏振串音分析仪是一种强大的分布式检测工具,在保偏光纤线圈绕制过程的所有阶段,通过检测光纤线圈中偏振串音空间分布状况,为光纤线圈的质量评价和绕制/固化工艺的改进提供了一种手段。

2.2.12　光纤线圈温度特性的测试

针对航海应用高精度光纤陀螺对光纤线圈的性能要求,通常从陀螺一级来考察光纤线圈的温度特性。主要关注的光纤线圈温度指标为 Shupe 系数、定温极差、标度因数全温稳定性和标度因数长期稳定性。采用变温、保温、高低温循环、高温老化等方式进行测试和评估,这些测试方法得到的数据同时也是线圈制备过程中胶体选型和评估线圈绕制质量的依据。

2.2.12.1　Shupe 系数和定温极差测试

Shupe 误差的测量需要搭建光纤线圈温度性能评估测试系统。该系统实际上是一个可编程闭环光纤陀螺,只是把光纤线圈单独放入高低温箱中,其他光学器件和调制/解调板放入并安装到设备箱中,从设备箱中伸出两根 Y 波导的尾纤,与从温箱中伸出的光纤线圈两根保偏尾纤熔接(图 2.84)。温箱最好有隔振基座,温箱中放置的光纤线圈需要加盖保护,以避免温箱振动、风扇吹风影响测量结果。为了考察不同温度(恒温)下的陀螺零偏(定温极差)以及不同温度段变温时 Shupe 系数的一致性,温箱温度变化的设定如图 2.85 所示。根据零偏输出可以得到光纤线圈的定温极差和不同温度段的 Shupe 系数,作为评价和筛选光纤线圈的试验依据。图 2.86 给出了不同光纤线圈全温条件下的零偏输出响应曲线,由该数据可以计算每个光纤线圈的 Shupe 系数和定温极差,以及不同温度段 Shupe 系数的一致性。

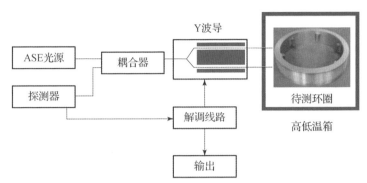

图 2.84　光纤线圈 Shupe 系数和定温极差的测试

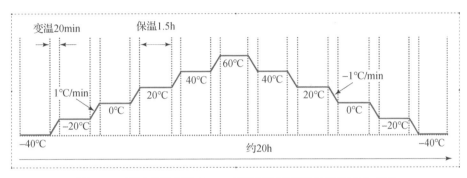

图 2.85　测试光纤线圈 Shupe 系数和定温极差的温度变化设定

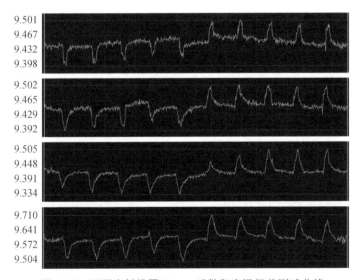

图 2.86　不同光纤线圈 Shupe 系数和定温极差测试曲线

2.2.12.2　标度因数温度稳定性和长期稳定性测试

与图 2.84 不同,考察标度因数温度稳定性需要将图 2.84 搭建的含待测光纤线圈在内的整个光纤陀螺样机置于高低温箱中(图 2.87)。按照类似图 2.85 所示的温度程序,在每个恒温段,测量一次标度因数,得到一组全温范围内标度因数变化的数据(一条曲线)。重复上述测量若干次,两次测量之间间隔一定时间,得到若干组全温范围内标度因数变化的数据(若干条曲线,典型曲线参见图 2.62)。由该数据可以评估每个恒温温度点上逐次测量的标度因数重复性,以及多次测量的全局标度因数温度稳定性。

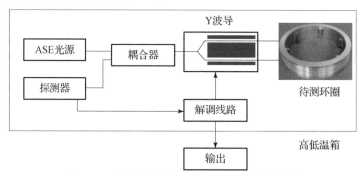

图 2.87　光纤线圈标度因数的温度稳定性测试

利用上述光纤线圈的标度因数温度稳定性数据对光纤陀螺的标度因数进行温度补偿,重新按照上述测试程序测量温度补偿后光纤线圈的标度因数温度稳定性。两次测量之间设置高温老化、低温储存、高低温循环、静置等历时性环节,两次测量的时间间隔不少于 1 周,同时可考虑多轮高温老化、低温储存、高低温循环、静置等,在高、低温储存和长期静置等严苛的环境条件下多次测量光纤线圈的标度因数温度稳定性,作为评估光纤线圈的长期标度因数稳定性的依据。典型曲线如图 2.64 所示,长达 50 天的全温标度因数重复性小于 15ppm。

2.3　全数字闭环调制/解调电路

在开环光纤陀螺中,旋转引起的 Sagnac 相移与角速率成正比,而探测器的输出响应是 Sagnac 相移的余弦函数,与角速率的关系是非线性和周期性的,需要采用偏置调制和反馈控制以实现所需的灵敏度和线性动态范围。采用闭环信号处理技术可以把光纤陀螺对 Sagnac 相移的非线性余弦响应转换为线性响应。国际上较为成熟且被广泛采用的是法国学者 H. C. Lefèvre 最早提出的全数字闭环处理方案。该方案的方波偏置相位调制需要工作在光纤线圈的本征频率上,这要求相位调制器具有较大的调制带宽,基于铌酸锂波导的 Y 分支多功能集成芯片可以满足这一要求,其集总电极设计的相位调制带宽可达 400MHz。

全数字闭环光纤陀螺调制/解调电路技术利用可编程逻辑单元及其外围电路,将数字解调与数字闭环反馈结合在一起,由于采样是在方波信号的 τ 周期上进行的,相邻 τ 周期上的采样值相减给出陀螺的开环数字量,反馈回路根据该数字量产生适当台阶的相位阶梯波,从而避免了铌酸锂集成光学器件的温度稳定性和模拟解调中电子线路引起的漂移,扩展了光纤陀螺的精度和动态范围。同时,利用 D/A 转换器的数字溢出精确控制 2π 复位,提高了标度因数稳定性;由于平均效应,对 A/D 转换器和 D/A 转换器位数要求不高,不存在量化误差。光学上的互易性结构和电学上的全数字处理使光纤陀螺成为高精度和甚高精度惯性仪表的成熟技术方案之一。目前,笔者已自主研制出适用于不同精度和系列型号的模块化全数字闭环调制/解调电路,它们构成了闭环光纤陀螺的核心部件。

2.3.1　闭环光纤陀螺的一般调制/解调方法

全数字闭环调制/解调处理电路作为光纤陀螺的核心部件,其基本结构组成和工作原理如图 2.88 所示。从光源发出的光经光纤耦合器进入 Y 分支多功能集成光学芯片(包含分束器、偏振器和相位调制器三个功能),Y 分支的输出尾纤与光纤线圈的两端熔接,光在线圈中沿相反方向传播,然后又回到 Y 分支的合光点上发生干涉,干涉光波再次经过光纤耦合器,并经耦合器另一输出端口到达光探测器,经光探测器组件转换为模拟电压信号并进行适当滤波、放大,然后被 A/D 转换器采样和量化,转换为数字量,经过数字解调和一次数字积分,就可以得到与输入角速率 Ω 成正比的数字输出量。将数字积分得到的数字量

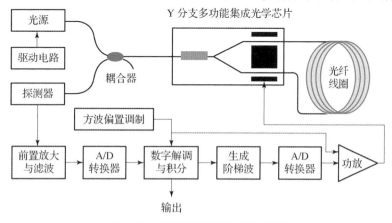

图 2.88　闭环光纤陀螺的基本组成

进行二次积分生成数字阶梯波,该数字斜波的台阶高度正比于旋转速率。数字阶梯波经过 D/A 转换与方波偏置调制信号叠加,再经适当放大后施加到 Y 分支多功能集成光学芯片的电光相位调制器上。阶梯波调制在光纤线圈中产生的反馈相位,用于补偿旋转引起的 Sagnac 相移,使干涉相位回零,从而实现闭环工作。

根据 Sagnac 效应,不考虑功率损耗,当施加方波偏置调制 $\phi_F(t)$ 时,干涉式光纤陀螺的干涉输出响应为

$$I_D(t) = \frac{I_0}{2}\{1 + \cos[\phi_s + \phi_F(t) - \phi_F(t-\tau)]\} \tag{2.126}$$

式中:I_0 为 Sagnac 干涉仪的输出光功率;ϕ_s 为旋转引起的 Sagnac 相移;$\phi_F(t)$ 为幅值等于 ϕ_b 的方波偏置调制信号;频率为 $f_p = 1/2\tau$(光纤线圈本征频率)。如图 2.89 所示,对于两态方波调制(如 $\phi_b = \pm\pi/2$),陀螺静止时,输出是一条直线(非理想情况下常含有两倍本征频率的误差脉冲);当陀螺旋转时,工作点发生移动,输出变成一个与调制方波同频的方波信号。在输出信号的每个半周期上进行采样,相邻两个半周期的采样值相减给出陀螺的开环输出电压,可表示为

$V_{\text{out}} \propto I_D(t) - I_D(t-\tau)$

$= \frac{I_0}{2}\{1 + \cos[\phi_s + \phi_F(t) - \phi_F(t-\tau)]\} - \frac{I_0}{2}\{1 + \cos[\phi_s + \phi_F(t-\tau) - \phi_F(t-2\tau)]\}$

$= \frac{I_0}{2}\{\cos[\phi_s + \phi_F(t) - \phi_F(t-\tau)] - \cos[\phi_s + \phi_F(t-\tau) - \phi_F(t-2\tau)]\}$

$= \frac{I_0}{2}\{\cos[\phi_s + \Delta\phi_F(t)] - \cos[\phi_s - \Delta\phi_F(t)]\} = -I_0\sin\phi_s\sin[\Delta\phi_F(t)]$

$$= G \cdot \sin\phi_b \cdot \sin\phi_s \tag{2.127}$$

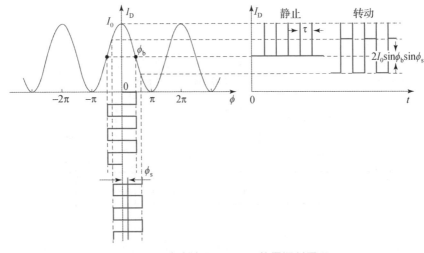

图 2.89　两态方波($\phi_b = \pi/2$)偏置调制原理

式中：$\Delta\phi_F(t) = \phi_F(t) - \phi_F(t-\tau)$；$\phi_F(t) = \phi_F(t-2\tau)$；$G$ 为与输出光强 I_0、电路增益等有关的常值。闭环状态下，反馈回路产生一数字阶梯波与方波调制信号同步叠加，阶梯的持续时间等于光纤线圈传输时间，阶梯高度 ϕ_f 用来抵消旋转引起的 Sagnac 相移 ϕ_s（图 2.90），此时光纤陀螺经解调的输出电压为

$$V_{out} = G \cdot \sin\phi_b \cdot \sin(\phi_s + \phi_f) \tag{2.128}$$

只要借助于反馈回路使 $V_{out} = 0$，就能使陀螺工作在闭环状态。这种全数字处理技术实际上是利用可编程逻辑单元及其外围电路将数字解调与数字闭环反馈结合在一起。由于采样是在方波信号的每个半周期内进行的，相邻两个半周期的采样值相减给出陀螺的开环数字量，反馈回路根据该数字量产生适当的相位阶梯。在这种方案中，新的测量信号是与旋转速率成线性比例的反馈相位 $\phi_f = -\phi_s$，ϕ_f 与返回的光功率和检测通道的增益无关，因此大大提高了光纤陀螺的动态范围和标度因数精度。

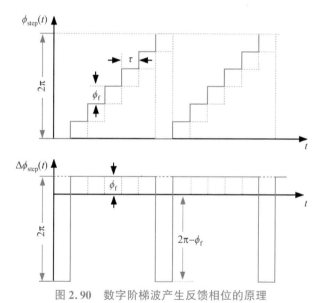

图 2.90　数字阶梯波产生反馈相位的原理

2.3.2　闭环反馈回路的原理和设计

如前所述，光纤陀螺要获得较高的综合性能，其信号处理方法同样非常重要。以高精度惯性导航系统为例，角速率测量跨度为 0.001°/h ~ 100°/s，有 80dB 以上的动态范围，而干涉仪的正弦或余弦响应是非线性的。采用数字阶梯波闭环方法可以解决这一问题，提供一个线性和稳定的标度因数。这种方法同样能够对跨条纹工作计数，有条件地扩大了单条纹工作测量范围不足的问题。

2.3.2.1 第一反馈回路：速率积分

光纤陀螺的主反馈回路是(角)速率反馈回路,主要包括 A/D 转换器、专用数字逻辑电路和 D/A 转换器三个器件。探测器输出的干涉信号经过前置放大,进入 A/D 转换器转换为数字信号,然后在数字逻辑电路内进行数字解调,得到角速率相位误差信号。误差信号经过速率积分,一方面作为陀螺输出,另一方面用于闭环反馈的相位补偿信号,经过二次积分产生数字阶梯波。阶梯波的台阶高度正比于旋转速率,阶梯波的持续时间等于光纤线圈的传输时间 τ。该阶梯波与偏置调制信号在数字逻辑电路中同步叠加,经 D/A 转换器转换为模拟电压信号,施加到 Y 波导的相位调制器上。如图 2.90 所示,阶梯波调制 $\phi_{step}(t)$ 使光纤线圈的两束反向传播光波之间产生一个相位差 ϕ_f:

$$\Delta\phi_{step}(t) = \phi_{step}(t) - \phi_{step}(t-\tau) = \phi_f \tag{2.129}$$

ϕ_f 与载体旋转引起的 Sagnac 相移 ϕ_s 大小相等、符号相反,使光纤陀螺实现相位置零:$\phi_s + \phi_f = 0$,光纤陀螺一直工作在偏置相位 $\pm\phi_b$ 附近的一个很小的线性范围内。

由于数字阶梯波转换为模拟信号后斜波电压不能无限上升,需要进行 2π 复位控制。复位期间,阶梯波调制 $\phi_{step}(t)$ 使光纤线圈的两束反向传播光波之间产生的相位差为

$$\Delta\phi_{step}(t) = \phi_f - 2\pi \tag{2.130}$$

由于余弦响应 $\cos(\phi_s + \phi_f) = \cos(\phi_s + \phi_f - 2\pi)$,对于理想的相位阶梯波,精准的 2π 复位控制不产生任何误差。光纤陀螺的这一闭环工作回路称为第一反馈回路,如图 2.91 所示。

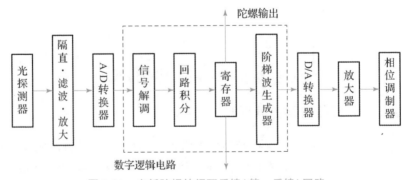

图 2.91 光纤陀螺的闭环反馈(第一反馈)回路

2.3.2.2 第二反馈回路：复位控制

在闭环光纤陀螺的调制解调电路中,第一反馈回路的前向通道和后向通道

的增益都会随着温度、时间发生漂移。前向通道增益误差主要包括光电探测器的光电转换系数和运算放大器的放大倍数等电路参数的变化。而反馈回路增益误差主要源自于Y波导半波电压、功率放大器增益和D/A转换器参考电压等的变化。反馈回路增益的变化导致2π复位产生误差,下面来分析2π复位误差对闭环光纤陀螺零偏和标度因数性能的影响。

首先考虑2π复位误差对闭环光纤陀螺零偏的影响。假定在某个角速率(如地球速率分量),阶梯波$\phi_{step}(t)$在M个时钟周期(τ)内没有复位,而在第$M+1$个时钟周期内恰有一次复位。那么,考虑$\phi_b = \pi/2$,对于理想的阶梯波,由式(2.130),在前M个时钟周期,相邻两个半周期的采样值相减给出陀螺输出为

$$V_{out} = G \cdot \sin(\phi_s + \phi_f) = 0 \qquad (2.131)$$

在复位的第$M+1$个时钟周期,陀螺输出为

$$V'_{out} = G \cdot \sin(\phi_s + \phi_f - 2\pi) = V_{out} \qquad (2.132)$$

如图2.92所示,当调制通道增益出现误差时,2π复位相位和反馈相移ϕ_f都发生变化:$2\pi \rightarrow 2\pi(1-\varepsilon)$,$\phi_f \rightarrow \phi_f(1-\varepsilon)$,对于相同的数字相位台阶值,此时有

$$V_{out-\varepsilon} = G \cdot \sin[\phi_s + \phi_f(1-\varepsilon)] = G \cdot \sin\phi_b \cdot \sin(\phi_f\varepsilon) \qquad (2.133)$$

式中:ε为调制通道的相对增益误差。在复位期间,陀螺输出V'_{out}变为

$$\begin{aligned} V'_{out-\varepsilon} &= G \cdot \sin(\phi_s + \phi_f - 2\pi) = G \cdot \sin[\phi_s + \phi_f(1-\varepsilon) - 2\pi(1-\varepsilon)] \\ &= -G \cdot \sin[(2\pi - \phi_f)\varepsilon] \neq V_{out-\varepsilon} \end{aligned} \qquad (2.134)$$

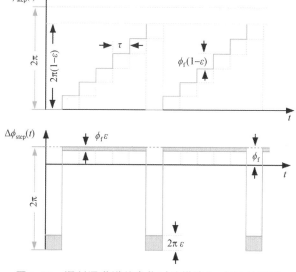

图2.92 调制通道增益变化对阶梯波2π复位的影响

在前 M 个时钟周期内,因调制通道增益误差引起的陀螺输出变化量为

$$\Delta V_{\text{out}} = V_{\text{out}} - V_{\text{out}-\varepsilon} = -G \cdot \sin(\phi_f \varepsilon) \approx -G \cdot \left[\phi_f \varepsilon - \frac{1}{6}(\phi_f \varepsilon)^3 \right] \quad (2.135)$$

在第 $M+1$ 个时钟周期的复位期间,因调制通道增益误差引起的陀螺输出变化量为

$$\Delta V'_{\text{out}} = V'_{\text{out}} - V'_{\text{out}-\varepsilon} = G \cdot \sin\left[(2\pi - \phi_f)\varepsilon \right]$$
$$\approx G \cdot \left[(2\pi - \phi_f)\varepsilon - \frac{1}{6}(2\pi - \phi_f)^3 \varepsilon^3 \right] \quad (2.136)$$

存在调制通道增益误差时,实际上不再是 2π 复位而是 $2\pi(1-\varepsilon)$ 复位,但 $(M+1)\phi_f = 2\pi$ 仍然成立。对于零偏值来说,高阶误差项 ε^3 可以忽略。因而,在一次复位的 $M+1$ 个时钟周期上的平均输出误差为

$$\langle \Delta V_{\text{out}} \rangle = M(V_{\text{out}} - V_{\text{out}-\varepsilon}) + (V'_{\text{out}} - V'_{\text{out}-\varepsilon}) = \frac{-M \cdot G \cdot \phi_f \varepsilon + G \cdot (2\pi - \phi_f)\varepsilon}{M+1}$$
$$= \frac{G \cdot [2\pi - (M+1)\phi_f]\varepsilon}{M+1} = 0 \quad (2.137)$$

也就是说,调制通道增益误差 ε 引起的平均零偏误差在一阶上为零,也即对零偏性能没有大的影响。

但对于标度因数来说,并非这样简单。整个一次复位的 $M+1$ 个时钟周期上的平均相位误差为

$$\langle \Delta \phi_{\text{out}} \rangle = \frac{\langle \Delta V_{\text{out}} \rangle}{G} = \frac{-M \cdot \left[\phi_f \varepsilon - \frac{1}{6}(\phi_f \varepsilon)^3 \right] + \left[(2\pi - \phi_f)\varepsilon - \frac{1}{6}(2\pi - \phi_f)^3 \varepsilon^3 \right]}{M+1}$$
$$= \frac{1}{6} \frac{[M(\phi_f)^3 - (2\pi - \phi_f)^3]\varepsilon^3}{M+1} \quad (2.138)$$

对于单条纹工作,最大转速对应着 π 相位差,因而 2π 复位误差引起的标度因数误差为

$$\frac{\langle \Delta \phi_{\text{out}} \rangle}{\pi} \approx \frac{1}{6} \frac{(2\pi \varepsilon)^3}{M+1} \propto \varepsilon^3 \quad (2.139)$$

尤其是,当 $\phi_b \neq \pi/2$ 时(ϕ_b 通常大于 $\pi/2$),标度因数误差与 2π 复位误差的二次方成正比,$\varepsilon = 0.01$ 的调制通道增益误差将产生 100ppm 的标度因数误差,因此,需要采用位数适当(不宜很大)的 D/A 转换器调节调制通道增益,对复位信号进行数字校准。

2π 复位控制同样可以在数字逻辑电路中完成,称为第二反馈回路,如图 2.93 所示。在两态方波调制中,通过比较复位前后探测器输出信号的采样值,提取 2π 复位产生误差信号。通过对 2π 复位误差信号进行积分并输出给第二个 D/A 转换器,控制放大器的增益,实现对调制通道增益的调整,从而产生正

确的 2π 复位。由于调制通道增益变化通常表现为缓慢变化,因此第二个 D/A 转换器的输出信号变化也十分缓慢,可以近似为直流工作,对 D/A 转换器的动态性能和量化误差要求不高。

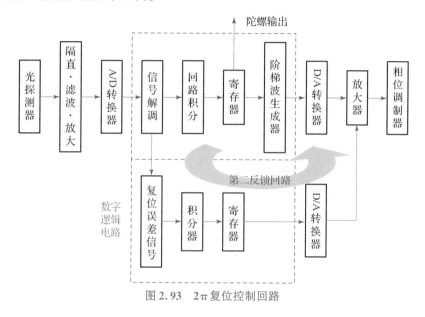

图 2.93　2π 复位控制回路

2.3.2.3　四态方波调制

对于两态方波调制,在低转速下,2π 复位频度低,2π 复位误差信息非常少,因此在典型闭环光纤陀螺调制/解调方案中通常采用四态方波调制。在四态方波调制中,不必等待陀螺复位,可以由四态采样值直接实时连续地给出 2π 复位误差信息。四态方波调制的工作原理如图 2.94 所示,方波调制信号 $\phi_F(t)$ 采用的仍是线圈本征频率,但在每个周期内,调制波形有 4 个状态:

$$\phi_F(t) = \begin{cases} \phi_b/2, & 0 \leqslant t < \tau/2 \\ a\phi_b/2, & \tau/2 \leqslant t < \tau \\ -\phi_b/2, & \tau \leqslant t < 3\tau/2 \\ -a\phi_b/2, & 3\tau/2 \leqslant t < 2\tau \end{cases} \quad (2.140)$$

式中:ϕ_b 和 a 满足关系 $\cos\phi_b = \cos(a\phi_b)$,因而有

$$\phi_b = \frac{2\pi}{a+1} \quad (2.141)$$

a 取不同值,可以得到不同幅值的方波调制信号。例如,$a = 3$ 时,$\phi_b = \pi/2$,$a\phi_b = 3\pi/2$;$a = 2$ 时,$\phi_b = 2\pi/3$,$a\phi_b = 4\pi/3$;$a = 5/3$ 时,$\phi_b = 3\pi/4$,$a\phi_b = 5\pi/4$,以此类推。图 2.94 所示为 $\phi_b = 2\pi/3$ 的四态方波调制的陀螺开环输出响应。可以

看出,陀螺静止时,输出是一条直线(通常含有频率为 $2f_p$ 的误差脉冲),由式(2.129),此时平均偏置光功率为 $(I_0/2)(1+\cos\phi_b)$;而当陀螺旋转时,产生的 Sagnac 相移使工作点发生移动,输出变成一个 2 倍于本征频率的方波信号。另外,陀螺静止但调制通道增益发生变化时,产生一个与四态调制方波同频的方波信号。因此,陀螺工作状态时的输出信号通常是后两种情况的叠加。在本征解调时,解调序列为" $-$ 、$+$ 、$-$ 、$+$ "给出第一反馈回路的速率误差信号,解调序列为" $-$ 、$+$ 、$+$ 、$-$ "给出第二反馈回路的 2π 复位误差信号。尤其是两个解调序列正交,这意味着两个反馈回路的误差信息是彼此独立的,在解调时不会产生相互干扰。这种四态方波调制可以实现对 2π 复位的实时精准控制。

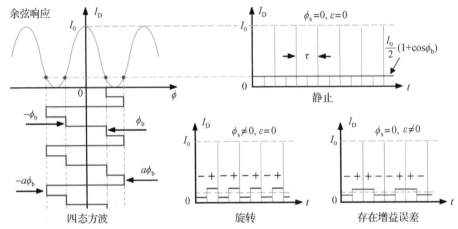

图 2.94 $\phi_b = 2\pi/3$ 的四态方波调制的陀螺开环输出响应,采用不同的解调序列可以分别提取角速率信息和 2π 复位误差信息

2.3.2.4 过调制技术

四态方波调制技术的另一个优势是与过调制技术完全兼容。众所周知,光纤陀螺存在探测器热噪声、散粒噪声和光源相对强度噪声三种固有的基础噪声。

散粒噪声来源于探测器的光电转换过程。探测光功率 I_0 小于约 $1\mu W$ 时,光纤陀螺的噪声以散粒噪声为主。输出光功率正比于 $I_0(1+\cos\phi)/2$,其中 ϕ 为干涉相位差;噪声正比于光功率的平方根 $\sqrt{I_0(1+\cos\phi)/2}$;速率信号的响应正比于 $(I_0\sin\phi)/2$;而信噪比正比于 $\sqrt{I_0}\cdot\sin(\phi/2)$。因此,尽管施加相位偏置 $\pi/2$ 时,信号响应最大($\sin\phi=1$),但陀螺的精度由信噪比决定,最大信噪比可能非常接近 π (不能等于 π ,因为此时信号响应 $\sin\pi=0$),对于检测微小的旋转速率,这要求相位偏置在 $\pi/2\sim\pi$ 选取合适的值,称为过调制技术。另外,信噪比与探测光功率的平方根 $\sqrt{I_0}$ 成正比,意味着在以散粒噪声为主的光纤陀螺中,增加光功率可以提高陀螺精度。尽管如此，散粒噪声是传统光纤陀螺不可逾越的终极理论极限。

热噪声来源于探测器的跨阻抗放大器，光探测器产生正比于光功率的光电流，为了测量，必须用一个电阻将电流转化为电压，电子的热扰动产生热噪声。热噪声与实际探测光功率 I_0 无关，给定跨阻抗阻值，具有固定的噪声等效功率（Noise Equivalent Power，NEP），但信噪比正比于 $(I_0\sin\phi)/2$。热噪声比散粒噪声小约一个数量级，通常可以忽略。

探测光功率 I_0 大于约 $1\mu W$ 时，光纤陀螺的噪声以光源相对强度噪声（Relative Intensity Noise，RIN）为主。相对强度噪声由光谱频率分量之间的随机拍频引起，是大功率宽带光源所固有的一种噪声，与宽带光源的相干时间 τ_c 有关。在相对强度噪声为主要噪声的光纤陀螺中，输出光功率正比于 $I_0(1+\cos\phi)/2$；噪声同样正比于光功率 $I_0(1+\cos\phi)/2$；速率信号的响应正比于 $(I_0\sin\phi)/2$；而信噪比正比于 $\tan(\phi/2)$。因此，在以相对强度噪声为主的光纤陀螺中，虽然仍可以采用过调制技术，但增加光功率对于提高陀螺精度来说不再有效。由于相对强度噪声源于光源特征，看起来更像是一个寄生信号，可以通过强度噪声抑制技术来降低或消除，下一章还要详细讨论这一关键技术。

对于某型战术级精度光纤陀螺，三种噪声引起的角随机游走（Augular Random Walk，ARW）与探测光功率 I_0 的双对数关系曲线如图 2.95 所示。相对强度噪声引起角随机游走与探测光功率 I_0 无关，斜率为零；散粒噪声引起角随机游走与探测光功率的平方根 $\sqrt{I_0}$ 成反比，斜率为 $-1/2$；热噪声引起角随机游走与探测光功率 I_0 成反比，斜率为 -1。当光功率较大时，总的角随机游走受制于相对强度噪声。

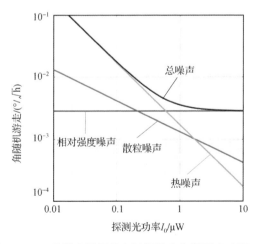

图 2.95　三种噪声引起的角随机游走与探测光功率 I_0 的关系

由于每一种噪声都有其对调制深度的依赖性。毫无疑问,当寻求最佳的噪声折中时,调制深度是一个关键调试参数。选取探测光功率分别为 $1\mu W$、$3\mu W$、$6\mu W$ 和 $10\mu W$,对于某型陀螺,不同光功率下角随机游走与偏置相位(调制深度)ϕ_b 的关系曲线如图 2.96 所示。可以看出:①受相对强度噪声限制,调制深度较浅时,功率增加对角随机游走没有影响;②可以通过深度过调制降低角随机游走。当光功率一定时,角随机游走随着调制深度的加深而降低,存在一个与偏置光功率对应的最佳调制深度,超过该值,随机游走系数又会迅速变大。

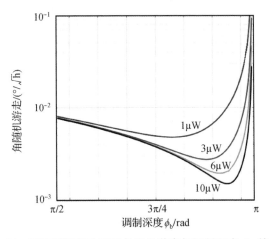

图 2.96　不同探测光功率下角随机游走与调制深度 ϕ_b 的关系

需要说明的是,过调制技术虽然有效,但由于工作点接近暗条纹,对瞬态角速率或大角加速度产生较大误差,影响陀螺动态特性,如振动、冲击特性;另外,接近暗条纹,信号光很弱,导致陀螺对环境变化敏感。在光纤陀螺存在其他背景噪声或对动态性能要求较严苛的应用场合,过调制的深度不宜过大,因此,采用过调制技术提高光纤陀螺精度仍是一种有限手段。

2.3.2.5　第三反馈回路:频率跟踪

光纤陀螺的本征频率是导航级(中精度)、精密级(高精度)和基准级(甚高精度)光纤陀螺工作所需的重要参数。通过使偏置调制工作在本征频率上,可以有效消除各种误差。调制频率偏离本征频率将导致陀螺输出噪声和漂移增加、死区和标度因数误差增大,使光纤陀螺不适合于高精度应用。一般来说,对于导航级精度,偏置调制频率必须工作在本征频率的至少几个 ppm 以内,才能满足光纤陀螺的性能需求。更高精度的应用对光纤陀螺本征频率的偏差提出了更苛刻的要求。

跟踪本征频率的简单方法是检测传感线圈的温度。本征频率的温度相关性通常是线性的和可预期的。利用这种温度相关性对陀螺的调制频率进行连续调节，直至调制频率与线圈温度预测的本征频率一致。这种非直接的跟踪频率方法的局限性在于：①需要在陀螺运行之前精确标定本征频率与线圈温度的相关性；②标定的精度和重复性可能不足以确保所需的偏置性能；③除温度外，还有一些参数如大气压力、恒定加速度或环境应力等也会改变本征频率，降低温度补偿的效果。对于工作在宽温度范围的中精度（导航级）光纤陀螺来说，也可以采用非直接测量本征频率的方法，也即由线圈的温度测量来估算本征频率，修正系数由修正查表获得。上述硬件或软件的温度补偿方法精度有限，通常不满足更高精度的要求。

对于导航级和更高精度的光纤陀螺，使偏置调制频率控制在本征频率上的一个较好方法是采用本征频率探测器和一个伺服控制回路，自动保持陀螺工作在本征频率上。本征频率探测器提供一个频率误差信号，当偏置调制在线圈本征频率上时，误差信号为零。实时采集频率误差信号，通过伺服回路（压控振荡器）使本征频率探测器的误差信号置零来使偏置调制工作在线圈本征频率上，这一伺服回路通常也称为第三反馈回路。图 2.97 给出了采用附加正弦波调制提取本征频率误差信号的频率跟踪设计的一个简单例子，其反馈原理可适用于各种频率跟踪技术方案。频率跟踪反馈回路确保光纤陀螺在宽温度范围内工作很长时间都能保持所需的稳定性能。

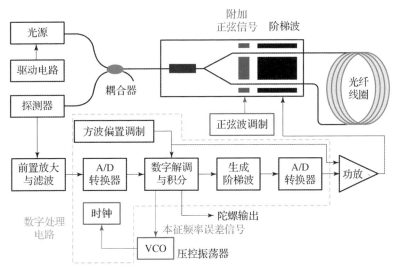

图 2.97　采用附加正弦波调制提取本征频率误差信号的频率跟踪设计

有许多方法可以用来提取本征频率误差信号。北京航空航天大学宋凝芳和王夏宵两位教授的研究团队提出了一种基于锯齿波调制的提取本征频率误

差信号的方法。光纤陀螺的本征频率定义为

$$f_p = \frac{1}{2\tau} = \frac{c}{2n_F L} \tag{2.142}$$

式中：τ 为光纤线圈传输时间；c 为真空中的光速；n_F 为光纤的折射率；L 为光纤线圈的长度。

当方波偏置调制频率 $f_m = 1/2T$ 不等于光纤陀螺的本征频率 $f_p(T \neq \tau)$ 时，将用于频率跟踪的锯齿波调制波形 $\phi_{saw}(t)$ 设定为频率为 $f_{saw} = 1/T$，即 2 倍的方波偏置调制频率，锯齿波幅值为 ϕ_0，则在一个周期 T 内，锯齿波调制波形 $\phi_{saw}(t)$ 可以表示为

$$\phi_{saw}(t) = \frac{t}{T}\phi_0, \ 0 \leqslant t < T \tag{2.143}$$

如图 2.98 所示，假定 $T > \tau(f_p > f_m, T < \tau$ 的分析与之类似$)$ 时，锯齿波调制 $\phi_{saw}(t)$ 引起的光纤线圈中两束反向光波之间的相位差 $\Delta\phi_{saw}(t) = \phi_{saw}(t) - \phi_{saw}(t-\tau)$ 为

$$\Delta\phi_{saw}(t) = \begin{cases} -\dfrac{T-\tau}{T}\phi_0 = -\left(\dfrac{f_p - f_m}{f_p}\right)\phi_0 = -\dfrac{\Delta f_p}{f_p}\phi_0, \ 0 \leqslant t < \tau \\ \dfrac{f_m}{f_p}\phi_0, \qquad\qquad\qquad\qquad\qquad\qquad \tau \leqslant t < T \end{cases} \tag{2.144}$$

式中：Δf_p 为偏置调制频率偏离本征频率的误差信号，$\Delta f_p = f_p - f_m$，频率误差信号包含在 $0 \leqslant t < \tau($ 以及 $T \leqslant t < T+\tau)$ 的相位差 $\Delta\phi_{saw}(t)$ 信息中，频率误差越大，相位差 $\Delta\phi_{saw}(t)$ 也越大。

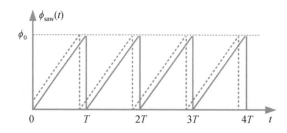

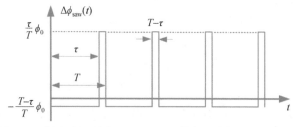

图 2.98　锯齿波调制波形 $\phi_{saw}(t)$ 及其产生的相位差 $\Delta\phi_{saw}(t)$

考虑频率为 $f_{m} = 1/2T$ 的两态方波调制 $\phi_{F}(t) = \pm\phi_{b}$，Sagnac 干涉仪的输出光强可以表示为

$$I = \frac{I_{0}}{2}\left\{1 + \cos\left[\Delta\phi_{saw}(t) \pm \phi_{b} + \phi_{s}\right]\right\} \tag{2.145}$$

式中：I_{0} 为探测光功率；ϕ_{s} 为旋转引起的 Sagnac 相移；ϕ_{b} 为偏置调制相位，一般情况下，$\phi_{0} + \phi_{b} < 2\pi$。由图 2.99 可以看出，在有效采样区间（$0 \leq t < \tau$ 和 $T \leq t < T + \tau$）上，锯齿波调制 $\phi_{saw}(t)$ 在两束反向传播光波之间产生的相移与 Sagnac 相移难以区分，只适合于 $\phi_{s} = 0$ 时静态测量本征频率误差并进行调制频率的调整。因此，在实际应用中，为了实时在线跟踪本征频率，需要将调制周期 $2T$ 的每个半周期 T 分为两部分：一部分为锯齿波调制，一部分为偏置相位调制；在对应锯齿波调制的区间上采样，两个半周期上的采样值相减包含频率跟踪误差信号，用于第三反馈回路，而在对应偏置相位调制的区间上采样，两个半周期上的采样值相减给出旋转速率信息，用于第一反馈回路。上述方法以牺牲部分旋转速率采样占空比换取频率跟踪误差信号，需要优化设计，才能得到较好的综合性能。频率跟踪技术的更详细讨论见第 3 章相关内容。

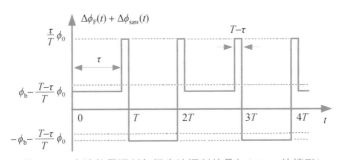

图 2.99　方波偏置调制与锯齿波调制的叠加（$T > \tau$ 的情形）

2.3.3　闭环光纤陀螺的电路设计

闭环光纤陀螺数字信号处理的基本电路组成如图 2.100 所示，主要包括前置放大/滤波器、A/D 转换器、可编程数字逻辑电路、D/A 转换器和功率放大器。下面主要针对第一反馈回路，简单介绍其功能和设计方法。

2.3.3.1　探测器输出信号的前置放大和选通滤波

光纤陀螺的干涉输出通过 PIN – FET 光探测器组件转换为电信号。光探测器组件包括 InGaAs – PIN 光二极管以及跨阻抗连接的场效应管（Field Effect Transistor，FET）前置放大电路，电路原理如图 2.101 所示。其中，跨阻抗 R_{f} 连接具有灵敏度高、信噪比大、带宽和动态范围适中等特点。

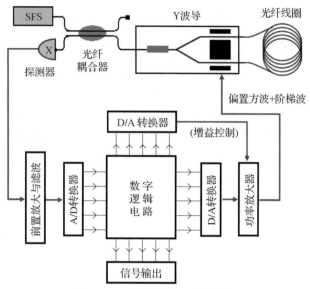

图 2.100 全数字闭环光纤陀螺

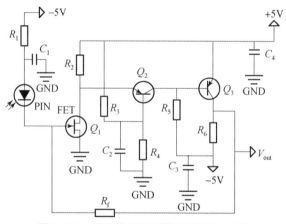

图 2.101 跨阻抗光探测器/前置放大组件

对于两态方波调制,由于陀螺通常工作在 $\pm\phi_b$ 偏置工作点上,因此探测器输出信号是在一个较大的直流电平上叠加表征旋转角速率的交流信号,对于后续的 A/D 转换环节,有用信号只是该交流信号,而与直流偏置电平有关。另外,光纤陀螺用的 PIN – FET 探测器组件的带宽一般小于 10MHz,如果带宽过窄,会引起输出信号中尖峰脉冲的展宽,降低采样占空比;如果带宽过宽,又会引入较大的高频噪声。再加上其他电子线路的高频串扰,在前置放大器输出上将叠加许多噪声或扰动。这些噪声或扰动通常对环境变化(如温度变化)较敏感,势必大大影响陀螺的精度。因此,在 A/D 转换前需要对探测器输出的模拟信号进行隔直/滤波和差动放大处理,以实现对有用交流信号的选通,减少印制电路板上串扰信号对微弱探测器输出信号的干扰。隔直/滤波和差动放大电路如图2.102 所示。隔直/滤波和差动放大电路的带宽一般不宜大于 PIN – FET 探测器组件的带宽。在几十兆赫范围内,典型高速运算放大器的噪声指数一般小于 $10\mathrm{nV}/\sqrt{\mathrm{Hz}}$,由后面的计算可知,这完全满足光纤陀螺的应用需求。

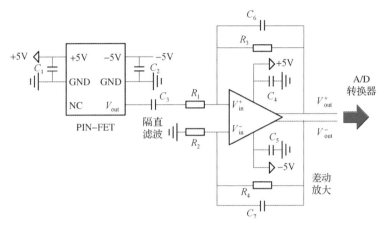

图 2.102　隔直/滤波和差动放大电路

2.3.3.2　A/D 转换

　　A/D 转换器用于将滤波后的模拟电压信号线性地转换为 n_{adc} 位(包含符号位)字长的序列数字信号,以便进行后续的信号解调处理。除了 A/D 转换器的采样速率要适应信号的采样频率,A/D 转换器的前端输入信号幅度应当与转换器的模拟输入信号范围相匹配,A/D 转换器的位数 n_{adc} 应足以在光强变化的整个范围内(对于高精度光纤陀螺,Sagnac 相移在 $10^{-8} \sim \pi$ rad 之间)将模拟信号转换为数字信号。尤其是存在很大阶跃输入角速率的情况下,陀螺闭环输出的瞬时误差信号可能会达到开环输出信号的极限值(最大输入角速率),此时系统如果需要具有很短的响应时间,则 A/D 转换器必须有足够的位数,以保证信号的完整性。

　　事实上,对于 0.001°/h 的光纤陀螺,最小可检测相移达 10^{-8}rad,由于干涉仪的输出响应是 Sagnac 相移的余弦函数,对应的单调测量范围为 $\pm \pi$。这对应着约 160dB 的动态范围,按照通常的分析,需要采用27 位的 A/D 转换器来避免其最低有效位(Least Significant Bit,LSB)的死区,这样大位数的 A/D 转换器又需要很高的采样速率,在实际中是不可能的。根据信号处理理论,假定一个模拟信号,其噪声已达到 LSB 的几位。如果模拟信号的平均值为零,那么零以上和零以下的数字采样一样多。如果平均值略微为正,尽管变化量比 LSB 小很多,但仍然可以测量,因为从平均效应来看,零以上比零以下有稍微多的数字采样。因此,如图 2.103 所示,尽管模拟信号噪声的 1σ 值大于与最低有效位对应的量化电压 V_{LSB},但仍能检测出小于一个 V_{LSB} 的平均信号。

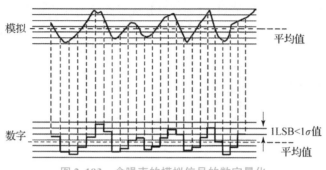

图 2.103　含噪声的模拟信号的数字量化

例如,对于光波长 $\lambda_0 = 1550\text{nm}$ 的某型中等精度光纤陀螺,光纤线圈长度 $L = 1250\text{m}$,直径 $D = 105\text{mm}$,100s 平滑的零偏稳定性 σ_{Ω} 为 $0.003°/\text{h}$,则角随机游走 N 为

$$N = \sigma_{\Omega} \cdot \sqrt{T} = 0.003°/\text{h} \cdot \sqrt{100\text{s}} = 0.003°/\text{h} \cdot \sqrt{100 \times \frac{1}{3600}\text{h}} = 0.0005°/\sqrt{\text{h}}$$

又由 Sagnac 公式,$\sigma_{\Omega} = 0.003°/\text{h}$ 对应的噪声等效相位 ϕ_{NEP} 为

$$\phi_{\text{NEP}} = \frac{2\pi LD}{\lambda_0 c}\sigma_{\Omega} = \frac{2\pi \times 1250 \times 0.105}{1.55 \times 10^{-6} \times 3 \times 10^{8}} \times 0.003 \times \frac{\pi}{180} \times \frac{1}{3600} \approx 2.6 \times 10^{-8}\text{rad}$$

相位噪声通常为白噪声,用噪声相位表征的角随机游走 N_{p}(噪声谱密度)还可表示为

$$N_{\text{p}} = 2.6 \times 10^{-8}\text{rad} \cdot \sqrt{100\text{s}} = 2.6 \times 10^{-7}\text{rad}/\sqrt{\text{Hz}}$$

假定探测器组件以及后级隔直/滤波和差动放大电路的带宽 B 为 5MHz,探测器转换效率 $\eta_{\text{D}} = 0.9\text{A/W}$,跨阻 $R_{\text{f}} = 20\text{k}\Omega$,差动放大器增益为 $G_{\text{a}} = 3$,偏置调制相位 $\phi_{\text{b}} = 5\pi/6$,则 σ_{Ω} 对应的电压变化 ΔV 为

$$\Delta V = \eta_{\text{D}} R_{\text{f}} \cdot G_{\text{a}} \cdot \frac{I_0}{2}\sin\phi_{\text{b}} \cdot \sin[2.6 \times 10^{-7}\text{rad}/\sqrt{\text{Hz}} \times \sqrt{B}]$$

$$\approx 0.9 \times 20 \times 10^{3} \times 3 \times \frac{1}{2} \times 70 \times 10^{-6}\sin\frac{5\pi}{6} \times 2.6 \times 10^{-7}\sqrt{5 \times 10^{6}} = 5.5 \times 10^{-4}\text{V}$$

相对电压变化(相对最大信号,也即 $\sin\phi_{\text{s}} = 1$)为

$$\sin[2.6 \times 10^{-7}\text{rad}/\sqrt{\text{Hz}} \times \sqrt{5 \times 10^{6}\text{Hz}}] \approx 2.6 \times 10^{-7} \times \sqrt{5 \times 10^{6}} = 5.8 \times 10^{-4}$$

后续 A/D 转换需要的位数(不考虑符号位)仅为 $n_{\text{adc}} = 12$,因为

$$2^{n_{adc}} = 2^{12} = 4096 > \frac{1}{5.8 \times 10^{-4}} \approx 1724$$

同理,还可以计算用噪声电压表征的角随机游走 N_V（噪声谱密度）：

$$N_V = 2.46 \times 10^{-7} \mathrm{V}/\sqrt{\mathrm{Hz}} = 246 \mathrm{nV}/\sqrt{\mathrm{Hz}}$$

这要求 A/D 转换器的噪声电压应小于该值。另外,A/D 转换器的采样率需尽量高,以满足多点采样的要求。采用 12 位 A/D 转换器,A/D 输入范围为 $V_{PP} = 5\mathrm{V}$, 采样频率 $f_s = 10\mathrm{MHz}$,前置放大倍数为 $G_a = 2$,A/D 转换器的噪声电压近似为

$$\frac{V_{PP}}{2^{n_{adc}} \cdot G_a \cdot \sqrt{f_s}} = \frac{5}{2^{12} \times 2 \times \sqrt{10 \times 10^6}} \approx 193 \mathrm{nV}/\sqrt{\mathrm{Hz}}$$

该值小于 $N_V = 246 \mathrm{nV}/\sqrt{\mathrm{Hz}}$,完全满足某型中等精度光纤陀螺的精度要求。

2.3.3.3 数字逻辑处理

闭环光纤陀螺的调制/解调、反馈、数字滤波、时序控制等功能都是在逻辑电路中实现的。逻辑电路一般采用现场可编程门阵列或数字信号处理器（Digital Signal Processor,DSP）芯片。这种数字解调和数字反馈结合的方案称为全数字闭环处理方案。数字处理逻辑电路的功能如图 2.104 所示。

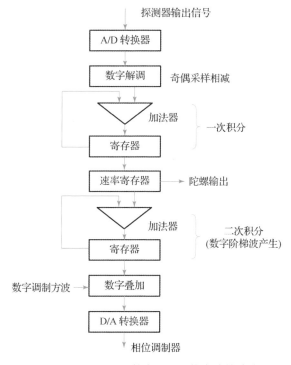

图 2.104 数字处理逻辑电路的功能

（1）主解调序列（第一反馈）的奇偶采样值相减解调出角速率误差信号。

（2）对解调的角速率误差信号进行一次积分（滤波），得到旋转角速率数字值。

（3）将旋转角速率数字值存储在寄存器中，作为角速率输出。

（4）对旋转角速率数字值进行二次积分，产生用于第一反馈的数字阶梯波。

（5）将数字偏置调制方波与数字阶梯波叠加（提供给相位调制器）。

一次积分有两个作用：一是对误差信号进行累积放大；二是数字滤波，具有与模拟低通滤波器相同的噪声衰减率。积分后的旋转角速率数字值存储在寄存器中，一方面作为陀螺的信号输出，另一方面提取寄存器中的 n_1 位数据作为 D/A 转换器的数字反馈的一个相位台阶高度值，再通过二次积分可以得到数字阶梯波。其过程如下：二次积分每隔 2τ 周期从速率寄存器的位数 n_1 中读取一次积分数据，得到的相位台阶数字量为 ϕ_1，在第一个 τ 时间内产生阶梯波的第一个台阶总高的数字量为 $D_1 = \phi_1$，寄存在第二个积分器的数字寄存器中，并作为第一个 τ 时间内的输出；在第二个 τ 时间内得到的相位台阶数字量为 $\phi_2 = \phi_1$，通过第二个积分器，在第二个 τ 时间内产生阶梯波的第二个台阶总高的数字量为 $D_2 = \phi_1 + \phi_2 = \phi_1 + \phi_1$，寄存在第二个积分器的数字寄存器中，并作为第二个 τ 时间内的输出；以此类推，第 $2m-1$ 个 τ 时间内产生阶梯波的第 $2m-1$ 个台阶总高的数字量 $D_{2m-1} = \phi_1 + \phi_1 + \phi_3 + \phi_3 + \cdots + \phi_{2m-1}$，在第 $2m$ 个 τ 时间内产生阶梯波的第 $2m$ 个台阶总高的数字量 $D_{2m} = \phi_1 + \phi_1 + \phi_3 + \phi_3 + \cdots + \phi_{2m-1} + \phi_{2m-1}$。从整个过程来看，第二个积分器的输出就如同一个逐级上升（或下降）的阶梯波，相邻阶梯的差分台阶高度与旋转引起的 Sagnac 相移大小相等，符号相反，台阶的持续时间等于光纤环的传输时间 τ，因此称为数字阶梯波，第二个积分器通常也称为阶梯波发生器。

这种全数字处理逻辑电路还可以用于第二反馈和第三反馈回路。在第二反馈回路中，副解调序列的奇偶采样值相减解调出增益误差信号，通过另一个独立的数字积分器实现闭环，用来补偿相位调制通道的增益漂移也即 2π 复位误差。

2.3.3.4　D/A 转换

对于典型精度的闭环光纤陀螺来说，尽管从 $\pm\pi$ rad 的最大测量范围到 10^{-8} rad 的分辨率之间实际的动态范围高达 27 位，但数字阶梯波不需要位数很大的 D/A 转换器。对于一个 n_{dac} 位的 D/A 转换器，最低有效相位台阶 ϕ_{LSB} 为

$$\phi_{\text{LSB}} = \frac{2\pi}{2^{n_{\text{dac}}}} \tag{2.146}$$

陀螺闭环时，假设旋转引起的 Sagnac 相移 ϕ_s 的精确值为

$$m\phi_{LSB} \leqslant \phi_s < (m+1)\phi_{LSB} \qquad (2.147)$$

式中：m 为小于 $2^{n_{dac}}$ 的整数，$m=0$ 时，$0 \leqslant \phi_s < \phi_{LSB}$，小于 D/A 转换器的最低有效相位台阶 ϕ_{LSB}。如前所述，ϕ_s 的数字值储存在位数足够大的速率寄存器中，但只需提取 n_1 位数据中 n_{dac} 位最有效位数字量进行 D/A 转换并施加到相位调制器上。一般来说，D/A 转换器产生的阶梯波不是由一系列相同的台阶组成的，而是由 m' 个幅值为 $m\phi_{LSB}$ 的台阶和 m'' 个幅值为 $(m+1)\phi_{LSB}$ 的台阶组成，分别对旋转进行欠补偿和过补偿。因此，平均反馈相位满足 $\sin(\phi_s + \phi_f) = 0$，因而有

$$\langle \phi_f \rangle = -\phi_s = -\frac{m'm\phi_{LSB} + m''(m+1)\phi_{LSB}}{m' + m''} = -\phi_{LSB}\left(m + \frac{m''}{m' + m''}\right)$$

$$(2.148)$$

例如，当 $\phi_s = \phi_{LSB}/4$ 时，阶梯波波形如图 2.105 所示，由 3 个零幅值的台阶和 1 个幅值为 ϕ_{LSB} 的台阶组成。

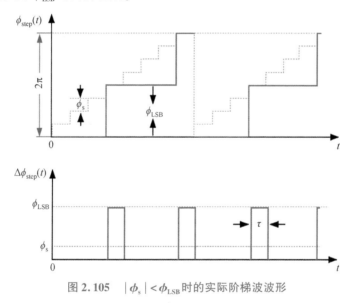

图 2.105　$|\phi_s| < \phi_{LSB}$ 时的实际阶梯波波形

由式（2.148）可以看出，每次反馈的瞬时误差为 $m''\phi_{LSB}/(m' + m'')$ 或 $m'\phi_{LSB}/(m' + m'')$，最大瞬时误差不会超过一个 LSB。这放宽了对 D/A 转换器位数的要求，使 D/A 转换器位数少引起的反馈相位相对实际 Sagnac 相移的误差不仅没有累积，反而被平均化。由于 m' 个周期是欠补偿状态，在这期间，最大瞬时误差 ϕ_{LSB} 相当于使偏置工作点变为 $\pi/2 - \phi_{LSB}$；m'' 个周期是过补偿状态，在这期间，最大瞬时误差 ϕ_{LSB} 相当于使偏置工作点变为 $\pi/2 + \phi_{LSB}$。如果平均过程的最大瞬时误差 ϕ_{LSB} 仍在正弦响应的线性范围内，对相位台阶的平均产生同样的对实际干涉信号的平均。例如，$n_{dac} = 10$ 位时，$\phi_{LSB} = 2\pi/2^{10} \approx 6 \times 10^{-3} \text{rad}$，对

应的速率高达几千度每小时,而正弦响应的残余非线性为

$$\frac{\phi_{LSB} - \sin\phi_{LSB}}{\phi_{LSB}} \approx \frac{1}{6}\phi_{LSB}^2 \tag{2.149}$$

仍然小于 10×10^{-6}(如果要更小一些,需要 n_{dac} 位数更大一些)。因此,即使 $\phi_s < \phi_{LSB}$,从 D/A 转换的角度来看不存在转换死区。

前面的分析表明,旋转引起的 Sagnac 相移 ϕ_s 不等于最低有效位相位台阶 ϕ_{LSB} 的整数倍时,通过反馈相位的积分效应,可以精确获得与旋转引起的 Sagnac 相移 ϕ_s 对应的平均反馈相位。但是,笔者讨论该问题隐含一个前提:D/A 转换器的转换系数是恒定的。实际 D/A 转换器都存在非线性误差,即对于特定的数字信号,转换器输出的实际测量值相对于理想输出值存在偏差量,此时式(2.148)中的 ϕ_{LSB}、m' 和 m'' 都会发生变化。下面证明全数字闭环处理方案放宽了对 D/A 转换器线性度的要求。

陀螺静止时,有 $\phi_1 = \phi_2 = \cdots = \phi_{2m-1} = \phi_{2m}$,$D_{2m} = 2m\phi_1$,$2m$ 个 τ 时间内的平均反馈相位 $\langle \phi_f \rangle$ 为

$$\langle \phi_f \rangle = \frac{[D_1 - 0] + [D_2 - D_1] + [D_3 - D_2] + \cdots [D_{2m-1} - D_{2m-2}] + [D_{2m} - D_{2m-1}]}{2m}$$

$$= \frac{D_{2m}}{2m} \tag{2.150}$$

对 D/A 转换器非线性误差的要求一般是小于一个 LSB,这样,$2m$ 个相位台阶产生的最大反馈误差小于 $2m\phi_{LSB}$,也即式(2.150)中,$2m\phi_1 - 2m\phi_{LSB} \leqslant D_{2m} \leqslant 2m\phi_1 + 2m\phi_{LSB}$,即使 D/A 转换器存在缺陷,$2m$ 个相位台阶后的阶梯波高度不等于 $2m\phi_1$,最大平均反馈相位 $\langle \phi_f \rangle$ 的误差仍然小于一个 ϕ_{LSB}。值得说明的是,这种全数字闭环处理方案虽然放宽了 D/A 转换器的位数要求,但仍需要根据陀螺精度对 D/A 转换器的位数(进而 ϕ_{LSB} 值)进行选择。

D/A 转换器的另一个重要功能,是通过转换器数字信号的自动溢出产生数字阶梯波的 2π 复位。如图 2.106 所示,阶梯波的数字值 D_{2m} 存储在第二个积分器的数字寄存器中,对于一个 n_{dac} 的 D/A 转换器,第二个积分器的数字寄存器位数一般远大于 n_{dac},因此只有 D_{2m} 的 n_{dac} 位最有效位的数字量 D 输出给 D/A 转换器。D/A 转换器可以在 $0 \sim (2^{n_{dac}} - 1)V_{LSB}$ 范围内把数字量 D 转换为模拟电压,其中 V_{LSB} 是 D/A 转换器最低有效位对应的电压。当 D 高于 $2^{n_{dac}} - 1$ 时,自动溢出产生的电压等于 $(D - 2^{n_{dac}})V_{LSB}$。如果调节调制通道的增益,使其满足:

$$2^{n_{dac}} V_{LSB} = 2V_\pi \tag{2.151}$$

式中:V_π 为相位调制器的半波电压。此时,溢出自动地产生一个 2π 复位,在余弦干涉响应中,2π 复位不会产生任何误差。

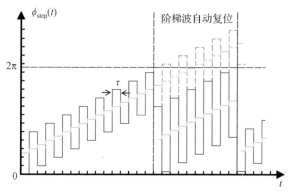

图 2.106　数字阶梯波的自动 2π 复位

2.3.3.5　调制信号的驱动放大

　　光纤陀螺调制信号驱动电路由并行数模转换器、差分放大器和用于产生调制通道电压基准的串行数模转换器组成。方波偏置调制信号与反馈阶梯波在逻辑电路内数字叠加后，传输至并行数模转换器，并行数模转换器输出一对差分电流信号，经差分放大器，将电流信号转化为 Y 波导的推挽电压信号。用于产生调制通道电压基准的串行数模转换器，通过闭环光纤陀螺第二反馈回路解调出精准的半波电压，实时调节并行数模转换器输出信号的峰峰值。由于调制通道的增益变化范围很小，变化速率也不会太高，可以选择带内部基准电压的较高位数的串行数模转换器。调制信号的驱动放大电路如图 2.107 所示。

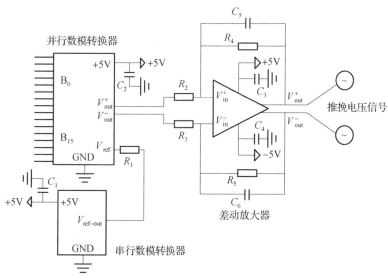

图 2.107　调制信号的驱动放大电路

2.3.4 三轴一体化闭环光纤陀螺

惯性导航通常需要三个正交安装的陀螺仪(和加速度计),以敏感不同方向的角速率分量,通过系统解算给出导航信息。如果每个光纤陀螺都需要单独的光源、探测器和处理电路,势必增加整个惯性测量组合系统的重量、体积、功耗和成本。光纤陀螺的多路复用和三轴一体设计是实用化光纤陀螺的一个发展趋势。由于 Sagnac 干涉仪是一个光路平衡干涉仪,光通信技术中的许多复用方法并不适合于光纤陀螺系统,目前中等精度光纤陀螺工程应用中最常见的是光源三轴共享和多路信号处理设计,其典型结构如图 2.108 所示。采用一个大功率宽带光源(通常是超荧光掺铒光纤光源)和一个 1×3 耦合器为三轴陀螺提供光功率,三路输出电信号的数字闭环处理功能在一块印制电路板上完成,其主要优势是减少惯性系统的成本和尺寸。图 2.109 所示为某型三轴光纤陀螺惯性测量系统实物照片,图 2.110 所示为恒定温度下其中一轴的长期零偏稳定性测试数据,图 2.111 所示为相应的 Allan 方差曲线。

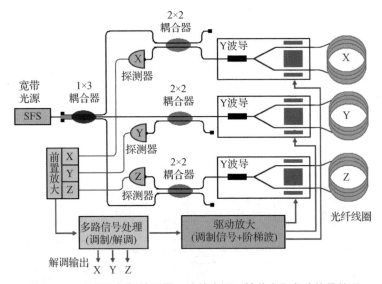

图 2.108　光纤陀螺惯性测量系统的光源三轴共享和多路信号处理

三轴一体化光纤陀螺惯性测量系统采用大功率高稳定性三轴共享 ASE 光源,并将陀螺仪、加速度计、惯性导航电源模块、解算模块等进行整体设计,这不仅打破了单轴光纤陀螺的光路布局和线路设计思路,而且还需在提高结构设计集成度减小组合体积和重量的同时,尽量减少三轴光纤陀螺之间的电子串扰。在调制/解调线路设计中,可以采用两种不同的设计思路:一种是采用一片现场可编程门阵列同时对三路输出信号进行解调计算,优点是采用的集成电路芯片

图 2.109 某型三轴光纤陀螺惯性测量系统实物照片

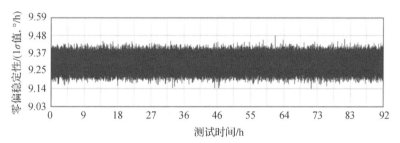

图 2.110 某型三轴光纤陀螺惯性系统其中一轴的长期零偏稳定性测试数据

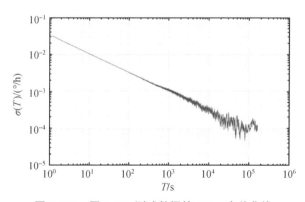

图 2.111 图 2.110 测试数据的 Allan 方差曲线

较少、尺寸紧凑、功耗较低;但三轴之间的串扰使该思路的电磁兼容性能无法做到像单轴光纤陀螺那样出色,往往会造成陀螺长期零偏稳定性较差。另一种是在有限的印制电路板尺寸上划出三个独立的区域,在每个区域完成一轴光纤陀螺调制/解调电路的印制电路板设计,该方案印制电路板尺寸虽然较大,功耗略高,但每轴光纤陀螺的各项性能指标尤其是长期零偏稳定性较好。

2.3.5 闭环光纤陀螺的电路工艺和可靠性设计

对于数字闭环光纤陀螺的电路设计和工艺实现,电子元器件选型和印制电路板布线、电源和芯片散热以及印制电路板焊封等都是电路工艺和可靠性设计的主要内容,这不仅关系陀螺的性能和质量,也涉及陀螺的生产、装配。

1. 元件选型

体积小、功耗低、速度快、可靠性高、易于国产化和具有自主知识产权是电子元件选择的基本原则,同时尽可能选择军品级或"七专"电子元件。数字电路要完成陀螺信号采集、第一回路和第二回路信号处理及数据传输工作,在部分应用场合,还要完成陀螺标度补偿及零偏补偿工作。这就要求 ASIC 的容量及运行速度满足基本的设计需求,并至少保证30%以上的"片上资源"冗余量,以确保程序可以安全稳定地运行。为了保证数字电路的供电模块低噪声要求,往往会选择线性稳压电源如低压差线性稳压器(Low Dropout Regulator,LDO)。而LDO 的电流驱动能力较开关电源存在一定差距,在设计过程中,要充分考虑启动及瞬态电流的需求,确保系统运行稳定。

模拟电路设计中主要包括运算放大器及 A/D、D/A 转换芯片。要根据设计需求,选择转换位数满足陀螺精度要求的高速 A/D、D/A 转换芯片。为了尽可能降低噪声、抑制共模漂移,运算放大器可以选择低噪声的全差分放大器,并配合适当的滤波电路达到降低陀螺噪声的同时又满足高带宽的需求。

从整体电路设计考虑,最大限度采用数字电路,以很好地解决电子元件温度漂移、分辨率低、精度差的问题。

2. 降额和冗余设计

电子元件要依照有关标准降额设计和使用。在线路设计过程中,集成电路的噪声往往只占陀螺噪声的很小一部分,所以在器件选型过程中,没有必要一味追求高位数,低噪声的可编程专用集成电路,在满足设计需求的基础上保留一定的设计余量即可。例如,目前高精度的 A/D 转换芯片中,积分非线性误差和微分非线性误差一般为一个 LSB(最低有效位)左右,因此在选择 A/D 转换芯片时,留有一个 LSB 的余量就可以满足设计需求。而目前主流的高速 A/D 转换芯片包含 8 位、10 位、12 位、14 位,近几年也有 16 位的芯片产生,可以根据设计目标进行选型。

3. 电路布线

在布局设计中,尽量做到既满足光纤陀螺的机械性能,又同时满足电气设计要求,同时还要兼顾成本等因素。由于光纤陀螺调制解调线路是一种模数混合线路,同一块 PCB 板中既有高频的数字信号,还有微弱的模拟信号。在进行微弱信号检测过程中,除了要注意在采样环节进行适当的放大滤波,还应注意数字信号与模拟信号之间的串扰。对高频信号线的两侧要设计接地进行屏蔽处理。

4. 散热设计

随着大规模集成电路的应用和 PCB 上组装密度的提高,PCB 上元器件数量及功率也大大提高,产生的热量是非常可观的。如不能及时有效地散热,除了会造成元器件失效、PCB 变形,还会对光纤线圈产生热效应,进而影响陀螺精度指标。设计中通常采取以下散热措施:将 PCB 上与功率元器件接地面相连的地线面积增大,以增加散热面积;大功率元器件外加散热器或与机壳相连接;热敏元器件在布局时要远离电源或发热量较大的芯片;多层印制电路板的地线层和电源层,设计成大面积网状结构,并且地线可以靠近 PCB 的边缘,有利于散热。在散热性考虑中,随着印制电路板尺寸越来越小,集成电路(Integrated Circuit,IC)的封装也越来越小,导致其发热量会越来越大。而当陀螺工作在 60℃ 甚至 70℃ 的高温环境时,集成电路的温度可能会达到 90℃ 以上。在设计过程中发热量较多的元器件一般为 T - SSOP8 封装(薄的缩小型小尺寸封装)的运算放大器、SOT23 - 5 封装(小外形贴片封装)的线性 LDO 电源等。在布局过程中,要将发热量大的集成电路分散放置,并设计良好的导热通道(一般通过地层或大面积铺铜),确保发热不集中。

5. 印制电路板可靠性设计

随着光纤陀螺小型化、集成化的要求不断加深,对光纤陀螺调制解调线路所使用的电子元器件集成度要求越来越高,因此在设计过程中就要保证其质量及可靠性。在可靠性方面,目前塑封的集成电路芯片较轻,通过外置焊盘基本可以确保其在大震动及大冲击条件下的焊接可靠性。但对于个别较重的集成电路,如使用球状栅格阵列(Ball Grid Array,BGA)封装的 FPGA 芯片,还需要在芯片四周覆盖适量的绝缘固定胶。焊接后要按工艺要求进行外观检查及焊点质量检查,并进行电气性能测试,尤其是重点测试 BGA 封装输入输出(Input/Output,I/O)端子焊接可靠性。最后在陀螺装配结束后,进行防护喷涂或者灌封。由于芯片越来越多地采用 BGA 封装或方形扁平式封装(Plastic Quad Flat Package,QFP),印制电路板在陀螺装配前还要进行应力筛选(振动及高低温循环),释放在印制电路板进行回流焊之后存在的焊接应力所带来的质量风险,避免虚焊等现象的发生。图 2.112 所示为完成焊封的两型闭环光纤陀螺调制/解调印制电路板的照片。

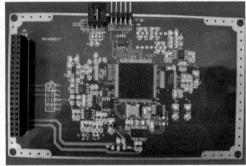

图 2.112　两型闭环光纤陀螺调制/解调电路印制电路板

参考文献

[1]LEFÈVRE H C. 光纤陀螺仪[M]. 张桂才,王巍,译. 北京:国防工业出版社,2002.

[2]张桂才,杨晔.光纤陀螺工程与技术[M]. 北京:国防工业出版社,2023.

[3]PARK H G, DIGONNET M, KINO G. Er-doped superfluorescent fiber source with a ±0.5-ppm long-term mean-wavelength stability[J]. J. Lightwave Technology, 2003, 21(12): 3427-3433.

[4]DESURVIRE E. Erbium-doped fiber amplifiers:principles and applications[M]. New York:John Wiley & Sons, 1994.

[5]WANG L A, SU C D. Modeling of a double-pass backward Er-doped superfluorescent fiber source for fiber-optic gyroscope applications[J]. J. Lightwave Technology, 1999, 17(11): 2307-2315.

[6]WYSOCKI P F, DIGONNET M J F, KIM B Y, et al. Characteristics of erbium-doped superfluorescent fiber sources for interferometric sensor applications[J]. J. Lightwave Technology, 1994, 12(3): 550-567.

[7]DIGONNET M J F. Status of broadband rare-earth doped fiber sources for FOG applications[C]//Proc. SPIE,1994,2070:113-131.

[8]CERRE N, TAUFFLIEB E, GAIFFE T, et al. Fiber bragg grating for use within high-accuracy fiber optic gyroscope[C]//Proceedings of the 12th International Conference on Optical Fiber Sensors, 1997:142-144.

[9]MORKEL P R, LAMING R I, PAYNE D N. Noise characteristics of high-power doped-fiber superluminescent sources[J]. Electronics Letters, 1990, 26(2):96-98.

[10]张桂才. 应用于高精度光纤陀螺的超荧光光纤光源[J]. 红外与激光工程, 2006, 35（增刊 5）：9 - 16.

[11]闫晓琴, 高峰, 张桂才. 高精度光纤陀螺用超荧光掺铒光纤光源的参数设计[C]//中国航天时代电子公司第一届学术交流会论文集, 2004：55 - 59.

[12]闫晓琴, 高峰, 张桂才. 泵浦功率对掺铒光纤光源性能影响的实验研究[J]. 红外与激光工程, 2005, 36（4）：343 - 437.

[13]闫晓琴, 高峰, 贾鲁宁, 等. 铒纤长度对掺铒光纤光源性能影响的实验研究[J]. 光子学报, 2005, 34（7）：1032 - 1035.

[14]王晓丹, 杨盛林, 张桂才, 等. 基于光纤环圈新模型的干涉型光纤陀螺 Shupe 误差的分析[C]. 中国国际惯性技术与导航学术会议, 北京, 2016.

[15]DROZDOV D A. Viscoelastic structures：mechanics of growth and aging[M]. San Diego：Academic Press, 1998.

[16]CORDOVA A. Fiber optic gyro sensor coil with improved temperature stability：US5668908[P]. 1997 - 09 - 16.

[17]张桂才, 马林, 于浩. 高精度低漂移光纤陀螺环圈研究[C]. 第三届国际光纤陀螺与光纤传感技术及应用研讨会, 北京, 2014.

[18]IEEE Aerospace and Electronic Systems Society. IEEE standard specification format guide and test procedure for single - axis interferometric fiber optic gyros IEEE Std 952 - 1997[S]. IEEE, 1998.

[19]AUERBACH D E. Fiber optic gyro with optical intensity spike suppression：US5850286[P]. 1998 - 12 - 15.

[20]林毅, 张桂才, 吴晓乐, 等. 高精度光纤陀螺长期稳定性的初步研究[C]. 第十二届光电惯性技术学术会议论文集, 2016.

[21]何平笙. 新编高聚物的结构与性能[M]. 北京：科学出版社, 2009.

[22]BAEDER J, RUFFIN P, HEATON C, et al. Development of crossover - free fiber optic gyroscope sensor coils[C]. Proc. SPIE, 2006, 6314.

[23]张桂才, 马林, 林毅, 等. 国外超高精度光纤陀螺研制进展及对关键光学器件的新需求[C]. 第七届（北京）国际光纤传感技术及应用大会"关键光器件在光纤传感中的应用"专题研讨会, 2018.

[24]SARDINHA M, RIVERA J, KALISZEK A, et al. Octupole winding pattern for a fiber optic coil：US20090141284[P]. 2009 - 06 - 04.

[25]巳谷真司, 水谷忠均, 篠崎慶亮, 待つ. 干涉型光ファイバジャイロの温度誘起ドリフト低減研究[C]. 第58 回宇宙科学技術連合講演会講演集, 長崎ブリックホール, 2014.

[26]吴晓乐, 马林, 张桂才, 等. 环圈固化胶热机械性能对光纤陀螺标度因数的影响[C]//2016 年光学陀螺及系统技术发展与应用研讨会文集, 2016：104 - 109.

[27]CRISTINA de P, RAMOS A G CESAR da S, et al. Fabrication of glassy carbon spools for utilization in fiber optic gyroscopes[J]. Carbon, 2002, 40（5）：787 - 788.

[28]CORDOVA A, SURABIAN G M. Potted fiber optic gyro sensor coil for stringent vibration and thermal feild：US5564482[P]. 1996 - 08 - 13.

[29]张桂才. 光纤陀螺原理与技术[M]. 北京：国防工业出版社, 2008.

[30]SHUPE D M. Thermally induced nonreciprocity in the fiber - optic interferometer[J]. Applied Optics, 1980, 19（3）：654 - 655.

[31]MIZUTANI T. Precise sensing utilizing optical fiber for space craft[C]//Proceedings of the 23rd Interna-

tional Conference on Optical Fiber Sensors, 2014,9157:915779.

[32]NAPOLI J. 20 years of KVH fiber optic gyro technology:the evolution from large, low performance FOGs to compact precise FOGs and FOG – based inertial systems[C]//Proc. SPIE, 2016,9852:98520A.

[33]王玥泽,陈晓冬,张桂才,等. 八极绕法对光纤陀螺温度性能的影响[J]. 中国惯性技术学报,2012, 20(5):617 – 620.

[34]LI M C, HUI F, ZHU L. Analysis of polarization characteristic in a FOG coil using OCDP[C]//Proc. SPIE, 2019,11340:1 – 6.

[35]KOVACS R A. Fiber optic angular rate sensor including arrangement for reducing output signal distortion: US5430545[P]. 1995 – 07 – 04.

[36]JOSEPH T W. Alternate modulation scheme for an interferometric fiber optic gyroscope:EP2278274[P]. 2009 – 07 –20.

[37]马林,张桂才,杨志怀. 探测器输出中的尖峰脉冲信号对光纤陀螺温度漂移特性的影响[C]//中国惯性技术学会光电专业委员会第十次学术交流会暨重庆惯性技术学会第十四次学会交流会论文集. 云南玉溪,2012.

[38]SHAW M T, MACKNIGHT W J. Introduction to polymer viscoelasticity[M]. 3rd Edition. Hoboken:John Wiley & Sons, 2005.

[39]HONTHASS J, FERRAND S. 振动条件下 FOG 技术的最新研究:惯性导航技术发展之路[J]. 舰船导航, 2010(2):35 – 40.

[40]CHOMAT M. Efficient suppression of thermally induced nonreciprocity in fiber – optic sagnac interferometers with novel double – layer winding[J]. Appl. Opt. , 1993, 32(13):2289 – 2291.

[41]MIRKOLVANCEVIC. Quadrupole – wound fiber optic sensing coil and method of manufacture thereof:US 4856900[P]. 1989 – 08 – 15.

[42]ZHAO X M, LI M C. 3 – D model of temperature transient effects in FOG fiber coil[J]. Infrared and Laser Engineering, 2010:39(5):929 – 933.

[43]YU Y Q, WANG Y Z, MA L, et al. Temperature transient model in FOG fiber coil with the cross winding [J]. Journal of Chinese Inertial Technology. 2013, 20(5):687 – 691.

[44]SHARON A, LIN S. Development of an automated fiber optic winding machine for gyroscope production[J]. Robotics and Computer Integrated Manufacturing, 2001,17(3):223 – 231.

[45]杨盛林,马林,陈桂红,等. 4J32 芯轴式环圈骨架对光纤陀螺性能的改善[J]. 中国惯性技术学报, 2016,24(1):88 – 92.

[46]KOVACS R A. Fiber optic gyroscope with reduced non – linearity at low angular rates[C]//Proceedings of the Annual AAS Rocky Mountain Guidance and Control Conference(AAS 98 – 043),1998.

[47]PALOTH G A. Closed – loop fiber optic gyros[C]//Proc. SPIE,1996,2837.

[48]SPAHLINGER G. Fiber optic sagnac interferometer with digital phase ramp resetting for measurement of rate of rotation:CA2026962[P]. 1995 – 08 – 01.

[49]MARK J G,Random over – modulation for fiber optic gyros[J]. Electron. Letters,Vol. 29, No. 2,1995.

[50]PAVLATH G A. Fiber optic gyros from research to production[C]//Proc. SPIE,2016,9852:985205.

第3章　航海应用光纤陀螺的关键技术

经过几十年的发展,光纤陀螺技术以其全固态结构的独特优势,已经从最初的概念变为成熟产品,适用于从深海、陆地到空间等各种环境的大部分应用。光纤陀螺在噪声和长期零偏稳定性方面已超越激光陀螺,达到战略级($0.001°/h$)和基准级($0.0001°/h$)精度,完全有可能实现优于$1n mile/$月的惯性导航性能,对于光纤陀螺来说,这已接近经典光学干涉仪所能达到的终极测量性能。本章结合长航时、高精度航海应用光纤陀螺,讨论了光纤陀螺工程实践中的几项关键技术:光源相对强度噪声抑制技术,信号处理电路的电子交叉耦合抑制和抗电磁干扰技术,陀螺输出信号的尖峰脉冲抑制技术和本征频率跟踪补偿技术。这些技术对于挖掘光纤陀螺的经典精度潜力,提高对温度、振动、电磁等的环境适应性,进一步拓展其应用范围,具有重要意义。

3.1　相对强度噪声抑制技术

干涉式光纤陀螺(Interferometric Fiber Optic Gyroscope,IFOG)是一个光路平衡干涉仪,通常采用宽带弱相干光源如掺铒光纤光源或超辐射发光二极管,以减少陀螺中的 Kerr 效应、偏振交叉耦合和背向散射等非互易性效应。但宽带光源存在着相对强度噪声,对陀螺角随机游走有影响。光纤陀螺的角随机游走由电噪声、散粒噪声和相对强度噪声引起。一旦探测器上的偏置光功率超过每个相干时间接收一个光子,典型值为几微瓦以上,相对强度噪声就成为光纤陀螺噪声水平的一个主要限制因素。因此,抑制相对强度噪声是干涉式光纤陀螺的一项重要工程任务。本节通过描述相对强度噪声在光纤陀螺中的表现形态,探讨方波调制闭环光纤陀螺中抑制相对强度噪声的各种技术措施,重点分析采用半导体增益饱和放大器(SOA)抑制相对强度噪声的技术原理和试验结果。

3.1.1 相对强度噪声是高精度光纤陀螺的主要噪声

3.1.1.1 相对强度噪声概述

广义上,光纤陀螺的强度噪声由各种因素引起,包括闪烁噪声或 $1/f$ 噪声、光源工作电路产生的电流噪声和载流子密度涨落。由于光源发射的是大功率的宽带热光,当陀螺工作在较高的调制频率上时,$1/f$ 噪声已足够小,其他基础噪声源开始起主要作用,即宽带光源中的相对强度噪声。该相对强度噪声源自于宽带光源发射的相邻不同波长的光波彼此发生拍频,在输出光波中产生强度涨落。每个波长的光波都可以表示为一个移相器,具有单色波或近单色波扰动的振幅和相位。每个移相器的振幅和相位与另一个移相器在统计学上是彼此不相关的,但每个移相器的振幅和相位具有共同的概率分布。这些小的、独立的移相器的复数相矢相加,构成了宽带光源输出的总体表征。也就是说,在任何一个瞬间,由这种辐射光产生一种复合光波,由许多独立的放大自发辐射事件的和构成。这种复合波可以看成是许多辐射光波的随机相矢的和,因为每个波长的光波都可以用一个相矢作为其复数值的表示,不同波长光波的相对相位是不相关的。其结果,各种谱分量的相对相位也是不相关的。因而,不同波长的光波拍频产生的随时间强度涨落是不相关的,这些强度涨落的各种低频分量之间也是不相关的。这样一种强度噪声是边发光二极管(Edge Light Emitting Diode,ELED)、超辐射发光二极管和宽带超荧光掺铒光纤光源等宽带光源所共有的。工作在阈值以下因而具有比受激辐射谱要宽的激光二极管(Laser Diode,LD)同样具有强度噪声。当这类光源的输出功率较高时,相对强度噪声将会起主要作用。在典型的宽带 ASE 光源中,相对强度噪声的噪声谱是光(频)谱的自相关,始于零频率,噪声谱的宽度与光谱的宽度为同一量级。例如,中心波长 λ_0 为 1550nm、半最大值全宽 $\Delta\lambda$(FWHM)为 8nm 的 ASE 光源,光频率约 194THz,对应的频宽约为 $\Delta\nu = 1$THz。对于频率相对较低的光纤陀螺检测电路来说,相对强度噪声可看成一个白噪声,其功率谱密度($\mathrm{PSD_{RIN}}$)是光源频谱宽度的倒数:$\mathrm{PSD_{RIN}} = 1/\Delta\nu$。对于 1THz 的频宽,$\mathrm{PSD_{RIN}}$ 为 10^{-12}/Hz 或 -120dB/Hz,比理论散粒噪声极限可能要高两个数量级。另外,需要指出的是,由于相对强度噪声来自光谱的拍频,每个拍频都有一个随机相位,因此光谱形状的改变,或者光谱频率随机相位的不规则性,都会导致相对强度噪声特征的改变。

图 3.1 所示为相对强度噪声和散粒噪声经过 Y 波导或任何 3dB 保偏光纤

耦合器后的噪声演变和噪声特征的比较。可以看出,散粒噪声的标准偏差与光功率的平方根成正比,而相对强度噪声的标准偏差直接与光功率成正比。因此合光时,散粒噪声是统计相加,而相对强度噪声是线性相加。由于光纤陀螺解调的 Sagnac 信号与光强成正比,在受限于散粒噪声的光纤陀螺中,信噪比 $(S/N)_{shot} \propto \sqrt{I}$,可以通过增加光功率提高陀螺精度;随着光功率的增加,光源相对强度噪声开始起主要作用,在受相对强度噪声支配的光纤陀螺中,信号与噪声都与光功率成正比,信噪比 $(S/N)_{RIN}$ 为常数,因而进一步增加光功率不再能改善陀螺精度。幸运的是,相对强度噪声源于光源特征,更像是一个寄生信号,可以通过过调制技术或其他抑噪措施来降低或消除。强度噪声抑制技术是高精度光纤陀螺的一项关键技术,也是本节讨论的重点,而散粒噪声产生于光电检测过程,是一种固有的基础噪声,如果能够抑制相对强度噪声,散粒噪声将是最终限制陀螺精度的物理性因素。

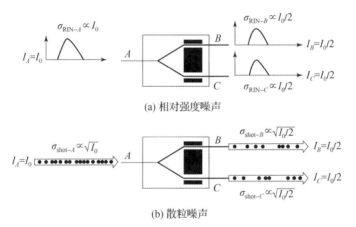

(a) 相对强度噪声

(b) 散粒噪声

图 3.1　相对强度噪声和散粒噪声的特征比较

考虑相对强度噪声时,宽带光源的输出光功率 $I(t) = I_0$ 除了恒定的光强 I_0,还叠加了一个与该光强成正比的强度涨落 $I_{RIN}(t)$:

$$I(t) = I_0 + I_{RIN}(t) \tag{3.1}$$

这种强度涨落 $I_{RIN}(t)$ 呈现为一种随机变化,其方差给出为

$$\sigma_{I-RIN}^2 = \left(\frac{I_0^2}{\Delta\nu}\right)B = (I_0^2\tau_c)B \tag{3.2}$$

式中:B 为检测带宽;τ_c 为光源的相干时间;$\Delta\nu$ 为光波的频谱宽度,其计算公式为

$$\tau_c = \frac{1}{\Delta\nu}, \Delta\nu = \frac{c\Delta\lambda_{FWHM}}{\lambda_0^2} \tag{3.3}$$

式中：$\Delta\lambda_{FWHM}$ 为宽带光源的谱宽；λ_0 为平均波长；c 为真空中的光速。由式(3.2)可以看出，光源强度噪声的标准偏差 σ_{RIN} 正比于光源光强，光强越大，强度噪声也越大。

3.1.1.2 光纤陀螺的精度指标角随机游走

光纤陀螺的角随机游走是光纤陀螺中角速率白噪声的表征，由光学白噪声和前置放大电路的电学白噪声组成，主要包括散粒噪声、探测器热噪声和光源相对强度噪声。

1. 散粒噪声

光纤陀螺的探测器通常采用 PIN 光二极管/场效应管前置放大组件(PIN - FET)，具有较高的量子效率。电流形式的探测器散粒噪声均方差 σ^2_{i-shot} 一般写为

$$\sigma^2_{i-shot} = 2qi \cdot B \tag{3.4}$$

式中：q 为电子电荷，$q = 1.6 \times 10^{-19}\text{C}$；$i$ 为光电流；B 为探测器检测带宽，且有：

$$i = q\frac{N_e}{t} = q\dot{N}_e, \eta_Q = \frac{\dot{N}_e}{\dot{N}} \tag{3.5}$$

式中：N_e 为时间 t 内光子数 N 入射到光二极管上激发的原电子数；$\dot{N}_e$ 为原电子流(速)，$\dot{N}_e = N_e/t$；$\dot{N}$ 为光子流(速)，$\dot{N} = N/t$；η_Q 为光探测器的量子效率。光电流可以进一步表示为 $i = q\eta_Q\dot{N}$。因而，由式(3.4)，将电流形式的探测器散粒噪声转化为光子流形式的散粒噪声：

$$\sigma^2_{i-shot} = (q\eta_Q\sigma_{\dot{N}})^2 = 2q \cdot (q\eta_Q\dot{N}) \cdot B \Rightarrow \sigma^2_{\dot{N}} = 2\frac{1}{\eta_Q}\dot{N} \cdot B \tag{3.6}$$

式中：$\sigma^2_{\dot{N}}$ 为光子流形式散粒噪声的均方差。仅当 $\eta_Q \approx 1$ 时，光子流形式的散粒噪声为

$$\sigma^2_{\dot{N}} = 2\dot{N} \cdot B \tag{3.7}$$

其落到探测器上的光功率为

$$I = \dot{N}h\nu \tag{3.8}$$

式中：I 为光功率；h 为普朗克常数，$h = 6.626 \times 10^{-34}\text{J} \cdot \text{s}$；$\nu$ 为光频率，则散粒噪声有

$$\sigma^2_{\dot{N}} = \left(\frac{\sigma_{I-shot}}{h\nu}\right)^2 = 2\frac{1}{\eta_Q}\frac{I}{h\nu} \cdot B \Rightarrow \sigma^2_{I-shot} = 2\frac{1}{\eta_Q}Ih\nu \cdot B \tag{3.9}$$

式中：σ^2_{I-shot} 为光功率形式散粒噪声的均方差。因而光功率形式的散粒噪声为

$$\sigma^2_{I-shot} = 2\frac{1}{\eta_Q}Ih\nu \cdot B = 2\frac{1}{\eta_Q}I(hc/\lambda_0) \cdot B \tag{3.10}$$

式中：λ_0 为光源的平均波长，$\lambda_0 = c/\nu$。

根据式（3.5），得到探测器的响应度 η_D 为

$$\eta_D = \frac{i}{I} = \eta_Q \frac{q}{h\nu} = \eta_Q \frac{q\lambda_0}{hc} \tag{3.11}$$

对于 $\lambda_0 = 850\text{nm}$ 的波长，理想（$\eta_Q = 1$）探测器的响应度为 0.68A/W，实际中 η_D 约为 0.55A/W，相当于 $\eta_Q \approx 0.8$；对于 $\lambda_0 = 1.55\mu\text{m}$ 的波长，理想（$\eta_Q = 1$）探测器的响应度为 1.24A/W，实际中 η_D 约为 0.9A/W，对应着 $\eta_Q \approx 0.73$。

考虑将光功率形式的散粒噪声 $\sigma_{I-\text{shot}}$ 转化为光纤陀螺中相位形式的散粒噪声 $\sigma_{\phi-\text{shot}}$。在施加调制深度为 ϕ_b 的方波偏置调制时，偏置调制工作点的偏置光功率（信号功率）I_{bias} 为

$$I_{\text{bias}} = \frac{I_0}{2} \times 10^{-(16+\alpha_L \cdot L)/10} \times [1 + \cos(\phi_s + \phi_b)] \tag{3.12}$$

式中：I_0 为宽带光源的输出功率；ϕ_s 为旋转引起的 Sagnac 相移；16dB 为除光纤线圈之外的其他光路损耗；α_L 为线圈的光纤衰减（dB/km）；L 为光纤线圈的长度。检测 $\phi_s = 0$ 附近的微小相位时，灵敏度为

$$\left.\frac{\mathrm{d}I_{\text{bias}}}{\mathrm{d}\phi_s}\right|_{\phi_s \approx 0} = \frac{I_0}{2} \times 10^{-(16+\alpha_L \cdot L)/10} \cdot \sin\phi_b \tag{3.13}$$

因此，相位形式的散粒噪声可以写为

$$\sigma_{\phi-\text{shot}} = \frac{1}{\left.\dfrac{\mathrm{d}I_{\text{bias}}}{\mathrm{d}\phi_s}\right|_{\phi_s \approx 0}} \sigma_{I-\text{shot}} = \frac{1}{\dfrac{I_0}{2} \times 10^{-(16+\alpha_L \cdot L)/10} \cdot \sin\phi_b} \sigma_{I-\text{shot}}$$

$$= \frac{1+\cos\phi_b}{\sin\phi_b} \sqrt{\frac{2qR_f \cdot B}{\dfrac{I_0}{2} \times 10^{-(16+\alpha_L \cdot L)/10}(1+\cos\phi_b) \cdot \eta_D R_f}} = \frac{1+\cos\phi_b}{\sin\phi_b} \sqrt{\frac{2qR_f \cdot B}{\langle I_{\text{bias}}\rangle \cdot \eta_D R_f}}$$

$$\tag{3.14}$$

式中：$\langle I_{\text{bias}}\rangle$ 为到达探测器的平均偏置光功率，$\langle I_{\text{bias}}\rangle = I_0 \times 10^{-(16+\alpha_L \cdot L)/10}(1+\cos\phi_b)/2$；$R_f$ 为探测器前置放大器的跨阻抗；η_D 为探测器的响应度；$\langle I_{\text{bias}}\rangle \cdot \eta_D R_f$ 为平均偏置光功率引起的探测器输出的直流电平变化（抬高），定义为

$$\text{DC} = \langle I_{\text{bias}}\rangle \cdot \eta_D R_f = \frac{I_0}{2} \times 10^{-(16+\alpha_L \cdot L)/10} \cdot (1+\cos\phi_b) \cdot \eta_D R_f \tag{3.15}$$

DC 水平反映了陀螺输出信号的强弱。

2. 探测器热噪声

光二极管的跨阻抗前置放大器用于将光电转换产生的电流信号转化为电压信号，电流 – 电压的转换系数等于跨阻抗阻值 R_f，输出电压的均方差热噪声

$\sigma^2_{v-\text{themal}}$ 与 R_f 成正比:

$$\sigma^2_{v-\text{themal}} = 4k_B T_K R_f \cdot B \tag{3.16}$$

式中:k_B 为波耳兹曼常数,$k_B = 1.38 \times 10^{-23}$ J/K;T_K 为开尔文温度。也可以用电流噪声表示式(3.16):

$$\sigma^2_{i-\text{themal}} = \frac{4k_B T_K}{R_f} \cdot B \tag{3.17}$$

由式(3.11),光功率形式的热噪声可以写为

$$\sigma^2_{I-\text{themal}} = \frac{1}{\eta_D^2} \cdot \frac{4k_B T_K}{R_f} \cdot B \tag{3.18}$$

其中,噪声等效光功率 NEP 定义为

$$\text{NEP} = \frac{\sigma_{I-\text{themal}}}{\sqrt{B}} = \frac{1}{\eta_D}\sqrt{\frac{4k_B T_K}{R_f}} \quad (\text{W}/\sqrt{\text{Hz}}) \tag{3.19}$$

取 $T_K = 295\text{K}$(室温),$R_f = 50\text{k}\Omega$,InGaAs – PIN 探测器组件的 NEP 典型值为 $7.6 \times 10^{-13}\text{W}/\sqrt{\text{Hz}} \approx 1\text{pW}/\sqrt{\text{Hz}}$。

参照式(3.13)和式(3.14),相位形式的热噪声为

$$\sigma_{\phi-\text{themal}} = \frac{1}{\left.\dfrac{dI_{\text{bias}}}{d\phi_s}\right|_{\phi_s \approx 0}} \sigma_{I-\text{themal}} = \frac{1+\cos\phi_b}{\sin\phi_b}\sqrt{\frac{4k_B T_K \cdot B}{\eta_D^2 R_f \langle I_{\text{bias}}\rangle^2}} = \frac{1+\cos\phi_b}{\sin\phi_b} \cdot \frac{\text{NEP}}{\langle I_{\text{bias}}\rangle} \cdot \sqrt{B}$$

$$\tag{3.20}$$

3. 光源相对强度噪声

参照式(3.13)和式(3.14),将式(3.2)的光源相对强度噪声转化为相位噪声:

$$\sigma_{\phi-\text{RIN}} = \frac{1}{\left.\dfrac{dI_{\text{bias}}}{d\phi_s}\right|_{\phi_s = 0}} \sigma_{I-\text{RIN}} = \frac{1}{\dfrac{I_0}{2} \times 10^{-(16+\alpha_L \cdot L)/10}\sin\phi_b}\sqrt{\langle I_{\text{bias}}\rangle^2 \tau_c B} = \frac{1+\cos\phi_b}{\sin\phi_b}\sqrt{\tau_c B}$$

$$\tag{3.21}$$

考虑探测器组件的带宽、解调时的采样点数和采样占空比等实际情况,光纤陀螺总的角随机游走 N 为

$$N = \frac{\sigma_\phi}{\sqrt{B}} = \frac{\sqrt{\sigma^2_{\phi-\text{themal}} + \sigma^2_{\phi-\text{shot}} + \sigma^2_{\phi-\text{RIN}}}}{\sqrt{B}} = \sqrt{N^2_{\text{shot}} + N^2_{\text{themal}} + N^2_{\text{RIN}}}$$

$$= \frac{\lambda_0 c}{2\pi LD} \cdot \frac{180}{\pi} \times 60 \cdot \frac{1+\cos\phi_b}{\sin\phi_b} \cdot \sqrt{\frac{B}{\eta_s m_s/\tau} \cdot \left[\tau_c + \frac{2qR_f}{\eta_D R_f \langle I_{\text{bias}}\rangle} + \frac{4k_B T_K}{\eta_D^2 R_f \langle I_{\text{bias}}\rangle^2}\right]} \quad (°/\sqrt{\text{h}})$$

$$\tag{3.22}$$

式中:τ 为光纤线圈的传输时间;m_s 为每个 τ 上的采样点数;η_s 为采样占空比;N_{shot}、N_{themal}、N_{RIN} 分别为散粒噪声、热噪声和 RIN 对光纤陀螺角随机游走的独立贡献。

选取中精度光纤陀螺的典型参数来计算角随机游走:光纤长度 $L = 1250\text{m}$,线圈直径 $D = 88\text{mm}$,光源功率 $I_0 = 1.8\text{mW}$,平均波长 $\lambda_0 = 1.55\mu\text{m}$,光谱宽度 $\Delta\lambda_{FWHM} = 30\text{nm}$,探测器转换效率 $\eta_D = 0.9\text{A/W}$,探测器带宽 $B = 10\text{MHz}$,跨阻抗 $R_f = 50\text{k}\Omega$,光路损耗 $\alpha = 16 + \alpha_L \cdot L(\text{dB})$,光纤衰减 $\alpha_L = 0.4\text{dB/km}$,光纤折射率 $n_F = 1.45$,调制深度 $\phi_b = 6\pi/7$,采样占空比 $\eta_s = 0.7$,每个 τ 上的采样数量 $m_s = 80$,室温 $T_K = 295\text{K}$,$c = 3 \times 10^8\text{m/s}$,$h = 6.626 \times 10^{-34}\text{J} \cdot \text{s}$,$k_B = 1.38 \times 10^{-23}\text{J/K}$,计算可知:

(1)光纤线圈传输时间 $\tau \approx n_F L/c = 6.04\mu\text{s}$。

(2)光波的相干时间 $\tau_c \approx 2.66 \times 10^{-13}\text{s}$。

(3)到达探测器的平均偏置光功率 $\langle I_{bias} \rangle \approx 2\mu\text{W}$。

(4)探测器输出的直流电平变化 $\text{DC} \approx 0.1\text{V}$。

此时,三种噪声对角随机游走的贡献分别为 $N_{themal} = 1.64 \times 10^{-4}°/\sqrt{\text{h}}$,$N_{shot} = 2.31 \times 10^{-4}°/\sqrt{\text{h}}$,$N_{RIN} = 2.83 \times 10^{-4}°/\sqrt{\text{h}}$。总的角随机游走为 $N = 4.0 \times 10^{-4}°/\sqrt{\text{h}}$。该型陀螺的实测结果如图 2.110 和图 2.111 所示,实测数据的 Allan 方差分析得到角随机游走为 $N = 5.0 \times 10^{-4}°/\sqrt{\text{h}}$,略大于理论估计值。精确的理论计算依赖于对陀螺参数取值的精确核定。

3.1.1.3　光纤陀螺角随机游走的可设计性:参数匹配技术

在 2.3 节讨论过调制技术时,已经大致分析了存在上述三种噪声时光纤陀螺角随机游走与光源输出功率 I_0 和调制深度 ϕ_b 的关系,其中在讨论角随机游走随光源输出功率 I_0 的变化时,将调制深度 ϕ_b 看成一个固定值,反之亦然,并未考虑参数匹配问题。下面针对战略级光纤陀螺(0.001°/h)的典型指标,利用式(3.21)的角随机游走公式,探讨进一步提高光纤陀螺精度性能的技术途径,也即通过参数匹配技术,使光纤陀螺在面向不同精度和动态性能的应用要求时具有设计灵活性。

在光纤陀螺的优化设计中,为了兼顾精度和动态性能,必须协调好光源功率 I_0、调制深度 ϕ_b 和探测器跨阻抗 R_f 的匹配关系,以挖掘精度潜力,获得最佳的综合性能。例如,较深的调制深度可以抑制相对强度噪声,但调制深度较大,会对陀螺动态性能产生影响,同时还需要适当调节探测器跨阻抗值和后级放大倍数,以避免干涉输出信号微弱引起的检测问题,这又涉及探测器跨阻抗的取值选择。在陀螺设计、调试中还发现,角随机游走与每个 τ 周期上的有效采样占空比的平方根成反比;给定采样占空比,角随机游走还与该采样占空比上采样点数的平方根成反比。另外,增加采样数量意味着增加采样频率,采样频率太高可能会引入电磁兼容方面的问题,同样影响微弱的陀螺信号检测,因此,提高采样占空比和增加采样点数并不总是意味着降低光纤陀螺随机游走,必须审慎处理。以高精度光纤陀螺的舰船惯性导航应用为例,参数匹配技术的主要目的,就是根据惯性系统对陀螺精度、动态性能的指标要求和陀螺所用的元件水平,优化光源功率 I_0、调制深度 ϕ_b 和探测器跨阻抗 R_f 之间的关系。参数匹配技术的程序是:根据调制/解调电路的微弱信号检测能力,选定适当的采样占空比、采样点数和 DC 电平;在给定元件水平(如光源功率)情况下,依据不同应用的精度或动态性能要求,选择调制深度 ϕ_b;采用跨阻抗 R_f 适当的探测器组件,通过参数匹配满足既定的 DC 电平。这使光纤陀螺的角随机游走具有可设计性。

式(3.15)意味着,若保持 DC 电平为恒定的某值,其他参数假定不变,光源功率和调制深度改变时,需要适时调整与输出信号强度匹配的探测器跨阻抗。在下面的仿真分析中,战略级光纤陀螺(0.001°/h)的典型参数选取如下:

(1)光纤线圈:光纤长度 $L = 3000\text{m}$,线圈直径 $D = 160\text{mm}$,光路损耗 $\alpha = 16 + \alpha_L \cdot L(\text{dB})$,其中光纤衰减为 $\alpha_L = 0.4\text{dB/km}$,另外 16dB 是除光纤线圈之外的其他光路损耗,光纤折射率 $n_F = 1.45$。计算可知:线圈传输时间 $\tau = n_F L/c = 14.5\mu\text{s}$。

(2)宽带光源:平均波长 $\lambda_0 = 1.55\mu\text{m}$,光谱宽度 $\Delta\lambda_{FWHM} = 20\text{nm}$。计算可知:$\tau_c = 4 \times 10^{-13}\text{s}$(RIN 约为 -124dB/Hz)。

(3)探测器指标:带宽 $B = 10\text{MHz}$,响应度 $\eta_D = 0.9\text{A/W}$。

(4)解调/采样:采样占空比 $\eta_s = 0.7$,每个 τ 上的采样点数 $m_s = 240$(与光纤长度有关)。

(5)可调节参数:光源输出功率 I_0、调制深度 ϕ_b、探测器跨阻抗 R_f(含后级放大)。

图 3.2 所示为光纤长度不变,在参数匹配条件下,角随机游走 N 与调制深度 ϕ_b 的关系曲线。对于上面给出的战略级光纤陀螺的典型参数,由图 3.2 可以看出:①过调制技术对于降低光纤陀螺角随机游走是非常有效的。但是,深度过调制技术会影响陀螺动态特性和抗角加速度能力,必须依据陀螺应用需求而设定(通常 $<11\pi/12$)。另外,在实际陀螺调试中,采用过调制技术未达到预期性能,通常意味着陀螺存在其他非典型光学或电学噪声。②调制深度 ϕ_b 越深,则探测器的偏置光功率越低,相对强度噪声的影响也越小,此时参数匹配的效果也越明显。如果陀螺因为动态性能要求调制深度不宜太深(如图 3.2 中 $\phi_b < 11\pi/12$ 时),此刻相对强度噪声仍为主要噪声,参数匹配技术没有明显地降

低角随机游走效果。因此,参数匹配技术还需要精准的强度噪声抑制技术来配合。③调制深度 ϕ_b 较深时,探测器直流电平变化 DC 越大(意味着信号的放大倍数较大),角随机游走越低,但是,放大信号越强,探测器输出中的尖峰脉冲的畸变和饱和越严重,这会带来另外的问题,必须统筹考虑或采取尖峰脉冲抑制措施。总之,过调制技术、强度噪声抑制技术、尖峰脉冲抑制技术和参数匹配技术已然成为高精度和甚高精度光纤陀螺的关键技术,是光纤陀螺优化设计、挖掘精度潜力和从容应对各种动态性能要求的必要措施。

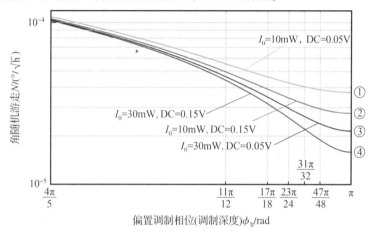

图 3.2　参数匹配条件下,角随机游走 N 与调制深度 ϕ_b 的关系曲线

图 3.3 所示为光纤长度不变,在参数匹配条件下,角随机游走 N 与光源输出光功率 I_0 的关系曲线。显示出在大功率情况($I_0 > 10\mathrm{mW}$)时,由于相对强度噪声的存在,过调制技术和参数匹配技术降低角随机游走仍是有限的。值得说明的是,由于还存在背景噪声(图 3.2 和图 3.3 仿真中未予考虑),调制深度接

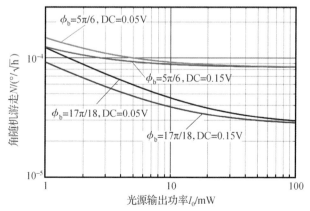

图 3.3　参数匹配条件下,角随机游走 N 与光源输出光功率 I_0 的关系曲线

近 π 时陀螺噪声会迅速增加,同时调制深度过深还会影响陀螺的动态性能,因此,对陀螺精度和动态特性均具有较高要求的应用场合,仅仅靠提高光功率、施加过调制和进行参数匹配可能尚不足以达到预期目标,要进一步提高光纤陀螺精度(尤其是对于甚高精度光纤陀螺),必须采取技术措施抑制光源相对强度噪声。

3.1.1.4 甚高精度光纤陀螺的最佳线圈长度

随着光学器件和数字信号处理的发展,干涉型光纤陀螺不仅寿命得到预期的提高,而且其精度也正在突破传统机械陀螺和激光陀螺的性能限制,展示出其与静电陀螺媲美的甚高精度潜力,应用方向包括空间定向、战略导弹制导和潜艇惯性导航等。法国 iXBlue 公司已研制出 1 n mile/30 天的潜艇应用 MARINS 光纤陀螺惯性导航系统。同时,美国海军正在采用高精度光纤陀螺加速升级潜射洲际战略导弹"三叉戟" – Ⅱ 的制导系统,以延长导弹寿命和提高精确打击能力。目前,甚高精度光纤陀螺研制仍是基于传统的干涉型保偏光纤陀螺方案,其技术途径是通过采用长光纤线圈、大功率光源并辅以强度噪声抑制、频率跟踪等关键技术,降低光纤陀螺角随机游走,接近或达到干涉型光纤陀螺的理论精度极限。

线圈最佳长度是研究光纤陀螺角随机游走极限的关键问题。甚高精度光纤陀螺采用的保偏光纤,在 1550nm 波长光纤衰减 α_F 为 $0.4 \sim 1.5$dB/km。如前所述,光纤陀螺光路损耗 α 由两部分构成,即 $\alpha = \alpha_0 + \alpha_L \cdot L$,其中 α_0(在前面的仿真中,$\alpha_0 = 16$dB)是除光纤线圈之外的其他光路损耗。在采用长光纤线圈(如大于 7.5km)的光纤陀螺中,光纤损耗构成了光纤陀螺除固有损耗外的光路损耗增加的主要原因,成倍增加光纤长度意味着到达探测器的光功率也相应地成倍减少,测量 Sagnac 相移时通过简单地增加光纤长度提高光纤陀螺精度的技术优势将会丧失。也就是说,对于给定的光纤衰减系数,光纤陀螺的线圈长度存在一个最佳值。

如果不采取强度噪声抑制措施,式(3.21)的光纤陀螺角随机游走可以写为

$$N \approx N_{RIN} = \frac{\lambda_0 c}{2\pi LD} \cdot \frac{180}{\pi} \times 60 \cdot \frac{1 + \cos\phi_b}{\sin\phi_b} \cdot \sqrt{\frac{B}{\eta_s m_s / \tau} \cdot \tau_c} \, (°/\sqrt{h}) \quad (3.23)$$

由于采样点数 m_s 和 τ 均与光纤长度 L 成正比,式(3.23)根号内的项几乎与 L 无关,因此,在这种情况下,角随机游走 N 与光纤长度 L 成反比。但是,这种由光源相对强度噪声决定的角随机游走,并未达到该型光纤陀螺的散粒噪声极限决定的精度水平。

如前所述,散粒噪声是一种基础噪声,决定了光纤陀螺最终可实现的终极

性能。当光纤陀螺的精度只受散粒噪声限制(忽略热噪声、抑制相对强度噪声的情形)时,角随机游走可写为

$$N \approx N_{\text{shot}} = \frac{\lambda_0 c}{2\pi LD} \cdot \frac{180}{\pi} \times 60 \cdot \frac{1 + \cos\phi_b}{\sin\phi_b}$$

$$\cdot \sqrt{\frac{B}{\eta_s m_s / \tau} \cdot \frac{4q}{\eta_D I_0 \times 10^{-(16 + \alpha_L \cdot L)/10} \cdot (1 + \cos\phi_b)}} \quad (°/\sqrt{h}) \quad (3.24)$$

图 3.4 给出了相对强度噪声和散粒噪声分别引起的角随机游走与光纤长度的关系,其中参数取值为:线圈直径 $D = 180\text{mm}$,光路损耗为 $\alpha = 16 + \alpha_L \cdot L$ (dB),$\alpha_L = 0.4\text{dB/km}$,16dB 是除光纤线圈之外的其他光路损耗,光纤折射率 $n_F = 1.45$,平均波长 $\lambda_0 = 1.55\mu\text{m}$,$I_0 = 30\text{mW}$,光谱宽度 $\Delta\lambda_{\text{FWHM}} = 10\text{nm}$,探测器检测带宽 $B = 10\text{MHz}$,响应度 $\eta_D = 0.9\text{A/W}$,$m_s = 80/\text{km}$,采样占空比 $\eta_s = 0.7$,调制深度 $\phi_b = 11\pi/12$。计算可知:$\tau_c = 8.01 \times 10^{-13}\text{s}$(RIN 约为 -121dB/Hz)。由图 3.4 可以看出,对于受光源相对强度噪声限制的光纤陀螺,角随机游走与光纤长度成反比,也即只要输入光功率足够,在适当的调制深度下,增加光纤长度可以成比例地提高光纤陀螺精度。但是当光纤长度约大于 35km 时,由于光纤损耗,光功率降低,散粒噪声将大于光源相对强度噪声。可见,受光源相对强度噪声限制的角随机游走约为 $10^{-5}°/\sqrt{h}$,对应的光纤长度大于 30km。如果采取技术措施完全抑制相对强度噪声,光纤陀螺仅受散粒噪声限制,则角随机游走最佳为 $5 \times 10^{-6}°/\sqrt{h}$,对应的光纤长度大约为 10km。也就是说,没有采取相对强度噪声抑制措施的光纤陀螺,即使增加光纤长度至大于 30km,其精度也会低于散粒噪声限制的光纤陀螺,而后者仅需光纤长度 10km,相应地,陀螺成本也远远低于前者。因此,对于高精度和甚高精度光纤陀螺,必须在抑制光源相对强度噪声的基础上选取光纤线圈的最佳长度,方能实现光纤陀螺的终极精度。

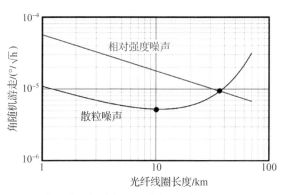

图 3.4　相对强度噪声和散粒噪声引起的角随机游走与光纤长度的关系(调制深度 $\phi_b = 11\pi/12$)

在给定输入光功率情况下,线圈光纤长度的最佳值与保偏光纤的光纤衰减系数有关。由式(3.24),角随机游走 $N \propto 1/(L \cdot 10^{-\alpha_L \cdot L/20})$,角随机游走 N 与光纤长度 L 变化的关系曲线如图3.5所示。$\alpha_L = 0.4\text{dB/km}$ 时,在 $15 \sim 30\text{km}$ 的长度范围内,角随机游走 N 没有明显变化,最佳光纤线圈长度可以认为是 15km;同理,$\alpha_L = 0.6\text{dB/km}$ 时,最佳长度为 12km;$\alpha_L = 1\text{dB/km}$ 时,最佳长度为 8km。角随机游走 N 还与调制深度有关,对于目前的保偏光纤损耗水平,甚高精度光纤陀螺的最佳长度不会超过 10km。

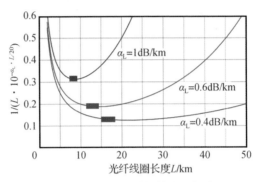

图3.5 光纤陀螺的最佳线圈长度

3.1.2 方波调制光纤陀螺中的相对强度噪声及其抑制措施

3.1.2.1 方波调制光纤陀螺中的相对强度噪声形态

考虑整个光路的损耗 α,方波调制光纤陀螺的探测器干涉输出可以表示为

$$I_D(t) = 10^{-\frac{\alpha}{10}} \cdot [I_0 + I_{RIN}(t-\tau)] \cdot \{1 + \cos[\phi_s + \Delta\phi_F(t)]\} \quad (3.25)$$

式中:ϕ_s 为Sagnac相移;$\Delta\phi_F(t)$ 为方波调制引起的两束反向传播光波之间的相位差,对于本征频率为 $f_p = 1/2\tau$ 的两态调制;$\Delta\phi_F(t)$ 为幅值为 $\pm\phi_b$ 的方波偏置,在每个调制解调周期(2τ)上,光纤陀螺的开环输出可以看作频率为 f_p、幅值为 $\pm\phi_s$ 的解调方波($\phi_s \ll 1\text{rad}$ 时):

$$I_D(t) = \begin{cases} 10^{-\frac{\alpha}{10}} \cdot [I_0 + I_{RIN}(t-\tau)] \cdot (1 + \cos\phi_b + \phi_s\sin\phi_b), & 0 < t \leqslant \tau \\ 10^{-\frac{\alpha}{10}} \cdot [I_0 + I_{RIN}(t-2\tau)] \cdot (1 + \cos\phi_b - \phi_s\sin\phi_b), & \tau < t \leqslant 2\tau \end{cases} \quad (3.26)$$

对上述输出进行隔直处理:

$$I_D(t) = \begin{cases} 10^{-\frac{\alpha}{10}} \cdot [I_{RIN}(t-\tau) \cdot (1 + \cos\phi_b) + I_0\phi_s\sin\phi_b], & 0 < t \leqslant \tau \\ 10^{-\frac{\alpha}{10}} \cdot [I_{RIN}(t-2\tau) \cdot (1 + \cos\phi_b) - I_0\phi_s\sin\phi_b], & \tau < t \leqslant 2\tau \end{cases} \quad (3.27)$$

如图2.89所示,在本征圆频率 $\omega_p = 2\pi f_p = \pi/\tau$ 的半周期上进行采样,两个

半周期的采样值相减给出陀螺的开环输出。因而，方波调制光纤陀螺的解调函数 $f(t)$ 仍可看成一个方波，与正弦调制光纤陀螺的余弦解调函数不同，方波解调函数由许多谐波组成，可以表示为

$$
f(t) = \begin{cases} 1, & 0 < t \leqslant \tau \\ -1, & \tau < t \leqslant 2\tau \end{cases}
$$

$$
= \begin{cases} \dfrac{4}{\pi}\left(\sin(\omega_{\mathrm{p}}t) + \dfrac{1}{3}\sin(3\omega_{\mathrm{p}}t) + \dfrac{1}{5}\sin(5\omega_{\mathrm{p}}t) + \cdots \right), & 0 < t \leqslant \tau \\[3mm] \dfrac{4}{\pi}\left[\sin(\omega_{\mathrm{p}}(t+\tau)) + \dfrac{1}{3}\sin(3\omega_{\mathrm{p}}(t+\tau)) + \dfrac{1}{5}\sin(5\omega_{\mathrm{p}}(t+\tau)) + \cdots \right], & \tau < t \leqslant 2\tau \end{cases}
$$

$$\tag{3.28}$$

假定 $\phi_{\mathrm{s}} = 0$，且只考虑噪声误差项，则干涉光强的噪声为

$$
I_{\mathrm{D-RIN}} = \left\langle 10^{-\frac{\alpha}{10}} \cdot (1 + \cos\phi_{\mathrm{b}}) \left[I_{\mathrm{RIN}}(t-\tau) + I_{\mathrm{RIN}}(t-2\tau) \right] \cdot f(t) \right\rangle_{2\tau} \tag{3.29}
$$

式中：$\langle \cdots \rangle_{2\tau}$ 表示在 2τ 周期上取平均。

由式（3.29）可以看出，相对强度噪声的各次谐波与方波解调函数 $f(t)$ 产生的各次谐波之间将发生拍频，但是只有那些与方波解调产生的各奇次谐波频率相同的噪声谐波，与相应的解调谐波混频，在 2τ 周期上求平均时才会产生不为零的值，对本征解调的强度噪声分量有贡献。对于这些 $2n-1$ 次噪声谐波，可以看成以 $(2n-1)\omega_{\mathrm{p}}$ 为中心的带限白噪声，其解析式用窄带随机过程来表示：

$$
I_{\mathrm{RIN}}^{(2n-1)\omega_{\mathrm{p}}}(t) = I_{\mathrm{N}}^{(2n-1)\omega_{\mathrm{p}}}(t) \cos\left[(2n-1)\omega_{\mathrm{p}}t + \phi_{\mathrm{N}}^{(2n-1)\omega_{\mathrm{p}}}(t) \right] \tag{3.30}
$$

式中：$I_{\mathrm{N}}^{(2n-1)\omega_{\mathrm{p}}}(t)$ 是白噪声通过以 $(2n-1)\omega_{\mathrm{p}}$ 为中心的窄带滤波器后的噪声强度的包络函数，是一个随机变量，随时间缓慢变化；$\phi_{\mathrm{N}}^{(2n-1)\omega_{\mathrm{p}}}(t)$ 是相位函数，也是一个随机变量，随时间缓慢变化。可以证明，强度包络 $I_{\mathrm{N}}^{(2n-1)\omega_{\mathrm{p}}}(t)$ 的一维分布是瑞利分布：

$$
p\left[I_{\mathrm{N}}^{(2n-1)\omega_{\mathrm{p}}} \right] = \begin{cases} \dfrac{I_{\mathrm{N}}^{(2n-1)\omega_{\mathrm{p}}}}{\sigma_{\mathrm{RIN}}^2} \exp\left\{ -\dfrac{\left[I_{\mathrm{N}}^{(2n-1)\omega_{\mathrm{p}}} \right]^2}{2\sigma_{\mathrm{RIN}}^2} \right\}, & I_{\mathrm{N}}^{(2n-1)\omega_{\mathrm{p}}} \geqslant 0 \\[3mm] 0, & I_{\mathrm{N}}^{(2n-1)\omega_{\mathrm{p}}} < 0 \end{cases} \tag{3.31}
$$

式中：σ_{RIN}^2 为白噪声通过以 $(2n-1)\omega_{\mathrm{p}}$ 为中心的窄带为 $\Delta\omega = 2\pi\Delta f$ 的滤波器后的强度噪声方差，$\sigma_{\mathrm{RIN}}^2 = I_0^2 \tau_{\mathrm{c}} \cdot \Delta f$。

相位 $\phi_{\mathrm{N}}^{(2n-1)\omega_{\mathrm{p}}}(t)$ 的一维分布是均匀分布，在 $[0, 2\pi]$ 内取值：

$$
p\left[\phi_{\mathrm{N}}^{(2n-1)\omega_{\mathrm{p}}} \right] = \frac{1}{2\pi} \tag{3.32}
$$

且就一维分布而言，$I_{\mathrm{N}}^{(2n-1)\omega_{\mathrm{p}}}(t)$ 和 $\phi_{\mathrm{N}}^{(2n-1)\omega_{\mathrm{p}}}(t)$ 是统计独立的。由于 $I_{\mathrm{N}}^{(2n-1)\omega_{\mathrm{p}}}(t)$ 和 $\phi_{\mathrm{N}}^{(2n-1)\omega_{\mathrm{p}}}(t)$ 的变化频率远小于 $n\omega_{\mathrm{p}}$，因此在下面的一系列处理和三角运算中可以将它们看成一个恒定值来处理。

因而,将式(3.28)和式(3.30)代入式(3.29),并利用式(3.31)和式(3.32),得到干涉光强的噪声部分为

$$I_{D-RIN} = 10^{-\frac{\alpha}{10}} \cdot \frac{2(1+\cos\phi_b)}{\pi}$$

$$\cdot \sum_{n=1}^{\infty} \frac{1}{2n-1} I_N^{(2n-1)\omega_P}(t) \left\{ \begin{array}{c} \sin[(2n-1)\omega_p\tau - \phi_N^{(2n-1)\omega_P}(t)] + \sin[3(2n-1) \\ \omega_p\tau - \phi_N^{(2n-1)\omega_P}(t)] \end{array} \right\}$$

$$= 10^{-\frac{\alpha}{10}} \cdot \frac{4(1+\cos\phi_b)}{\pi} \sum_{n=1}^{\infty} \frac{1}{2n-1} I_N^{(2n-1)\omega_P}(t) \cdot \sin[(2n-1)\omega_p\tau - \phi_N^{(2n-1)\omega_P}(t)]$$

$$= 10^{-\frac{\alpha}{10}} \cdot \frac{4(1+\cos\phi_b)}{\pi} \sum_{n=1}^{\infty} \frac{1}{2n-1} I_N^{(2n-1)\omega_P}(t) \cdot \sin[\phi_N^{(2n-1)\omega_P}(t)] \quad (3.33)$$

式中利用了 $2\omega_p\tau = 2\pi$。这说明,只有本征频率 ω_p 及其奇次谐波上的噪声分量对本征解调输出噪声有贡献。相应地,总的强度噪声为各个谐波分量的强度噪声的统计平均(平方和的平方根):

$$\sigma_{D-RIN}^2 = \sigma_{\omega_p}^2 + \sigma_{3\omega_p}^2 + \sigma_{5\omega_p}^2 + \sigma_{7\omega_p}^2 + \cdots \quad (3.34)$$

相对强度噪声为白噪声,且有

$$\sigma_{(2n-1)\omega_p}^2 = \frac{\sigma_{\omega_p}^2}{(2n-1)^2} = \frac{1}{(2n-1)^2} \left[10^{-\frac{\alpha}{10}} \cdot \frac{4(1+\cos\phi_b)}{\pi} \right]^2 \left(I_0^2\tau_c \cdot \frac{\Delta\omega}{2\pi} \right), \ n = 1,2,3,\cdots$$
$$(3.35)$$

式中: $I_N^{(2n-1)\omega_P}(t)\sin[\phi_N^{(2n-1)\omega_P}(t)]$ 的方差为 $I_0^2\tau_c \cdot \Delta f$。

相对强度噪声对角随机游走的贡献可以表示为

$$N_{RIN} = \frac{\lambda_0 c}{2\pi LD} \cdot \frac{180}{\pi} \times 60 \cdot \frac{1+\cos\phi_b}{\sin\phi_b} \cdot \sqrt{\frac{B \cdot \tau_c}{\eta_s m_s/\tau}} \cdot \frac{4}{\pi} \sqrt{\sum_{n=1}^{\infty} \frac{1}{(2n-1)^2}} \,^\circ/\sqrt{h}$$
$$(3.36)$$

可以看出,在本征频率的奇次谐波上,相对强度噪声随着谐波阶次的上升急速下降,因此,抑制相对强度噪声只需抑制大于本征频率的几阶较低的奇次谐波频率上的相对强度噪声即可。另外,式(3.36)还表明,如果不采取强度噪声抑制措施,噪声谐波与调制(或解调)频率的谐波发生拍频,对陀螺角随机游走的贡献要大于式(3.21)对角随机游走 N 的基本估计。

3.1.2.2　方波调制本征解调光纤陀螺中抑制强度噪声的原理

利用光纤陀螺的数字处理电路,同样可以对光源分束器空端的相对强度噪声信号进行本征解调,也即在本征频率 $\omega_p = \pi/\tau$ 的半周期上进行采样,两个半周期的采样值相减给出相对强度噪声的表征。因而光源耦合器空端的相对强度噪声的解调函数仍是一个如式(3.28)所示的方波。在这种解调下,光源分束

器空端的输出光强可以表示为

$$
I_{\mathrm{BS}}(t) = \begin{cases} 10^{-\frac{\alpha_{\mathrm{BS}}}{10}} \cdot \left[I_0 + I_{\mathrm{RIN}}(t) \right], & 0 < t \leqslant \tau \\ 10^{-\frac{\alpha_{\mathrm{BS}}}{10}} \cdot \left[I_0 + I_{\mathrm{RIN}}(t-\tau) \right], & \tau < t \leqslant 2\tau \end{cases} \tag{3.37}
$$

式中：α_{BS} 为从光源到分束器空端的光损耗。对上述输出同样进行隔直处理，得

$$
I_{\mathrm{BS}}(t) = \begin{cases} 10^{-\frac{\alpha_{\mathrm{BS}}}{10}} \cdot I_{\mathrm{RIN}}(t), & 0 < t \leqslant \tau \\ 10^{-\frac{\alpha_{\mathrm{BS}}}{10}} \cdot I_{\mathrm{RIN}}(t-\tau), & \tau < t \leqslant 2\tau \end{cases} \tag{3.38}
$$

光源耦合器空端的相对强度噪声分量为

$$
I_{\mathrm{BS-RIN}} = \left\langle 10^{-\frac{\alpha_{\mathrm{BS}}}{10}} \cdot \left[I_{\mathrm{RIN}}(t) + I_{\mathrm{RIN}}(t-\tau) \right] \cdot f(t) \right\rangle_{2\tau} \tag{3.39}
$$

式中：$\langle\ \rangle_{2\tau}$ 表示在 2τ 周期上取平均。将式(3.28)、式(3.30)代入式(3.39)得

$$
\begin{aligned}
I_{\mathrm{BS-RIN}} &= 10^{-\frac{\alpha_{\mathrm{BS}}}{10}} \cdot \frac{2}{\pi} \sum_{n=1}^{\infty} \frac{1}{2n-1} I_{\mathrm{N}}^{(2n-1)\omega_{\mathrm{p}}}(t) \\
&\quad \cdot \left\{ \sin\left[-\phi_{\mathrm{N}}^{(2n-1)\omega_{\mathrm{p}}}(t) \right] + \sin\left[2(2n-1)\omega_{\mathrm{p}}\tau - \phi_{\mathrm{N}}^{(2n-1)\omega_{\mathrm{p}}}(t) \right] \right\} \\
&= -10^{-\frac{\alpha_{\mathrm{BS}}}{10}} \cdot \frac{4}{\pi} \sum_{n=1}^{\infty} \frac{1}{2n-1} I_{\mathrm{N}}^{(2n-1)\omega_{\mathrm{p}}}(t) \cdot \sin\left[\phi_{\mathrm{N}}^{(2n-1)\omega_{\mathrm{p}}}(t) \right]
\end{aligned} \tag{3.40}
$$

由上面的推导可以看出，只有强度噪声的奇次谐波能够与方波解调函数混频，在 2τ 周期上求平均时才会产生不为零的值，对本征解调的强度噪声分量有贡献。而且，在本征解调时，陀螺探测器和光源耦合器空端的相对强度噪声分量式(3.33)和式(3.40)具有相同的形式，但符号相反。通过使两者的增益匹配并进行相减(加)，本征频率的奇次谐波上的光源强度噪声就可以完全抵消。这种方法既适合于全光相对强度噪声抑制，也适合于数字电学相对强度噪声抑制。

3.1.2.3 方波调制本征解调电学相减强度噪声抑制技术

基于上述原理，方波调制本征解调模拟电学相减强度噪声抑制电路如图 3.6 所示。设 $I_{\mathrm{D1}}(t)$ 和 $I_{\mathrm{D2}}(t)$ 分别代表陀螺探测器 1 的陀螺输出信号和与光源分束器空端连接的表征相对强度噪声的探测器 2 的光强信号，由式(3.25)和式(3.37)得

$$
\begin{cases} I_{\mathrm{D1}}(t) = 10^{-\frac{\alpha}{10}} \cdot \left[I_0 + I_{\mathrm{RIN}}(t-\tau) \right] g(t) \\ I_{\mathrm{D2}}(t) = 10^{-\frac{\alpha_{\mathrm{BS}}}{10}} \cdot \left[I_0 + I_{\mathrm{RIN}}(t) \right] \end{cases} \tag{3.41}
$$

式中：$I_{\mathrm{RIN}}(t-\tau)$ 为 $t-\tau$ 时刻陀螺探测器 1 的强度噪声；$I_{\mathrm{RIN}}(t)$ 为 t 时刻光源耦合器空端探测器 2 的强度噪声；$g(t)$ 为包含方波相位调制的闭环光纤陀螺的光学传递函数，

$$g(t) = 1 + \cos[\phi_\alpha + \Delta\phi_F(t)] \tag{3.42}$$

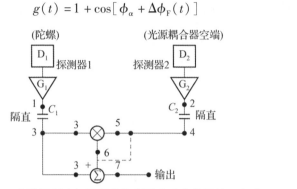

图 3.6　方波调制本征解调的抑制强度噪声信号处理电路

式中：$\Delta\phi_F(t)$ 为幅值为 ϕ_b 本征方波偏置调制信号；ϕ_α 为角加速度引起的相位变化。因为闭环的构造，反馈回路试图控制线圈中两束反向传播光波之间的相位差，但总是基于前一个不再表示当前相位状态的调制周期，因而旋转速率变化期间存在着一个误差信号 ϕ_α。结果，角加速期间，输出强度中将产生方波分量，角加速停止后方波分量也将停止，允许回路消除该误差信号。这里，ϕ_α 将主要影响下一回合的闭环反馈相移 ϕ_f。

$I_{D1}(t)$ 和 $I_{D2}(t)$ 分别经过光探测器 1 和光探测器 2 变为电压信号：

$$\begin{cases} V_{D1}^{(\mathrm{I})}(t) = 10^{-\frac{\alpha}{10}} \cdot G_1[I_0 + I_{RIN}(t-\tau)]g(t) \\ V_{D2}^{(\mathrm{I})}(t) = 10^{-\frac{\alpha_{BS}}{10}} \cdot G_2[I_0 + I_{RIN}(t)] \end{cases} \tag{3.43}$$

式中：增益 $G_1 = \eta_{D1}R_{f1}$，$G_2 = \eta_{D2}R_{f2}$，η_{D1}、η_{D2} 分别为光探测器 1 和光探测器 2 的响应度，R_{f1}、R_{f2} 分别为光探测器 1 和光探测器 2 的跨阻抗。

$V_{D1}^{(\mathrm{I})}(t)$、$V_{D2}^{(\mathrm{I})}(t)$ 首先通过一个隔直滤波器，以消除 DC 分量，只保留交流变化的部分：

$$\begin{cases} V_{D1}^{(\mathrm{II})}(t) = 10^{-\frac{\alpha}{10}} \cdot G_1[I_0 + I_{RIN}(t-\tau)]g(t) \\ V_{D2}^{(\mathrm{II})}(t) = 10^{-\frac{\alpha_{BS}}{10}} \cdot G_2 I_{RIN}(t) \end{cases} \tag{3.44}$$

$V_{D1}^{(\mathrm{II})}(t)$ 与 $V_{D2}^{(\mathrm{II})}(t)$ 在乘法器中相乘，得

$$V_{D2}^{(\mathrm{III})}(t) = \frac{V_{D1}^{(\mathrm{II})}(t)V_{D2}^{(\mathrm{II})}(t)}{V_{ref}} = \frac{G_1 G_2}{V_{ref}} \cdot 10^{-\frac{\alpha+\alpha_{BS}}{10}} \cdot I_0 I_{RIN}(t)g(t) \tag{3.45}$$

式中：V_{ref} 为乘法器的基准电压。$V_{D1}^{(\mathrm{II})}(t)$ 与 $V_{D2}^{(\mathrm{III})}(t)$ 在加法器中求和，整理得

$$V(t) = 10^{-\frac{\alpha}{10}} \cdot G_1\left[I_0 + I_{RIN}(t-\tau) + \frac{10^{-\frac{\alpha_{BS}}{10}} \cdot G_2}{V_{ref}}I_0 I_{RIN}(t)\right]g(t) \tag{3.46}$$

式中，第一项 $10^{-\frac{\alpha}{10}} \cdot G_1 I_0 g(t)$ 为陀螺信号，第二、三项是相对强度噪声项，应

为零：

$$I_{\mathrm{RIN}}(t-\tau) + \frac{10^{-\frac{\alpha_{\mathrm{BS}}}{10}} \cdot G_2}{V_{\mathrm{ref}}} I_0 I_{\mathrm{RIN}}(t) = 0 \qquad (3.47)$$

在频域则为

$$I_{\mathrm{RIN}}(\omega) \cdot \mathrm{e}^{-\mathrm{i}\omega\tau} + \frac{10^{-\frac{\alpha_{\mathrm{BS}}}{10}} \cdot G_2}{V_{\mathrm{ref}}} I_0 I_{\mathrm{RIN}}(\omega) = 0 \qquad (3.48)$$

本征解调（$\omega = \omega_{\mathrm{p}}$）时，$\mathrm{e}^{-\mathrm{j}\omega_{\mathrm{p}}\tau} = -1$，因而只需：

$$10^{-\frac{\alpha_{\mathrm{BS}}}{10}} \cdot G_2 I_0 = V_{\mathrm{ref}} \qquad (3.49)$$

就可以完全抵消相对强度噪声。当然，考虑上述过程中散粒噪声 $\sigma_{\mathrm{shot}}^2 \propto 10^{-\frac{\alpha}{10}} \cdot I_0 + 10^{-\frac{\alpha_{\mathrm{BS}}}{10}} \cdot I_0$，最好是通过调节光学衰减使 $\alpha_{\mathrm{BS}} = \alpha$ 来满足式（3.49）。

由于 ϕ_α 很小时，$g(t)$ 近似为常值 $1 + \cos\phi_{\mathrm{b}}$，也可以忽略乘法器，将式（3.44）中的 $V_{\mathrm{D2}}^{(\mathrm{II})}(t)$ 与 $V_{\mathrm{D1}}^{(\mathrm{II})}(t)$ 直接相加（图 3.6 中的虚线）：

$$V(t) = 10^{-\frac{\alpha}{10}} \cdot G_1 [I_0 + I_{\mathrm{RIN}}(t-\tau)] g(t) + 10^{-\frac{\alpha_{\mathrm{BS}}}{10}} \cdot G_2 I_{\mathrm{RIN}}(t) \qquad (3.50)$$

只考虑强度噪声部分，有

$$V_{\mathrm{RIN}}(t) = 10^{-\frac{\alpha}{10}} \cdot G_1 I_{\mathrm{RIN}}(t-\tau) g(t) + 10^{-\frac{\alpha_{\mathrm{BS}}}{10}} \cdot G_2 I_{\mathrm{RIN}}(t) \qquad (3.51)$$

式（3.51）在频域可表示为

$$V_{\mathrm{RIN}}(\omega) = 10^{-\frac{\alpha}{10}} \cdot G_1 I_{\mathrm{RIN}}(\omega) \mathrm{e}^{-\mathrm{i}\omega\tau}(1 + \cos\phi_{\mathrm{b}}) + 10^{-\frac{\alpha_{\mathrm{BS}}}{10}} \cdot G_2 I_{\mathrm{RIN}}(\omega) \qquad (3.52)$$

本征解调（$\omega = \omega_{\mathrm{p}} = 2\pi f_{\mathrm{p}}$）时，$\mathrm{e}^{-\mathrm{i}\omega_{\mathrm{p}}\tau} = -1$，因而只需：

$$10^{-\frac{\alpha}{10}} \cdot G_1(1 + \cos\phi_{\mathrm{b}}) = 10^{-\frac{\alpha_{\mathrm{BS}}}{10}} \cdot G_2 \qquad (3.53)$$

可以通过衰减光源耦合器空端的表征强度噪声的光信号 $10^{-\frac{\alpha_{\mathrm{BS}}}{10}} = 10^{-\frac{\alpha}{10}}(1 + \cos\phi_{\mathrm{b}})$ 来满足式（3.53）的条件，此时因探测器接收光功率相当，增益 $G_2 = G_1$。

3.1.2.4　方波调制本征解调光学相减强度噪声抑制技术

方波调制本征解调全光相对强度噪声抑制方案的两种光路结构如图 3.7 所示，其中利用光源耦合器（50∶50）空端的光作为相对强度噪声的参考光。在图 3.7（a）中，保偏光纤耦合器空端（分光比 50∶50）的光输出通过光衰减器和另一个保偏光纤耦合器（分光比 95∶5）与陀螺信号合光，入射到光探测器上。在图 3.7（b）中，两个保偏光纤耦合器串联，光源耦合器（50∶50）空端的光输出利用另一个保偏光纤耦合器返回到光探测器上。当光源为高偏（振）光时，信号光和参考光具有相同的偏振（偏振方向平行），两束光的强度噪声特征也大致相同，通过本征方波调制和本征解调，用参考光的强度噪声抵消 Sagnac 干涉仪输出光的强度噪声。如果光源为无偏光源如宽带掺铒超荧光光源,需要在50：50耦合器的输入端加一偏振器,并确保该偏振器的传输轴与两个耦合器的偏振传输轴平行。通过微调95：5保偏光纤耦合器的分光比或光衰减器来确保参考光和信号光的功率均衡。

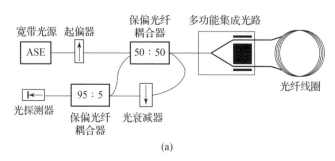

(a)

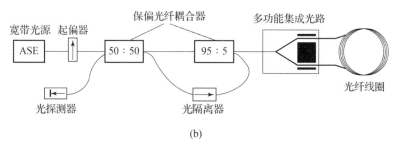

(b)

图3.7 两种本征解调全光(偏振)平行相加抑制强度噪声方案的光路结构

以图3.7(a)为例,来论证这种全光抵消。到达探测器的陀螺信号和光源耦合器空端的基准强度噪声信号分别为

$$\begin{cases} I_S(t) = 10^{-\alpha/10} \cdot [I_0 + I_{RIN}(t-\tau)] \cdot g(t) \\ I_R(t) = 10^{-\alpha_{BS}/10} \cdot [I_0 + I_{RIN}(t)] \end{cases} \quad (3.54)$$

式中,$g(t)$如式(3.42)所示,ϕ_α很小时近似为$1+\cos\phi_b$。两束光总的光强$I_{total}(t)$为

$$I_{total}(t) = I_S(t) + I_R(t) = I_{total-0}(t) + I_{total-RIN}(t) \quad (3.55)$$

式中,$I_{total-0}(t)$与强度噪声无关:

$$I_{total-0}(t) = 10^{-\frac{\alpha}{10}} \cdot I_0 \cdot g(t) + 10^{-\frac{\alpha_{BS}}{10}} \cdot I_0 \quad (3.56)$$

而$I_{total-RIN}(t)$是强度噪声项:

$$I_{total-RIN}(t) = 10^{-\frac{\alpha}{10}} \cdot I_{RIN}(t-\tau) \cdot g(t) + 10^{-\frac{\alpha_{BS}}{10}} \cdot I_{RIN}(t) \quad (3.57)$$

陀螺采用本征方波调制和同步解调时,式(3.57)在本征频率ω_p的分量变为

$$I_{total-RIN}(\omega_p) = 10^{-\frac{\alpha}{10}} \cdot I_{RIN}(\omega_p) e^{-i\omega_p\tau} \cdot (1+\cos\phi_b) + 10^{-\frac{\alpha_{BS}}{10}} \cdot I_{RIN}(\omega_p) \quad (3.58)$$

由于在本征频率，$\omega_p \tau = \pi$，因而式（3.58）变为

$$I_{\text{total-RIN}}(\omega_p) = -10^{-\frac{\alpha}{10}} \cdot I_{\text{RIN}}(\omega_p) \cdot (1 + \cos\phi_b) + 10^{\frac{\alpha_{\text{BS}}}{10}} \cdot I_{\text{RIN}}(\omega_p) \qquad (3.59)$$

通过光衰减器和第二个保偏光纤耦合器调节参考强度噪声信号的衰减 α_{BS}，使满足 $10^{-\alpha_{\text{BS}}/10} = 10^{-\alpha/10} \cdot (1 + \cos\phi_b)$，则有

$$I_{\text{total-RIN}}(\omega_p) = 0 \qquad (3.60)$$

因此，在本征频率上解调，可以消除强度噪声项。如果精确地控制增益系数，全光方案应是一个强度噪声完全抵消的方案。但本征解调全光（偏振）相加抑制强度噪声方案固有地增加了散粒噪声，因为探测器上总的直流光强增加了 1 倍，散粒噪声的均方根偏差增加了 $\sqrt{2}$ 倍。

由式（3.58）可知，图 3.7 所示的相对强度噪声全光抑制方案中，噪声在频域的分布是这样的：在本征调制频率 ω_p 的所有奇次谐波上噪声取最小值，在本征调制频率 ω_p 的所有偶次谐波上噪声取最大值，总的噪声功率仍保持不变。图 3.8 所示为频谱分析仪上相对强度噪声的分析结果。

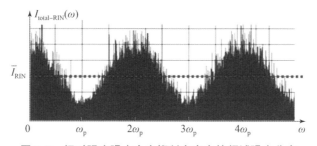

图 3.8 相对强度噪声全光抑制方案中的频域噪声分布

值得注意的是，本征解调全光抑制相对强度噪声需要的是两束光的光功率相加而不应有光振幅相加。尽管宽带光源为弱相干光源，相干长度通常小于 1mm，而参考光和信号光之间存在几百米甚至上千米的光程差，仍存在极弱的光学干涉，这些干涉实际上不会改变平均信号功率，但合光的光谱会产生轻微的沟槽，严重地改变光谱，即使有限分辨率的光谱分析仪不能探测到这种沟槽，但它仍存在，致使相对强度噪声发生改变。其最突出的特征是图 3.7 所示的频域周期性强度噪声分布中，本征调制频率 ω_p 的奇次谐波上的噪声最小值变大，影响了相对强度噪声的抑制效果。为了实现真正的光功率相加，必须进一步破坏参考光和信号光之间的干涉能力。如图 3.9 所示，根据信号工作在保偏光纤快轴上这一事实，一种简单的做法是，通过 90° 熔接点，在保偏光纤的慢轴上注入噪声参考光，使合光时参考光和信号光的偏振方向正交。90° 熔接点通常在隔离器和 95：5 保偏耦合器之间。

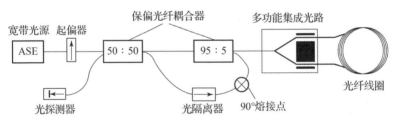

图 3.9　本征解调全光(偏振)正交相加抑制强度噪声方案的光路结构

3.1.3　采用增益饱和半导体光放大器抑制相对强度噪声

3.1.3.1　SOA 抑制相对强度噪声的原理

SOA 通过受激发射对输入光进行放大。当增加输入光功率时,由于输入光受激发射的消耗,半导体光学放大器中的载流子密度下降,导致光学放大器的增益下降。这种增益下降也就是半导体光学放大器的增益饱和,它引起半导体光学放大器放大特性的非线性。图 3.10 所示为采用 SOA 抑制强度噪声的原理。在增益饱和区域放大输入光时,强度噪声被压缩。

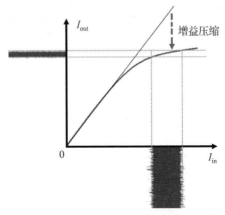

图 3.10　采用 SOA 抑制光源相对强度噪声的原理

根据载流子速率方程和波传播方程,对于连续波输入光,SOA 中的光功率 I 满足

$$\frac{\mathrm{d}I}{\mathrm{d}z} = \left(\frac{g_0 \Gamma}{1 + I/I_{\mathrm{sat}}} - \gamma_{\mathrm{sc}} \right) I \tag{3.61}$$

式中:z 表示在 SOA 中的位置;Γ 为光学限制因子;γ_{sc} 为(散射)损耗系数;I_{sat} 为饱和功率;g_0 为单位长度的小信号增益(单位:cm^{-1}),其理论值可以表示为

$$g_0 = a\left(\frac{J\tau_{ca}}{qd} - N_t\right) \tag{3.62}$$

式中：a 为微分增益系数；τ_{ca} 为载流子寿命；J 为电流密度；q 为电子电荷；d 为有源层厚度；N_t 为透明载流子密度。

光学限制因子 Γ 是光场的横向分量在 SOA 有源区内分布的一个参数，是有源区内传导的光功率占总光功率的比例。半导体光学放大器中的横向光场，会延伸到有源区周围的区域内，但只有分布在有源区内的光子才能与载流子相互作用而被放大。因此，光通过 SOA 的增益应是材料增益与光学限制因子的乘积。引入导波模式的有效截面积 A_m，光学限制因子 Γ 为

$$\Gamma = \frac{V_{ac}}{A_m L_s} = \frac{A_{ac}}{A_m} \tag{3.63}$$

式中：L_s 为半导体的有源区长度；V_{ac} 为有源区体积；A_{ac} 为有源区的截面积，$A_{ac} = w \times d$，w、d 分别为有源区的宽度和厚度。

理论上，饱和光功率 I_{sat} 可以表示为

$$I_{sat} = \frac{\hbar\omega_0 A}{a\tau_{ca}\Gamma} = \frac{\hbar\omega_0 A_m}{a\tau_{ca}} \tag{3.64}$$

式中：$\hbar = h/2\pi$，h 是普朗克常数。

如图 3.11 所示，实际中的饱和输出光功率 I'_{sat} 定义为放大器增益降至小信号增益一半时的输出功率。忽略 γ_{sc}，由式（3.61）得

$$\frac{dI}{dz} = gI = \left(\frac{g_0\Gamma}{1 + I/I_{sat}}\right)I \tag{3.65}$$

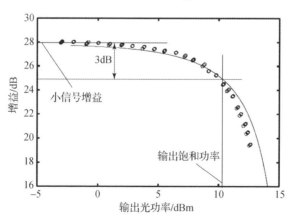

图 3.11　半导体光学放大器的小信号增益和饱和输出功率

利用初始条件：$I(0) = I_{in}$，$I(L) = I_{out} = GI_{in}$，则放大器增益 G 满足

$$G = G_0 \cdot e^{-\left(\frac{G-1}{G} \cdot \frac{I_{out}}{I_{sat}}\right)} \tag{3.66}$$

其中，

$$G_0 = e^{g_0 \Gamma L_s} \tag{3.67}$$

为小信号的峰值增益。$G = G_0/2$ 时，有

$$I'_{sat} = \frac{G_0 \cdot \ln2}{G_0 - 2} I_{sat} \approx 0.69 I_{sat} \tag{3.68}$$

即实际中的 3dB 饱和输出光功率 I'_{sat} 比式(3.64)定义的理论饱和光功率 I_{sat} 低大约 30%。

设 SOA 的输入光功率为 I_{in}，对式(3.64)在放大器长度 L_s 上积分，可以得出输出光功率为 I_{out}，并由此得到该输入下放大器的实际增益 $G = I_{out}/I_{in}$。SOA 的输入/输出光功率的关系曲线如图 3.12 所示，仿真计算所用的参数如表 3.1 所示，由此计算单位小信号增益 $g_0 \Gamma = 1.125 \times 10^4/\mathrm{cm}$，饱和光功率 $I_{sat} \approx 8.5\mathrm{mW}$。

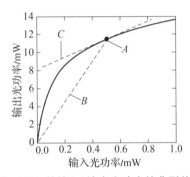

图 3.12 SOA 的输入/输出光功率的典型关系曲线

表 3.1 SOA 的典型参数

参数	符号	数值	单位
单位长度小信号增益	g_0	30	dB/cm
饱和光功率	I_{sat}	8.5	mW
载流子寿命	τ_{ca}	200	ps
有源区长度	L_s	5×10^{-4}	m
微分增益系数	a	5×10^{-20}	m^2
透明载流子浓度	N_t	10^{24}	m^{-3}
光学限制因子	Γ	0.15	
(散射)损耗系数	γ_{sc}	25	cm^{-1}
有源区宽度	w	1	μm
有源区厚度	d	0.1	μm

利用这些数据,可以解释抑制强度噪声的原理。由图 3.12 可以看出,将 0.5mW 的输入光功率注入 SOA 中,其输出光功率与输入/输出曲线上的 A 点对应,约为 11.5mW。信号放大的实际增益用从原点连接到 A 点的直线 B 的斜率表示,约为 23 倍(13.6dB)。另外,噪声放大的增益由输入/输出曲线上的 A 点的切线 C 的斜率表示,约为 7.1 倍(8.5dB)。显然,噪声放大的增益小于信号放大的增益,导致输出光噪声减小约 5dB。之所以这样,是因为 A 点已经处于增益饱和状态,其增益远小于放大器的小信号增益。实际上,仅仅增益饱和对抑制强度噪声是比较有限的,下一节将详细描述增益饱和半导体光学放大器的噪声特性。

3.1.3.2　增益饱和 SOA 输出 RIN 谱的半经典描述

增益饱和非线性半导体光学放大器的噪声性质由传播信号引起的增益饱和与放大器自发辐射噪声以及它们在放大器传播时的分布式非线性相互作用决定。这种处理方法假定噪声对输入信号来说是一种微扰,并把主要的噪声贡献归因于放大自发辐射噪声。

半导体光学放大器内的光场传播的波方程和增益分布可以用下列耦合方程描述:

$$\frac{\partial E(z,t)}{\partial z} = \frac{1}{2} \big[g(z,t)(1 - i\alpha_b) - \gamma_{sc} \big] E(z,t) \tag{3.69}$$

$$\frac{\partial g(z,t)}{\partial z} = \frac{g_0 - g(z,t)}{\tau_{ca}} - \frac{g(z,t) \mid E(z,t) \mid^2}{\tau_{ca}} \tag{3.70}$$

式中:$E(z,t)$ 为归一化光场的包络;α_b 为线宽增强因子;γ_{sc} 为波导的散射损耗系数;τ_{ca} 为自发辐射载流子寿命;$g(z,t)$ 为 SOA 增益系数;g_0 为其小信号增益,可以表示为

$$g_0 = a(J\tau_{ca} - N_t) \tag{3.71}$$

式中:J 为泵浦速率,$J = i/qV_{ac}$,i 为注入电流,q 为电子电荷,V_{ac} 为有源区的体积;a 为微分增益系数;N_t 为 SOA 受激辐射速率等于受激吸收速率时的载流子浓度,也称透明载流子浓度。

半导体光学增益介质中光场的主要噪声是电子 – 空穴复合产生的光子自发辐射,这是一种量子现象,假定存在大量光子数,其噪声特性仍符合白高斯噪声统计。因此,在半经典框架内处理光子器件的噪声时,各类噪声贡献一般均用白高斯噪声过程来描述,通常称为“Langevin 力”,该噪声力可以施加到光场和增益分布的方程中。由这些方程和 Langevin 噪声函数之间的相互关系,可以确定输出光场的噪声谱。因此,存在噪声时半导体光学放大器的光场和增益分布方程可以表示为

$$\frac{\partial E(z,t)}{\partial z} = \frac{1}{2}\left[g(z,t)(1 - i\alpha_b) - \gamma_{sc} \right]E(z,t) + f(z,t) \tag{3.72}$$

$$\frac{\partial g(z,t)}{\partial t} = \frac{g_0 - g(z,t)}{\tau_{ca}} - \frac{g(z,t)\,|\,E(z,t)\,|^2}{\tau_{ca}} + F_g(z,t) \tag{3.73}$$

式中:Langevin 力 $f(z,t)$ 描述自发辐射过程的噪声贡献;$F_g(z,t)$ 描述载流子噪声的贡献。

对于增益饱和的非线性放大情形,输入信号很强,噪声对总的输出光场影响很小,可看成一种微扰。这意味着光场 $E(z,t)$ 可以写为

$$E(z,t) = [\rho_s(z) + \delta\rho(z,t)]\,e^{i[\varphi_s(z) + \delta\varphi(z,t)]}$$

$$= \rho_s(z)\,e^{i\varphi_s(z)}\left[1 + \frac{\delta\rho(z,t)}{\rho_s(z)}\right] \cdot \{\cos[\delta\varphi(z,t)] + i \cdot \sin[\delta\varphi(z,t)]\}$$

$$\approx \rho_s(z)\,e^{i\varphi_s(z)}\left[1 + \frac{\delta\rho(z,t)}{\rho_s(z)}\right] \cdot [1 + i\delta\varphi(z,t)] \approx \rho_s(z)\,e^{i\varphi_s(z)}\left[1 + \frac{\delta\rho(z,t)}{\rho_s(z)} + i\delta\varphi(z,t)\right]$$

$$\approx E_s(z)\left[1 + \frac{\delta\rho(z,t)}{\rho_s(z)} + i\delta\varphi(z,t)\right] \tag{3.74}$$

式中:$E_s(z)$ 为没有放大器噪声时光场 $E(z,t)$ 的值,$E_s(z) = \rho_s(z)\,e^{i\varphi_s(z)}$;$\rho_s(z)$、$\varphi_s(z)$ 分别为 $E_s(z)$ 的振幅和相位;$\delta\rho(z,t)$、$\delta\varphi(z,t)$ 为实际值相对 $\rho_s(z)$、$\varphi_s(z)$ 的偏差。

将式(3.74)代入式(3.72)得

$$\frac{\partial E(z,t)}{\partial z} = \frac{1}{2}\left[g(z,t)(1 - i\alpha_b) - \gamma_{sc}\right]\left[1 + \frac{\delta\rho(z,t)}{\rho_s(z)} + i\delta\varphi(z,t)\right]E_s(z) + f(z,t)$$

$$= E_s(z)\left\{ \frac{1}{2}\left[g(z,t) - \gamma_{sc}\right]\left[1 + \frac{\delta\rho(z,t)}{\rho_s(z)}\right] + \frac{1}{2}\alpha_b g(z,t)\delta\varphi(z,t) + \left[\frac{f(z,t)}{E_s(z)}\right]_R \right\}$$

$$+ i E_s(z)\left\{ -\frac{1}{2}\alpha_b g(z,t)\left[1 + \frac{\delta\rho(z,t)}{\rho_s(z)}\right] + \frac{1}{2}\left[g(z,t) - \gamma_{sc}\right]\delta\varphi(z,t) + \left[\frac{f(z,t)}{E_s(z)}\right]_I \right\}$$

$$\tag{3.75}$$

式中:$[f(z,t)/E_s(z)]_R$、$[f(z,t)/E_s(z)]_I$ 分别为 $f(z,t)/E_s(z)$ 的实部和虚部。

又由式(3.74)得

$$\frac{\partial E(z,t)}{\partial z} = E_s(z)\left\{ \frac{\partial}{\partial z}\left[\frac{\delta\rho(z,t)}{\rho_s(z)}\right] + i\frac{\partial[\delta\varphi(z,t)]}{\partial z} \right\} + \left[1 + \frac{\delta\rho(z,t)}{\rho_s(z)} + i\delta\varphi(z,t)\right]\frac{\partial E_s(z)}{\partial z}$$

$$\tag{3.76}$$

将式(3.75)和式(3.76)转换到频域,并忽略二阶小量和直流分量,则有

$$\frac{\partial}{\partial z}\left[\frac{\delta\rho(\omega,z)}{\rho_s(z)}\right] = F\left\{ \frac{1}{2}\left[g(z,t) - \gamma_{sc}\right]\left[1 + \frac{\delta\rho(z,t)}{\rho_s(z)}\right] + \frac{1}{2}\alpha_b g(z,t)\delta\varphi(z,t) + \left[\frac{f(z,t)}{E_s(z)}\right]_R \right\}$$

$$= \frac{1}{2}G(\omega) + \frac{1}{2}\left[\frac{f(\omega,z)}{E_s(z)} - \frac{f^*(-\omega,z)}{E_s^*(z)}\right] \tag{3.77}$$

$$\frac{\partial[\delta\varphi(\omega,z)]}{\partial z} = F\left\{-\frac{1}{2}\alpha_{\mathrm{b}}g(z,t)\left[1+\frac{\delta\rho(z,t)}{\rho_{\mathrm{s}}(z)}\right]+\frac{1}{2}[g(z,t)-\gamma_{\mathrm{sc}}]\delta\varphi(z,t)+\left[\frac{f(z,t)}{E_{\mathrm{s}}(z)}\right]_I\right\}$$

$$= -\frac{1}{2}\alpha_{\mathrm{b}}G(\omega)+\frac{1}{2\mathrm{i}}\left[\frac{f(\omega,z)}{E_{\mathrm{s}}(z)}-\frac{f^*(-\omega,z)}{E_{\mathrm{s}}^*(z)}\right] \qquad (3.78)$$

式中：$F\{\cdots\}$ 为傅里叶变换。

将式(3.73)转换到频域并忽略直流分量，则有

$$\mathrm{i}\omega G(\omega) = -\frac{G(\omega)}{\tau_{\mathrm{ca}}}-\frac{\rho_{\mathrm{s}}^2(z)}{\tau_{\mathrm{ca}}}G(\omega)-\frac{2\rho_{\mathrm{s}}^2(z)g_{\mathrm{s}}(z)}{\tau_{\mathrm{ca}}}\cdot\frac{\delta\rho(\omega,z)}{\rho_{\mathrm{s}}(z)}+F_{\mathrm{g}}(\omega,z) \quad (3.79)$$

因而得

$$G(\omega) = -\frac{2\rho_{\mathrm{s}}^2(z)g_{\mathrm{s}}(z)}{1+\rho_{\mathrm{s}}^2(z)+\mathrm{i}\omega\tau_{\mathrm{ca}}}\cdot\frac{\delta\rho(\omega,z)}{\rho_{\mathrm{s}}(z)}+\frac{\tau_{\mathrm{ca}}F_{\mathrm{g}}(\omega,z)}{1+\rho_{\mathrm{s}}^2(z)+\mathrm{i}\omega\tau_{\mathrm{ca}}} \qquad (3.80)$$

式(3.79)在推导中利用了 $g(z,t)=g_{\mathrm{s}}(z)+\delta g(z,t)\approx g_{\mathrm{s}}(z)$ 以及

$$F\left\{\frac{g(z,t)\mid E(z,t)\mid^2}{\tau_{\mathrm{ca}}}\right\} = \int_{-\infty}^{\infty}\frac{g(z,t)[\rho_{\mathrm{s}}(z)+\delta\rho(z,t)]^2}{\tau_{\mathrm{ca}}}\mathrm{e}^{-\mathrm{i}\omega t}\mathrm{d}t$$

$$\approx \int_{-\infty}^{\infty}\frac{g(z,t)[\rho_{\mathrm{s}}^2(z)+2\rho_{\mathrm{s}}(z)\delta\rho(z,t)]}{\tau_{\mathrm{ca}}}\mathrm{e}^{-\mathrm{i}\omega t}\mathrm{d}t$$

$$= \frac{\rho_{\mathrm{s}}^2(z)}{\tau_{\mathrm{ca}}}G(\omega)+\frac{2\rho_{\mathrm{s}}(z)}{\tau_{\mathrm{ca}}}\int_{-\infty}^{\infty}g(z,t)\delta\rho(z,t)\mathrm{e}^{-\mathrm{i}\omega t}\mathrm{d}t$$

$$\approx \frac{\rho_{\mathrm{s}}^2(z)}{\tau_{\mathrm{ca}}}G(\omega)+\frac{2\rho_{\mathrm{s}}^2(z)g_{\mathrm{s}}(z)}{\tau_{\mathrm{ca}}}\int_{-\infty}^{\infty}\frac{\delta\rho(z,t)}{\rho_{\mathrm{s}}(z)}\mathrm{e}^{-\mathrm{i}\omega t}\mathrm{d}t$$

$$= \frac{\rho_{\mathrm{s}}^2(z)}{\tau_{\mathrm{ca}}}G(\omega)+\frac{2\rho_{\mathrm{s}}^2(z)g_{\mathrm{s}}(z)}{\tau_{\mathrm{ca}}}\cdot\frac{\delta\rho(\omega,z)}{\rho_{\mathrm{s}}(z)} \qquad (3.81)$$

将式(3.80)代入式(3.77)和式(3.78)，有

$$\frac{\partial}{\partial z}\left[\frac{\delta\rho(\omega,z)}{\rho_{\mathrm{s}}(z)}\right] = \frac{1}{2}\left[-\frac{2\rho_{\mathrm{s}}^2(z)g_{\mathrm{s}}(z)}{1+\rho_{\mathrm{s}}^2(z)+\mathrm{i}\omega\tau_{\mathrm{ca}}}\cdot\frac{\delta\rho(\omega,z)}{\rho_{\mathrm{s}}(z)}+\frac{\tau_{\mathrm{ca}}F_{\mathrm{g}}(\omega,z)}{1+\rho_{\mathrm{s}}^2(z)+\mathrm{i}\omega\tau_{\mathrm{ca}}}\right]$$

$$+\frac{1}{2}\left[\frac{f(\omega,z)}{E_{\mathrm{s}}(z)}+\frac{f^*(-\omega,z)}{E_{\mathrm{s}}^*(z)}\right]$$

$$= -\frac{\rho_{\mathrm{s}}^2(z)g_{\mathrm{s}}(z)}{1+\rho_{\mathrm{s}}^2(z)+\mathrm{i}\omega\tau_{\mathrm{ca}}}\cdot\frac{\delta\rho(\omega,z)}{\rho_{\mathrm{s}}(z)}+N_\rho(\omega,z) \qquad (3.82)$$

$$\frac{\partial[\delta\varphi(\omega,z)]}{\partial z} = -\frac{1}{2}\alpha_{\mathrm{b}}\left[-\frac{2\rho_{\mathrm{s}}^2(z)g_{\mathrm{s}}(z)}{1+\rho_{\mathrm{s}}^2(z)+\mathrm{i}\omega\tau_{\mathrm{ca}}}\cdot\frac{\delta\rho(\omega,z)}{\rho_{\mathrm{s}}(z)}+\frac{\tau_{\mathrm{ca}}F_{\mathrm{g}}(\omega,z)}{1+\rho_{\mathrm{s}}^2(z)+\mathrm{i}\omega\tau_{\mathrm{ca}}}\right]$$

$$+\frac{1}{2\mathrm{i}}\left[\frac{f(\omega,z)}{E_{\mathrm{s}}(z)}-\frac{f^*(-\omega,z)}{E_{\mathrm{s}}^*(z)}\right]$$

$$= \frac{\alpha_{\mathrm{b}}\rho_{\mathrm{s}}^2(z)g_{\mathrm{s}}(z)}{1+\rho_{\mathrm{s}}^2(z)+\mathrm{i}\omega\tau_{\mathrm{ca}}}\cdot\frac{\delta\rho(\omega,z)}{\rho_{\mathrm{s}}(z)}+N_\varphi(\omega,z) \qquad (3.83)$$

其中,

$$N_\rho(\omega,z) = \frac{1}{2} \cdot \frac{\tau_{ca} F_g(\omega,z)}{1+\rho_s^2(z)+\mathrm{i}\omega\tau_{ca}} + \frac{1}{2}\left[\frac{f(\omega,z)}{E_s(z)} + \frac{f^*(-\omega,z)}{E_s^*(z)}\right] \tag{3.84}$$

$$N_\varphi(\omega,z) = -\frac{\alpha_b}{2} \cdot \frac{\tau_{ca} F_g(\omega,z)}{1+\rho_s^2(z)+\mathrm{i}\omega\tau_{ca}} + \frac{1}{2\mathrm{i}}\left[\frac{f(\omega,z)}{E_s(z)} - \frac{f^*(-\omega,z)}{E_s^*(z)}\right] \tag{3.85}$$

式中:$f(\omega,z)$ 和 $F_g(\omega,z)$ 分别为 Langevin 力 $f(z,t)$ 和 $F_g(z,t)$ 的傅里叶变换。

微分方程式(3.82)的解析解可以表示为

$$\frac{\delta\rho(\omega,z)}{\rho_s(z)} = \mathrm{e}^{\int_z^L \frac{\rho_s^2(z')g_s(z')}{1+\rho_s^2(z')+\mathrm{i}\omega\tau_{ca}}\mathrm{d}z'}\left[\int_0^z N_\rho(\omega,z'')\mathrm{e}^{-\int_{z'}^L \frac{\rho_s^2(z')g_s(z')}{1+\rho_s^2(z')+\mathrm{i}\omega\tau_{ca}}\mathrm{d}z'}\mathrm{d}z'' + C_0\right] \tag{3.86}$$

令 $H(z) = \mathrm{e}^{-\int_z^L \frac{\rho_s^2(z')g_s(z')}{1+\rho_s^2(z')+\mathrm{i}\omega\tau_{ca}}\mathrm{d}z'}$,则有

$$\frac{\delta\rho(\omega,z)}{\rho_s(z)} = H^{-1}(z)\left[\int_0^z N_\rho(\omega,z'')H(z'')\mathrm{d}z'' + C_0\right] \tag{3.87}$$

因为

$$\frac{\delta\rho(\omega,0)}{\rho_s(0)} = H^{-1}(0)\left[\int_0^0 N_\rho(\omega,z'')H(z'')\mathrm{d}z'' + C_0\right] = H^{-1}(0)C_0 \tag{3.88}$$

有

$$C_0 = \frac{\delta\rho(\omega,0)}{\rho_s(0)}H(0) \tag{3.89}$$

所以

$$\frac{\delta\rho(\omega,z)}{\rho_s(z)} = H^{-1}(z)\left[\int_0^z N_\rho(\omega,z'')H(z'')\mathrm{d}z'' + \frac{\delta\rho(\omega,0)}{\rho_s(0)}H(0)\right] \tag{3.90}$$

将式(3.90)代入式(3.83),进行积分:

$$\delta\varphi(z) = -\alpha_b H^{-1}(z)\int_0^z N_\rho(\omega,z')H(z')\mathrm{d}z' - \alpha_b H^{-1}(z)\frac{\delta\rho(\omega,0)}{\rho_s(0)}H(0)$$

$$+ \alpha_b\int_0^z N_\rho(\omega,z')\mathrm{d}z' + \int_0^z N_\varphi(\omega,z')\mathrm{d}z' + \delta\varphi(0) + \alpha_b\frac{\delta\rho(\omega,0)}{\rho_s(0)} \tag{3.91}$$

由式(3.91),在位置 $z=L$,很容易得

$$\delta\varphi(L) = \delta\varphi(0) - \alpha_b[H(0)-1]\frac{\delta\rho(\omega,0)}{\rho_s(0)}$$

$$+ \int_0^L \{\alpha_b N_\rho(\omega,z)[1-H(z)] + N_\varphi(\omega,z)\}\mathrm{d}z \tag{3.92}$$

式中利用了 $H(L)=1$。

在计算半导体光学放大器的输出噪声谱之前,先推导式(3.90)中出现的几个参数 $\rho_s(z)$、$g_s(z)$ 和 $H(z)$。由式(3.73),$\partial g(z,t)/\partial t = 0$,$F_g = 0$ 时,有

$$\frac{g_0 - g(z,t)}{\tau_{ca}} - \frac{g(z,t)\,|E(z,t)|^2}{\tau_{ca}} = 0 \tag{3.93}$$

忽略高阶小量,将 $g(z,t) = g_s(z) + \delta g(z,t) \approx g_s(z)$, $|E| \approx |E_s| \approx \rho_s(z)$ 代入式(3.93),得到:

$$g_s(z) = \frac{g_0}{1 + \rho_s^2(z)} \tag{3.94}$$

由式(3.72), $f(z,t) = 0$ 时:

$$\frac{\partial E(z,t)}{\partial z} = \frac{1}{2} [g(z,t)(1 - i\alpha_b) - \gamma_{sc}] E(z,t) \tag{3.95}$$

又 $E(z,t) \approx E_s(z) \approx \rho_s(z) e^{i\varphi_s(z)}$,则有

$$\frac{\partial E(z,t)}{\partial z} = \frac{\partial \rho_s(z)}{\partial z} e^{i\varphi_s(z)} + i\rho_s(z) e^{i\varphi_s(z)} \frac{\partial \varphi_s(z)}{\partial z} = \frac{1}{2} [g(z,t)(1 - i\alpha_b) - \gamma_{sc}] \rho_s(z) e^{i\varphi_s(z)} \tag{3.96}$$

将式(3.96)化简,取实部,有

$$\frac{\partial \rho_s(z)}{\partial z} = \frac{1}{2} [g(z,t) - \gamma_{sc}] \rho_s(z) = \frac{1}{2} [g_s(z) - \gamma_{sc}] \rho_s(z) \tag{3.97}$$

其解为

$$\rho_s(z) = \rho_{s0} \cdot e^{\int_0^z \frac{g_s(z') - \gamma_{sc}}{2} dz'} \tag{3.98}$$

又 $\rho_s(0) = \rho_{s0}$,则

$$\rho_s(z) = \rho_s(0) \cdot e^{\int_0^z \frac{g_s(z') - \gamma_{sc}}{2} dz'} \tag{3.99}$$

令 $\xi(z) = 1 + \rho_s^2(z)$,则 $g_s(z) = g_0 / \xi(z)$,代入式(3.99),等号两边取自然对数,可以写为

$$\ln\left[\frac{\sqrt{\xi(z) - 1}}{\rho_s(0)}\right] = \int_0^z \frac{g_0 / \xi(z') - \gamma_{sc}}{2} dz' \tag{3.100}$$

式(3.100)等号两边对 z 求导,化简后得

$$dz = \frac{\xi}{g_0(1 - r\xi)(\xi - 1)} d\xi \tag{3.101}$$

式中: r 为散射损耗与增益系数之比, $r = \gamma_{sc} / g_0$ 。将式(3.101)代入 $H(z)$ 的指数中,利用:

$$\int \frac{dx}{(ax + b)(cx + d)} = \frac{1}{ad - bc} \ln\left|\frac{ax + b}{cx + d}\right| \tag{3.102}$$

有

$$\int_z^L \frac{\rho_s^2(z') g_s(z')}{1 + \rho_s^2(z') + i\omega\tau_{ca}} dz' = \int_{1 + \rho_s^2(z)}^{1 + \rho_s^2(L)} \frac{1}{(1 - r\xi)(\xi + i\omega\tau_{ca})} d\xi$$

$$= \ln \left\{ \frac{\dfrac{1 + \rho_s^2(L) + i\omega\tau_{ca}}{1 - r[1 + \rho_s^2(L)]}}{\dfrac{1 + \rho_s^2(z) + i\omega\tau_{ca}}{1 - r[1 + \rho_s^2(z)]}} \right\}^{(1 + i\omega\tau_{ca}r)^{-1}}$$

$$= \frac{1}{1 + i\omega\tau_{ca}r} \left\{ \ln \left[\frac{1 + \rho_s^2(L) + i\omega\tau_{ca}}{1 - r(1 + \rho_s^2(L))} \right] - \ln \left[\frac{1 + \rho_s^2(z) + i\omega\tau_{ca}}{1 - r(1 + \rho_s^2(z))} \right] \right\} \quad (3.103)$$

所以

$$H(z) = e^{-\int_z^L \frac{\rho_s^2(z') g_s(z')}{1 + \rho_s^2(z') + i\omega\tau_{ca}} dz'} = \left\{ \frac{\dfrac{1 + \rho_s^2(z) + i\omega\tau_{ca}}{1 - r[1 + \rho_s^2(z)]}}{\dfrac{1 + \rho_s^2(L) + i\omega\tau_{ca}}{1 - r[1 + \rho_s^2(L)]}} \right\}^{(1 + i\omega\tau_{ca}r)^{-1}} \quad (3.104)$$

定义:

$$\hat{H}(z) = \left\{ \frac{1 - r[1 + \rho_s^2(z)]}{1 + \rho_s^2(z) + i\omega\tau_{ca}} \right\}^{(1 + i\omega\tau_{ca}r)^{-1}} \quad (3.105)$$

显然

$$H(z) = \frac{\hat{H}(L)}{\hat{H}(z)} \quad (3.106)$$

对于饱和 SOA，$r \to 0$，则

$$H(\omega,z) = \frac{1 + \rho_s^2(z) + i\omega\tau_{ca}}{1 + \rho_s^2(L) + i\omega\tau_{ca}} \text{ 或 } H(f,z) = \frac{1 + \rho_s^2(z) + i2\pi f\tau_{ca}}{1 + \rho_s^2(L) + i2\pi f\tau_{ca}} \quad (3.107)$$

由式(3.107)得到的函数 $|H(f,z)|^2$ 被看成位置 z 对输出端噪声的贡献因子，它具有窄带性质，是非线性半导体光学放大器的基本特性。由 $|H(f,z)|^2$ 可以看出，$|H(f,0)|^2$ 取最大值，$|H(f,L)|^2 = 1$。这意味着，输出噪声的大部分归因于 ASE，产生于 SOA 的未饱和区域(靠近输入端)，并沿放大器传播时被放大，饱和区域对整个噪声的贡献通常很小。由 $|H(f,0)|^2$ 可以考察不同输入功率或不同增益压缩 G_c 下与位置有关的噪声贡献因子的大小:

$$|H(f,0)|^2 = \frac{[1 + \rho_s^2(0)]^2 + (2\pi f\tau_{ca})^2}{[1 + \rho_s^2(L)]^2 + (2\pi f\tau_{ca})^2} \quad (3.108)$$

下面讨论放大器增益压缩对与位置有关的噪声贡献因子的影响。SOA 的典型数据参见表 3.1，由此计算理论饱和光功率 $I_{sat} \approx 8.5\text{mW}$。图 3.13 是理论饱和光功率为 8.5mW 的半导体光学放大器增益与输入光功率的特征曲线，小信号增益 $G_0(\text{dB})$ 约为 22dB。采用这些放大器典型数据可以计算噪声抑制的大小。输入光的平均光功率 I_{in} 为 -10dBm、0dBm、5dBm 和 10dBm 时，由图 3.13 得到相对小信号增益的放大器增益压缩 G_c 分别为 4dB、10dB、14dB 和 18dB。

在这种情况下,式(3.108)变为

$$|H(f,0)|^2 = \frac{[1+\rho_s^2(0)]^2 + (2\pi f \tau_{ca})^2}{[1+\rho_s^2(0) \cdot 10^{(G_0-G_c)/10}]^2 + (2\pi f \tau_{ca})^2} \qquad (3.109)$$

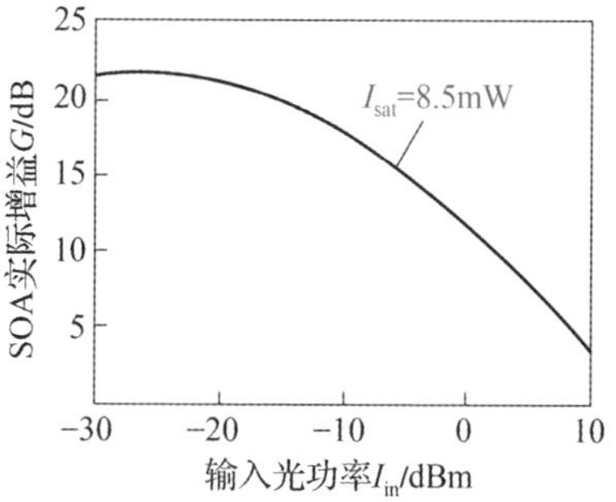

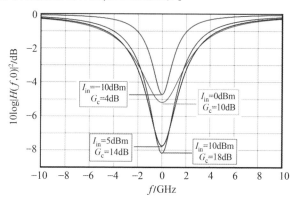

图 3.13 半导体光学放大器增益与输入光功率的特征曲线

图 3.14 表明,增加输入光功率水平(提高增益压缩 G_c),可以明显抑制相对强度噪声。但是,仅当 SOA 增益变化能够响应强度涨落时,这一描述才是正确的。因此,RIN 抑制仅在小于 5GHz(与 SOA 的有效载流子寿命有关)的低频段有效,但对光纤陀螺应用来说,这已经足够。

图 3.14 不同输入光功率下的噪声贡献因子 $|H(f,0)|^2$

设 $\rho = \rho_s + \delta\rho$,根据方差的定义:$\delta\rho^2 = \rho^2 - \rho_s^2 = 2\rho_s\delta\rho$,得到相对强度噪声为

$$\text{RIN} = \left(\frac{\delta\rho^2}{\rho_s^2}\right)^2 = \frac{4\rho_s^2(\delta\rho)^2}{\rho_s^4} = 4\left(\frac{\delta\rho}{\rho_s}\right)^2 \qquad (3.110)$$

式(3.110)无论在时域还是频域都应成立。

下面在频域计算 RIN 的谱。由式(3.110)得

$$\text{RIN}(\omega,z) = \frac{S_{\delta\rho^2}(\omega,z)}{\rho_s^4(z)} = 4\frac{S_{\delta\rho}(\omega,z)}{\rho_s^2(z)} = 4\left\langle\left[\frac{\delta\rho(\omega,z)}{\rho_s(z)}\right]^*\left[\frac{\delta\rho(\omega,z)}{\rho_s(z)}\right]\right\rangle \qquad (3.111)$$

式中:$\langle\cdots\rangle$ 表示复变量 $\delta\rho(\omega,z)/\rho_s(z)$ 的空间系综平均(位置相关性)。由

式（3.90），在位置 $z = L, H(L) = 1$，因而有

$$\frac{\delta\rho(\omega,L)}{\rho_s(L)} = \int_0^L N_\rho(\omega,z)H(z)\,dz + \frac{\delta\rho(\omega,0)}{\rho_s(0)}H(0) \tag{3.112}$$

因而有

$$\begin{aligned}
\text{RIN}(\omega,L) &= 4\left\langle \left[\int_0^L N_\rho(\omega,z)H(z)\,dz + \frac{\delta\rho(\omega,0)}{\rho_s(0)}H(0)\right]^* \right. \\
&\quad \cdot \left. \left[\int_0^L N_\rho(\omega,z)H(z)\,dz + \frac{\delta\rho(\omega,0)}{\rho_s(0)}H(0)\right] \right\rangle \\
&= 4\left\langle \left[\frac{\delta\rho(\omega,0)}{\rho_s(0)}H(0)\right]^* \left[\frac{\delta\rho(\omega,0)}{\rho_s(0)}H(0)\right] \right\rangle \\
&\quad + 4\left\langle \left[\int_0^L N_\rho(\omega,z')H(z')\,dz'\right]^* \left[\int_0^L N_\rho(\omega,z)H(z)\,dz\right] \right\rangle \\
&\quad + 4\left\langle \left[\frac{\delta\rho(\omega,0)}{\rho_s(0)}H(0)\right]^* \left[\int_0^L N_\rho(\omega,z)H(z)\,dz\right] \right\rangle \\
&\quad + 4\left\langle \left[\frac{\delta\rho(\omega,0)}{\rho_s(0)}H(0)\right]\left[\int_0^L N_\rho(\omega,z)H(z)\,dz\right]^* \right\rangle \tag{3.113}
\end{aligned}$$

式（3.113）中共有 4 项。假定放大器中不同位置的噪声分量不相关，则有

$$4\left\langle \left[\frac{\delta\rho(\omega,0)}{\rho_s(0)}H(0)\right]^* \left[\frac{\delta\rho(\omega,0)}{\rho_s(0)}H(0)\right] \right\rangle = 4\,|H(0)|^2 \left[\frac{\delta\rho(\omega,0)}{\rho_s(0)}\right]^2 = |H(0)|^2 \text{RIN}(\omega,0) \tag{3.114}$$

$$4\left\langle \left[\frac{\delta\rho(\omega,0)}{\rho_s(0)}H(0)\right]^* \left[\int_0^L N_\rho(\omega,z)H(z)\,dz\right] \right\rangle =$$
$$\left\langle \left[\frac{\delta\rho(\omega,0)}{\rho_s(0)}H(0)\right]\left[\int_0^L N_\rho(\omega,z)H(z)\,dz\right]^* \right\rangle = 0 \tag{3.115}$$

$$\begin{aligned}
&4\left\langle \left[\int_0^L N_\rho(\omega,z')H(z')\,dz'\right]^* \left[\int_0^L N_\rho(\omega,z)H(z)\,dz\right] \right\rangle \\
&= 4\left\langle \int_0^L \int_0^L \left[N_\rho(\omega,z')H(z')\right]^* \left[N_\rho(\omega,z)H(z)\right]\,dz'dz \right\rangle \\
&= 4\int_0^L \int_0^L \left\langle \left[N_\rho(\omega,z')H(z')\right]^* \left[N_\rho(\omega,z)H(z)\right] \right\rangle\,dz'dz \\
&= 4\int_0^L \int_0^L S_{N_{\rho(z)}N_{\rho(z')}}(\omega)H^*(z')H(z)\delta(z-z')\,dz'dz \\
&= 4\int_0^L \left[\int_0^L S_{N_{\rho(z)}N_{\rho(z')}}(\omega)\delta(z-z')\,dz'\right]|H(z)|^2\,dz = 4\int_0^L \tilde{S}_{N_\rho}(\omega,z)\,|H(z)|^2\,dz \tag{3.116}
\end{aligned}$$

其中，

$$\tilde{S}_{N_\rho}(\omega,z) = \int_0^L S_{N_{\rho(z)}N_{\rho(z')}}(\omega)\delta(z-z')\,dz' \tag{3.117}$$

式(3.117)利用了放大器不同位置的噪声分量不相关这一事实。因此

$$\mathrm{RIN}(\omega,L) = |H(0)|^2 \mathrm{RIN}(\omega,0) + 4\int_0^L \widetilde{S}_{N\rho}(\omega,z)|H(z)|^2 \mathrm{d}z \quad (3.118)$$

式(3.118)中的第一项是输入信号的 RIN 噪声沿半导体光学放大器的演变,第二项与 Langevin 力 $f(z,t)$ 和 $F_g(z,t)$ 有关,包括自发辐射噪声、载流子噪声和自发辐射与载流子噪声的互相关对输出 RIN 噪声的贡献。其中,自发辐射噪声对输出 RIN 谱的贡献最显著,可表示为

$$\mathrm{RIN}_{\mathrm{sp}}(\omega) = \frac{\hbar\omega_0}{I_{\mathrm{sat}}}\int_0^L |H(z)|^2 \frac{2g_s(z)n_{\mathrm{sp}}(z)}{\rho_s^2(z)}\mathrm{d}z \quad (3.119)$$

其中:

$$n_{\mathrm{sp}}(z) = \frac{g_s(z)+aN_t}{g_s(z)} \quad (3.120)$$

其他参数(函数)$H(z)$、$\rho_s(z)$、$g_s(z)$ 的定义如前所述。

式(3.118)或式(3.119)是采用半经典方法导出的增益饱和半导体光学放大器的输出 RIN 谱。其中,对强度噪声抑制有直观效果的是式(3.119)积分项中的因子 $|H(z)|^2/I_{\mathrm{sat}}\rho_s^2(z)$。现在定性地考察在 SOA 的输入端,该因子对输出 RIN 谱的影响(如前所述,沿 SOA 传播时,这一效果将逐渐削弱)。由于 $\rho_s^2(0) = I_{\mathrm{in}}/I_{\mathrm{sat}}$,$\rho_s^2(L) = I_{\mathrm{out}}/I_{\mathrm{sat}}$,由式(3.109),得到相对压缩增益 $G_c = 0$ 的强度噪声抑制因子:

$$\frac{|H(0)|^2}{I_{\mathrm{in}}/(I_{\mathrm{in}|G_c=0})} = \frac{[1+(I_{\mathrm{in}}/I_{\mathrm{sat}})^2]^2+(2\pi f\tau_{\mathrm{ca}})^2}{[1+(I_{\mathrm{in}}/I_{\mathrm{sat}})^2\cdot 10^{(G_0-G_c)/10}]^2+(2\pi f\tau_{\mathrm{ca}})^2}\cdot\frac{I_{\mathrm{in}|G_c=0}}{I_{\mathrm{in}}} \quad (3.121)$$

图 3.15 给出了不同输入光功率水平的强度噪声抑制因子 $|H(0)|^2/I_{\mathrm{sat}}\rho_s^2(0)$。由图 3.15 可以看出,采用增益饱和 SOA 抑制相对强度噪声其实有两个因素在起作用:一个因素是增益饱和自身引起的噪声压缩,在图 3.15 中体现为随着输入光功率

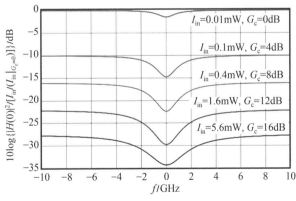

图 3.15　不同输入光功率下的强度噪声抑制因子 $|H(0)|^2/I_{\mathrm{sat}}\rho_s^2(0)$

增加,噪声曲线向下平移,表明噪声抑制增强,这与图 3.13 的分析是一致的;另一个因素是输入光信号与增益饱和 SOA 中的自发辐射噪声的非线性相互作用,引起低频 RIN 谱的下陷,这与图 3.14 的分析契合。这两个因素是采用增益饱和半导体光学放大器抑制相对强度噪声的主要机制,使强度噪声抑制效果最好可达 20dB 以上。

3.1.3.3 增益饱和 SOA 抑制宽带 ASE 光源 RIN 的测量结果

图 3.16 所示为增益饱和 SOA 抑制相对强度噪声的测量装置。为了排除光纤陀螺光路中其他因素的影响而单独分离出光源强度噪声,在测量相对强度噪声时,本书选择了将光源直接熔接探测器的方案。但考虑 PIN - FET 的入射光功率最大范围,需要对光源输出的光进行一次衰减。通过调节可变光衰减器(Variable Optical Attenuator,VOA),可以使到达 PIN - FET 的光功率在同一水平。

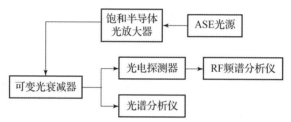

图 3.16   ASE 光源相对强度噪声的测量方案

图 3.17 给出了 CIP 公司某型 SOA 的输入/输出光功率曲线。由一个 20mW 的宽带 ASE 光源提供输入光功率,输入光功率的大小通过 VOA 调节。由图 3.17 可以看到,SOA 输入光功率为 0.015mW 时,SOA 输出光功率为 1.5mW,也即小信号增益为 20dB。当 SOA 输入光功率分别为 5mW、10mW 和 20mW 时,SOA 输出光功率的增益压缩分别达到 14.1dB、17.0dB 和 19.9dB。

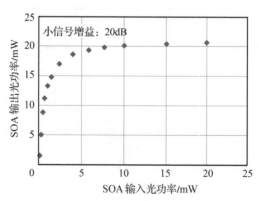

图 3.17   SOA 输入/输出光功率的典型测量曲线

图 3.16 的增益饱和 SOA 抑制相对强度噪声的测量装置采用图 3.17 的 SOA。ASE 光源提供 20mW 的输入光功率进入增益饱和半导体光放大器,SOA 输出通过可变光衰减器进入一个跨阻抗为 30kΩ 的探测器。用一个频谱分析仪测量探测器输出的本底噪声。由于采用的是高频频谱仪,在低频段的 $1/f$ 噪声较大,选择在 1MHz 频率以上测量噪声。通过与探测器直流电平比较,得到探测器不同直流电平下的相对强度噪声。

图 3.18 给出了增益饱和 SOA 抑制相对强度噪声的测量结果,并与没有采用 SOA 的情况进行了比较。由于 SOA 的输入光功率达到 20mW,其输出必然处于增益饱和状态,图 3.18 表明,探测器直流电平从 +0.3 ~ +2.7V,增益饱和 SOA 对光源相对强度噪声的抑制在 −7 ~ −13dB,与图 3.17 中输入功率 20mW 时,SOA 输出光功率的增益压缩达到 19.9dB 存在一定差异,可能与频谱分析仪的噪声等因素有关。

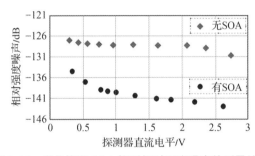

图 3.18   增益饱和 SOA 抑制相对强度噪声的测量结果

在实际中,对于高精度或超高精度光纤陀螺,通常是将增加陀螺 $L \times D$ 尺寸、深度过调制技术、大功率光源技术和强度噪声抑制技术等结合起来,单独一项技术提升的精度是有限的,本身也具有相当的局限性。例如,增加直径 D 是提高陀螺精度最直接的办法,但陀螺尺寸又常常受限于具体应用,小型化是大多数应用追求的目标。单纯追求过调制虽然提高了陀螺精度,但过调制很深,又将影响陀螺的动态特性、大冲击适应性和对环境的敏感性等。

如前所述,由于光纤存在衰减,增加光纤长度 L 也会受到限制。假定光纤衰减为 0.5dB/km,采用 6km 的线圈,不考虑陀螺其他部分,对应的光路损耗为 3dB;如果将该线圈的长度增加 1 倍,即 12km,光路损耗也相应增加 3dB,这样信号光强将下降至原来的 1/2,增加光纤长度 2 倍的优势被信号的衰减 $\sqrt{2}$ 倍抵消,光纤陀螺角随机游走的改善仅为 $\sqrt{2}$ 倍,成本代价太高,没有性价比优势。

大功率宽带光纤光源也是提高光纤陀螺精度的基本途径。法国 iXBlue 公司 2014 年报道的潜艇应用光纤陀螺到达探测器的光功率为 160μW,假定其光纤长度为 5 ~ 10km,光路总的损耗为 23 ~ 26dB,则估计其光源输出功率为 32 ~

64mW。而 Litton 公司早在 1998 年一篇战略制导应用光纤陀螺的文章中,就提到其光源功率为 46～60mW,并采取了强度噪声抑制等技术措施。对于超高精度光纤陀螺来说,大功率光源还需要具有较高的波长稳定性,以确保陀螺具有较高的标度因数稳定性。

总之,需根据偏置光功率的水平确定相对强度噪声在整个陀螺噪声水平中所占的比例,再考虑采用适当的强度噪声抑制技术。一般来说,提高光源功率、增加光纤长度、加大调制深度等技术措施达到使用极限情况下,抑制相对强度噪声是进一步提升光纤陀螺精度的终极措施。通过优化设计,采用强度噪声抑制技术可使陀螺精度提高 50% 以上。而采用 SOA 抑制相对强度噪声,重要的是提高 SOA 的饱和功率,以充分发挥大功率光源的优势。

3.2 调制/解调电路中的电子交叉耦合和抗电磁干扰技术

3.2.1 闭环光纤陀螺中的主要电学误差

光纤陀螺中的偏置误差或漂移可能由许多因素造成,如图 3.19 所示,与光学有关的误差源包括:保偏光纤线圈中的分布式偏振交叉耦合或保偏光纤熔接点上的孤立偏振交叉耦合引起的偏振误差,光路中的背向瑞利散射或光纤熔接点上的背向反射引起的寄生迈克耳逊干涉效应,与光强有关的非线性 Kerr 效应,光纤线圈中温度变化引起的 Shupe 效应,外部磁场引起的 Faraday 效应,探测过程中的散粒噪声和宽带光源特有的相对强度噪声等。这些光学原因引起的陀螺误差或漂移机理清楚,已有大量研究报道和对应的技术措施。例如,采用保偏光纤、高消光比偏振器和弱相干光源抑制偏振交叉耦合和偏振相干误差;采用具有合适统计特性的宽带热光源消除 Kerr 漂移;采用磁屏蔽结构降低磁场 Faraday 漂移;采用四极、八极或十六极精密对称绕环技术绕制光纤线圈减小 Shupe 漂移;采用过调制技术和强度噪声抑制技术降低随机噪声等,本书其他章节也有所讨论。光纤陀螺中与电路有关的误差因素,如电子元件基准电压或调制器半波电压随环境变化引起的调制信号通道的增益变化,可以通过第二反馈回路也即增益控制(2π 复位控制)得到有效解决。本章后面几节讨论的技术方案仍与闭环光纤陀螺电路设计和优化有关,包括印制电路板的电子交叉耦合引起的死区效应、调制波形非理想导致的探测器输出中的尖峰脉冲不对称性,以及调制频率偏离本征频率的问题。这些误差机理的揭示和相应技术对策,构成了中高精度光纤陀螺工程实用化的关键技术。

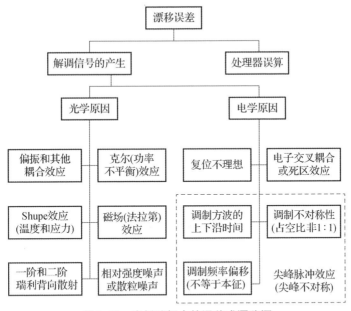

图 3.19　光纤陀螺中的误差或漂移源

3.2.2　电子交叉耦合引起光纤陀螺死区的机理

在闭环光纤陀螺中,由于偏置相位调制信号通常采用方波信号,幅值有几伏,而探测信号可能小至微伏以下,致使光纤陀螺存在一个与调制有关的问题,即幅值较大的调制信号有可能交叉耦合进微弱的探测器信号中(图 3.20),从而产生一个偏置误差。尤其是存在 2π 复位第二回路的情况下,这种交叉耦合

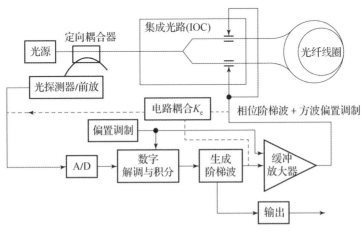

图 3.20　闭环光纤陀螺的基本组成

是造成闭环光纤陀螺死区和小角速率标度因数相对误差较大的主要因素。电子交叉耦合引起死区是方波调制闭环光纤陀螺的固有问题。

闭环光纤陀螺中的死区现象已被许多研究单位观察到,其表现为在较低的旋转速率下,陀螺的输出为零,也即探测不到角速率,同时在零输出左右,陀螺输出呈现为噪声增加。根据陀螺的精度不同(也与线路的设计有关),死区的范围为 $0.1 \sim 0.01$°/h 量级,甚至更大。死区问题是典型的传递函数非线性现象,它与闭环光纤陀螺的工作模式有关,在开环光纤陀螺中不存在死区现象。产生死区的原因是光纤陀螺调制/解调电路中相位调制信号与信号检测电路之间存在电子交叉耦合(图 3.20 中的虚线)。由于调制信号频率为 $f_p = 1/2\tau$,τ 为光通过光纤线圈的传输时间,光探测器信号也是在该频率上进行解调的,在高密度布线和集成的陀螺调制/解调电路中存在着频率为 f_p 的方波信号通过印制电路板耦合进检测信号通道中的可能。采用频率 f_p 的带阻滤波器进行滤波是不可取的,因为所需的角速率信号信息就存在这个频率上。由于偏置相位调制信号的幅值有几伏,而探测信号可小至微伏以下,很难采取有效的电磁隔离措施避免这种耦合效应。不同的方波调制振幅,因电子耦合产生大小不同的零偏,它们之间的比例因子称为电子耦合系数,用 K_e 表示。

如图 2.90 所示,在闭环光纤陀螺中,反馈相位 ϕ_f 通过相位阶梯波生成,阶梯波 $\phi_{step}(t)$ 由一系列幅值小、持续时间等于光纤线圈传输时间 τ 的相位台阶 ϕ_f 构成。由于阶梯波不能无限上升,必须进行 2π 复位,两束反向传播光波之间因阶梯波 $\phi_{step}(t)$ 调制而产生的相位差 $\Delta\phi_{step}(t)$ 在阶梯波上升期间和复位期间分别为

$$\Delta\phi_{step}(t) = \begin{cases} \phi_f, & \text{阶梯波上升期间} \\ \phi_f - 2\pi, & \text{阶梯波复位期间} \end{cases} \qquad (3.122)$$

通常,方波偏置调制和阶梯波反馈信号在逻辑电路内数字相加,以电压形式施加到 Y 分支多功能集成光路上。下面结合图 3.21 分析这种调制/解调方案的死区效应。

图 3.21(a)所示为不存在电子交叉耦合时阶梯波的示意图(含方波偏置调制),假定为两态方波偏置调制,调制方波的幅值为 $\phi_b = \pi/2$,阶梯波的阶梯高度为 $\phi_f = -\phi_s$;由于 2π 复位,复位期间阶梯高仍为 $\phi_f = -\phi_s$,方波偏置调制的相位幅值却变为 $\phi_b - 2\pi = -3\pi/2$。不存在电子耦合时,阶梯波上升期间和复位期间斜率相同,因而不产生任何相位误差。

图 3.21(b)所示为存在电子耦合时的数字阶梯波示意图(含方波偏置调制),此时受方波偏置调制信号的电子交叉耦合影响,阶梯波上升期间,阶梯高

度变为 $\phi_f = -\phi_s + \phi_A$,其中 ϕ_A 是电子交叉耦合的相位幅值,$\phi_A = K_e \cdot (\pi/2)$;阶梯波复位期间,阶梯高变为 $\phi_f = -\phi_s + \phi_B$,此时电子交叉耦合的相位幅值变为 $\phi_B = K_e \cdot (-3\pi/2) = -3\phi_A$,由于阶梯波上升期间与复位期间的阶梯高不同,斜率也将不相同,相对图 3.21(a) 的理想情况而言,复位周期将发生变化,因而会产生陀螺输出误差。尽管如此,如图 3.21(b) 所示,只要 $-\phi_s + \phi_A > 0$,$-\phi_s + \phi_B = -\phi_s - 3\phi_A > 0$,陀螺仍不会产生死区。

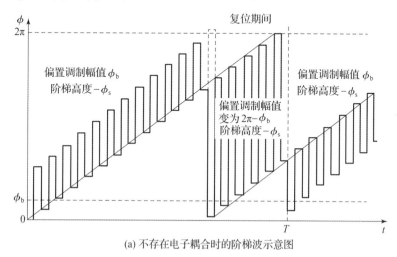

(a) 不存在电子耦合时的阶梯波示意图

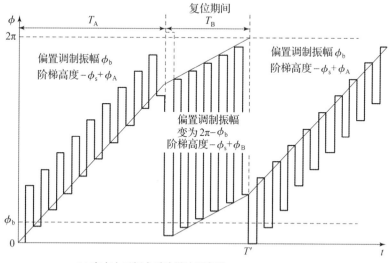

(b) 存在电子耦合时阶梯波示意图($-\phi_s + \phi_A > 0$, $-\phi_s + \phi_B > 0$)

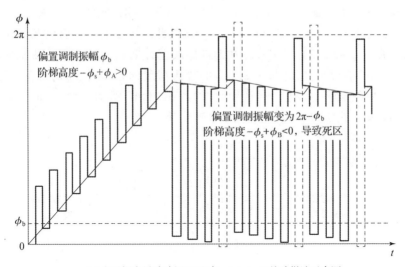

(c) 电子耦合导致陀螺死区时$(-\phi_s + \phi_B < 0)$的阶梯波示意图

图3.21　几种情形下的阶梯波示意图(含方波偏置调制)

　　光纤陀螺的死区效应发生在一个很小的旋转速率范围内,此时旋转速率很低(ϕ_s很小),对于阶梯波上升期间和复位期间的两种偏置调制幅值,由于ϕ_A、ϕ_B幅值不同且符号相反,导致$-\phi_s + \phi_A$和$-\phi_s + \phi_B$的符号不同。例如,如图3.21(c)所示,方波上升时,偏置调制的幅值为$\phi_b = \pi/2$,因为$-\phi_s + \phi_A > 0$,阶梯波的斜率为正;当在复位期间时,方波偏置调制的幅值变为$\phi'_b = -3\pi/2$,由于$-\phi_s + \phi_B < 0$,阶梯波下降,也即斜率变为负。当离开溢出区域时,方波偏置调制的幅值又变回$\phi_b = \pi/2$,阶梯波斜率为正,又开始上升,直至再次到达2π复位点,之后阶梯波期间斜率再次变为负,正、负斜率的占空比为$-(-\phi_s + \phi_B)/(-\phi_s + \phi_A)$,与输入的小角速率$\phi_s$和方波偏置调制的电子耦合系数$K_e$有关。在这种情况下,陀螺控制系统保持"漂浮"状态,而光纤陀螺输出为零,呈现死区现象。

　　输入角速率ϕ_s较小接近死区时,设陀螺实际输出为ϕ_{out},则可以表示为

$$\phi_{out} = \phi_s + \phi_e \tag{3.123}$$

式中:ϕ_e为阶梯波上升期间和复位期间电子交叉耦合引起的偏置误差,可以表示为

$$\phi_e = \begin{cases} \phi_A = K_e \cdot \phi_b \\ \phi_B = K_e \cdot (\phi_b - 2\pi) \end{cases} \tag{3.124}$$

如图3.21(b)所示,对于给定的小的 Sagnac 相移ϕ_s,当$-\phi_s + \phi_A > 0$,$-\phi_s + \phi_B > 0$时,阶梯波上升期间所用时间为

$$T_A = \frac{2\pi - \phi_b}{-\phi_s + \phi_A} \cdot \tau \tag{3.125}$$

阶梯波复位期间所用时间为

$$T_B = \frac{\phi_b}{-\phi_s + \phi_B} \cdot \tau \tag{3.126}$$

而一个复位周期 T 为

$$T = T_A + T_B \tag{3.127}$$

因而一个复位周期 T 上的陀螺平均输出为

$$\phi_{out} = \frac{(-\phi_s + \phi_A) \cdot T_A + (-\phi_s + \phi_B) \cdot T_B}{T_A + T_B} = \frac{2\pi(-\phi_s + \phi_A) \cdot (-\phi_s + \phi_B)}{-2\pi\phi_s + \phi_b\phi_A + (2\pi - \phi_b)\phi_B} \tag{3.128}$$

例如,当 $\phi_b = \pi/2$ 时,有 $\phi_B = -3\phi_A$,式(3.128)变为

$$\phi_{out} = \frac{(\phi_s - \phi_A) \cdot (\phi_s + 3\phi_A)}{\phi_s + 2\phi_A} \tag{3.129}$$

由 Sagnac 相移的公式,将式(3.129)转换为等效角速率为

$$\Omega_{out} = \frac{1}{K_s} \cdot \frac{(\phi_s - \phi_A) \cdot (\phi_s + 3\phi_A)}{\phi_s + 2\phi_A} = \frac{N(\phi_s)}{K_s} \cdot \phi_s \tag{3.130}$$

式中: $K_s = 2\pi LD/(\lambda_0 c)$。

由式(3.130)可以看出,由于电子交叉耦合,角速率输出 Ω_{out} 不再与 Sagnac 相移成正比。归一化等效回路增益 $N(\phi_s)/K_s$ 变得与输入角速率 ϕ_s 有关。

而随着 Sagnac 相移 ϕ_s 进一步变小,$-\phi_s + \phi_A > 0$,$-\phi_s + \phi_B < 0$ 时,如图 3.21(c)所示,阶梯波上升期间的占空比为 $\phi_b/(-\phi_s + \phi_A)$,复位期间的占空比为 $-\phi_b/(-\phi_s + \phi_B)$,陀螺实际输出变为

$$\phi_{out} = \frac{(-\phi_s + \phi_A)\dfrac{\phi_b}{-\phi_s + \phi_A} + (-\phi_s + \phi_B)\left(-\dfrac{\phi_b}{-\phi_s + \phi_B}\right)}{\dfrac{\phi_b}{-\phi_s + \phi_A} - \dfrac{\phi_b}{-\phi_s + \phi_B}} = 0 \tag{3.131}$$

也即 $\phi_B < \phi_s < \phi_A (\phi_A > 0, \phi_B < 0)$ 时,归一化回路等效增益 $N(\phi_s)/K_s$ 为零。图 3.22 所示为电子交叉耦合 ϕ_A 对应的角速率为 $1°/h$ 时,由式(3.130)和式(3.131)模拟的光纤陀螺输入/输出特性及其死区情况。

上述分析表明,光纤陀螺中的死区是由闭环处理电路中阶梯波上升期间和复位期间方波偏置调制实际幅值不同,调制通道的信号交叉耦合进检测信号通道中,引起符号不同的零位偏移 $-\phi_s + \phi_A$ 和 $-\phi_s + \phi_B$ 而引起。由图 3.21、图 3.22 可以看出,光纤陀螺的死区具有下列特征:①陀螺处于死区状态时,数字相位阶梯波发生振荡,但台阶高度的平均为零,因此死区发生在陀螺输出为

零时;②死区关于零输入角速率可能是不对称的,这种不对称与闭环处理电路中的偏置调制相位有关。图3.23所示为一例实际测量的光纤陀螺死区曲线,与图3.22的仿真分析特征完全一致。

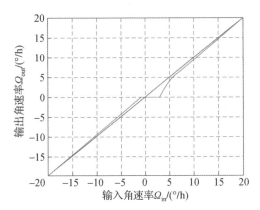

图3.22　电路耦合 ϕ_A 对应的角速率为 $1°/h$ 时引起的光纤陀螺死区

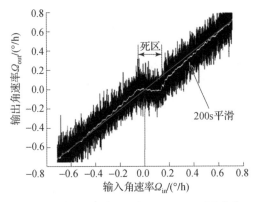

图3.23　一例实际的光纤陀螺死区测量曲线

死区导致光纤陀螺的阈值增加。根据国家军用标准,阈值定义为光纤陀螺输出相对实际输入超差达到50%所对应的角速率。因而正向阈值 ϕ_s^+ 应满足

$$\left.\frac{-\phi_s - (-\phi_s + \phi_B)}{-\phi_s}\right|_{-\phi_s = \phi_s^+} = 50\% \quad 或 \quad \phi_s^+ = -2\phi_B \qquad (3.132)$$

同理,反向阈值 ϕ_s^- 应满足

$$\left.\frac{-\phi_s - (-\phi_s + \phi_A)}{-\phi_s}\right|_{-\phi_s = \phi_s^-} = 50\% \quad 或 \quad \phi_s^- = -2\phi_A \qquad (3.133)$$

因而阈值范围为 $2(\phi_A - \phi_B)$。由于闭环光纤陀螺死区是不对称的,引起的阈值关于零输入角速率通常也是不对称的。

3.2.3　电子交叉耦合对小角速率标度因数非线性(相对误差)的影响

电子交叉耦合不仅引起闭环光纤陀螺中的死区和阈值,还会引起小角速率下标度因数的非线性。如图 3.21(b)所示,由于电子交叉耦合,阶梯波上升期间,阶梯高度为 $-\phi_s + \phi_A$,斜率较大($\phi_A > 0$);阶梯波复位期间,阶梯高度变为 $-\phi_s + \phi_B$,因为 $\phi_B < 0$,斜率较小。与图 3.21(a)的理想情况相比(阶梯高度为 $\phi_f = -\phi_s$),阶梯波上升期间和复位期间的斜率(阶梯高度)不同,是造成死区外标度因数非线性的原因。下面讨论电子交叉耦合引起的标度因数相对误差。

如图 3.21(b)所示,存在电子交叉耦合(但 $-\phi_s + \phi_A > 0$, $-\phi_s + \phi_B > 0$)时,一个复位周期为 $T' = T_A + T_B$;对于同样的旋转速率(相同的 ϕ_s),没有电子交叉耦合时,一个复位周期为

$$T = \frac{2\pi}{\phi_s} \cdot \tau \qquad (3.134)$$

因而可以得出存在电子交叉耦合时,标度因数的相对误差为

$$\frac{T - T'}{T} = 1 + \left\{ \left(1 - \frac{\phi_b}{2\pi}\right) \cdot \frac{\phi_s}{-\phi_s + \phi_A} + \frac{\phi_b}{2\pi} \cdot \frac{\phi_s}{-\phi_s + \phi_B} \right\} \qquad (3.135)$$

图 3.24 给出了 $\phi_b = 2\pi/3$ 时,电子交叉耦合引起的标度因数相对误差。可以看出,电子交叉耦合只引起小角速率下的标度因数相对误差(可以证明,这种误差与偏置工作点关系不大)。例如,未采取任何死区抑制措施,电子交叉耦合引起的死区范围为 $0.2 - (-0.4) = 0.6°/h$ 时,如图 3.24 所示,$0.1°/s$ 时的标

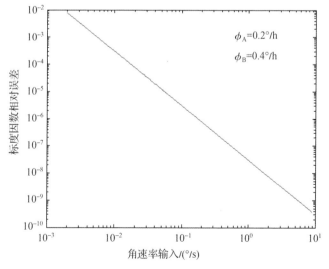

图 3.24　小角速率下的标度因数相对误差

(电子交叉耦合引起的死区范围为 $0.2 - (-0.4) = 0.6°/h$)

度因数相对误差为几 ppm,0.01°/s 时的标度因数相对误差为几百 ppm,值得欣慰的是,死区效应对远离死区的大角速率没有重要的影响,也不会影响陀螺的零偏和零偏稳定性能。国家军用标准中光纤陀螺标度因数的测试方法,很难考察死区引起的小角速率的标度因数相对误差,在对标度因数性能要求苛刻的应用领域,通常对标度因数误差指标进行分段要求。

电子耦合系数 K_e 的值可由测得的光纤陀螺死区(阈值)来估算。对于某型 G1500 光纤陀螺,$\phi_b = 2\pi/3$,未采取任何死区抑制措施时,测得死区范围 $\Omega_{dead} \approx 1°/h$,换算为等效的 Sagnac 相移,则为 $\phi_{dead} = (2\pi LD/\lambda_0 c) \cdot \Omega_{dead}$,取陀螺参数 $D = 100mm$,$L = 1500m$,$\lambda_0 = 1.3\mu m$,考虑闭环处理电路的一次积分环节,得到电路耦合系数 $K_e = \phi_{dead}/(2^8 \cdot \phi_b) \approx 2 \times 10^{-7}$,换句话说,方波偏置调制信号耦合到检测通道的寄生方波信号的幅值为 $1\mu V$ 以下,这与国外文献资料公布和报道的结果一致。

上述理论分析假定的是方波偏置调制信号同相直接耦合进检测通道中,在实际中电子交叉耦合的情况比较复杂,与所用的电子元件、印制电路板设计及工作频率等都有关系,除了同相直接耦合,可能还存在差分、延迟或移相耦合,或者是几种耦合的混合(图 3.25),因而死区的产生机理也更为复杂。

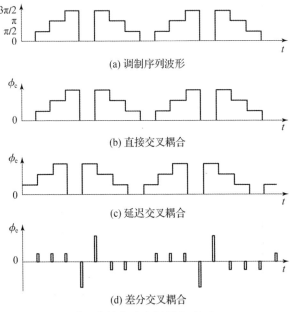

(a) 调制序列波形

(b) 直接交叉耦合

(c) 延迟交叉耦合

(d) 差分交叉耦合

图 3.25　几种可能的电路交叉耦合(注意:$\phi_e = K_e\phi_b$)

3.2.4　闭环光纤陀螺调制/解调电路的抗电磁干扰设计

针对闭环光纤陀螺存在的死区问题,现已经提出了许多死区抑制的技术措施。例如,施加一个数字三角波抖动信号 $\phi_{tri}(t)$,如图 3.26 所示,在三角波的正、负两个半周期上,因采样相减而得到的非互易相移分别为 ϕ_d 和 $-\phi_d$(但在三角波的整周期 T 上,非互易相移的平均值为零,因而不影响 Sagnac 相移的检测)。由于三角波抖动信号与反馈阶梯波和方波偏置调制信号数字叠加,在三角波的正半周期上,闭环反馈数字阶梯波在上升期间的阶梯高为 $-\phi_s + \phi_d + \phi_A$,复位期间的阶梯高为 $-\phi_s + \phi_d + \phi_B$,尽管 $-\phi_s + \phi_A$ 和 $-\phi_s + \phi_B$ 的符号不同,但无论阶梯波是上升期间还是复位期间,$-\phi_s + \phi_d + \phi_A$ 和 $-\phi_s + \phi_d + \phi_B$ 符号相同,避免了复位期间阶梯波下降引起的死区。

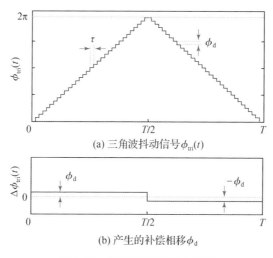

(a) 三角波抖动信号 $\phi_{tri}(t)$

(b) 产生的补偿相移 ϕ_d

图 3.26　抑制死区的技术示例

采用随机相位调制技术理论上也可以达到抑制死区的目的。随机相位调制技术是通过一个随机产生的相位调制波形序列,使图 3.25 中各种电子交叉耦合包括直接耦合、延迟耦合和差分耦合在正采样和负采样上的平均值均为零,从统计学上讲可以完全消除常见的各种电子交叉耦合。尽管如此,这些死区抑制措施大大提高了电路设计的复杂性,且存在一定的局限。例如,三角波抖动方法并未消除死区,只是将死区范围移至其他角速率位置;而随机相位调制技术可能会降低陀螺带宽,影响系统的动态性能。

另外,光纤陀螺能够测量小于 10^{-7}rad 的相位变化,是一个微弱信号检测过程,电子交叉耦合本质上涉及电磁兼容问题,因此,最好的解决方法是开展微弱信号检测技术研究,优化调制/解调电路的线路板的设计。在这方面做得非常出色的是法国 iXBlue 公司的各型光纤陀螺(系统)产品,调制/解调线路板采用 8 层印制电路板,很好地解决了电子交叉耦合问题,抑制了陀螺死区。下面结合实际工作,简单讨论一下高精度光纤陀螺调制/解调线路板设计中应注意的问题。

1. 印制电路板的层叠设计

高精度陀螺的调制/解调线路是对极微弱的信号进行检测,PCB 设计需要充分考虑信号完整性及电磁兼容等要求。印制电路板的布线层、接地平面和电源平面的层数确定均与电路功能、信号完整性、电磁干扰(Electromagnetic Interference,EMI)、电磁兼容(Electromagnetic Compatibility,EMC)、制造成本等要求有关。多层 PCB 设计是高精度光纤陀螺调制/解调线路优先考虑的设计方案。经典的层叠设计几乎全部都是偶数层的,这是由于印制电路板中所有导电层均固定在芯层上,而芯层材料一般是双面覆铜板,所以导电层数一般为偶数。解决 PCB 的电磁干扰问题的办法有很多,可以采用 EMI 抑制涂层,选用合适的 EMI 抑制元器件和 EMI 仿真设计等现代的 EMI 抑制方法,但更多的是利用 PCB 分层堆叠设计技巧抑制 EMI 辐射。

在集成电路的电源引脚附近合理安置适当容量的电容,可以滤除由 IC 输出电压跳变产生的谐波。但电容的频率响应有限,使得电容无法在全频带上完整地去除 IC 输出所产生的谐波。除此之外,电源汇流处形成的瞬态电压在去耦路径的电感两端会形成压降,这些瞬态的电压变化共同造成了共模 EMI 干扰源。对于电路板上的 IC 而言,IC 周围的 PCB 电源层(电源平面)可以看成一个优良的高频电容器,它可以吸收分离电容所泄漏的那部分射频(Radio Frequency,RF)能量。此外,优良的电源层的电感较小,因此电感所合成的瞬态信号也小,可进一步降低共模 EMI。对于高速数字 IC,数字信号的上升沿越来越快,电源层到 IC 电源引脚的连线必须尽可能短,最好是直接连接到 IC 电源引脚所在的焊盘上。

从信号走线来看,应把所有信号走线放在一层或若干层,这些层紧挨着电源层或者接地层。对于电源,分层策略应该是电源层与接地层相邻,且电源层与接地层的距离尽可能小。以 10 层印制电路板设计为例,由于多层板之间的绝缘隔离层非常薄,所以电路板层与层之间的阻抗会很小,更容易保证优异的信号完整性。典型的 10 层印制电路板设计层叠如表 3.2 所示。这一设计为信号回流提供了良好的通路。布线方面的策略是:第 1 层沿 X 方向走线,第 3 层沿 Y 方向走线,第 4 层沿 X 方向走线,以此类推。第 1 层与第 3 层是一对分层组合,第 4 层与第 7 层是一对分层组合,第 8 层与第 10 层是最后一对分层组合。

这样布线可以确保信号的前向通路和回路之间耦合最紧,从而保持了低电感、大电容的特性以及良好的电磁屏蔽性能。

表 3.2　10 层印制电路板的层叠如

层数	层叠布局
第 1 层(顶层)	信号层(元器件)
第 2 层	接地平面
第 3 层	信号层
第 4 层	信号层
第 5 层	电源平面
第 6 层	接地平面
第 7 层	信号层
第 8 层	信号层
第 9 层	接地平面
第 10 层(底层)	信号层

2. 接地设计

接地是电子、电气设备正常工作必须采取的重要技术,也是抑制电磁干扰、保障设备或系统电磁兼容性、提高设备可靠性的重要技术措施。这里的"地"一般是指电路或者系统的零电位参考点,直流电压的零电位点或者零电位面,也可以是设备的外壳、其他金属板或者金属线。接地一般是指将电路连接到一个作为参考电位点或者电位面的良好导体上,为电路与"地"之间建立一个低阻抗通道。任何电路的电流都需要经过地线形成回路。然而任何导体都存在一定的阻抗(其中包括电阻和电抗),当地线中有电流流过时,地线上就会有电压存在,地线就不是一个等电位体,在设计电路时,地线上各点的电位一定相等的假设不能成立。地线的公共阻抗会使各接地点间形成一定的电压,从而产生接地干扰。在高精度陀螺调制/解调线路设计初期就要充分考虑 PCB 的接地问题,合理的接地设计是最有效的电磁兼容设计技术。良好的布线和接地既能提高抗扰度,又能较少干扰发射。

导体的阻抗由电阻和感抗两部分组成,阻抗是频率的函数,随着频率升高,阻抗会快速增加。例如,一个直径为 0.065m、长 10cm 的导线,在 10Hz 时阻抗为 5.29mΩ,而在频率 100MHz 时阻抗会达到 71.4Ω。当频率较高时,导体的阻抗远大于直流电阻。因此,设计时要根据不同频率下的导体阻抗来选择导体截面大小,并尽可能地使地线加粗和缩短,以降低地线的公共阻抗。

光纤陀螺电路设计的接地问题主要涉及信号接地,包括模拟地、数字地、电源地等。模拟地是模拟电路零电位的公共基准地线。模拟电路既承担低频的放大,又承担高频的放大,不适当的接地会引起干扰,影响线路的正常工作。而模拟电路既容易接收干扰,又可能产生干扰,故而模拟地是所有接地中要求最高的一种,它是整个电路正常工作的基础。数字地是数字电路零电位的公共基准地线。数字电路工作在脉冲状态,特别是脉冲的前、后边沿较为陡峭或频率较高,会产生大量的电磁干扰。如果接地不合理,就会加剧干扰,所以合理地选择数字地的接地点和充分的地线铺设是十分重要的。电源地是电源零电位的公共基准地线。由于电源往往同时供电给系统中各个集成芯片,而各个芯片要求的供电性质和参数差别又很大,所以既要保证电源稳定可靠地工作,又要保证其他芯片也稳定可靠地工作。在光纤陀螺调制/解调线路中,由于需要对微弱信号进行相关检测,信号接地更多地是采用单点接地的方法。单点接地就是把整个电路系统中的某一点作为接地的基准点,所有电路及设备的地线都必须连接到这一接地点上,并以该点作为电路的零电位参考点或参考平面。其优点是各电路的地电位只与本电路的地电流及地阻抗有关,不受其他电路的影响,可以有效避免各个电路单元之间的地阻抗干扰。在设计中要特别注意把具有最低接地电平的电路放置在最靠近接地平面的地方,即把最怕干扰的电路尽可能地放置在接地平面周围。

3. 信号回流

在信号回流设计中,最小化环面积规则是最常见也是最有效的方法之一,即信号线与其回路构成的环面积要尽可能小,实际上就是为了尽量减小信号的回路面积。保持信号路径和它的地返回线紧靠在一起以避免潜在的天线。地环回路面积越小,对外的辐射越少,接收外界的干扰也越小。根据这一规则,在分割地平面时,要考虑地平面与重要信号走线的分布,防止由于地平面开槽等带来的问题。

3.3 尖峰脉冲抑制技术

3.3.1 探测器输出中尖峰脉冲的产生机理

众所周知,干涉型光纤陀螺需要利用相位调制器将一种人为的相位偏置施加在两束反向传播光波之间。如图 3.27 所示,假定为两态方波调制,当交替变化的偏置相位 $\pm\phi_b = \pm\pi/2$ 时,对应着干涉仪输出对旋转引起的 Sagnac 相移的最大响应灵敏度。由于光纤陀螺的检测精度由 Sagnac 干涉仪的信噪比而非最大响应灵敏度决定,更多情况下是调制深度 $\phi_b > \pi/2$,也称为过调制技术。

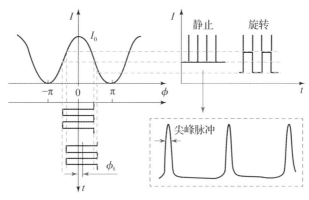

图 3.27　方波调制光纤陀螺的输出响应

对于图 3.27 所示的方波调制,两态偏置相位 $\pm\phi_b$ 之间的跃变实际上并非瞬态发生,而是存在回扫时间(也称为上、下沿渡越时间),回扫时间一般情况下大约在 100ns 量级。由于存在回扫时间,干涉仪输出光强的大部分范围被扫描,包括干涉光强的最大值以及临近的数值,导致探测器输出波形中对应上、下沿渡越时间的位置形成尖峰脉冲,见图 3.27 中的虚线框。这些尖峰脉冲是周期性的,间隔为调制方波的半周期 T。尖峰脉冲由各种因素引起,除方波存在上下沿时间外,调制频率不等于本征频率、方波占空比非 50∶50 等也对尖峰脉冲产生重要影响。具体来说,调制方波不理想性是内因(广义地讲还包括电子元件带宽、探测器滤波带宽等因素),调制频率相对本征频率的漂移是外因,两者共同导致方波占空比偏离 50∶50,从而引起尖峰脉冲的不对称性。

如前所述,对于本征调制/解调的闭环光纤陀螺,在调制方波的两个半周期上对探测器输出信号进行采样,两个半周期的采样值相减给出与旋转速率信息有关的开环数字量,数字信号处理电路产生数字反馈阶梯波,与方波偏置调制信号数字叠加,再经 D/A 转换器转换为模拟电压信号,施加到相位调制器上。数字阶梯波在光纤线圈的两束反向传播光波之间产生一个反馈相移,与旋转引起的 Sagnac 相移大小相等、符号相反,使陀螺仪工作在相位置零闭环状态。即使没有旋转速率,尖峰脉冲仍然存在,在尖峰的有限持续时间内,没有有用的旋转速率信息可以提取。对于理想的两态方波调制,尖峰脉冲具有对称性,以本征频率的二次谐波分量为主,是与本征解调信号正交的误差信号。如果解调信号与陀螺输出信号精确同相,可由相敏解调抑制掉,光纤陀螺对尖峰脉冲是不敏感的。

当然,由于尖峰误差信号的功率非常集中,解调信号与陀螺输出角速率信号之间任何小的相位延迟都会导致这些尖峰脉冲全部或部分解调,产生旋转速率偏置误差。尖峰误差信号与解调信号之间小相位误差的振幅和方向决定了旋转速率偏置误差的幅值与符号,可能是非常显著的。方波调制干涉式光纤陀螺输出中这种固有的尖峰脉冲的存在会导致许多问题。

(1)尖峰脉冲信号导致探测器前置放大或后级放大器出现瞬态饱和。由于探测器前置放大或后级放大器存在恢复时间,这使得探测器跨阻抗的阻值选取可能受尖峰幅度而非有用角速率信号幅度的限制,不仅不利于探测器的选型(如3.1节所述,光纤陀螺的角随机游走与探测器跨阻抗的选取与光信号的强度有关),而且当放大器从这种过载恢复时,会产生附加的信号畸变。

(2)尖峰脉冲具有不稳定性。尽管只在尖峰脉冲衰退后的尖峰之间采样有用信号,但脉冲衰退的差分速率会引入速率测量误差,并对陀螺精度或漂移产生一定影响。

(3)尖峰脉冲具有不对称性。尖峰脉冲的不对称性会产生调制频率的奇次谐波分量,使尖峰能量扩散,在方波解调时会伴随 Sagnac 相移一同解调,构成光纤陀螺输出误差。尤其是随着温度的变化,本征频率发生漂移,调制频率与本征频率的不对准增强,导致尖峰脉冲的不对称性也增大,产生与温度有关的零偏误差(定温极差)。

(4)尖峰脉冲的相对幅值限制了陀螺前端信号处理电路可允许的增益以及前端放大器反馈电阻的最大值。尤其是在调制深度较大的过调制情况下(大于 $3\pi/4$),这一效应尤为显著。在过调制(如 $\pm 3\pi/4$)情形下,尽管输出光信号有用部分的强度要小于 $\pm\pi/2$ 调制的情况,但尖峰引起的光学信号的最大值却和 $\pm\pi/2$ 调制时大小一样。因此,在过调制中强度尖峰的绝对大小要比 $\pm\pi/2$ 调制时大。因此,在采用过调制技术时陀螺的精度劣化要更大一些。总之,尖峰脉冲的存在不仅限制了输出信号的放大增益和角速率采样的占空比,从而影响光纤陀螺精度,而且更显著的问题是,尖峰脉冲的不对称性将引起与环境变化有关的陀螺偏置误差和漂移。

3.3.2 尖峰脉冲不对称性对光纤陀螺定温极差的影响

如2.2节所述,光纤线圈绕制和固化工艺的优化对抑制光纤陀螺 Shupe 偏置误差具有重要意义。实际上,除了环圈平均温度或平均热应力引起 Shupe 偏置误差外,电路因素也会引起光纤陀螺零偏随温度的变化,产生一种类 Shupe

偏置误差。图 3.28 所示为一例典型的光纤陀螺温度试验结果。在该温度实验中,陀螺放置在温箱中,温箱温度首先降至 −40℃并保持 1.5h,然后以 1℃/min 的速率上升至 −20℃,同时恒温 1.5h,继续以 1℃/min 的速率上升至 0℃,以此类推,以 20℃为一个台阶,直至 +60℃,随后以对称的方式降温,回到 −40℃。陀螺内部的温度曲线见图 3.28 的上部,陀螺输出见图 3.28 的下部。陀螺输出曲线中变温阶段的尖峰(注意,与后面提到的探测器输出中尖峰脉冲信号不是一个概念)即温度变化率引起的 Shupe 效应。陀螺输出曲线中不同温度点上温度保持阶段的零偏变化峰峰值,简称定温极差,表示不同温度下的零偏变化,图 3.28 中测得定温极差为 0.025°/h。理论上,这种温度引起的偏置误差源自于环圈骨架、固化胶体与光纤之间热膨胀系数不匹配在环圈中产生的热应力,以及光纤涂层、固化胶体热胀冷缩引起的热应力,是环圈温度或环境温度的近似线性函数,属于 Shupe 偏置误差的一种。但实践中发现,光纤陀螺探测器输出中的尖峰脉冲信号不对称性也会引起陀螺零偏误差,它与环圈平均温度引起的 Shupe 偏置误差难以区分。本节的分析有助于电路优化设计,加深对光纤陀螺温度漂移复杂性的理解。

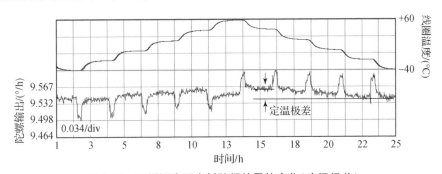

图 3.28　不同温度下光纤陀螺的零偏变化(定温极差)

理论上,从调制波形上分析,由于调制方波的上、下沿时间不等,当本征频率随温度变化时,会产生占空比的非理想(非 50∶50),这使调制波形存在的偶次余弦谐波,在陀螺干涉输出中可能引起奇次正弦谐波。在方波解调情况下(解调方波可以展成奇次正弦谐波),解调输出含有一个偏置误差。从探测器输出波形上看,由于尖峰脉冲的不对称性,当本征频率随温度变化时,输出波形的两个半周期的占空比发生变化,同样在陀螺输出中引起奇次正弦谐波,导致陀螺解调输出中产生偏置误差。这两种表述针对的是同一种现象,是等效的。为简便起见,这里由调制波形的非理想分析尖峰脉冲对光纤陀螺温度漂移的影响。

考虑两态方波调制,非理想的调制波形 $f(t)$ 如图 3.29 所示,可以表示为

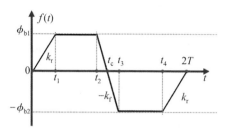

图 3.29 非理想的方波调制波形

$$f(t) = \begin{cases} k_r t, & 0 < t \leqslant t_1 \\ \phi_{b1}, & t_1 < t \leqslant t_2 \\ -k_f(t - t_c), & t_2 < t \leqslant t_3 \\ -\phi_{b2}, & t_3 < t \leqslant t_4 \\ k_r(t - 2T), & t_4 < t \leqslant 2T \end{cases} \quad (3.136)$$

式中:$2T$ 为方波调制的周期;k_r 为方波上升沿斜率;$-k_f$ 为下降沿斜率,$t_c \neq T$ 说明占空比不为 $50 : 50$,$\phi_{b1} \neq \phi_{b2}$ 说明正、负偏置相位幅值不同,$t_1 = \phi_{b1}/k_r$,$t_2 = (k_t t_c - \phi_{b1})/k_f$,$t_3 = (k_f t_c + \phi_{b2})/k_f$,$t_4 = (2k_r T - \phi_{b2})/k_r$。将图 3.29 中的波形 $f(t)$ 进行傅里叶变换,得

$$c_n = \frac{1}{2T} \int_0^{2T} f(t) e^{in\pi \frac{t}{T}} dt \quad (3.137)$$

经推导,得

$$c_n = i\left(\frac{1}{n\pi}\right)^2 \left\{ k_r T e^{\frac{in\pi(\phi_{b1}-\phi_{b2})}{2Tk_r}} \sin\left[\frac{n\pi(\phi_{b1}+\phi_{b2})}{2Tk_r}\right] + k_f T e^{\frac{in\pi t_c}{T}} e^{-\frac{in\pi(\phi_{b1}-\phi_{b2})}{2Tk_f}} \right.$$

$$\left. \cdot \sin\left[\frac{n\pi(\phi_{b1}+\phi_{b2})}{2Tk_f}\right] \right\} \quad (3.138)$$

令

$$\frac{t_c}{2T} = \frac{1}{2} + \eta_e, \varepsilon_1 = \frac{(\phi_{b1}+\phi_{b2})/k_r}{2T}, \varepsilon_2 = \frac{(\phi_{b1}+\phi_{b2})/k_f}{2T} \quad (3.139)$$

式中:η_e 为调制波形 $f(t)$ 相对 $50 : 50$ 的占空比误差;ε_1、ε_2 为上、下沿时间与方波周期之比。因而

$$c_n \approx i\left(\frac{1}{n\pi}\right)^2 \frac{\phi_{b1}+\phi_{b2}}{2} \cdot \left\{ \frac{1}{\varepsilon_1}\left(1 + in\pi\varepsilon_1 \frac{\phi_{b1}-\phi_{b2}}{\phi_{b1}+\phi_{b2}}\right)n\pi\varepsilon_1 + \frac{1}{\varepsilon_2}(-1)^n(1 + i2n\pi\eta_e) \right.$$

$$\left. \cdot \left(1 - in\pi\varepsilon_2 \frac{\phi_{b1}-\phi_{b2}}{\phi_{b1}+\phi_{b2}}\right)n\pi\varepsilon_2 \right\}$$

$$\approx i\left(\frac{1}{n\pi}\right)\frac{\phi_{b1}+\phi_{b2}}{2} \cdot \left\{ \left(1 + in\pi\varepsilon_1 \frac{\phi_{b1}-\phi_{b2}}{\phi_{b1}+\phi_{b2}}\right) + (-1)^n\left(1 + i2n\pi\eta_e - in\pi\varepsilon_2 \frac{\phi_{b1}-\phi_{b2}}{\phi_{b1}+\phi_{b2}}\right) \right\}$$

$$\approx \frac{\phi_{b1} + \phi_{b2}}{2} \cdot \left\{ \frac{i}{n\pi}\left[1 + (-1)^n \right] - 2(-1)^n \eta_e - \frac{\phi_{b1} - \phi_{b2}}{\phi_{b1} + \phi_{b2}}\left[\varepsilon_1 - (-1)^n \varepsilon_2 \right] \right\}$$

$$(3.140)$$

由式(3.140)可以看出,尖峰脉冲误差分量与角速率信号成 90° 相差(正交),如果解调信号与陀螺输出角速率信号同相,可由相敏检测抑制掉,但解调信号与陀螺输出信号的任何小的相位延迟都会导致这些尖峰被部分解调,产生旋转速率偏置误差。本书主要关心式(3.140)中对偏置误差有贡献的偶次余弦谐波,当 η_e、ε_1、$\varepsilon_2 \ll 1$ 时,考虑光纤折射率或本征频率的温度相关性($10^{-5}/℃$),相位误差为

$$\phi_{drift} = \frac{\phi_{b1} + \phi_{b2}}{2}\left\{ 2\eta_e \times 10^{-5} - \frac{\phi_{b1} - \phi_{b2}}{\phi_{b1} + \phi_{b2}}(\varepsilon_1 - \varepsilon_2) \right\} (rad/℃) \qquad (3.141)$$

相应的角速率或零位漂移为

$$\Omega_{drift} = \frac{\lambda_0 c}{2\pi LD} \times \frac{180}{\pi} \times 3600 \cdot \frac{\phi_{b1} + \phi_{b2}}{2}\left\{ 2\eta_e \times 10^{-5} - \frac{\phi_{b1} - \phi_{b2}}{\phi_{b1} + \phi_{b2}}(\varepsilon_1 - \varepsilon_2) \right\} ((°/h)/℃)$$

$$(3.142)$$

尖峰脉冲引起的偏置误差不仅与 η_e 成正比,还与($\varepsilon_1 - \varepsilon_2$)成正比,后者体现的正是尖峰脉冲不对称性。即使调制方波的上、下沿时间很短,占空比误差 η_e 也会引起陀螺偏置误差。占空比误差 η_e(η_e 可以为正,也可以为负)引起的偏置漂移与 ε_1、ε_2 引起的偏置漂移有相互抵消的可能性,在这种情况下,在 $-40 \sim +60℃$ 的全温范围内,陀螺偏置漂移最好的情况为零。式(3.142)中,取 $\phi_{b1} = \phi_{b2} = 3\pi/4$,$\eta_e = 10^{-4}$,温度跨度 $100℃$,$L = 1500m$,$D = 100mm$,得到 $\Omega_{drift} = 0.048°/h$。可见,占空比误差 η_e 即便很小(从波形上观察不明显),对温度漂移(定温极差)的影响不容忽略。这种计算可以解释目前陀螺存在的不同温度下的偏置漂移变化现象和偏置漂移变化量级,同时说明尖峰脉冲不对称性引起的不是陀螺噪声而主要是与温度有关的陀螺漂移。

3.3.3　抑制尖峰脉冲的技术措施

抑制或消除干涉型光纤陀螺输出中固有的尖峰脉冲,对于提高光纤陀螺的零偏(漂移)性能具有重要意义。减小方波偏置调制信号的上升和下降时间可以减少尖峰的持续时间,但不能完全消除尖峰;适当提高探测器前置放大或后级放大器信号带宽,可以减少尖峰脉冲的饱和畸变程度,进而减小尖峰脉冲不对称性,但可能会增加陀螺的随机噪声。因而提升信号处理电路带宽改善尖峰脉冲是有限的,必须采取更加合理和优化的尖峰脉冲抑制措施。

3.3.3.1　采用电开关抑制尖峰脉冲

减小或消除尖峰脉冲信号的最直接和最简单的方案主要集中在光电检测后电输出信号的后期处理上,包括在信号处理过程中使用电开关。如图 3.30 所示,时钟发生器提供一个输出,按与陀螺调制/解调同步的时序,在光强尖峰出现的时段关闭电开关,避免尖峰脉冲信号进入后续的角速率信号处理中,以改进陀螺的性能。这种电开关方案采用的电路比较简单,不影响闭环陀螺固有的信号处理功能。但是,由于光强信号在光探测器已被探测并转化为电信号,探测器前置放大或后级放大器的饱和问题依然存在,这种方案对提高陀螺后级放大增益的好处有限。而且,使用电路开关不能消除尖峰脉冲衰退的差分速率引起的角速率误差。

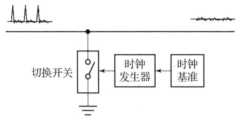

图 3.30　采用电开关抑制尖峰脉冲

3.3.3.2　采用光学强度调制器或振幅调制器

在耦合器和探测器之间插上一个电光波导光学强度调制器或振幅调制器作为光学开关,可以在光学信号中抑制或衰减光强尖峰(图 3.31)。该调制器由一个时间间隔等于光纤环传输时间的周期性电信号驱动。通过使光衰减周期与探测器输出中预计出现的尖峰脉冲同步,可以保留有用的光信号信息,同时避免陀螺电路受到光强尖峰的影响。合适的调制器包括电光波导马赫 – 泽德干涉仪或截止式振幅调制器。

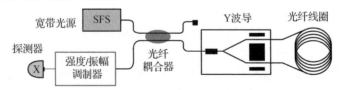

图 3.31　采用光学强度/振幅调制器抑制尖峰脉冲信号

通常情况下,无论调制器结构类型如何,都是基于电光性质,也即通过电驱动信号来控制光信号的变化,如 $LiNbO_3$ 电光材料,就可以实现这种器件的基本功能。截止式振幅调制器是通过施加周期性电压信号产生电场来控制波导的光学特性(如模场尺寸),使波导产生周期性损耗,这样,到达探测器的光信号在尖峰脉冲位置产生周期性衰减,达到抑制尖峰脉冲的目的。

强度调制器可以采用马赫 - 泽德干涉仪,干涉仪工作时,选择性地延迟一条波导相对另一条波导的相位。通过控制在波导中传播的光波之间的相位延迟大小,在调制器输出端得到相消的光学干涉。如果施加足够大小的电压,在强度调制器的两个干涉臂波导间产生 π 相位差,可以再实现全相消的干涉,完全遮蔽光信号。通过施加周期性电驱动信号,干涉输出中的周期性尖峰脉冲可以得到抑制。

由于在光学开关的光衰减周期上,几乎没有光入射到探测器上,所以陀螺信号处理电路的前端增益由有用光信号的强度决定,而不是由强度尖峰决定。当然,到达探测器的光强依赖于调制器的质量水平,如调制器的插入损耗也会削弱有用光信号。

3.3.3.3　采用特殊的四态方波调制

采用特殊的四态方波调制,可使探测器输出中调制波形不理想或尖峰脉冲不对称性引起的傅里叶分量不含奇次谐波分量或奇次谐波分量很小。如图 3.32(a)所示,可以选择由 ϕ_b、$2\pi - \phi_b$、$-\phi_b$ 和 $-2\pi + \phi_b$ 四态组成的调制波形。例如,$\phi_b = 3\pi/4$,调制波形的周期为 6τ,图中的" + "" - "号表示第一反馈回路也即角速率回路的解调序列。该调制波形在探测器上引起的尖峰脉冲信号如图 3.32(b)所示。

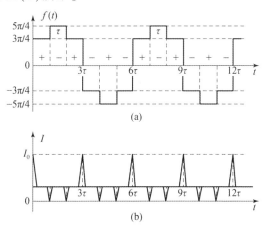

图 3.32　采用特殊的四态调制消除尖峰脉冲不对称性的影响

将图 3.32(b)的探测器输出波形在本征解调频率上展成傅里叶级数:

$$I(t) = \frac{a_0}{2} + \sum_{n=1}^{\infty} \left[a_n \cos\left(\frac{n\pi t}{\tau}\right) + b_n \sin\left(\frac{n\pi t}{\tau}\right) \right] \tag{3.143}$$

如果只考虑与解调函数对应的正弦奇次谐波：

$$b_n = \frac{1}{6\tau} \int_{-3\tau}^{3\tau} f(t) \sin\left(\frac{n\pi t}{\tau}\right) dt \qquad (3.144)$$

通过推导可以证明，即便存在方波的上、下沿回扫时间，这样一种偏置调制波形在探测器产生的尖峰脉冲信号，不含有本征频率的一次谐波分量或奇次谐波分量很小，因而消除或减小了尖峰脉冲信号的不对称性引起的与温度有关的光纤陀螺偏置误差。

3.4 本征频率跟踪补偿技术

3.4.1 本征频率漂移的机理

光纤陀螺的本征频率是导航级（中精度）、精密级（高精度）和基准级（甚高精度）光纤陀螺工作所需的重要参数，式（2.142）定义了光纤陀螺的本征频率 f_p，它与光纤线圈的光程 $n_F L$ 有关，其中 n_F 是光纤的折射率，L 是光纤线圈的长度。

光纤线圈的光程可能随温度等环境条件变化，进而导致本征频率的相对变化：

$$\frac{1}{f_p} \cdot \frac{df_p}{dT} = \frac{1}{L} \cdot \frac{dL}{dT} + \frac{1}{n_F} \cdot \frac{dn_F}{dT} = \alpha_{SiO_2} + \frac{1}{n_F} \cdot \frac{dn_F}{dT} \qquad (3.145)$$

式中：α_{SiO_2} 为石英的相对线膨胀系数，$\alpha_{SiO_2} = 5.5 \times 10^{-7}/℃$；$dn_F/dT$ 为石英折射率的温度依赖性，为常数，$dn_F/dT = 8.5 \times 10^{-6}/℃$。

取 $n_F = 1.46$，$\Delta T = 1℃$，得

$$\frac{\Delta n_F}{n_F} = 5.82 \times 10^{-6}, \quad \frac{\Delta L}{L} = 5.5 \times 10^{-7}$$

则本征频率 f_p 的相对变化 $\Delta f_p/f_p$ 约为 $6.37 \times 10^{-6}/℃$，主要由石英折射率的温度依赖性引起。

如果考虑光纤涂层、骨架等随温度变化对光纤波导产生的应力，本征频率 f_p 的相对变化通常大于上述的 $6.37\text{ppm}/℃$，这与光纤线圈的光纤选型、固化胶体以及骨架设计等有关。由 2.2 节，光纤线圈的外界应力变化引起光纤长度的相对变化为

$$\frac{\Delta L}{L} = \frac{\Delta \sigma}{E_{SiO_2}} \qquad (3.146)$$

式中：$\Delta \sigma$ 为光纤纤芯受到的外界应力（单位：MPa）；E_{SiO_2} 为纤芯的杨氏模量。而光纤线圈的外界应力变化引起的光纤折射率的相对变化为

$$\frac{\Delta n_{\mathrm{F}}}{n_{\mathrm{F}}} = -0.218 \frac{\Delta \sigma}{E_{\mathrm{SiO_2}}} \tag{3.147}$$

可以看出,外界应力引起的光纤长度相对变化和折射率相对变化都与杨氏模量成反比。在应力引起的光程变化 $\Delta(n_{\mathrm{F}} L)$ 中,n_{F} 的相对变化较小,L 的相对变化起主要作用,因而对本征频率影响大。

如2.3节所述,跟踪本征频率的一种直接方法是检测传感线圈的温度,通过温度补偿方法调节本征频率,这种方法虽然简单,但频率跟踪精度却有限,一般很难取得实际效果。在全数字闭环光纤陀螺的逻辑处理中,需要采用统一的时钟来严格控制各个逻辑功能模块的工作时序,以确保各个处理过程的完全同步。这对晶振的频率稳定性提出了较高要求。在具体选型时,应根据陀螺精度要求考虑晶振的频率稳定性和温度系数。一般情况下,普通晶振振荡频率 f_{osc} 的稳定性小于20ppm,温度系数小于0.5ppm/℃;温补晶振的全温频率稳定性小于1ppm。图3.33 给出了陀螺用晶振频率随温度变化的实测结果,某型普通晶振在 $-40 \sim +60℃$ 范围内的相对频率变化 $\Delta f_{\mathrm{osc}}/f_{\mathrm{osc}}$ 接近10ppm。在潜艇导航和空间定向等高精度光纤陀螺应用场合,可以采用光纤陀螺(或线圈)的温度控制来使本征频率近似为一个常值,这样使调制频率保持在温控晶振的分频得到的本征频率上。应该指出,光纤陀螺调制解调回路中的晶振在工作中的长时漂移(如10年或更多)通常大于高精度陀螺所需的漂移;另外,线圈老化以及固化胶体的应力松弛等效应也可能会使本征频率在若干年内发生显著漂移。因此,温控方法仅对于相对短的1~2年的持续工作时间,能够使陀螺很好地维持工作在本征频率上,对长航时或空间高精度应用来说,温度控制不能完全解决本征频率漂移问题。因此,需要研究本征频率跟踪技术,精确探测陀螺光纤线圈的本征频率,确保在宽温度范围和长工作周期内,光纤陀螺都能保持所需的零偏性能和标度因数性能。

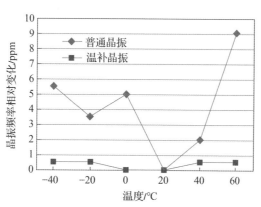

图3.33 晶振频率随温度变化的实测曲线

3.4.2 本征频率漂移对光纤陀螺性能的影响

通过使相位偏置调制工作在本征频率上,角速率输出误差和标度因数误差应减小或有效消除。本征频率漂移使调制频率偏离本征频率,导致测得的旋转速率信号产生误差,使光纤陀螺无法适合于高精度应用。一般对导航级光纤陀螺来说,偏置调制频率必须工作在本征频率的至少几个 ppm 以内,才能满足光纤陀螺的性能需求。更高精度的应用对光纤陀螺调制频率相对本征频率的偏差提出了更苛刻的要求。

3.4.2.1 本征频率漂移导致尖峰脉冲不对称性放大和陀螺死区增加

如果闭环光纤陀螺没有工作在本征频率上,陀螺对光学相位调制器的电学输入信号的敏感性将增加。由于光纤陀螺调制/解调功能通常利用同一块印制电路板上的专用集成电路(及其外围配套电路)实现,不可避免的同步干扰将会引起光纤陀螺的偏置误差,尤其是对光纤陀螺的死区效应产生影响。一般认为,光纤陀螺的调制频率与线圈的本征频率一致时,死区最小;调制频率偏离线圈的本征频率会导致死区相应增加。据国外文献报道,调制频率人为偏离本征频率0.2%,测得陀螺死区增加12.5倍。国内许多单位也已观察到类似现象。下面分析本征频率漂移对光纤陀螺死区性能的影响。

如前面所述(图3.27),在两态方波调制干涉式光纤陀螺中,方波偏置相位调制的振幅 ϕ_b 通常为 $\pm\pi/2$ 或其他值,调制频率(近似)为光纤线圈的本征频率。当陀螺静止时,输出信号是一条直线;当陀螺旋转时,偏置工作点发生移动,输出变成一个与调制方波同频的方波信号。闭环情况下,无论陀螺静止还是旋转,探测器信号通常都含有二倍调制频率(本征频率)的尖峰误差脉冲信号。产生尖峰脉冲不对称性的主要原因是电路的非理想,如方波的上升沿和下降沿存在回扫时间,方波的占空比不可能正好等于50∶50,方波偏置调制频率偏离光纤陀螺本征频率等。图3.34所示为方波的占空比不等于1/2时的调制方波 $\phi_F(t)$ 及其在光纤线圈中产生的相位差调制 $\Delta\phi_F(t)$,其中假定其他因素理想,如方波的上升沿和下降沿不存在回扫时间,调制频率等于光纤陀螺本征频率($f_m = f_p$)。此时方波 $\phi_F(t)$ 可以表示为

$$\phi_F(t) = \begin{cases} \phi_b, & 0 < t \leq T - 2\eta_e T \\ 0, & T - 2\eta_e T < t \leq 2T \end{cases} \tag{3.148}$$

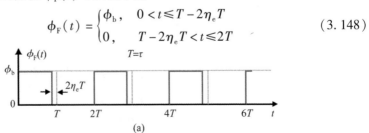

(a)

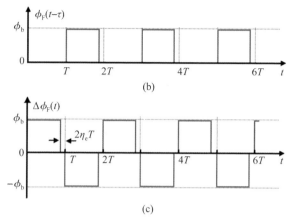

图 3.34　占空比不对称的偏置调制方波$(f_m = f_p)$

式中:T 为调制方波的半周期(因而调制频率$f_m = 1/2T$);ϕ_b 为方波的幅值也即偏置相位;η_e 为相对 1/2 占空比的误差。如果调制频率等于陀螺本征频率($f_m = f_p$ 或 $T = \tau$),当陀螺静止时,探测器的干涉输出信号由宽度均为 $2\eta_e\tau$ 的尖峰脉冲组成,如图 3.35(a)所示;但当调制频率不等于本征频率时,一个尖峰脉冲变窄,一个尖峰脉冲变宽,如图 3.35(b)和图 3.35(c)所示,尖峰脉冲呈现不对称性。尖峰脉冲的不对称性会产生调制频率的奇次谐波分量,在解调时伴随 Sagnac 相移一同解调,构成陀螺输出误差。尖峰脉冲不对称性与 3.2 节讨论的电子交叉耦合具有一个共同的特征:都与方波调制波形有关,解调出一个与旋转无关的等效旋转速率误差。这是尖峰脉冲不对称性引起陀螺死区的必要条件。仅当调制频率等于本征频率时,等效旋转速率误差为零。注意,如前

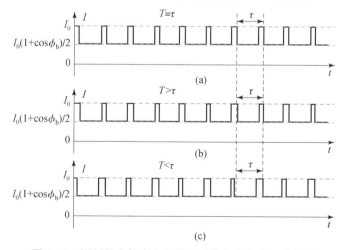

图 3.35　调制频率偏离本征频率时的尖峰脉冲不对称性

所述,产生尖峰脉冲不对称性的内因是方波的上升沿和下降沿存在回扫时间,导致方波的占空比误差,外因是调制频率偏离本征频率,对尖峰脉冲不对称性起放大作用。

图 3.35 所示尖峰脉冲不对称性引起的等效 Sagnac 相移 ϕ_{sp} 可以表示为

$$\phi_{sp} = 2\eta_e \phi_b \qquad (3.149)$$

在 3.2 节已经讨论过,闭环光纤陀螺的数字阶梯波上升期间和复位期间,电子交叉耦合引起的偏置误差分别为 $\phi_A = K_e \cdot \phi_b$ 和 $\phi_B = K_e \cdot (2\pi - \phi_b)$。另外,由图 3.36 可以看出,数字阶梯波上升期间,偏置调制工作点位于 ϕ_b 和 $-\phi_b$,输出信号中的尖峰脉冲向上,尖峰脉冲不对称性引起的等效 Sagnac 相移为 $\phi_{sp-A} = 2\eta_e \phi_b$;而在数字阶梯波复位期间,偏置调制工作点位于 $\phi_b - 2\pi$ 和 $-\phi_b$,输出信号中的尖峰脉冲向下,尖峰脉冲不对称性引起的等效 Sagnac 相移为 $\phi_{sp-B} = -2\eta_e \phi_b$。这样,数字阶梯波上升期间和复位期间由电子交叉耦合和尖峰脉冲不对称性引起的总的偏置误差可以修正为

$$\phi_e = \begin{cases} \phi_A = K_e \cdot \phi_b + 2\eta_e \cdot \phi_b \\ \phi_B = -K_e \cdot (2\pi - \phi_b) - 2\eta_e \cdot \phi_b \end{cases} \qquad (3.150)$$

也就是说,在数字阶梯波上升期间和复位期间,尖峰脉冲不对称性引起的偏置误差符号相反,这一点也与电子交叉耦合的特征相同,是尖峰脉冲不对称性引起陀螺死区的充分条件。而调制频率偏离本征频率,造成尖峰脉冲不对称性的放大,使陀螺输出误差增加。这解释了实验中观察到的调制频率偏离本征频率时死区增加的现象。

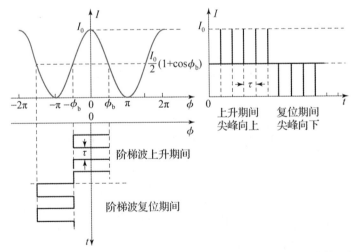

图 3.36　在数字阶梯波上升期间和复位期间尖峰脉冲不对称性的符号相反

3.4.2.2　本征频率漂移导致光纤陀螺标度因数误差增大

如前所述,环境温度变化引起的光纤线圈光程变化 $\Delta(n_F L)$ 主要归因于光纤折射率 n_F 的温度依赖性,而外界应力变化引起的光纤线圈光程变化 $\Delta(n_F L)$ 主要体现在光纤长度 L 的变化。另外,Sagnac 效应是与介质折射率无关的纯空间延迟,而由式(2.142)可知,光纤陀螺的本征频率 f_p 直接由光纤线圈的光程 $n_F L$ 定义,这意味着光纤折射率的变化尽管引起本征频率漂移,但对光纤陀螺的标度因数没有影响。实际闭环光纤陀螺中并非如此。

假定晶振的振荡频率 f_{osc} 不变,以光纤长度为 1500m 的某型等精度光纤陀螺为例,光纤折射率为 $n_F = 1.45$,室温下线圈的本征频率为 $f_p = 1/2\tau = 69kHz$,也即每个有效解调周期的持续时间为 $2\tau = 14.5\mu s$。当调制频率 f_m 等于线圈本征频率 f_p 时,如果陀螺每 2.5ms 向外传输一次数据,即数据传输频率为 $f_{syn} = 400Hz$,那么每一帧数据包含 172 个解调周期所解调出的转速信号的累加和 ($n = f_m/f_{syn} = f_p/f_{syn} = 2.5ms/14.5\mu s = 172$)。由于产生调制频率 f_m 和数据传输频率 f_{syn} 的时钟信号由外部时钟即晶振的振荡频率 f_{osc} 提供,晶振的振荡频率 f_{osc} 不变意味着调制频率 f_m 和数据传输频率 f_{syn} 都不会改变,而当光纤折射率变化引起本征频率漂移 $f_p \rightarrow f_p'$ 时,有效解调周期持续时间相应发生改变 $2\tau \rightarrow 2\tau'$,此时每一帧传输数据包含的解调周期个数也将改变,即 $n \rightarrow n'$,有效解调周期个数的相对变化 $\Delta n/n$ 直接反映了光纤陀螺标度因数 K_{SF} 的相对变化:

$$\frac{\Delta K_{SF}}{K_{SF}} = \frac{\Delta n}{n} = \frac{\Delta f_p}{f_p} \tag{3.151}$$

式(3.151)实质上反映了本征频率和调制频率(或数据传输频率)相对变化对光纤陀螺标度因数的影响。图 3.37 给出了通过人为改变方波调制频率 f_m,使之较显著偏离线圈本征频率 f_p,而实际测量的光纤陀螺标度因数变化,调制频率相

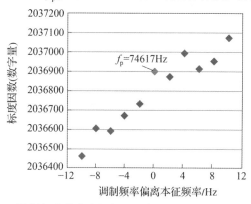

图 3.37　调制频率偏离本征频率引起标度因数变化的实验结果

对本征频率的最大变化约为 $20/74617 \approx 268\text{ppm}$，相应地，实验测得标度因数的变化约为 $(2037100 - 2036500)/2036900 = 294\text{ppm}$，两者的相对变化大致相同。

3.4.3　本征频率跟踪的技术措施

控制偏置调制频率等于本征频率的一个较好方法是采用本征频率探测器和一个伺服控制回路(2.3.2.5 节及图 2.10)，自动保持陀螺工作在本征频率上。本征频率探测器提供一个误差信号，当偏置调制在线圈本征频率上时，误差信号为零。伺服回路通过使本征频率探测器的误差信号置零来使偏置调制工作在线圈本征频率上。对于全数字闭环光纤陀螺，通常采用方波偏置相位调制技术，这种情况下，表征本征频率漂移的误差信号一般基于干涉输出信号中的尖峰脉冲。

以调制深度为 $\phi_b = 2\pi/3$ 的传统四态方波调制为例，如图 3.38(a) 所示，四态分别为 $\pm 2\pi/3$ 和 $\pm 4\pi/3$，且有 $\cos(\pm 2\pi/3) = \cos(\pm 4\pi/3)$。理想情况下，陀螺静止时，探测器输出是偏置光功率为 $I = I_0(1 + \cos\phi_b)/2$ 的一条直线。值得说明的是，由于方波上升沿和下降沿存在回扫时间，通常还产生向上和向下的尖峰脉冲，如图 3.38(b) 所示，不过，当方波调制频率等于光纤陀螺本征频率，即 $T = \tau$ 时(T 是调制方波的半周期)，这些尖峰脉冲比较窄。

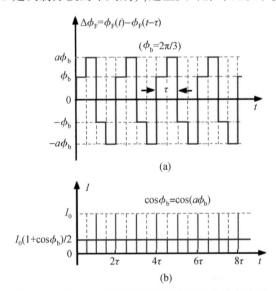

图 3.38　$T = \tau$ 时四态方波调制的探测器输出波形

而当方波调制频率不等于光纤陀螺本征频率，即 $T \neq \tau$ 时，有些尖峰脉冲被展宽，如图 3.39 所示。可以看出，$T < \tau$ 时尖峰脉冲的展宽位于在第三态调制相位台阶的上升沿，$T > \tau$ 时尖峰脉冲的展宽位于在第四态调制相位台阶的下降沿。因此,可以在适当选取旋转角速率采样占空比和采样区间的同时,对尖峰脉冲区域独立采样,根据尖峰脉冲宽度变化获得本征频率误差信号信息。

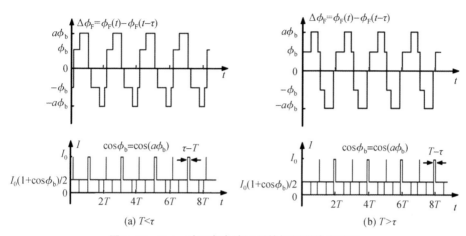

图 3.39 　$T \neq \tau$ 时四态方波调制的探测器输出波形

采用传统四态方波调制检测频率误差信号存在的问题是:①由于实际应用中的调制方波都有一定的上升沿与下降沿,即使调制频率等于本征频率时,输出信号中依然存在尖峰脉冲,也就是说,即便调制频率无限接近本征频率,尖峰脉冲也不可能无限减小或消除,这在一定程度上会影响本征频率的测量精度;②为了降低陀螺噪声,光探测器及其放大滤波电路的带宽有限,致使尖峰脉冲产生波形畸变,很难精确测量尖峰脉冲宽度的微小变化;③调制频率偏离本征频率时,位于第三态调制相位台阶前沿($T < \tau$)或位于第四态调制相位台阶后沿($T > \tau$)的尖峰脉冲展宽在检测时很难与固有的尖峰脉冲($T = \tau$)区别开来,而尖峰脉冲以及脉冲衰退的不稳定性会很难获得有效的频率误差信号信息,导致频率跟踪效果较差。因此,测量尖峰脉冲宽度的方法具有局限性,必须选择适当的本征频率跟踪技术方案。下面主要讨论两种技术措施:基于特定方波调制的本征频率跟踪技术和基于正弦波调制的本征频率跟踪技术。

3.4.3.1 　基于特定方波调制的本征频率跟踪技术

一种解调本征频率误差信号的方法是采用特定的方波相位调制,如图 3.40(a)所示的调制波形,调制频率为 $f_m = 1/6T$,每个 T 上的调制相位分别为 $\pi/2$、π、$3\pi/2$、π、$\pi/2$、0,在整个时间间隔为 $6T$ 的方波相位调制周期上,理想 $\phi_F(t)$ 可以表示为

$$\phi_{F}(t) = \begin{cases} \pi/2, & 0 < t \leqslant T \\ \pi, & T < t \leqslant 2T \\ 3\pi/2, & 2T < t \leqslant 3T \\ \pi, & 3T < t \leqslant 4T \\ \pi/2, & 4T < t \leqslant 5T \\ 0, & 5T < t \leqslant 6T \end{cases} \qquad (3.152)$$

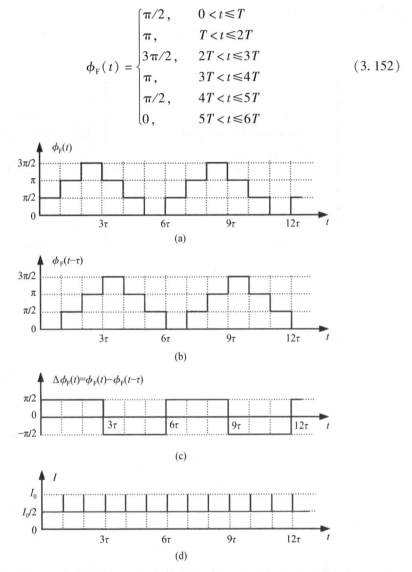

图 3.40 提取本征频率误差信号特定的方波调制：$T = \tau$ 时的理想波形

$T = \tau$ 时，顺时针光波和逆时针光波之间的相位差调制为 $\Delta\phi_{F}(t)$

$$\Delta\phi_{F}(t) = \phi_{F}(t) - \phi_{F}(t - \tau) = \begin{cases} \pi/2, & 0 < t \leqslant 3\tau \\ -\pi/2, & 3\tau < t \leqslant 6\tau \end{cases} \qquad (3.153)$$

探测器的干涉输出如图 3.40(d) 所示。陀螺静止时，其输出是一条直线，由于方波发生相位跃变时要经过相位为 0 或 $\pm\pi$ 的点，常含二倍本征频率的尖峰脉冲，如果方波存在上下沿回扫时间，尖峰脉冲就会展宽。速率反馈回路解调序列的正负采样为"＋＋＋－－－"，正负采样值相减给出角速率信息。

当 $T \neq \tau$ 时，如图 3.41 所示，尖峰脉冲不仅进一步展宽，而且 $T > \tau$ 时，正、负采样周期内的尖峰脉冲均为正向脉冲；$T < \tau$ 时，正、负采样周期内的尖峰脉冲变为负向（向下）脉冲，而正、负采样周期之间的尖峰脉冲仍为正向脉冲，这是因为，$T > \tau$ 时，相位差调制 $\Delta\phi_F(t)$ 在某些特定区间上赋值为 0，而 $T < \tau$ 时，相位差调制 $\Delta\phi_F(t)$ 在某些特定区间赋值为 $\pm\pi$。这样可以通过检测正、负采样周期内的尖峰脉冲是正向脉冲还是负向脉冲作为误差信号，来调节图 2.10 第三反馈中的压控振荡器，使正、负采样周期内的尖峰脉冲正向脉冲或负向脉冲消失（变窄）。该方法的有效性在于通过实时检测尖峰脉冲的极性而不是尖峰脉冲的宽度来作为频率误差信号，避免了前述测量尖峰脉冲宽度时存在的问题。

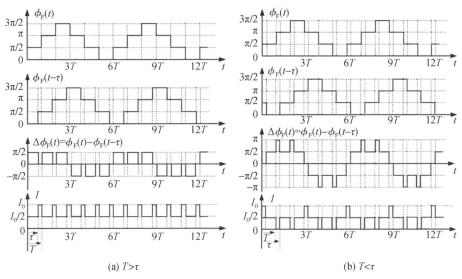

(a) $T > \tau$　　　　　　　　　　(b) $T < \tau$

图 3.41　图 3.40 中 $T \neq \tau$ 的情形

但是，图 3.40(a) 所示的调制波形 $\phi_F(t)$ 本质上仍是一个两态调制，这由图 3.40(c) 的相位差调制 $\Delta\phi_F(t)$ 可以看出。如 2.3 节所述，这种调制在低转速下，2π 复位频度低，2π 复位误差信息非常少，无法直接实时连续地给出 2π 复位误差信息。

基于此，本书在图 3.38 的传统四态方波调制的基础上，提出一种同时满足高精度光纤陀螺速率回路闭环、2π 复位控制和频率跟踪等三个反馈回路要求的特定方波波形。在整个时间间隔为 $6T$ 的方波相位调制周期上，理想 $\phi_F(t)$ 可以表示为

$$\phi_F(t) = \begin{cases} 0, & 0 < t \leqslant T \\ \phi_b, & T < t \leqslant 2T \\ a\phi_b, & 2T < t \leqslant 3T \\ 0, & 3T < t \leqslant 4T \\ -\phi_b, & 4T < t \leqslant 5T \\ -a\phi_b, & 5T < t \leqslant 6T \end{cases} \tag{3.154}$$

式中:参数 a 满足式(2.141),$(a+1)\phi_b = 2\pi$。当 $T = \tau$ 时,顺时针光波和逆时针光波之间的相位差调制 $\Delta\phi_F(t)$ 为

$$\Delta\phi_F(t) = \phi_F(t) - \phi_F(t-\tau)$$

$$= \begin{cases} a\phi_b, & 0 < t \leqslant T \\ \phi_b, & T < t \leqslant 2T \\ (a-1)\phi_b, & 2T < t \leqslant 3T \\ -a\phi_b, & 3T < t \leqslant 4T \\ -\phi_b, & 4T < t \leqslant 5T \\ -(a-1)\phi_b, & 5T < t \leqslant 6T \end{cases} \tag{3.155}$$

图 3.42 给出了 $T = \tau$ 时基于四态方波调制的满足三个反馈回路要求的理想方波波形 $\phi_F(t)$ 以及形成的探测器输出波形。可以看出,第一反馈的解调序列为 " $+ - \otimes - + \otimes$ ",第二反馈的解调序列为 " $+ - \otimes + - \otimes$ ",其中 $\otimes$ 表示在该态上不对速率误差信息和增益误差信息进行采样。陀螺静止时,在解调采样区间上,输出是一条直线,由于方波发生相位跃变,常含间隔为 T 的尖峰脉冲。这些尖峰脉冲有的向上,有的向下,视相位跃变经过 0 或 $\pm\pi$ 的点而定。

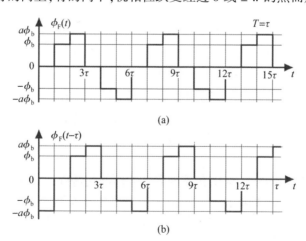

(a)

(b)

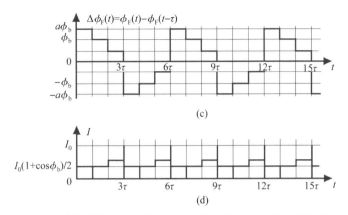

图 3.42　基于四态调制的提取本征频率误差信号的方波波形

当 $T > \tau$ 和 $T < \tau$ 时，方波波形 $\phi_F(t)$ 以及形成探测器输出波形如图 3.43 和图 3.44 所示，尖峰脉冲被展宽。在图 3.43(d) 中，箭头所指的尖峰脉冲是向上的展宽脉冲，而在图 3.44(d) 中，箭头所指的尖峰脉冲是向下的展宽脉冲。这样，可以通过检测图 3.43(d) 和图 3.44(d) 中箭头所指的尖峰脉冲是正向脉冲还是负向脉冲，来作为频率跟踪误差信号，调节图 2.10 第三反馈中的压控振荡器，通过使正、负采样周期内的尖峰脉冲正向脉冲或负向脉冲消失(变窄)，达到调制频率等于或接近本征频率的目的。

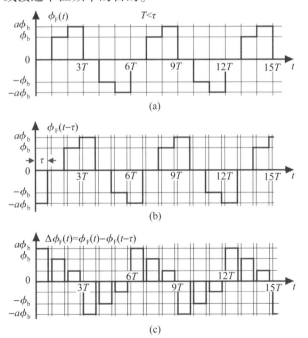

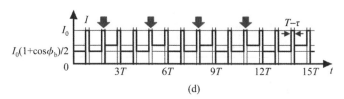

图 3.43　图 3.42 中 $T > \tau$ 时的波形

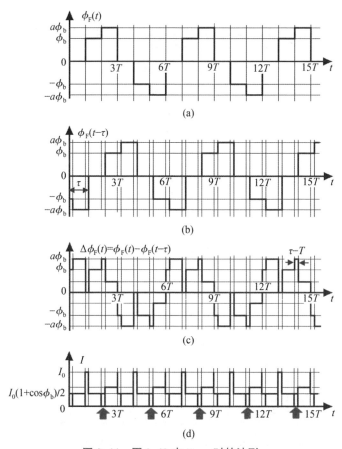

图 3.44　图 3.42 中 $T < \tau$ 时的波形

可以在探测器后端的放大电路中增加一个脉冲检测器来检测脉冲的极性，并以此形成闭环反馈，实时调整陀螺的调制频率，从而达到本征频率跟踪的目的。实现脉冲检测功能的电路简图，如 3.45 所示。探测器输出经过隔直电容 C_3 后进入开关积分电路中，通过 FPGA 精确控制 HOLD 和 RESET 开关的时序，实现脉冲检测功能。在该检测电路中，积分器输出电压 $V_{\text{int-out}}$ 与输入电压 $V_{\text{int-in}}$ 的关系可以表示为

$$V_{\text{int-out}} = -\frac{1}{R_1 \cdot C_6} \int_0^t V_{\text{int-in}} \mathrm{d}t \qquad (3.156)$$

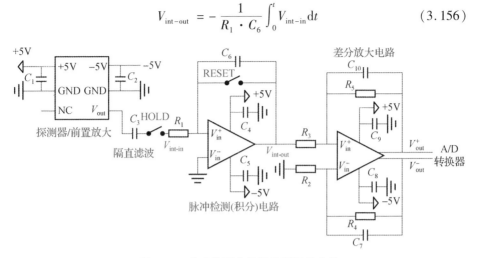

图 3.45　脉冲检测电路及外围相关电路

　　在信号采集阶段,HOLD 开关闭合,RESET 开关断开,积分器对输入信号(探测器 PIN – FET 隔直信号)进行采样积分。单积分器的输出电压存在上限,即运算放大器的供电电压,因此不能一直进行采样运算。信号保持阶段,HOLD 开关与 RESET 开关全都处于断开阶段,积分器电压保持不变。而复位阶段,HOLD 开关保持断开,RESET 开关闭合,对电容 C_6 进行放电,输出电压逐步清零。脉冲检测电路输入/输出波形如图 3.46 所示。

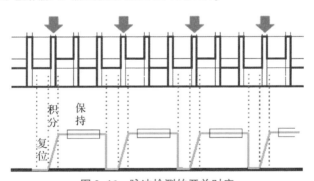

图 3.46　脉冲检测的开关时序

　　图 3.42 所示基于四态调制的方波波形的优点是,不仅可以为闭环光纤陀螺的三个反馈回路提供误差信号,还可以与过调制技术兼容,缺点是有两个调制态区间不宜采样,这影响了陀螺的采样占空比,进而一定程度上降低了陀螺精度。另外,由于反馈周期为 $6T$,劣化了动态性能,可以采用第 4 章介绍的回路校正技术进行弥补。

　　由上面的分析可以看出,基于特定方波调制的本征频率跟踪技术,设计目的不是降低陀螺随机噪声,相反,由于需要牺牲速率反馈回路的部分采样占空比,理论上陀螺精度可能会受到轻微劣化。频率跟踪技术的优势主要是抑制陀螺死区和尖峰脉冲的不对称性,减小陀螺漂移和标度因数误差。这有利于提升中高精度及甚高精度光纤陀螺的综合性能和环境适应性。

3.4.3.2 基于正弦波调制的本征频率跟踪技术

基于正弦波调制的本征频率跟踪技术较适用于开环光纤陀螺,通过方案改进,也可推广至闭环结构的光纤陀螺。下面以开环正弦波偏置相位调制光纤陀螺为例,讨论基于正弦波调制的本征频率跟踪技术原理。

设正弦波偏置相位调制波形为 $\phi_1\cos(\omega_m t)$,其中,ϕ_1 为正弦波偏置相位调制的幅值,ω_m 为正弦波偏置相位调制的(圆)频率。为了产生表征偏置相位调制频率 $f_m = \omega_m/2\pi$ 和本征频率 f_p 之差的误差信号,另外再施加一个波形为 $\phi_2\cos(2\omega_m t + 2\theta)$ 的二次谐波相位调制,其中,ϕ_2 是二次谐波相位调制的幅值,θ 是可以任意设定的幅角。这样,利用三角恒等式,Sagnac 干涉仪中两束反向传播光波之间的总的相位差 $\Delta\phi_{\sin}(t)$ 可以写为

$$
\begin{aligned}
\Delta\phi_{\sin}(t) &= \phi_1\{\cos(\omega_m t) - \cos[\omega_m(t-\tau)]\} \\
&\quad + \phi_2\{\cos(2\omega_m t + 2\theta) - \cos[2\omega_m(t-\tau) + 2\theta]\} \\
&= -2\phi_1\sin\left(\frac{\omega_m\tau}{2}\right)\sin\left(\omega_m t - \frac{\omega_m\tau}{2}\right) - 2\phi_2\sin(\omega_m\tau)\sin(2\omega_m t + 2\theta - \omega_m\tau) \\
&= \mathcal{A}\cdot\sin(\omega_m t - \Phi) + \mathcal{B}\cdot\sin(2\omega_m t - \Psi)
\end{aligned} \tag{3.157}
$$

式中:

$$
\mathcal{A} = -2\phi_1\sin\left(\frac{\omega_m\tau}{2}\right), \mathcal{B} = -2\phi_2\sin(\omega_m\tau)
$$

$$
\Phi = \frac{\omega_m\tau}{2}, \Psi = \omega_m\tau - 2\theta \tag{3.158}
$$

Sagnac 干涉仪的干涉输出为

$$
\begin{aligned}
I &= \frac{1}{2}I_0\{1 + \cos[\Delta\phi_{\sin}(t) + \phi_s]\} \\
&= \frac{1}{2}I_0\{1 + \cos\phi_s\cdot\cos[\Delta\phi_{\sin}(t)] - \sin\phi_s\cdot\sin[\Delta\phi_{\sin}(t)]\}
\end{aligned} \tag{3.159}
$$

将式(3.158)代入式(3.159),$\cos[\Delta\phi_{\sin}(t)]$ 和 $\sin[\Delta\phi_{\sin}(t)]$ 按贝塞尔函数展开,只考虑在基频 ω_m 上的相敏检测,对于项 $-\sin\phi_s\cdot\sin[\Delta\phi_{\sin}(t)]$,则有

$$
\begin{aligned}
-\sin\phi_s\cdot\{\sin[\Delta\phi_{\sin}(t)]\}_{\omega_m} &= -\sin\phi_s\cdot\{\sin[\mathcal{A}\cdot\sin(\omega_m t - \Phi) \\
&\quad + \mathcal{B}\cdot\sin(2\omega_m t - \Psi)]\}_{\omega_m} \\
&= -\sin\phi_s\cdot\{\sin[\mathcal{A}\cdot\sin(\omega_m t - \Phi)]\cos[\mathcal{B}\cdot\sin
\end{aligned}
$$

$$(2\omega_m t - \Psi)\,]$$
$$- \cos[\mathcal{A} \cdot \sin(\omega_m t - \Phi)]\sin[\mathcal{B} \cdot \sin(2\omega_m t - \Psi)]\}_{\omega_m}$$
$$= -\sin\phi_s \cdot 2J_1(\mathcal{A})J_0(\mathcal{B})\sin\left(\omega_m t - \frac{\omega_m \tau}{2}\right)$$

$$(3.160)$$

该项含有 Sagnac 相移 ϕ_s，且与 2θ 无关，是角速率信号。ϕ_s 很小时，$\sin\phi_s \approx \phi_s$，$\omega_m$ 接近本征频率时，$\sin(\omega_m \tau)$ 接近零，此时 $J_0(\mathcal{B}) \approx 1$。现在假定偏置相位调制频率 f_m 非常接近本征频率 f_p，因而

$$\frac{\omega_m \tau}{2} = \frac{\pi}{2} + \epsilon$$

$$(3.161)$$

式中：$\epsilon = (\Delta\omega \cdot \tau)/2 = \pi(f_m - f_p)\tau$，与调制频率相对本征频率的频差 $\Delta\omega = 2\pi(f_m - f_p)$ 有关，是一个小量。这样，式(3.160)的角速率信号可以重新写为

$$S_\Omega = \phi_s \cdot 2J_1(\mathcal{A})\cos(\omega_m t - \epsilon)$$

$$(3.162)$$

在 $\cos(\omega_m t - \epsilon)$ 上相敏检测时，得到角速率输出 $2J_1(\mathcal{A}) \cdot \phi_s$。

另外，式(3.159)中另一项 $\cos\phi_s \cdot \cos[\Delta\phi_{\sin}(t)]$ 在基频 ω_m 上相敏检测，则有

$$\cos\phi_s \cdot \{\cos[\Delta\phi_{\sin}(t)]\}_{\omega_m} = \cos\phi_s \cdot \{\cos[\mathcal{A} \cdot \sin(\omega_m t - \Phi) + \mathcal{B} \cdot \sin(2\omega_m t - \Psi)]\}_{\omega_m}$$
$$= \cos\phi_s \cdot \{\cos[\mathcal{A} \cdot \sin(\omega_m t - \Phi)]\cos[\mathcal{B} \cdot \sin(2\omega_m t - \Psi)]$$
$$- \sin[\mathcal{A} \cdot \sin(\omega_m t - \Phi)]\sin[\mathcal{B} \cdot \sin(2\omega_m t - \Psi)]\}_{\omega_m}$$
$$= -\cos\phi_s \cdot 2J_1(\mathcal{A})J_1(\mathcal{B})\cos(\omega_m t + \Phi - \Psi)$$
$$\approx -\cos\phi_s \cdot 2J_1(\mathcal{A})J_1(\mathcal{B})\sin(\omega_m t - \epsilon + 2\theta)$$

$$(3.163)$$

ϕ_s 很小时，$\cos\phi_s \approx 1$，式(3.163)近似与 Sagnac 相移 ϕ_s 无关，只与频率误差 ϵ 和相位 2θ 有关，用 S_ϵ 表示，则有

$$S_\epsilon = -2J_1(\mathcal{A})J_1(\mathcal{B})\sin(\omega_m t - \epsilon + 2\theta)$$

$$(3.164)$$

现在将 S_ϵ 分解成与 S_Ω 同相和正交的分量：

$$S_\epsilon = -2J_1(\mathcal{A})J_1(\mathcal{B})[\sin(\omega_m t - \epsilon)\cos(2\theta) + \cos(\omega_m t - \epsilon)\sin(2\theta)]$$

$$(3.165)$$

式中：第二项与 S_Ω 同相，构成旋转角速率信号的误差项，必须通过调节 θ 来消除该项误差。适当选择 θ 值，使 $2\theta = \pi$，式(3.164)中的 S_ϵ 正比于调制频率相对本征频率的偏差 ϵ，且不再含有与角速率信息同相的项：

$$S_\epsilon = 2J_1(\mathcal{A})J_1(\mathcal{B})\sin(\omega_m t - \epsilon)$$

$$(3.166)$$

由于 $\mathcal{B}$ 很小时，近似有 $J_1(\mathcal{B}) \approx \mathcal{B}/2 = -\phi_2\sin(\pi + 2\epsilon) \approx 2\phi_2\epsilon$，式(3.166)变为

$$S_\epsilon \approx 4\phi_2\epsilon J_1(\mathcal{A})\sin(\omega_m t - \epsilon)$$

$$(3.167)$$

在 $\cos(\omega_m t - \epsilon)$ 上进行正交相敏检测，也即解调函数为 $\sin(\omega_m t - \epsilon)$，得到频率误差信号 $4\phi_2\epsilon J_1(\mathcal{A})$。增加二次谐波相位调制的振幅 ϕ_2，可以提高对 ϵ 的灵敏度。

正交相敏检测得到的频率误差信号可以作为本征频率的判据,用来驱动一个伺服回路,进而控制偏置调制频率,这在闭环光纤陀螺中称为第三反馈回路。伺服回路通过控制偏置调制频率保持本征频率判据为零,把偏置调制频率维持在本征频率上。采用本征频率判据和伺服回路的优点是更精确,无须任何预先校正。采用正交相敏检测获得频率误差信号需要第二个相敏检测器,这个正交相敏检测器与角速率相敏检测器没有差别,只是解调信号相移90°。

在方波调制中,可以人为使方波相位调制信号具有非50∶50占空比,此时在解析输出中包含1次、2次、3次、4次谐波等,产生正交信号分量,进而通过正交相敏检测获取频率误差信号。与基于特定方波调制的频率跟踪方法一样,这实际上仍然需要牺牲一定的角速率采样占空比来获取频率误差信息,在此不再详细讨论。

参考文献

[1] 张桂才. 光纤陀螺原理与技术[M]. 北京:国防工业出版社,2008.

[2] BLAKE J N, SANDERS G A, STRANDJORD L K. Fiber optic gyroscope output noise reducer:US5469257[P]. 1995 – 11 –21.

[3] 林毅,张桂才,马林. 采用 SOA 抑制超荧光掺铒光纤光源相对强度噪声的研究[C]. 中国惯性技术学会光电专业委员会第十一次学术交流会暨重庆惯性技术学会第十五次学会交流会论文集. 湖北武汉, 2014.

[4] 张桂才,杨晔. 光纤陀螺工程与技术[M]. 北京:国防工业出版社, 2023.

[5] SHTAIF M, TROMBORG B, EISENSTEIN G. Noise Spectra of semiconductor optical amplifiers:relation between semiclassical and quantum descriptions[J]. IEEE J. Quantum Electronics, 1998,34(5): 869 – 878.

[6] 张桂才,林毅,马林. 采用半导体光放大器抑制 SFS 中的相对强度噪声[J]. 中国惯性技术学报, 2015,23(1):107 – 110.

[7] RABELO R C,de CARVALHO R T,BLAKE J. SNR enhancement of intensity noise – limited FOGs[J]. J. Lightwave Technology, 2000,18(12):2146 – 2150.

[8] BERNETT S M. Apparatus and method for electronic RIN reduction in fiber – optic sensors:US6542651[P]. 2003 – 04 – 01.

[9] ROZELLE D,CARSON R,KREPP D. IFOG technology development for strategic guidance application[C]. AIAA Guidance and Control Conference,1998.

[10] HAKIMI F,MOORES J D. RIN – reduced light source for ultra – low noise interferometric fibre optic gyroscopes[J]. Electronics Letters, 2013,49(3):205 – 207.

[11] LEFÈVRE H C. The fiber – optic gyroscope, a century after sagnac's experiment:The ultimate rotation – sensing technology[C]. 2014 DGON Inertial Sensors and Systems (ISS), Karlsruhe, 2014.

[12] POLYNKIN P,de ARRUDA J, BLAKE J. All – optical noise – subtraction scheme for a fiber – optic gyroscope[J]. Optics Letters, 2000,25(3):147 – 149.

[13] SHTAIF M,EISENSTEIN G. Noise characteristics of nonlinear semiconductor optical amplifiers in the Gaussian limit[J]. IEEE Journal of Quantum Electronics, 1996, 32(10):1801 – 1809.

[14] KIM S J,HAN J H,LEE J S,et al. Intensity noise suppression in spectrum – sliced incoherent light communication systems using a gain – saturated semiconductor optical amplifier[J]. IEEE Photonics Technology Letters, 1999,11(8):1042 – 1044.

[15] SHTAIF M,EISENSTEIN G. Noise properties of nonlinear semiconductor optical amplifiers[J]. Optics Letters, 1996,21(22):1851 – 1853.

[16] LEFÈVRE H C. 光纤陀螺仪[M]. 张桂才,王巍,译. 北京:国防工业出版社,2002.

[17] KILLIAN K M, BURMENKO M, HOLLINGER W. High performance fiber optic gyroscope with noise reduction[C]. Proc. SPIE,1994,2292.

[18] GROLLMANN P. Fiber optic sagnac interferometer with digital phase ramp resetting:US5116127[P]. 1992 – 05 – 26.

[19] 杨志怀,马林,张桂才,等. 数字闭环光纤陀螺死区机理研究与抑制[J]. 导航定位与授时,2017,4(4):97 – 102.

[20] 杨志怀,张桂才,马林. 光纤陀螺死区误差及其抑制技术[C]//中国惯性技术学会光电专业委员会第十次学术交流会暨重庆惯性技术学会第十四次学会交流会论文集,云南玉溪,2012.

[21] 张桂才,徐明,张晓峰,等.电子耦合对光纤陀螺性能的影响[C]//中国惯性技术学会第六届学术年会论文集,浙江宁波,2008.

[22] 张晓峰,张桂才. 闭环光纤陀螺中的死区抑制技术研究[J]. 压电与声光,2009,31(2):169 – 171.

[23] KOVACS R A. Fiber optic angular rate sensor including arrangement for reducing output signal distortion:US5430545[P]. 1995 – 07 – 04.

[24] JOSEPH T W,JOHN G E F,KIRBY K. Alternate modulation scheme for an interferometric fiber optic gyroscope:EP2278274[P]. 2011 – 01 – 26.

[25] 马林,张桂才,杨志怀. 探测器输出中的尖峰脉冲信号对光纤陀螺温度漂移特性的影响[C]//中国惯性技术学会光电专业委员会第十次学术交流会暨重庆惯性技术学会第十四次学会交流会论文集, 2012.

[26] AUERBACH D E, CORDOVA A,GOLDNER E L,et al. Fiber optic gyro with optical intensity spike suppression：US5850286[P]. 1998 – 12 – 15.

[27] 代琪,宋凝芳,王夏霄,等. 光纤陀螺本征频率高精度在线自动跟踪技术研究[J]. 激光杂志,2019,40(4):31 – 35.

[28] ISHIGAMI M. Fiber optic gyro using alternating bias phase and bias correction:US5162871[P]. 1992 – 11 – 10.

[29] SPAHLINGER G. Method for preventing bias – errors as a result of synchronous interference in fiber optic gyroscopes:US7190463[P]. 2007 – 03 – 13.

[30] STRANDJORD L K. Proper frequency tracker for fiber sensing coil:US5734469[P]. 1998 – 03 – 31.

第4章 航海应用光纤陀螺的传递模型和统计模型

通过对光纤陀螺建模,设计人员可以更好地把握光纤陀螺的工作性能和误差特性,以便为惯性系统提供完成制导、导航、控制或测量任务所必需的陀螺仪表一级的关键参数,为系统仿真和性能评估提供手段。此外,利用光纤陀螺模型,设计人员可以设计出满足不同应用需求的光纤陀螺产品,也可以根据光纤陀螺的参数设定和器件水平预估陀螺仪表一级的性能。同时,还能便捷地对陀螺中可能存在的故障源和噪声源进行定位、分析和解决。

光纤陀螺的模型有三类:一是传递模型,包括光纤陀螺的光路即 Sagnac 干涉仪和信号解调及处理电路的信号传递变化过程,它描述的是光纤陀螺的动态特性,可以用传递函数表示,解释光纤陀螺工作过程的物理意义;二是统计模型,涉及的是光纤陀螺性能的统计特性,它由传递模型发展而来,给出光纤陀螺输出噪声的统计描述;三是误差模型,给出光纤陀螺输出对环境干扰的灵敏度,或对构成光纤陀螺的光学或电子元件的参数漂移或变化的灵敏度,可以用来研究并采取必要的补偿措施,如温度漂移和振动误差的补偿;误差模型以构成陀螺的器件性能变化或对外部环境变化的响应灵敏度作为其激励输入,主要用于光纤陀螺的实时误差补偿。

本章主要讨论闭环干涉式光纤陀螺的传递模型和统计模型。

4.1 光纤陀螺的传递模型

开展光纤陀螺传递模型的研究,对于准确理解光纤陀螺的工作机理和动态特性,正确评估光纤陀螺及其在系统应用中的性能,乃至对于提高光纤陀螺的技术水平和批产能力都具有重要意义。

(1)由传递函数可以确定光纤陀螺的幅频特性和相频特性,进而给出光纤陀螺的输出带宽和相位延迟。由于光纤陀螺闭环回路各个环节的传递函数与器件指标和陀螺调试参数有关,这使得陀螺输出的 3dB 带宽和相位延迟具有可设计性和可估算性。

(2)开展光纤陀螺传递模型研究可以指导和优化光纤陀螺的设计和调试。例如,可针对不同应用背景,对 A/D 位数、D/A 位数、反馈周期、输出速度进行优化选择;可导出陀螺最大角加速度的计算公式,进而评估光纤陀螺在严苛动态环境下的抗角加速度能力;可根据传递函数各个环节的参数给出光纤陀螺标度因数的计算公式和估算范围,反过来,也可以由陀螺产品的标度因数特性推断其内部的一些设计细节等。

(3)目前,国家军用标准中测量光纤陀螺 3dB 带宽和相位延迟的方法是假定光纤陀螺的传递函数为一阶惯性环节,并利用一阶惯性环节的增益公式来拟合(矩阵运算)测试数据。如果传递函数不是或不能近似为一阶惯性环节,那么按照目前国家军用标准方法测量计算光纤陀螺 3dB 带宽和相位延迟就会存在较大误差。非一阶惯性环节的传递函数将使光纤陀螺频率特性的测试方法和计算方法复杂化,必须研究相应的测试和处理计算技术。

(4)对国外光纤陀螺技术的调研发现,国外光纤陀螺采用较高阶的传递函数,大多与其采用了较复杂的电路技术和数字滤波技术有关。如何根据传递函数判断和借鉴这些技术为我所用,也是设计人员的一个重要研究任务。

(5)在实际中,由于光纤陀螺具有高带宽优势,对带宽测量设备要求苛刻,测试方法也较为复杂,建立光纤陀螺传递函数的精确模型对于准确估算光纤陀螺的频率特性非常重要。

(6)光纤陀螺的传递模型也是惯性测量系统一级进行理论仿真或半实物仿真、评估系统性能的重要工具。

闭环光纤陀螺的物理模型如图 4.1 所示。含 Sagnac 相移的干涉光强信号经光探测器组件转换为模拟电压信号并进行适当放大,电压信号被 A/D 转换器采样和量化,转换为数字量,此后经过数字解调和一次数字积分,就可以得到与输入角速率 Ω 成正比的输出数字量 D_{out},以上所述为闭环系统的前向通道。为了实现闭环工作,将一次积分得到的数字量进行二次积分,生成用于相位反馈的数字阶梯波,该数字阶梯波的台阶高度正比于旋转速率。数字阶梯波与偏置相位调制是在逻辑电路中数字叠加,再经适当放大后施加到电光相位调制器上,以上为闭环系统的后向通道(反馈通道)。阶梯波调制在光纤线圈中产生的反馈相位 ϕ_f,用于补偿旋转引起的 Sagnac 相移 ϕ_s,使干涉相位回零,从而实现闭环工作。由于整个过程包含了若干非线性环节,如干涉仪的余弦响应、光电转换的非线性、与量化有关的 A/D 误差、数字处理和 D/A 转换中的数字舍位，以及电光相位调制的非线性等，传递模型准确地说是一个非线性模型。幸运的是，通过负反馈，大部分环节工作在小动态范围内，可以近似或简化为一个线性传递模型。例如，引入方波偏置调制和解调以及阶梯波反馈后，Sagnac 干涉仪光功率与相位差的关系可由原来的非线性余弦关系近似变为线性正比关系；优化回路延迟和增益，可使闭环光纤陀螺回路近似为一个一阶惯性环节。根据图 4.1，闭环光纤陀螺的传递模型由前向通道和后向通道组成。其中，后向通道构成了光纤陀螺的闭环反馈环节，如图 4.2 所示，$G(s)$ 是 s 域前向通道的传递函数，$H(s)$ 是后向（反馈）通道的传递函数，$R(s)$ 和 $C(s)$ 分别为 s 域输入、输出函数。下面对各环节的传递函数进行分析。

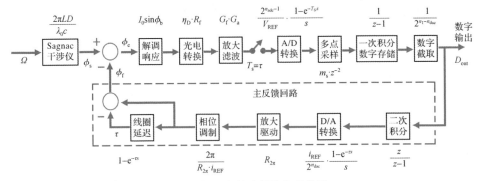

图 4.1 闭环光纤陀螺的物理模型

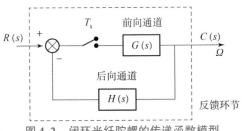

图 4.2 闭环光纤陀螺的传递函数模型

4.1.1 前向通道

闭环光纤陀螺传递模型的前向通道包括 Sagnac 干涉仪的余弦响应和偏置相位调制、光电转换、（隔直）滤波和放大、A/D 转换、多点采样、一次积分和数字截取（数字滤波）等环节。

4.1.1.1 Sagnac 干涉仪的余弦响应和偏置调制

根据 Sagnac 效应，当光纤陀螺旋转时，Sagnac 干涉仪中顺时针光波和逆时针光波之间有一个旋转引起的相对相移 ϕ_s,它与光纤线圈敏感轴方向上的输入旋转角速率 Ω 成正比:

$$\phi_s = \frac{2\pi LD}{\lambda_0 c}\Omega = K_s\Omega \tag{4.1}$$

式中:K_s 为 Sagnac 标度因数;L 为线圈长度;D 为线圈直径;λ_0 为光波长;c 为真空中的光速。也即 Sagnac 效应的传递函数 G_0 为

$$G_0 = K_s = \frac{2\pi LD}{\lambda_0 c} \tag{4.2}$$

干涉仪的输出光强是 Sagnac 相移 ϕ_s 或输入角速率 Ω 的余弦函数,可以表示为

$$I_D = \frac{I_0}{2}(1 + \cos\phi_s) \tag{4.3}$$

式中:I_0 为 Sagnac 干涉仪的输入光强。Sagnac 干涉仪的余弦输出虽是一个非线性环节,但它与方波偏置调制/解调、闭环反馈等环节结合起来,整个过程近似是一个线性响应。

采用频率为光纤线圈本征频率 $f_p = 1/2\tau$、振幅为 ϕ_b 的两态方波调制信号 $\phi_F(t)$ 对光纤陀螺进行偏置相位调制,光探测器的输出光强变为

$$I_D = \frac{I_0}{2}\{1 + \cos[\phi_F(t) - \phi_F(t-\tau) + \phi_s]\} \tag{4.4}$$

式中:τ 为光通过光纤线圈的传输时间。如图 2.89 所示,光纤陀螺交替地工作在线性偏置工作点 $\pm\phi_b$(如 $\pm\pi/2$)上,旋转引起的光强变化与旋转角速率成正比。余弦干涉输出对传递函数的贡献因子可简单地表示为

$$G_1 = \frac{I_0}{2} \tag{4.5}$$

4.1.1.2　光电转换

光电转换是由光探测器组件完成的,该组件采用高灵敏度的 PIN – FET 光接收组件,用来探测旋转引起的光强变化。光探测器组件包括一个光二极管 PD 和一个跨阻抗前置放大器。图 4.3 所示为光接收组件的原理框图,光二极管将光信号转换为电流信号,而跨阻抗放大器将电流信号转换为电压信号。

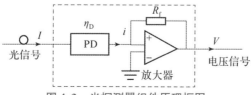

图 4.3　光探测器组件原理框图

光二极管的转换效率 η_D 定义为入射到光探测器上的单位光功率所产生的光电流：

$$\eta_D = \frac{i}{I_D} \quad (\text{A}/\text{W}) \tag{4.6}$$

一般来说，可以认为光探测器输出电压与输入光强成正比关系，因此光电转换后输出的电压信号变化与输入光强变化的关系为

$$\Delta V_D = \eta_D \cdot R_f \cdot \Delta I_D(\phi_s) \tag{4.7}$$

式中：R_f 为跨阻抗的阻值。因此，光电转换环节的传递函数 G_2 可以用光探测器的响应度 η_D 和前置放大跨阻抗 R_f 之积表示：

$$G_2 = \eta_D \cdot R_f \tag{4.8}$$

式中：$\eta_D \cdot R_f$ 为组件的线性响应度（V/W）。

4.1.1.3 滤波与放大

如图 2.89 所示，在方波偏置相位调制 $\phi_F(t)$ 下，静止时，光纤陀螺的输出波形是一条直线，方波的两种调制态给出相同的信号：

$$I_D(0, -\phi_b) = I_D(0, \phi_b) = \frac{I_0}{2}(1 + \cos\phi_b) \tag{4.9}$$

但当陀螺旋转时，偏置工作点发生移动，输出变成一个与调制方波同频的方波信号。两种调制态给出的信号分别为

$$\begin{cases} I_D(\phi_s, \phi_b) = \dfrac{I_0}{2}\big[1 + \cos(\phi_s + \phi_b)\big], & 0 \leqslant t < \tau \\[2mm] I_D(\phi_s, -\phi_b) = \dfrac{I_0}{2}\big[1 + \cos(\phi_s - \phi_b)\big], & \tau \leqslant t < 2\tau \end{cases} \tag{4.10}$$

由于陀螺通常工作在线性偏置工作点 $\pm\phi_b$ 上，因此光探测器的输出信号可以认为是在一个较大的直流电平上叠加了表征旋转速率的方波输出信号，对于后续的 A/D 转换来说，有用的信号只是这种方波输出信号，而与直流偏置电平无关，因此需要采用隔直滤波电路来实现方波交流分量的选通。探测器输出信号经过一个隔直电容 C_f，隔直电容的传递函数可以表示为

$$G_f(s) = \frac{sR_aC_f}{1 + sR_aC_f} \tag{4.11}$$

式中：C_f 为隔直电容的容值；R_a 为隔直电容后放大电路的输入电阻。对于本征调制的方波输出交流信号，假定本征频率 $f_p = 50\text{kHz}$，取 $C_f = 1\mu\text{F}$，$R_a = 10\text{k}\Omega$，很容易证明，隔直电容环节的振幅增益在设计上近似为 $|G_f| \approx 1$，其引入对信号相频特性的影响可以忽略。

光纤陀螺的检测精度可达 $0.01°/\text{h}$ 以上，对应的 Sagnac 相移小于 10^{-7}rad，

因此引起的干涉仪的光强变化是非常小的。除了要求检测电路具有较低的噪声,通常还需要对微弱的输出信号进行后级放大。后级放大是一个线性环节,可以用增益 G_a 来表征。隔直滤波和后级放大电路为后续 A/D 转换器的采样电压提供了较好的工作范围。

总之,滤波与放大环节的传递函数 G_3 可以表示为

$$G_3 = G_f \cdot G_a \tag{4.12}$$

4.1.1.4　A/D 转换

将经过滤波与放大后的连续信号转换为离散的数字信号是由 A/D 转换器完成的,如图 4.4 所示,它由周期为 $T_s = \tau$ 的采样开关和 A/D 转换两个环节组成。连续信号 $x(t)$ 经采样开关进行采样,变为离散时间信号 $x^*(t)$。$x^*(t)$ 为脉冲信号,其频谱中含有高频分量,需要一个信号复现滤波器。实际中,这种滤波器通常采用具有采样保持频率参数的零阶保持器模型,其传递函数为

$$G_h(s) = \frac{1 - e^{-T_s s}}{s} \tag{4.13}$$

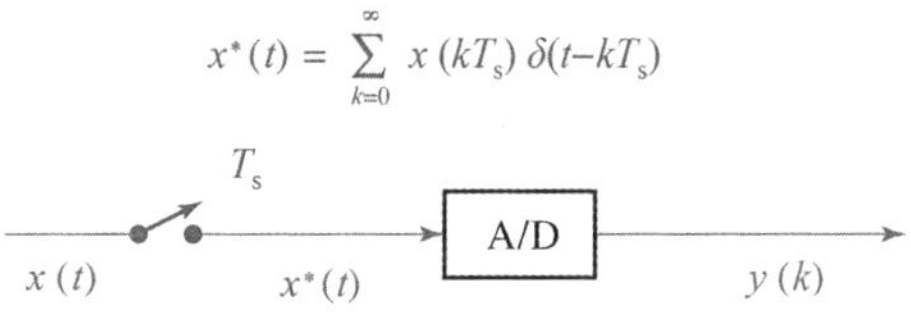

$$x^*(t) = \sum_{k=0}^{\infty} x(kT_s)\,\delta(t - kT_s)$$

$$\begin{array}{ccc} & T_s & \\ x(t) & \xrightarrow{\quad\quad} \quad\boxed{\text{A/D}} & \quad\quad\quad \\ & x^*(t) & \quad y(k) \end{array}$$

图 4.4　A/D 采样过程

A/D 转换器将离散时间信号 $x^*(t)$ 转换为离散数字信号 $y(k)$,其模数转换系数 K_{AD} 为

$$K_{AD} = \frac{2^{n_{adc}-1}}{V_{REF}} \quad (\text{LSB/V}) \tag{4.14}$$

式中:V_{REF} 为 A/D 转换器的基准电压;n_{adc} 为 A/D 转换器的位数。这样,不考虑管线延迟,A/D 转换环节的传递函数可以表示为

$$G_4(s) = K_{AD} \cdot \frac{1 - e^{-T_s s}}{s} = \frac{2^{n_{adc}-1}}{V_{REF}} \cdot \frac{1 - e^{-T_s s}}{s} \tag{4.15}$$

4.1.1.5　解调和多点采样

由式(4.10),光纤陀螺的方波输出信号的相邻半周期上的两种调制态的采样值之差变为

$$\Delta I_D(\phi_s) = \frac{I_0}{2}\left[\cos(\phi_s - \phi_b) - \cos(\phi_s + \phi_b)\right] = I_0 \sin\phi_b \sin\phi_s \tag{4.16}$$

测量 $\Delta I_{\mathrm{D}}(\phi_{\mathrm{s}})$，闭环状态下，使反馈回路产生一个反馈相移 ϕ_{f}，期望它与旋转引起的 Sagnac 相移 ϕ_{s} 大小相等、符号相反，使总的相位差 ϕ_{e} 伺服控制在零位上：

$$\phi_{\mathrm{e}} = \phi_{\mathrm{s}} + \phi_{\mathrm{f}} = 0 \tag{4.17}$$

由式(4.16)可以看出，当 $\sin\phi_{\mathrm{b}} = 1$ 时有最大灵敏度，此时 $\phi_{\mathrm{b}} = \pi/2$，即通常所说的 $\pi/2$ 相位偏置。由于每 2τ 周期解调出一次完整的 Sagnac 相移信息，这种解调方式必定存在一个 2τ 的延迟。

另外，在存在散粒噪声的情况下，光纤陀螺的最佳噪声性能并非完全取决于最大灵敏度，而是取决于最佳的信噪比。在给定的相位偏置 ϕ_{b} 上，灵敏度与斜率(隆起的余弦函数 $(1 + \cos\phi_{\mathrm{b}})$ 的导数 $\sin\phi_{\mathrm{b}}$)成正比，而散粒噪声与偏置功率的平方根($\sqrt{(1 + \cos\phi_{\mathrm{b}})/2} = \cos(\phi_{\mathrm{b}}/2)$)成正比，因此，光纤陀螺的理论信噪比为

$$\frac{\sin\phi_{\mathrm{b}}}{\cos(\phi_{\mathrm{b}}/2)} = 2\sin(\phi_{\mathrm{b}}/2) \tag{4.18}$$

从理论上讲，当 $\phi_{\mathrm{b}} = \pm\pi$ 时，陀螺的信噪比最高，是 $\phi_{\mathrm{b}} = \pm\pi/2$ 时的 $\sqrt{2}$ 倍。但在实际中，由于探测器还存在着热噪声和放大器噪声，考虑陀螺的动态要求，工作点不可能非常接近 $\pm\pi$，但可以根据光纤陀螺的实际情况，在 $\pm(\pi/2 \sim \pi)$ 之间选择偏置工作点，这称为过调制技术。总之，解调环节的增益与偏置相位 ϕ_{b} 有关，反映的是 Sagnac 干涉仪对旋转的响应灵敏度，式(4.16)，其传递函数增益为 $2\sin\phi_{\mathrm{b}}$。

为了降低探测器输出噪声，通常用 A/D 转换器对探测器输出的模拟信号进行多点采样。方波前后半周期内的采样点数由 1 个增加到 m_{s} 个，则后续的一次积分器中每 τ 时间内累积的采样数增加了 m_{s} 倍，即对 m_{s} 个点的采样进行累加取平均，因此，考虑前面提到的 2τ 延迟，解调和多点采样整个环节的传递函数在数字域中可以表示为

$$G_5(z) = m_{\mathrm{s}} \cdot z^{-2} \cdot \sin\phi_{\mathrm{b}} \tag{4.19}$$

多点采样是为了在后续的数字处理中通过滤波来降低光纤陀螺噪声，但多点采样对 A/D 转换器的采样速度也提出了更高的要求。无论单点采样还是多点采样，方波偏置调制闭环光纤陀螺的解调实际上是方波解调，其频率分量为方波基频的奇次谐波。多点采样的滤波效果不仅与输入噪声特性和采样点数有关，还与采样位置、采样占空比和采样率等有关。

4.1.1.6　一次积分

在闭环状态下，数字解调得到的是 2τ 内角速率的变化量，即表征陀螺角加速度的数字量，解调出的误差信号在逻辑芯片中进行数字积分，就可以得到表

征角速率的数字量。数字积分环节还有两个作用：一是对误差信号进行累积放大；二是数字滤波，具有与模拟低通滤波器相同的噪声衰减率。积分后的数字量一方面作为陀螺的信号输出，另一方面产生相位阶梯波的反馈相位台阶，因此这第一个积分器也称为角速率积分器。角速率积分器是一个前向积分过程，离散形式可以表示为

$$y(n) = y(n-1) + x(n-1) \tag{4.20}$$

式中：$x(n-1)$为离散输入信号，每隔T_s更新一次，$y(n)$为离散输出信号。式(4.20)进行z变换可得

$$Y(z) = \frac{1}{1-z^{-1}} X(z) \cdot z^{-1} \tag{4.21}$$

因此，这一环节的传递函数可表示为

$$G_6(z) = \frac{z}{z-1} \cdot z^{-1} = \frac{1}{z-1} \tag{4.22}$$

一次积分后的数据表征陀螺敏感到的角速率。

根据前向矩形积分规则（图4.5），一次积分环节的差分方程表示为

$$y(n) = y(n-1) + x(n-1) \cdot T_s \tag{4.23}$$

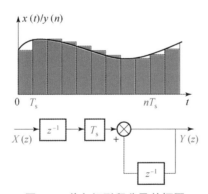

图4.5　前向矩形积分及其框图

由式(4.23)导出

$$\frac{T_s}{z-1} = \frac{1}{s} \quad 或 \quad s = \frac{z-1}{T_s} \tag{4.24}$$

因此，式(4.22)对应的s域的传递函数简化为

$$G_6(s) = \frac{1}{T_s \cdot s} \tag{4.25}$$

4.1.1.7　数字滤波

在实际的闭环光纤陀螺解调处理电路中，一次积分在一个积分器中进行，

该积分器的位数 n 与 A/D 转换器的位数、数字放大和数字滤波要求以及逻辑芯片的容量有关,通常需要一个较大的位数为滤波截取处理提供便利。滤波时,截去该积分器一定位数(舍弃部分高位或部分低位)后只取 n_1 位存储在速率寄存器中。位数 n_1 的大小与满量程($\pm\pi\mathrm{rad}$ 或最大角速率)对应的数字量有关(考虑瞬时满量程的情况),即 $2^{n_1} \geq \Omega_{\max} \cdot K_{SF}$,$K_{SF}$ 为数字闭环光纤陀螺的标度因数。n_1 在 n 中的位置会影响光纤陀螺的综合性能,若 n_1 的位数不变,向左移动(舍低位)意味着动态范围扩大,测量分辨率降低;向右移动(舍高位)则正好相反。考虑数字截取和滤波,从 n_1 位取其高位 n_{dac} 位作为陀螺的数字输出或 D/A 转换器的数字反馈(图 4.6)。数字滤波环节的传递函数为

$$G_7 = \frac{1}{2^{n_1 - n_{\mathrm{dac}}}} \tag{4.26}$$

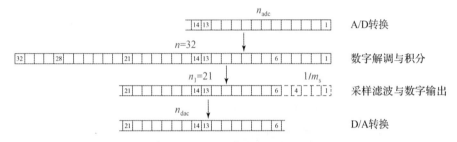

图 4.6　光纤陀螺的数字处理流程(含数字滤波)

4.1.1.8　前向通道的传递函数

前向通道的传递函数 $G(z)$ 可以表示为

$$
\begin{aligned}
G(z) &= G_1 \cdot G_2 \cdot G_3 \cdot Z\{G_4(s)\} \cdot G_5(z) \cdot G_6(z) \cdot G_7 \\
&= \frac{I_0}{2} \cdot \eta_{\mathrm{D}} \cdot R_{\mathrm{f}} \cdot G_{\mathrm{f}} \cdot G_{\mathrm{a}} \cdot \frac{2^{n_{\mathrm{adc}}-1}}{V_{\mathrm{REF}}} \cdot Z\left\{\frac{1-\mathrm{e}^{-T_s s}}{s}\right\} \\
&\quad \cdot m_{\mathrm{s}} \cdot \sin\phi_{\mathrm{b}} \cdot z^{-2} \cdot \frac{1}{z-1} \cdot \frac{1}{2^{n_1-n_{\mathrm{dac}}}} \\
&= \frac{I_0}{2} \cdot \eta_{\mathrm{D}} \cdot R_{\mathrm{f}} \cdot G_{\mathrm{f}} \cdot G_{\mathrm{a}} \cdot \sin\phi_{\mathrm{b}} \cdot \frac{2^{n_{\mathrm{adc}}-1}}{V_{\mathrm{REF}}} \cdot z^{-2} \cdot \frac{1}{z-1} \cdot \frac{m_{\mathrm{s}}}{2^{n_1-n_{\mathrm{dac}}}} \tag{4.27}
\end{aligned}
$$

4.1.2　后向通道

闭环光纤陀螺传递模型的后向通道包括二次积分(阶梯波发生器)、D/A 转换、放大驱动、相位调制、线圈延迟等环节。

4.1.2.1　二次积分(阶梯波发生器)

一次积分后得到表征角速率的数字量,为了完成数字闭环,需要通过二次积分产生一个数字阶梯波,施加到相位调制器上,从而产生抵消旋转相位差的反馈相位,使闭环系统稳定在零位处。二次积分的差分方程为

$$y(n+1) = y(n) + x(n+1) \tag{4.28}$$

这一环节传递函数 $H_1(z)$ 可表示为

$$H_1(z) = \frac{Y(z)}{X(z)} = \frac{z}{z-1} \tag{4.29}$$

4.1.2.2　D/A 转换

D/A 转换器的功能主要包括两方面:一是将数字阶梯波的数字信号转化为模拟信号,并反馈给相位调制器;二是通过 D/A 转换器数字信号的自动溢出产生 2π 复位,从而避免数字阶梯波的无限上升。

D/A 转换包括两个过程:其一是解码过程,即将离散的数字信号转换为离散的模拟信号;其二是复现过程,因为离散的模拟信号无法直接控制连续的被控对象,需要将离散的模拟信号复现为连续的模拟信号。实现这一转换的装置是信号保持器,它利用一个输出寄存器,使每个 $T_s = \tau$ 内的数字信号在寄存器内保持为常值,直至下一个 τ,然后经解码转换为连续的模拟信号,这样一种功能也称为零阶保持器。

综上所述,D/A 转换器的传递函数可以用与其位数有关的模数转换系数,即一个最低有效位对应的电压与零阶保持器的传递函数的乘积 H_2 来表示:

$$H_2(s) = \frac{V'_{REF}}{2^{n_{dac}}} \cdot \frac{1-e^{-T_s s}}{s} \tag{4.30}$$

式中:V'_{REF} 是 D/A 转换器的基准电压。

4.1.2.3　放大驱动

D/A 转换器可以在 $0 \sim (2^{n_{dac}} - 1)V'_{LSB}$ 的范围内将 n_1 位数据中 n_{dac} 位最有效位数字量 D 转换为一个模拟电压,其中 $V'_{LSB} = V'_{REF}/2^{n_{dac}}$,是最低有效位对应的电压。当 D 高于 $(2^{n_{dac}} - 1)$ 时,自动溢出产生的电压等于 $(D - 2^{n_{dac}})V'_{LSB}$。如果调节调制通道的增益 G_p,使其满足

$$2^{n_{dac}} V'_{LSB} \cdot G_p = V'_{REF} \cdot G_p = V_{2\pi} \tag{4.31}$$

式中:$V_{2\pi}$为产生 2π 相位所需要的电压,与相位调制器的电光系数、电极结构等有关。此时溢出自动地产生一个复位,不会产生任何的标度因数误差。因而放大驱动环节可以用其增益 G_p 表征:

$$H_3 = G_p \tag{4.32}$$

如果 D/A 转换器是电流输出,满量程输出电流为 i_{REF},则有

$$i_{LSB} = \frac{i_{REF}}{2^{n_{dac}}}, V'_{LSB} = i_{LSB} \cdot G_p, G_p = R_{2\pi}, V_{2\pi} = G_p \cdot i_{REF} = R_{2\pi} \cdot i_{REF} \tag{4.33}$$

式中:$R_{2\pi}$为产生 2π 相位所需要的等效调节电阻。

4.1.2.4 相位调制

相位调制是将施加到相位调制器的电压信号转换为相位,这一环节的传递函数可以用调制系数 K_m 表示:

$$H_4 = K_m = \frac{2\pi}{V_{2\pi}} = \frac{2\pi}{R_{2\pi} \cdot i_{REF}} \tag{4.34}$$

4.1.2.5 线圈延迟

上述电光转换通过阶梯波调制在光纤线圈的两束反向传播光波之间产生一个反馈相移 ϕ_f,抵消旋转引起的 Sagnac 相移:

$$\phi_f = \phi(t) - \phi(t - \tau) \tag{4.35}$$

因而电光相位调制器也称为陀螺的反馈元件。这样一种过程的传递函数可以描述为

$$H_5(s) = 1 - e^{-\tau s} \tag{4.36}$$

4.1.2.6 后向通道的传递函数

后向通道的传递函数 $H(z)$ 可以表示为

$$
\begin{aligned}
H(z) &= H_1(z) \cdot Z\{H_2(s) \cdot H_3 \cdot H_4 \cdot H_5(s)\} \\
&= \frac{z}{z-1} \cdot Z\left\{\frac{i_{REF}}{2^{n_{dac}}} \cdot \frac{1 - e^{-\tau s}}{s} \cdot G_p \cdot K_m \cdot (1 - e^{-\tau s})\right\} \\
&= \frac{z}{z-1} \cdot Z\left\{\frac{i_{REF}}{2^{n_{dac}}} \cdot \frac{1 - e^{-\tau s}}{s} \cdot R_{2\pi} \cdot \frac{2\pi}{V_{2\pi}} \cdot (1 - e^{-\tau s})\right\} = \frac{2\pi}{2^{n_{dac}}} \tag{4.37}
\end{aligned}
$$

4.1.3 闭环光纤陀螺的传递模型和频率特性

参看图 4.2,首先考虑闭环反馈环节。在 z 域,假定 $R(z)$ 表示输入角速率

信号，$C(z)$ 表示输出角速率信号，$G(z)$ 表示前向通道的传递函数，$H(z)$ 表示反馈通道的传递函数。由式(4.27)和式(4.37)，闭环光纤陀螺回路的传递函数 $T(z)$ 为

$$T(z) = \frac{C(z)}{R(z)} = \frac{G(z)}{1 + G(z)H(z)}$$

$$= \frac{\dfrac{I_0}{2} \cdot \sin\phi_b \cdot \eta_D R_f G_f G_a \cdot \dfrac{2^{n_{adc}}}{V_{REF}} \cdot \dfrac{m_s}{2^{n_1 - n_{dac}}} \cdot z^{-2}}{z - 1 + \dfrac{I_0}{2} \cdot \sin\phi_b \cdot \eta_D R_f G_f G_a \cdot \dfrac{2^{n_{adc}}}{V_{REF}} \cdot \dfrac{m_s}{2^{n_1 - n_{dac}}} \cdot \dfrac{2\pi}{2^{n_{dac}}} \cdot z^{-2}}$$

$$= \frac{g \cdot z^{-2}}{z - 1 + g \cdot h \cdot z^{-2}} \tag{4.38}$$

式中：g、h 分别为前向通道增益和后向通道增益，

$$g = \frac{I_0}{2} \cdot \sin\phi_b \cdot \eta_D R_f G_f G_a \cdot \frac{2^{n_{adc}}}{V_{REF}} \cdot \frac{m_s}{2^{n_1 - n_{dac}}}, h = \frac{2\pi}{2^{n_{dac}}} \tag{4.39}$$

如果考虑前向通道和反馈通道的其他附加延迟，则式(4.38)可以写为

$$T(z) = \frac{g \cdot z^{-(p+2)}}{z - 1 + g \cdot h \cdot z^{-(p+q+2)}} \tag{4.40}$$

式中：$(p+2)\tau$ 表示前向通道的附加时间延迟；$q\tau$ 表示反馈通道的附加时间延迟。下面还要证明，在实际陀螺的带宽范围内，前向通道和反馈通道的时间延迟对闭环回路的稳定性和陀螺的动态特性可能会有重要影响。

4.1.3.1   闭环反馈回路简化为一阶惯性环节

忽略前向通道和反馈通道的时间延迟，闭环反馈环节的离散传递函数式(4.40)简化为

$$T(z) = \frac{g}{z - 1 + g \cdot h} \tag{4.41}$$

这是一个纯一阶惯性环节。将式(4.41)传递函数从 z 域转换到 s 域，表示为

$$T(s) = \frac{g}{\tau s + g \cdot h} = \frac{1}{h} \cdot \frac{1}{\dfrac{\tau}{gh}s + 1} \tag{4.42}$$

此时，闭环光纤陀螺回路的归一化幅频特性为

$$A(\omega) = \left| \frac{T(\omega)}{T(0)} \right| = \frac{g \cdot h}{\sqrt{(\omega\tau)^2 + (gh)^2}} \tag{4.43}$$

闭环光纤陀螺回路的3dB带宽 Δf_{3dB} 满足：

$$A(\omega)\big|_{\omega = \omega_{3dB}} = \frac{1}{\sqrt{2}} A(\omega)\big|_{\omega = 0} \tag{4.44}$$

则有

$$\omega_{3dB} = \frac{gh}{\tau} \tag{4.45}$$

或

$$\Delta f_{3dB} = \frac{\omega_{3dB}}{2\pi} = \frac{I_0}{2} \cdot \sin\phi_b \cdot \eta_D R_f G_f G_a \cdot \frac{1}{\tau} \cdot \frac{2^{n_{adc}}}{V_{REF}} \cdot \frac{m_s}{2^{n_1}} \tag{4.46}$$

可以看出,光纤陀螺的 3dB 带宽 Δf_{3dB} 与整个系统的增益成正比,与系统时间常数 τ(光纤线圈传输时间)成反比,由于光纤陀螺的系统控制周期较短,因此,即使系统增益不高,光纤陀螺的动态特性也大大优于机电陀螺。由式(4.46)可以看出,增加光纤陀螺 3dB 带宽的方法有提高偏置光功率、增加前放增益、增加 A/D 位数、改变数字滤波或数字截取等,这些措施基本集中在闭环回路的前向通道中。值得说明的是,增加回路增益会影响闭环回路的稳定性和陀螺的其他性能,必须统筹考虑。

当闭环回路近似为一阶惯性环节时,光纤陀螺的 3dB 带宽 Δf_{3dB} 与光纤陀螺的本征频率 f_p 的关系近似为

$$\Delta f_{3dB} = \frac{gh}{\pi} f_p \tag{4.47}$$

同理,闭环光纤陀螺的相频特性为

$$\varphi(f) = -\arctan\left(\frac{f}{\Delta f_{3dB}}\right) \ (\text{rad}) \tag{4.48}$$

可以看出,对于一阶惯性环节,光纤陀螺闭环回路内的 3dB 带宽 Δf_{3dB} 对应的相位延迟 $\varphi(\Delta f_{3dB})$ 为 $-45°$。图 4.7 给出了闭环回路为一阶惯性环节时的光纤陀螺的幅频特性和相频特性。

4.1.3.2 存在延迟时闭环反馈回路的频率特性和超调现象

实际中,要准确描述光纤陀螺的动态特性,不能忽略式(4.40)中前向和后向增益通道的延迟。将 $z = e^{i\omega\tau}$ 代入式(4.40)中,并相对 $T(0)$ 归一化,得

$$
\begin{aligned}
T_N(\omega) &= \frac{T(\omega)}{T(0)} = \frac{gh \cdot e^{-i(p+2)\omega\tau}}{e^{i\omega\tau} - 1 + gh \cdot e^{-i(p+q+2)\omega\tau}} \\
&= \frac{gh \cdot \{\cos[(p+2)\omega\tau] - i \cdot \sin[(p+2)\omega\tau]\}}{\cos(\omega\tau) + i \cdot \sin(\omega\tau) - 1 + gh \cdot \{\cos[(p+q+2)\omega\tau] - i \cdot \sin[(p+q+2)\omega\tau]\}} \\
&= \frac{\cos[(p+2)\omega\tau] - i \cdot \sin[(p+2)\omega\tau]}{\left\{\dfrac{\cos(\omega\tau)-1}{gh} + \cos[(p+q+2)\omega\tau]\right\} + i \cdot \left\{\dfrac{\sin(\omega\tau)}{gh} - \sin[(p+q+2)\omega\tau]\right\}} \\
&= A(\omega) e^{i\varphi(\omega)}
\end{aligned} \tag{4.49}
$$

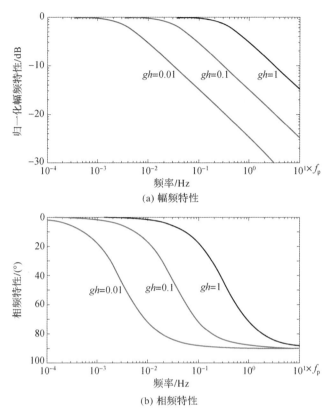

(a) 幅频特性

(b) 相频特性

图 4.7 闭环回路为一阶惯性环节时的频率特性

式中:

$$A(\omega) = \frac{1}{\sqrt{\left\{\dfrac{\cos(\omega\tau) - 1}{gh} + \cos\left[(p + q + 2)\omega\tau\right]\right\}^2 + \left\{\dfrac{\sin(\omega\tau)}{gh} - \sin\left[(p + q + 2)\omega\tau\right]\right\}^2}}$$

(4.50)

$$\varphi(\omega) = -(p + 2)\omega\tau - \arctan^{-1}\left\{\frac{\dfrac{\sin(\omega\tau)}{gh} - \sin\left[(p + q + 2)\omega\tau\right]}{\dfrac{\cos(\omega\tau) - 1}{gh} + \cos\left[(p + q + 2)\omega\tau\right]}\right\}$$

(4.51)

分别为光纤陀螺归一化传递函数的幅值(幅频特性)和相位(相频特性)。

图 4.8 所示为闭环光纤陀螺的前向和后向增益通道存在延迟且增益较大时的归一化幅频特性曲线,其中纵、横坐标都取线性坐标。由图 4.8 可以看出,含有回路延迟时,光纤陀螺幅频特性具有下列特点:①归一化幅频特性在 $\omega = 0$ 处的值为 $A(0) = 1$。②在低频段,幅频特性曲线平滑,几乎没有变化。③随着 ω

增大,闭环幅频特性出现谐振峰,谐振峰对应的角频率称为谐振频率 ω_r,谐振峰值是 $A_{\max} = A(\omega_r)$。这与图4.7(a)的情形(任何时候都没有谐振峰)完全不同。相对谐振峰值可以定义为 $M_r = A_{\max}/A(0)$。④角频率 ω 大于谐振频率 ω_r 后,$A(\omega)$ 迅速衰减。当归一化幅频特性降至 $0.707A(0)$ 时,对应的角频率称为3dB带宽 $\omega_{3\mathrm{dB}}$。由于幅频特性存在谐振频率时,光纤陀螺闭环系统对单位阶跃的响应存在明显的振荡倾向;如果输入角频率为 ω_r 的正弦函数,该系统的响应是对输入正弦的放大,放大的正弦函数再通过反馈超调影响闭环反馈误差信号,产生振动零偏效应。因而,此时的 $\omega_{3\mathrm{dB}}$ 已不是闭环光纤陀螺期望的3dB带宽。换句话说,光纤陀螺的闭环频率特性不应出现谐振和超调现象,必须对回路增益进行约束。

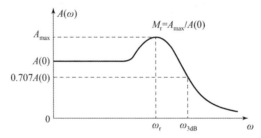

图4.8　典型的闭环光纤陀螺幅频特性(含延迟,增益大)

由式(4.50),得

$$
\begin{aligned}
|A(\omega)|^2 &= \cfrac{1}{\left\{\cfrac{\cos(\omega\tau)-1}{gh}+\cos\left[(p+q+2)\omega\tau\right]\right\}^2 + \left\{\cfrac{\sin(\omega\tau)}{gh}-\sin\left[(p+q+2)\omega\tau\right]\right\}^2} \\
&= \cfrac{1}{\mathscr{B}}
\end{aligned}
\tag{4.52}
$$

若陀螺闭环回路的幅频特性函数恰好不出现谐振峰,则式(4.52)的 $|A(\omega)|^2 - \omega$ 曲线应单调下降,也即式(4.52)的分母 $\mathscr{B}$ 应单调增加。令 $p+q+2=M$,并代入式(4.52),其分母 $\mathscr{B}$ 变为

$$
\begin{aligned}
\mathscr{B} &= \left[\frac{\cos(\omega\tau)-1}{gh}+\cos(M\omega\tau)\right]^2 + \left[\frac{\sin(\omega\tau)}{gh}-\sin(M\omega\tau)\right]^2 \\
&= 1 + \frac{2}{(gh)^2} - \frac{2\cos(\omega\tau)}{(gh)^2} + \frac{2\cos\left[(M+1)\omega\tau\right]}{gh} - \frac{2\cos(M\omega\tau)}{gh}
\end{aligned}
\tag{4.53}
$$

若分母 $\mathscr{B}$ 单调增加,则有

$$
\begin{aligned}
\frac{\partial\mathscr{B}}{\partial\omega} &= \frac{\partial}{\partial\omega}\left\{-\frac{\cos(\omega\tau)}{gh}+\cos\left[(M+1)\omega\tau\right]-\cos(M\omega\tau)\right\} \\
&= \frac{\tau\cdot\sin(\omega\tau)}{gh} - (M+1)\tau\cdot\sin\left[(M+1)\omega\tau\right] + M\tau\cdot\sin(M\omega\tau) > 0
\end{aligned}
\tag{4.54}
$$

注意，$\omega\tau = 2\pi f\tau = \pi f/f_p$，其中 $f_p = 1/2\tau$ 为光纤陀螺的本征频率，$f \ll f_p$ 时，有

$$\frac{1}{gh} - (M+1)^2 + M^2 > 0 \tag{4.55}$$

因此，为避免在闭环带宽范围内幅频特性出现谐振峰，一般情况下，需要人为约束闭环回路增益的安全取值范围为

$$gh \leqslant \frac{1}{2(2M+1)} \tag{4.56}$$

4.1.3.3　闭环光纤陀螺的精确传递函数模型

高动态输入情况下，受反馈回路跟踪精度限制，闭环光纤陀螺的实际输出会产生一个零偏误差，称为振动零偏效应，振动零偏效应的产生机理下文还将详细讨论。式(4.49)的光纤陀螺简化传递函数模型不能反映高动态条件下的陀螺输出响应。只有还原解调环节的真实情景，建立光纤陀螺的精确传递函数模型，才有可能从理论上预测振动零偏效应，并进一步发现振动零偏效应与闭环回路的延迟和增益及由此产生的超调现象有关。

闭环光纤陀螺的干涉输出光强可以表示为

$$I_D(t) = \frac{I_0}{2}\{1 + \cos[\phi_b + \phi_s(t) + \phi_f(t)]\} \tag{4.57}$$

式中：I_0 为 Sagnac 干涉仪的输入光强；ϕ_b 为偏置调制相位；$\phi_s(t)$ 为动态输入信号；$\phi_f(t)$ 为反馈信号。存在跟踪误差时，瞬时误差信号 $\phi_e(t) = \phi_s(t) + \phi_f(t) \neq 0$，此时，正、负采样周期相减给出的陀螺输出为

$$
\begin{aligned}
I_{out} &= I_D(t) - I_D(t-\tau) \\
&= \frac{I_0}{2}\{1 + \cos[\phi_b + \phi_s(t) + \phi_f(t)]\} - \frac{I_0}{2}\{1 + \cos[-\phi_b + \phi_s(t-\tau) + \phi_f(t-\tau)]\} \\
&= \frac{I_0}{2}\big[\cos\phi_b\cos\phi_e(t) - \sin\phi_b\sin\phi_e(t) - \cos\phi_b\cos\phi_e(t-\tau) - \sin\phi_b\sin\phi_e(t-\tau)\big]
\end{aligned}
\tag{4.58}
$$

用式(4.58)取代解调环节的 $z^{-2} \cdot I_0\sin\phi_b$，得到光纤陀螺的精确传递函数模型。因此，在时域，正、负采样周期相减的实际解调环节不再具有恒定增益 $I_0\sin\phi_b$，而是增加了一个与动态输入有关的可变因子：

$$\frac{1}{2}\left\{\left[\frac{\sin\phi_e(t) + \sin\phi_e(t-\tau)}{\phi_e(t)}\right] - \cot\phi_b\left[\frac{\cos\phi_e(t) - \cos\phi_e(t-\tau)}{\phi_e(t)}\right]\right\} \cdot I_0\sin\phi_b \tag{4.59}$$

后面还要证明，$\phi_e(t)$ 很大时，式(4.59)中的第一项产生"正弦响应非线性"，但不会引起振动零偏效应。振动零偏效应与第二项有关，是大的误差信号与解调

环节的可变增益的联合作用结果。也就是说,动态输入条件下,角加速度较大导致回路跟踪误差也较大,固然是振动过程中陀螺产生零偏的主因,但陀螺回路参数设计不合理,造成闭环传递函数幅频特性存在超调,会对振动零偏效应起推波助澜(或放大)作用。因此,对精确模型进行仿真,评估并优化设计闭环光纤陀螺的回路参数,对于抑制和消除振动零偏效应非常重要。研究表明,当调整回路增益至一个适当水平时,可以抑制振动零偏效应,满足惯性导航系统应用对光纤陀螺振动性能的要求。

4.1.3.4　闭环回路稳定性分析和增益约束条件

稳定是闭环控制回路能够正常工作的先决条件。回路不稳定,陀螺输出/输入关系(传递函数)将不是线性的,输出信号不再反映输入信号。一种典型情况是,对阶跃角速率输入,陀螺输出随时间振荡或发散,导致陀螺不能闭环。因此,闭环陀螺的回路稳定性分析非常重要。另外,即便陀螺满足回路稳定性条件,前面已提到,回路超调仍产生零偏效应。因此,对于闭环光纤陀螺来说,闭环回路的总增益既要满足一般的回路稳定性条件,又要考虑幅频特性不能出现超调现象。

先讨论无延迟的理想一阶惯性环节情况,由式(4.41),其特征方程为

$$z - 1 + gh = 0 \tag{4.60}$$

根据稳定性判据 $|z| = |1 - gh| < 1$,则系统一定是稳定的,因而得到一阶惯性环节的稳定性条件:

$$0 < gh < 2 \tag{4.61}$$

再考虑前向和后向增益通道实际存在延迟的情况,仍令 $p + q + 2 = M$,由式(4.40),其 z 域的特征方程为

$$z^M \cdot (z - 1) + gh = 0 \tag{4.62}$$

根据稳定性判据 $|z| < 1$,针对不同的 M 值,求解式(4.62),得到满足 $|z| < 1$ 的 gh 值范围,即存在回路延迟时的稳定性条件,如表4.1第二行,同时为方便比较,表中还给出了为避免超调,式(4.56)设定的 gh 值的增益约束(表4.1第三行)。

另外,实际陀螺是在偏置调制基础上对干涉输出的余弦响应进行解调,在高动态输入(如振动)条件下,闭环回路存在较大的瞬态误差信号,导致解调非线性和探测器/模数转换器饱和,这些实际解调环节将产生非线性的传递函数。通过建立光纤陀螺闭环回路的精确模型,考虑式(4.59)的实际解调环节,得到不同 M 值下为避免超调对 gh 值的进一步约束,如表4.1第四行。

表 4.1　考虑闭环光纤陀螺回路延迟时,回路稳定和避免超调对增益 gh 的约束条件

回路延迟 M	0	1	2	3	4	5	6	10
式(4.62)回路稳定性对增益的约束	2	1	0.618	0.445	0.347	0.285	0.241	0.149
式(4.56)为避免超调对增益的约束	0.5	0.167	0.100	0.072	0.056	0.046	0.039	0.024
式(4.59)闭环精确模型对增益的约束	0.5	0.133	0.078	0.056	0.044	0.036	0.032	0.019

可以看出,为了避免超调现象,回路延迟越大,gh 的增益约束范围越小。实际中的回路增益仅为式(4.62)稳定性条件所要求增益的 1/7。这一分析结果与光纤陀螺的试验结果是一致的:对于某型陀螺,$M = 3.5\tau$(与电路元件的选型有关),由表 4.1 可知,gh 应小于 0.05;实际中 $gh = 0.032$,带宽 $\Delta f_{3\mathrm{dB}} \approx 800\mathrm{Hz}$,陀螺不产生振动零偏效应;由于回路增益调节主要通过数字滤波(数字截取)实现,提高增益 1 倍至 $gh = 0.064$ 时,确实发现幅频特性已明显出现超调。又如,根据国外报道:陀螺光纤长度 $L = 600\mathrm{m}$,本征频率为 $f_{\mathrm{p}} = 172\mathrm{kHz}$,回路延迟 3.35$\tau$,闭环带宽为 1.47kHz,根据式(4.47),其增益 gh 仅为 0.027,与上述 $gh = 0.032$ 处于同一水平。因此,存在回路延迟条件下,避免超调现象是闭环光纤陀螺数字处理电路的一个基本设计要求。

4.1.4　光纤陀螺的振动零偏效应

光纤陀螺的振动零偏效应表现为,在振动过程中(无论是随机还是扫频)陀螺的零偏(均值)发生微小偏移($10^{-6} \sim 10^{-7}\mathrm{rad}$,对应的角速率为 $0.1 \sim 0.01°/\mathrm{h}$)。某型中等精度光纤陀螺的典型随机振动输出曲线如图 4.9 所示,其中振动过程中的零偏均值比振动前或振动后的零偏均值之差为 $0.0125°/\mathrm{h}$。这是由光纤陀螺闭环回路的幅频特性超调引起的振动误差,需要优化陀螺闭环回路参数或增加校正回路设计来避免超调现象。本节主要分析振动零偏效应的误差机理。

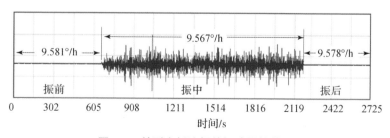

图 4.9　某型光纤陀螺的振动零偏效应

4.1.4.1 振动零偏效应的产生机理

振动零偏效应与闭环回路的工作原理和参数设计有关,是闭环光纤陀螺的共性问题。一般情况下,陀螺敏感角速率,通过闭环信号处理产生一个反馈信号,施加到相位调制器上,以保持偏置工作点的稳定。理想情况下,反馈相位抵消 Sagnac 相位。但由于光纤陀螺回路中存在延迟等,反馈信号总是滞后 Sagnac 相位。当角速率发生变化时,反馈相位总是试图跟踪上实际反馈相位,存在一个瞬态残余误差信号。这个残余误差信号与正弦输入同频,在高动态输入(如较高频振动)下变得很大,使探测器和模数转换器饱和。一方面,由于探测器(及前置放大器)饱和具有单向性,使光纤陀螺解调环节的增益变为与正弦输入(以及误差信号)同频的可变增益,将会导致振动零偏效应,这种情况称为狭义的探测器饱和。在实际中,未施加偏置相位时的光功率自身就在所用探测器的饱和功率水平之下,因此偏置调制过程中的光信号即使瞬态角速率很大,一般在探测器上也不会饱和。另一方面,当偏置相位工作在过调制状态和"瞬时残余误差信号"很大时,解调变为非线性,正、负周期采样值将不对称(符号相反,幅值不同),使光纤陀螺的解调环节同样变为与正弦输入同频的可变增益,导致振动零偏效应,称为广义的探测器饱和(图 4.10)。下面通过推导动态条件下闭环光纤陀螺的解调输出,分析振动零偏效应的产生机理。

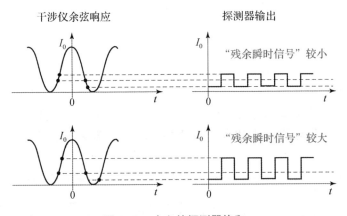

图 4.10 广义的探测器饱和

由式(4.58),在理想闭环状态下,瞬时残余误差信号 $\phi_e(t) = \phi_s(t) + \phi_f(t) \rightarrow 0$。此时,$\sin\phi_e(t) = 0$,$\cos\phi_e(t) = 1$,正、负采样周期相减给出陀螺的输出:

$$I_{out} = I_D(t) - I_D(t-\tau) = I_0\sin\phi_b\sin\phi_e(t) = I_0\sin\phi_b\sin[\phi_s(t) + \phi_f(t)] = 0$$

$$(4.63)$$

反馈相位完全抵消了 Sagnac 相移,工作点始终位于偏置相位 ϕ_b 附近的线性范围内。

　　在高动态输入(如振动)条件下,如果光纤陀螺回路超调,闭环回路容易产生较大的瞬态误差信号,使探测器/前置放大器广义饱和,这些实际解调环节将产生非线性的传递函数。假定振动情况下陀螺的输入函数 $\phi_s(t)$ 具有正弦形式:

$$\phi_s(t) = \phi_{s0}\sin(\omega t + \vartheta_{s0}) \tag{4.64}$$

式中:ϕ_{s0}、ϑ_{s0} 分别为正弦输入的幅值和相位;ω 为输入角速率的圆频率,$\omega = 2\pi f$。根据 Sagnac 效应,输入角速率幅值可以表示为

$$\Omega_{s0} = \frac{180}{\pi} \cdot \frac{\lambda_0 c}{2\pi LD} \cdot \phi_{s0} \quad (°/s) \tag{4.65}$$

　　由于光纤陀螺传递函数的幅频特性和相频特性,反馈信号的幅值和相位与输入函数不同,假定反馈函数为

$$\phi_f(t) = \phi_{f0}\sin(\omega t + \vartheta_{f0}) \tag{4.66}$$

式中:ϕ_{f0}、ϑ_{f0} 分别为正弦输入的输出响应的幅值和相位。

　　光纤陀螺传递函数模型中的误差信号为

$$\begin{aligned}
\phi_e(t) &= \phi_s(t) + \phi_f(t) = \phi_{s0}\sin(\omega t + \vartheta_{s0}) + \phi_{f0}\sin(\omega t + \vartheta_{f0}) = \phi_{e0}\sin(\omega t + \vartheta_{e0}) \\
&= \phi_{e0}\sin(\omega t)\cos\vartheta_{e0} + \phi_{e0}\cos(\omega t)\sin\vartheta_{e0} = A\sin(\omega t) + B\cos(\omega t)
\end{aligned} \tag{4.67}$$

式中:$A = \phi_{e0}\cos\vartheta_{e0}$,$B = \phi_{e0}\sin\vartheta_{e0}$,且

$$\vartheta_{e0} = \arctan\left(\frac{\phi_{s0}\sin\vartheta_{s0} + \phi_{f0}\sin\vartheta_{f0}}{\phi_{s0}\cos\vartheta_{s0} + \phi_{f0}\cos\vartheta_{f0}}\right) \tag{4.68}$$

$$\phi_{e0} = \sqrt{(\phi_{s0}\cos\vartheta_{s0} + \phi_{f0}\cos\vartheta_{f0})^2 + (\phi_{s0}\sin\vartheta_{s0} + \phi_{f0}\sin\vartheta_{f0})^2} \tag{4.69}$$

关注式(4.58)的干涉项:

$$\begin{aligned}
\cos[\phi_b + \phi_s(t) + \phi_f(t)] &= \cos[\phi_b + \phi_e(t)] \\
&= \cos\phi_b\cos\phi_e(t) - \sin\phi_b\sin\phi_e(t) \\
&= \cos\phi_b\cos[A\sin(\omega t) + B\cos(\omega t)] - \sin\phi_b\sin[A\sin(\omega t) + B\cos(\omega t)] \\
&= P(t) - Q(t)
\end{aligned} \tag{4.70}$$

式中:

$$P(t) = \cos\phi_b[\cos(A\sin(\omega t))\cos(B\cos(\omega t)) - \sin(A\sin(\omega t))\sin(B\cos(\omega t))] \tag{4.71}$$

$$Q(t) = \sin\phi_b[\sin(A\sin(\omega t))\cos(B\cos(\omega t)) + \cos(A\sin(\omega t))\sin(B\cos(\omega t))] \tag{4.72}$$

假定是两态方波解调,解调输出为

$$\begin{aligned}
&\cos[\phi_b + \phi_s(t) + \phi_f(t)] - \cos[-\phi_b + \phi_s(t-\tau) + \phi_f(t-\tau)] \\
&= \cos[\phi_b + \phi_e(t)] - \cos[\phi_b - \phi_e(t-\tau)]
\end{aligned} \tag{4.73}$$

而

$$\phi_e(t-\tau) = \phi_{e0}\sin(\omega t - \omega\tau + \vartheta_{e0}) = \phi_{e0}\sin(\omega t + \vartheta'_{e0}) = A'\sin(\omega t) + B'\cos(\omega t)$$
$$(4.74)$$

式中：$\vartheta'_{e0} = -\omega\tau + \vartheta_{e0}, A' = \phi_{e0}\cos\vartheta'_{e0}, B' = \phi_{e0}\sin\vartheta'_{e0}$。因此

$$\cos[-\phi_b + \phi_e(t-\tau)] = \cos[\phi_b - \phi_e(t-\tau)]$$
$$= \cos\phi_b\cos\{\phi_e(t-\tau)\} - \sin\phi_b\sin\{\phi_e(t-\tau)\} = P'(t) - Q'(t) \quad (4.75)$$

式中：

$$P'(t) = \cos\phi_b[\cos(A'\sin(\omega t))\cos(B'\cos(\omega t)) - \sin(A'\sin(\omega t))\sin(B'\cos(\omega t))]$$
$$(4.76)$$

$$Q'(t) = \sin\phi_b[\sin(A'\sin(\omega t))\cos(B'\cos(\omega t)) + \cos(A'\sin(\omega t))\sin(B'\cos(\omega t))]$$
$$(4.77)$$

所以，动态输入下陀螺实际输出的零偏均值为

$$\langle\cos[\phi_b + \phi_s(t) + \phi_f(t)] - \cos[-\phi_b + \phi_s(t-\tau) + \phi_f(t) - \tau]\rangle$$
$$= \langle[P(t) - Q(t)] - [P'(t) - Q'(t)]\rangle$$
$$= \langle[P(t) - P'(t)] - [Q(t) - Q'(t)]\rangle \quad (4.78)$$

根据贝塞尔级数展开式：

$$\cos(x\sin\theta) = J_0(x) + 2\sum_{n=1}^{\infty}J_{2n}(x)\cos(2n\theta) \quad (4.79)$$

$$\sin(x\sin\theta) = 2\sum_{n=1}^{\infty}J_{2n-1}(x)\cos[(2n-1)\theta] \quad (4.80)$$

$$\cos(x\cos\theta) = J_0(x) + 2\sum_{n=1}^{\infty}(-1)^nJ_{2n}(x)\cos(2n\theta) \quad (4.81)$$

$$\sin(x\cos\theta) = 2\sum_{n=1}^{\infty}(-1)^{n+1}J_{2n-1}(x)\cos[(2n-1)\theta] \quad (4.82)$$

可以看出，式(4.78)中含有$\langle\cos(A\sin(\omega t))\cos(B\cos(\omega t))\rangle$、$\langle\cos(A'\sin(\omega t))\cos(B'\cos(\omega t))\rangle$的项$[P(t) - P'(t)]$在振动条件下产生零偏，即

$$\langle\cos[\phi_b + \phi_s(t) + \phi_f(t)] - \cos[-\phi_b + \phi_s(t) + \phi_f(t)]\rangle = \langle P(t) - P'(t)\rangle$$
$$= \cos\phi_b\{\langle\cos(A\sin(\omega t))\cos(B\cos(\omega t))\rangle - \langle\cos(A'\sin(\omega t))\cos(B'\cos(\omega t))\rangle\}$$

$$= \cos\phi_b\left\{\left[J_0(A)\cdot J_0(B) + 2\sum_{n=1}^{\infty}(-1)^nJ_{2n}(A)\cdot J_{2n}(B)\right]\right.$$

$$\left. - \left[J_0(A')\cdot J_0(B') + 2\sum_{n=1}^{\infty}(-1)^nJ_{2n}(A')\cdot J_{2n}(B')\right]\right\} \neq 0 \quad (4.83)$$

这正是光纤陀螺在振动条件下解调环节产生零偏的基本原因，国外专利文献中也称为振动引起的直流(Direc Current, DC)偏置。当光纤陀螺传递函数模型的跟踪误差较小时，导致$\phi_{e0}\sin(\omega t + \vartheta_{e0})\to 0$，进而$\cos[\phi_b + \phi_e(t)] - \cos[-\phi_b +$

$\phi_e(t)$] $= 0$,振动零偏效应消失。

4.1.4.2 利用精确传递模型对振动零偏效应的仿真

用式(4.59)的解调环节取代图 4.1 中的线性解调响应 $z^{-2} \cdot I_0 \sin\phi_b$,在式(4.40)的基础上得到光纤陀螺的传递函数精确模型。在正弦输入条件下,利用该精确模型对陀螺输出进行仿真,考察振动零偏效应。各个物理环节的典型参数如表 4.2 所示。仿真采用幅值固定的正弦输入信号 $\phi = \phi_0 \sin(2\pi ft)$。图 4.11 所示为各种不同增益($gh$ 值)下计算的光纤陀螺输出平均值(振动零偏效应)与输入信号频率的关系曲线,曲线中各点均取时间为 5s 的零偏平均值。

表 4.2　光纤陀螺传递函数精确模型的仿真参数全部采用实际陀螺各环节的物理参数

闭环环节	$\dfrac{2\pi LD}{\lambda_0 c}$	τ	$I_0 \sin\phi_b$	$\eta_D R_f$	$G_f G_a$	$\dfrac{2^{n_{adc}}}{V_{REF}}$	增益 gh (增益约束 <0.05)	n_{dac}	前向延迟	后向延迟
单位	s	μs	W	V/W	1/V				τ	τ
参数取值	1.62	6.04	2.83×10^{-5}	2.7×10^4	1.8	$\dfrac{2^{12}}{5}$	0.064、0.032、0.016	14	2.5	1

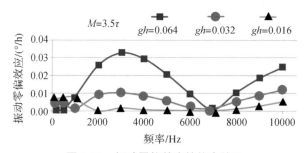

图 4.11　振动零偏效应的仿真结果

对于某型 0.01°/h 光纤陀螺(光纤线圈的 $LD \approx 1250\text{m} \times 0.1\text{m} = 125\text{m}^2$),精确传递函数模型的仿真表明,振动零偏效应满足应用要求的输入幅值 $\phi_0 = 5 \times 10^{-3}$ rad,根据表 4.2 的典型参数,$\phi_0 = 5 \times 10^{-3}$ rad 对应的角速率幅值为 $\Omega_0 \approx 0.18°/\text{s}$。假定在频率 $f = \Delta f_{3dB} = 845\text{Hz}$ 开始产生振动零偏效应,则该型陀螺不产生显著振动零偏效应($<0.01°/\text{h}$)的最大角加速度为 $\alpha_{max} = 2\pi f \cdot \Omega_0 = 2\pi \times 845\text{Hz} \times 0.18°/\text{s} \approx 956°/\text{s}^2$。实际上,由于光纤陀螺的检测带宽 Δf_{3dB}(3dB 带宽)所限,光纤陀螺输出对检测带宽之外的高频角振动是"不"响应的。但由于光纤陀螺传递函数模型中解调环节存在偏置调制和余弦响应,虽然陀螺输出对高频角振动不响应,但仍会产生一个零偏误差,这正是振动零偏效应的特点。

依据美国 Litton 公司的 LN251 光纤陀螺惯性导航系统的产品说明书(光纤线圈的 LD 大致为 $1000\text{m} \times 0.075\text{m} = 75\text{m}^2$),其光纤陀螺角加速率的允许范围为 $\alpha_{\max} = 1500°/\text{s}^2$。LN251 陀螺的 $\alpha_{\max}/LD$ 指数与表 4.2 建模所用陀螺的指数相同(反映的是两者回路延迟和增益大致接近)。可以推断,LN251 产品的角加速率允许范围应该是针对振动零偏效应给出的。

从回路增益 gh 的取值来看,当陀螺闭环幅频特性曲线存在谐振峰(超调)时($gh > 0.05$),容易产生较大零偏,陀螺动态性能较差;当陀螺幅频特性曲线不存在谐振峰时($gh < 0.05$,不超调),产生的零偏较小(小于 $0.01°/\text{h}$),在允许范围内,陀螺动态性能较好。结合图 4.11 和表 4.1,陀螺闭环增益的选择应使精确模型的幅频特性曲线恰好不出现谐振峰为佳。增益太高,存在谐振峰;但闭环增益也不能无限降低。要避免振动零偏效应,增益应选择陀螺幅频特性曲线不出现谐振峰时对应的增益水平。

4.1.5 闭环光纤陀螺的动态性能和校正回路设计

如前所述,光纤陀螺的实际闭环控制回路由于存在固有延迟,在回路增益较大时存在超调,将不可避免地产生振动零偏效应。这是陀螺闭环反馈回路的瞬态残余误差信号较大导致解调非线性引起的振动误差。约束回路增益方法虽然可以抑制振动零偏效应,满足大部分的系统应用需求,但该方法在一定程度上限制了光纤陀螺带宽,在某些大动态和高机动性应用中,将产生较大的角速率跟踪误差和瞬态角误差,影响系统的导航精度。采用回路校正技术可以充分发挥光纤陀螺的大带宽优势,在抑制振动零偏效应的同时将陀螺角速率跟踪误差以及最大瞬态角误差降低一个数量级以上,为光纤陀螺在大动态等严苛力学环境下的工程应用提供一种技术支撑。

4.1.5.1 给定阶跃输入和斜坡输入时的稳态角速率误差

如图 4.12 所示,对于含有回路延迟的闭环光纤陀螺,当回路增益 gh 满足避免超调的增益约束条件时,其幅频特性与纯一阶惯性环节非常接近。因此,本书可以用相同增益参数的一阶惯性环节计算给定阶跃输入和斜坡输入时的稳态角速率误差。

输入恒定的 Sagnac 相移 ϕ_s ,这相当于输入信号为一个阶跃函数,对于一阶惯性环节,由式(4.42),其输出信号 D_{out} 的拉普拉斯变换为

$$D_{\text{out}}(s) = \frac{\phi_s}{h} \cdot \frac{1}{s\left(\dfrac{\tau}{gh}s + 1\right)} = K\phi_s \cdot \frac{1}{s\left(\dfrac{\tau}{gh}s + 1\right)} \tag{4.84}$$

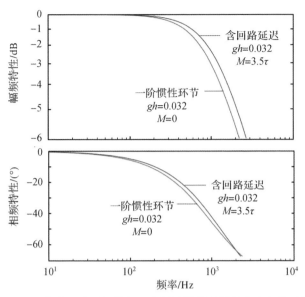

图 4.12　存在回路延迟的闭环光纤陀螺满足增益约束条件时的
频率特性曲线与一阶惯性环节近似

式中：$K = 1/h$。时域响应为

$$D_{\text{out}}(t) = K\phi_{\text{s}} \cdot \left(1 - \text{e}^{-\frac{gh}{\tau}t}\right) \tag{4.85}$$

若输入为恒定的角速率 $\Omega_0(°/\text{s})$，则式（4.85）变为

$$D_{\text{out}} = \Omega_0 \cdot \frac{\pi}{180} \cdot \frac{2\pi LD}{\lambda_0 c} \cdot K \cdot \left(1 - \text{e}^{-\frac{gh}{\tau}t}\right) = \Omega_0 \cdot K_{\text{SF}}\left(1 - \text{e}^{-\frac{gh}{\tau}t}\right) \tag{4.86}$$

式中：

$$K_{\text{SF}} = \frac{2\pi LD}{\lambda_0 c} \cdot \frac{\pi}{180} \cdot \frac{2^{n_{\text{dac}}}}{2\pi} = \frac{2^{n_{\text{dac}}}LD}{\lambda_0 c} \cdot \frac{\pi}{180} \tag{4.87}$$

由式（4.86），对于纯一阶惯性环节，在输入恒定的角速率 Ω_0 情况下（视为阶跃角速率输入），陀螺输出可以表示为

$$\Omega_{\text{out}} = \frac{D_{\text{out}}}{K_{\text{SF}}} = \Omega_0\left(1 - \text{e}^{-gh\frac{t}{\tau}}\right) \tag{4.88}$$

当 $t \gg \tau/gh$ 时，$\Omega_{\text{out}} \rightarrow \Omega_0$，即陀螺稳态速率误差为零。

当存在角加速度 α（且 α 小于产生振动零偏效应的最大角加速度 $\alpha_{\max}$）时，设输入为 $\Omega_{\text{in}} = \alpha t$，在 s 域，有 $\Omega_{\text{in}}(s) = \alpha/s^2$，则 s 域陀螺输出 $D_{\text{out}}(s)$ 为

$$D_{\text{out}}(s) = K_{\text{SF}} \cdot \frac{\alpha}{s^2} \cdot \frac{1}{\frac{\tau}{gh}s + 1} = K_{\text{SF}} \cdot \alpha \cdot \left[\frac{1}{s^2} - \frac{\frac{\tau}{gh}}{s} + \frac{\left(\frac{\tau}{gh}\right)^2}{\frac{\tau}{gh}s + 1}\right] \tag{4.89}$$

陀螺的时域输出可以表示为

$$D_{\text{out}}(t) = K_{\text{SF}} \cdot \alpha \cdot \left[t - \frac{\tau}{gh} + \frac{\tau}{gh} e^{-gh\frac{t}{\tau}} \right] \tag{4.90}$$

或

$$\Omega_{\text{out}} = \frac{D_{\text{out}}(t)}{K_{\text{SF}}} = \alpha \left[t - \frac{\tau}{gh} + \frac{\tau}{gh} e^{-gh\frac{t}{\tau}} \right] \tag{4.91}$$

当 $t \gg \tau/gh$ 时,$\Omega_{\text{out}} \to \alpha[t - \tau/(gh)] = \Omega_{\text{in}} - \alpha\tau/(gh)$,即陀螺稳态角速率误差为

$$\Delta\Omega = -\frac{\alpha\tau}{gh} \tag{4.92}$$

可以证明,静止或以恒定角速率运动的载体,通过加速或减速改变了运动状态之后又回到原状态,在这个过程中,尽管角速率误差随时间变化,但积分角误差在一阶上为零。

4.1.5.2　光纤陀螺抗角加速度能力的评估

理论上,光纤陀螺对线加速运动不敏感。但在大冲击条件下,惯性导航系统减振装置的瞬间变形通常会给光纤陀螺引入较大的角加速度,使陀螺偏置工作点呈现瞬间跨干涉条纹;当冲击结束,光纤陀螺不再回到零级条纹的偏置工作点上,而是工作在其他条纹上的同一偏置工作点上。大冲击后的光纤陀螺输出存在一个较大的台阶,台阶高度等于 2π 相位(或其整数倍)对应的角速率。抗角加速度能力是光纤陀螺的一个重要力学性能指标,也是可以"设计"的。如果能够建立精确的光纤陀螺传递函数模型,就可以准确评估光纤陀螺的抗角加速度能力。

为模拟力学冲击过程,假设冲击过程导致陀螺转速 Ω_0(静态时,指的是所敏感的地球速率分量)在某一瞬间以平均角加速度 α 加速至转速 $\Omega_0 + \alpha t$,然后冲击停止,陀螺又瞬间减速至原转速 Ω_0。为了评估陀螺受到冲击时被"冲飞"(冲击停止后,陀螺输出产生较大的台阶)的临界输入角加速度,需要利用传递函数精确模型仿真角加速度大小和角加速度持续时间对临界输入角加速度的影响。两种情形的冲击曲线如图4.13所示:(a)为上升时间 t 不变,改变角加速度 α 大小;(b)为角加速度 α 不变,改变上升时间 t 的大小。仿真表明:陀螺出现跳台阶现象与角加速度持续时间有关;在角加速度持续时间足够的情况下,输入信号的角加速度增大到超过某一临界值,陀螺输出将跳台阶,台阶跨度一般是 2π;如果角加速度过大,台阶跨度可能还会是 4π、6π 等。

利用表4.2的传递函数模型参数(回路增益 $gh = 0.032$),经过多次仿真探索,得到陀螺受到冲击时被"冲飞"的临界输入条件:输入函数是一个初始值为 7.5×10^{-5} rad(相当于朝天地球速率 $9.54°/h$),以某一恒定的角加速度上升至

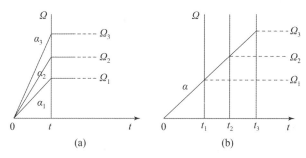

图 4.13　陀螺受到冲击时与角加速度大小和持续时间的关系

23rad(相当于 812°/s),上升持续时间约 4.67ms,然后下降至 7.5×10^{-5} rad 的冲击函数。对于一个自然的冲击过程,大的角加速度通常由输入(冲击)函数上升时间引入。图 4.14 所示为利用某型陀螺的精确传递函数模型对冲击过程引入的角加速度的仿真结果。图 4.14(a)是上面描述的输入(大冲击)函数,图 4.14(b)是反馈回路的误差信号,图 4.14(c)是输出响应,可以看出,陀螺受到冲击后,其输出相对冲击前产生一个 2π 台阶,根据表 4.2 的参数,这个台阶相当于约 220°/s 的角速率(该陀螺 Sagnac 相移为 2π 对应的旋转角速率)。由图 4.14 估算该型陀螺的抗角加速度能力(陀螺受到冲击时不被"冲飞"的临界角加速度)为

$$\alpha_{\max} = 169762°/s^2$$

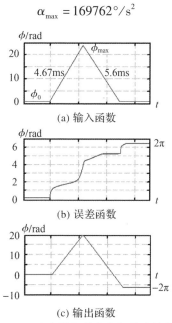

(a) 输入函数

(b) 误差函数

(c) 输出函数

图 4.14　冲击引入的大角加速度的仿真

另外,在存在很大的阶跃输入角速率情况下,陀螺闭环输出的瞬时误差信号可能会达到开环输出信号的极限值(最大输入角速率),此时系统如果需要具有很短的响应时间,A/D 转换器必须有足够的位数,以保证信号的完整性。这意味着,闭环系统可承受的最大角加速度保守估计为

$$\alpha_{max} = 2\pi\Delta f_{3dB} \cdot \Omega_{\pi - \phi_b} \tag{4.93}$$

式中:ϕ_b 为调制深度;Δf_{3dB} 为闭环带宽;$\Omega_{\pi - \phi_b}$ 为 $\pi - \phi_b$ 相位对应的角速率。将 $\phi_b = 3\pi/4$、$\Delta f_{3dB} = (0.032/\pi) \times 83\text{kHz} = 845\text{Hz}$、$\Omega_\pi = 110°/s$ 代入式(4.93),得

$$\alpha_{max} = 2\pi \times 845 \times \frac{110}{4} \approx 146005°/s^2$$

这与上面针对该型陀螺给出的临界角加速度仿真结果比较接近。理论上,给定陀螺结构尺寸,要提高陀螺的抗角加速度能力(抗"冲飞"能力),可通过减小陀螺回路延迟时间,进而提高陀螺闭环增益和闭环带宽来实现。结构尺寸较小的光纤陀螺具有较强的抗角加速度能力。

4.1.5.3 降低角运动测量误差的校正回路设计

本书把陀螺仪的角运动测量误差定义为在某一时刻对输入角速率变化的跟踪误差的积分,即瞬态角误差。这是闭环光纤陀螺的标准控制回路固有的一种误差。闭环光纤陀螺的控制回路在载体加速和减速过程中的跟踪误差无法从陀螺的输出中直接观察到和分离出来,因而很难对其进行标定和补偿。常规的光纤陀螺性能测试和标定方法一般观察不到光纤陀螺跟踪载体运动的能力,因而控制回路引起的这类误差通常很难像其他误差如零偏和标度因数那样修正和补偿。但是,通过对光纤陀螺传递函数进行建模,可从理论上分析这类误差的产生机制,进而对系统的动态性能进行评估和预测。

对于某些含姿态基准功能的 IMU 的大动态和高机动性应用,一般要求光纤陀螺在特定角速率分布下的最大瞬态角误差为几微弧度。如图 4.12 所示,对于存在回路延迟的实际闭环光纤陀螺的传递函数,在满足表 4.1 所示的回路稳定和避免超调的增益约束条件下($gh = 0.032, M = 3.5\tau$),其频率特性曲线与具有相同增益的一阶惯性环节近似,其稳态角速率跟踪误差为式(4.92)。取光纤长度为 1500m,光纤环传输时间为 $\tau = 7.5\mu s$,设输入角速率在加速和减速时的角加速度分别为 $\alpha = \pm 100°/s^2$,加速或减速过程的角速率跟踪误差为 $\Delta\Omega = 423\mu rad/s \approx 87°/h$,持续加速 2s 时的瞬态角误差已达到 430$\mu$rad。虽然整个工作过程中载体通过加速改变运动状态后又减速回到原状态,累积的角误差在一阶上很小或为零,但某个时刻的瞬态角误差远大于几微弧度,不能满足高机动性 IMU 的角运动测量的精度要求。

因此,在式(4.40)的实际闭环光纤陀螺的传递函数基础上,依据自控理论

的比例 – 积分控制规律,通过在回路中增加 PI 控制器,提出了一种改进的闭环光纤陀螺回路校正方案,校正后的传递函数模型如图 4.15 所示。PI 控制器由在反馈回路前向通道中并联一个起校正作用的积分路径构成,在系统中增加了一个位于原点的开环极点和一个负实开环零点。增加的负实零点用来减小系统的阻尼程度,缓和 PI 控制器的开环极点对系统稳定性及动态过程产生的不利影响。k 为校正系数,调节 k 可以改进系统的动态性能。增加校正回路后的闭环光纤陀螺传递函数 $T_c(z)$ 为

$$T_c(z) = \frac{g \cdot z^{-(p+2)} \cdot \left(1 + \dfrac{k}{1 - z^{-1}}\right)}{z - 1 + gh \cdot z^{-(p+q+2)} \cdot \left(1 + \dfrac{k}{1 - z^{-1}}\right)} \tag{4.94}$$

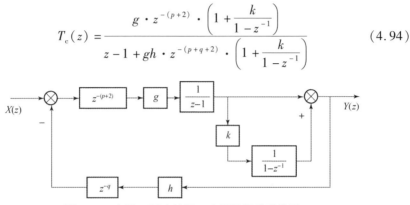

图 4.15　含校正回路的闭环光纤陀螺传递模型

优化回路参数,得到含校正回路的光纤陀螺幅频特性曲线,如图 4.16 所示,为了比较,还给出了未增加校正回路时约束回路增益的幅频特性曲线。从图中可以看出,增加校正回路后,陀螺闭环带宽由约 800Hz 增加为 3600Hz 左右,且幅频特性曲线无明显谐振峰及超调现象。对增加校正回路后的闭环光纤陀螺的稳定性进行分析,得到幅值裕度和相角裕度分别为 12dB 和 65.5°,满足系统稳定性的要求。

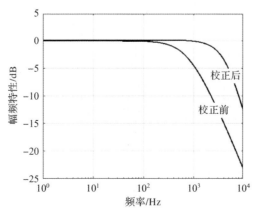

图 4.16　增加校正回路前、后闭环光纤陀螺的幅频特性

对于某型光纤陀螺,增加校正回路后在特定动态输入下(其中角加速度为 $\pm100^\circ/s^2$)的响应如图 4.17 所示,从图 4.17 中可以看出,加速或减速过程的角速率跟踪误差 $\Delta\Omega=13\mu rad/s$,对应的最大瞬态角误差为 $7\mu rad$,均比校正前减小了一个数量级以上,满足某些大动态和高机动性应用中最大瞬态角误差为几个微弧度的角运动测量精度需求。

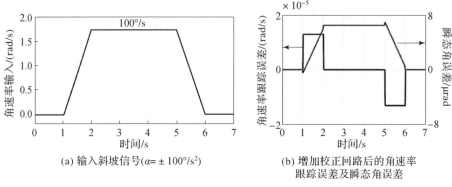

(a) 输入斜坡信号($\alpha=\pm100^\circ/s^2$)　　(b) 增加校正回路后的角速率
　　　　　　　　　　　　　　　　　　　　　　跟踪误差及瞬态角误差

图 4.17　光纤陀螺增加校正回路后在特定动态输入下的响应

4.2　光纤陀螺的统计模型

光纤陀螺的统计模型涉及的是光纤陀螺传递模型的统计特性,它由传递模型发展而来,通过在传递模型的各个增益环节引入表征光纤陀螺典型统计特性的噪声或误差信号,分析生成的输出统计特性,给出光纤陀螺输出噪声的统计描述。统计模型与传递模型的基本区别在于:在传递模型中,给定一个确定性的输入,产生一个输出,由传递函数唯一地确立其输入/输出关系,传递模型无法评估光纤陀螺中具有统计学意义的噪声和误差性能;而在统计模型中,没有确定性的输入,通过分析实际陀螺输出的统计特性,获得表征不同噪声特性的系数,进而评估陀螺性能以及对系统应用的影响。统计模型的重要应用包括对光纤陀螺的噪声仿真、性能评估和卡尔曼滤波设计。利用光纤陀螺的统计模型,可以更好地了解和辨识陀螺中各种随机噪声的误差机理和具体量级,进而通过适当的优化设计和辅助滤波,使惯性测量系统达到所需的精度。

4.2.1　光纤陀螺的增益分布和噪声特征

4.2.1.1　光纤陀螺的增益分布和固有白噪声

要建立噪声等效模型,需要确定光纤陀螺物理模型中的增益分布以及各个环节引入的噪声源。图 4.18 所示为不同增益环节的噪声等效关系,其中,$\phi_n(t)$ 表示噪声,G 为增益。实际中,对于采用本征方波调制/解调的闭环光纤陀螺,在有些环节,含有归一化的本征调制函数 $M(t)$:

$$M(t) = \begin{cases} 1 \\ -1 \end{cases} \quad (f_p = 1/2\tau) \tag{4.95}$$

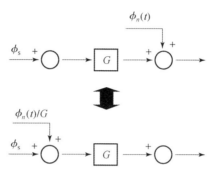

图 4.18　噪声等效模型

则在下面的推导和处理中下列假设成立:

(1)对于含有归一化本征调制函数 $M(t)$ 的调制/解调单元,有

$$M(t)^2 = 1 \quad 或 \quad M(t)^{-1} = M(t) \tag{4.96}$$

(2)如果 $x(t)$ 是一个白噪声随机过程,则有

$$x(t) = M(t) \cdot x(t) \tag{4.97}$$

即两者具有完全相同的统计特性。

(3)如果 $S_x(f)$ 是任意随机过程 $x(t)$ 的功率谱密度函数,$M(t)$ 是频率为 f_p 的本征调制函数,则 $y(t) = M(t) \cdot x(t)$ 的功率谱密度为

$$S_y(f) = \frac{4}{\pi^2} \sum_{n=1}^{\infty} \frac{1}{(2n-1)^2} S_x(f - f_p), n = \pm 1 \text{、} \pm 2 \text{、} \cdots \tag{4.98}$$

图 4.19 所示为光纤陀螺传递模型中前向回路的增益分布和各个环节引入的固有噪声源,其中,Ω_{in} 为输入角速率,$K_s = (2\pi LD)/\lambda_0 c$ 为 Sagnac 标度因数,ϕ_s 为旋转引起的 Sagnac 相移,ϕ_f 为闭环反馈相移,$K_I = (I_0 \sin\phi_b)/2$ 为偏置工作点 ϕ_b 的相位增益,$I_{RIN}(t)$ 为光源相对强度噪声,η_D 为光探测器的转换效率,$i_{shot}(t)$ 为散粒噪声电流,$i_R(t)$ 为跨阻抗的热噪声电流,R_f 为探测器的跨阻抗,$G_a \approx 1$ 为后级放大器增益(ADC 转换之前)。

光源相对强度噪声 $I_{RIN}(t)$ 由光谱频率分量之间的随机拍频引起,是大功率宽带光源所固有的一种噪声,其功率谱密度为

$$S_{RIN}(f) = I^2 \tau_c \quad (\text{W}^2/\text{Hz}) \tag{4.99}$$

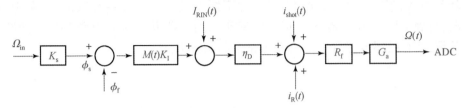

图4.19 光纤陀螺的增益分布和主要噪声源

式中:I 为光纤陀螺的偏置光功率,$I = I_0(1 + \cos\phi_b)/2$;$\tau_c$ 为光源相干时间,$\tau_c = \lambda_0^2/c\Delta\lambda$,$\lambda_0$ 为光波长,$\Delta\lambda$ 为光谱宽度,c 为真空中的光速,$c = 3 \times 10^8 \mathrm{m/s}$。

散粒噪声来源于探测器的光电转换过程,其噪声电流 $i_{\mathrm{shot}}(t)$ 的功率谱密度为

$$S_{\mathrm{shot}}(f) = 2q_0 i_{\mathrm{shot}} \quad (\mathrm{A^2/Hz}) \tag{4.100}$$

式中:$i_{\mathrm{shot}}(t)$ 为施加偏置调制时的光探测器电流,$i_{\mathrm{shot}}(t) = \eta_D I_0(1 + \cos\phi_b)/2$;$q_0$ 为基本电荷,$q_0 = 1.6 \times 10^{-19}\mathrm{C}$。

探测器跨阻抗放大器的热噪声电流 $i_R(t)$ 的功率谱密度为

$$S_R(f) = \frac{4k_B T_K}{R_f} \quad (\mathrm{A^2/Hz}) \tag{4.101}$$

式中:k_B 为波耳兹曼常数,$k_B = 1.38 \times 10^{-23}\mathrm{J/K}$;$T_K$ 为开尔文温度。

由图4.18和图4.19,经过放大后供 AD 转换器采集的信号包括输入角速率及噪声:

$$\Omega(t) = \Omega_{\mathrm{in}}(t) + \frac{I_{\mathrm{RIN}}(t)}{K_s M(t) K_I} + \frac{i_{\mathrm{shot}}(t)}{K_s M(t) K_I \eta_D} + \frac{i_R(t)}{K_s M(t) K_I \eta_D} \quad (\mathrm{rad/s}) \tag{4.102}$$

考虑到上述三项噪声均为白噪声,并利用 $M(t)^{-1} = M(t)$,$M(t) I_{\mathrm{RIN}}(t) = I_{\mathrm{RIN}}(t)$,$M(t) i_R(t) = i_R(t)$,$M(t) i_{\mathrm{shot}}(t) = i_{\mathrm{shot}}(t)$,式(4.102)可以表示为

$$\Omega(t) = \Omega_{\mathrm{in}}(t) + \frac{I_{\mathrm{RIN}}(t)}{K_s K_I} + \frac{i_{\mathrm{shot}}(t)}{K_s K_I \eta_D} + \frac{i_R(t)}{K_s K_I \eta_D} \quad (\mathrm{rad/s}) \tag{4.103}$$

上述三种主要噪声是统计独立的,因而,输出角速率噪声总的功率谱密度 $S_\Omega(f)$(单位为 $(\mathrm{rad/s})^2$)可表示为

$$S_\Omega(f) = \frac{1}{(K_s K_I)^2}\left\{\frac{I_0^2 \tau_c (1 + \cos\phi_b)^2}{4} + \frac{q_0 I_0 (1 + \cos\phi_b)}{\eta_D} + \frac{1}{\eta_D^2}\frac{4k_B T_K}{R_f}\right\} = N^2 \tag{4.104}$$

这三项主要噪声均具有白噪声特性,对光纤陀螺的角随机游走有贡献。

4.2.1.2 光纤陀螺的误差(噪声和漂移)模型

事实上,陀螺输出的不确定性可能由光纤陀螺的内部固有噪声源引起,也

可能由外部环境变化或测试条件引起,甚至包括一些原因不明的噪声或漂移。光纤陀螺输出数据中许多噪声或随机过程的机理在实践中还没有被完全认识,但对于大多数应用来说,这些噪声或漂移很小,并未构成限制性能的重要因素,在大部分场合不影响光纤陀螺的应用。

　　光纤陀螺的误差(噪声和漂移)模型如图 4.20 所示,陀螺数据的随机分量一般主要包括:①量化噪声,由角速率连续信号转换有限字长的数字信号时的采样和量化引起。②角随机游走,由陀螺角速率数据的白噪声引起。角速率白噪声有许多来源,大多集中在光纤陀螺内部,并以光学白噪声为主。③零偏不稳定性($1/f$ 噪声),定义为在一个特定的有限采样时间和平均时间间隔上计算的零偏的随机变化。④角速率随机游走,由角加速度(角突变)白噪声引起,定义为随时间累积的角速率漂移误差。⑤角速率斜坡(趋势项),大多表现为环境温度变化引起的随时间线性增长的角速率漂移。此外,还可能存在:①指数相关噪声,由一个具有有限相关时间的指数衰减函数表征。②正弦噪声,由一个或多个不同的频率表征。③谐波噪声,可能由温控系统引起,如加热,通风和空调系统,引入周期性误差,同样,载体悬浮和结构谐振也可能引入谐波加速度,在陀螺传感器中激发加速度敏感误差源。

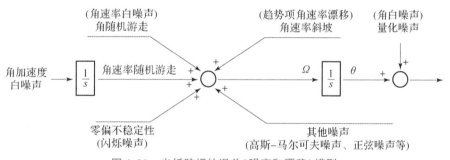

图 4.20　光纤陀螺的误差(噪声和漂移)模型

　　这些随机过程的组合构成了输出数据的总的统计特征。由于不同噪声或漂移分别具有特定的统计性质,可能出现在时域或频域的不同区间,因而可以通过统计建模和数据分析来表征和辨识,并评估它们对整个误差统计的贡献。

4.2.1.3　角速率量化噪声(角白噪声)

　　N 位 A/D 转换器需要把连续的模拟量量程划分为 2^N 个离散的小区间。处于给定的小区间内的被测模拟量都用相同的数字量表示,而且规定用每个小区间的标称中心值表示这个被测模拟量。因此,除了实际转换误差,还存在一个固有的峰峰值为 ±LSB/2 的量化不确定性(图 4.21(a)),也称为量化误差。

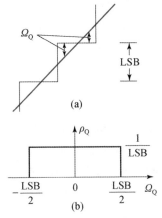

图 4.21　量化误差及其概率分布

角速率模数转换的量化特性是非线性的,但可用线性分析来估算量化的影响。假定模数转换为理想转换,此时量化误差近似为随机变量的独立采样,其统计特性假设满足下列条件:

(1)角速率量化误差 Ω_Q 是一个平稳的随机序列。

(2)角速率量化误差 Ω_Q 与角速率信号不相关。

(3)角速率量化误差 Ω_Q 任意两值是独立不相关的。

(4)角速率量化误差 Ω_Q 为均匀等概率分布。

在上述前提下,量化误差 Ω_Q 是与角速率信号序列完全不相关的白噪声序列。在输入信号越不规则时越接近满足上述假设条件。实际陀螺信号常含有大量噪声,因而可以用上述统计方法来分析。下面求量化误差的统计特征。考虑舍入量化误差,其概率分布为(图 4.21(b))

$$\rho_Q = \begin{cases} \dfrac{1}{\text{LSB}}, & -\dfrac{\text{LSB}}{2} < \Omega < \dfrac{\text{LSB}}{2} \\ 0, & \text{其他} \end{cases} \tag{4.105}$$

其均值为

$$\int_{-\text{LSB}/2}^{\text{LSB}/2} \Omega \cdot \frac{1}{\text{LSB}} d\Omega = 0 \tag{4.106}$$

方差为

$$\sigma_Q^2 = \int_{-\text{LSB}/2}^{\text{LSB}/2} \Omega^2 \cdot \frac{1}{\text{LSB}} d\Omega = \frac{\text{LSB}^2}{12} \tag{4.107}$$

它代表了量化噪声的极限。

假定采样间隔为 t_0,角速率量化误差的功率谱密度 $S_Q(f)$ 为

$$S_Q(f) = \frac{\text{LSB}^2}{12} t_0 \tag{4.108}$$

另外,光纤陀螺的角速率输出与对应一个角增量的计数有关:

$$\Omega = K_\theta \cdot D_{\text{counts}} / t_0 \qquad (4.109)$$

式中:K_θ 为 Sagnac 角当量(rad/LSB 或 °/LSB);D_{counts} 为采样间隔 t_0 内的脉冲计数输出。若每 2π 复位一次,有一个(脉冲)计数,则角变量为

$$K_\theta = \frac{n_F \lambda_0}{D} (\text{rad/LSB}) \quad \text{或} \quad K_\theta = \frac{180}{\pi} \cdot \frac{n_F \lambda_0}{D} (°/\text{LSB}) \qquad (4.110)$$

式中:n_F 为光纤折射率;λ_0 为平均波长;D 为光纤线圈直径。在这种情况下,输出信号是离散的、自然量化的,旋转速率的量化间隔(角当量乘以输出频率)代表了光纤陀螺的最小分辨率。

对于 t_0 对应的采样率,角速率量化引起的误差极限为

$$\sigma_Q^2(t_0) = \left(\frac{K_\theta}{t_0}\right)^2 \cdot \frac{\text{LSB}^2}{12} = \frac{Q_{\max}^2}{t_0^2} \qquad (4.111)$$

若 $t_0 = \tau = n_F L / c$,则 $K_\theta / t_0 = \lambda_0 c / LD$。也就是说,对于采用固定和均匀的采样时间测试,$Q_{\max}$ 的理论极限等于 $K_\theta / \sqrt{12}$,其中 K_θ 是速率积分陀螺的标定因数或角当量(一个脉冲数字输出对应的角位移)。

4.2.1.4　零偏不稳定性和 $1/f$ 噪声过程

众所周知,零偏是数据的长期平均,对单个数据点没有意义。为了测量零偏,选取的数据序列应足够长,然后求其平均值。零偏稳定性指的是零偏平均值测量的变化。平均时间短时,由于角速率白噪声的存在,会淹没零偏稳定性,也就是说,每次测量的零偏平均值变化较大。平均时间长时,一些趋势项漂移也会增加零偏测量的变数。因此,为了测量零偏稳定性,需要多次测量零偏,并考察零偏随时间如何变化。这就引来一个问题:应该多长时间平均一次数据、应该测量多少次零偏,测量的零偏稳定性才是有效的? 零偏稳定性这一概念无论是在国内还是国外一直都存在不同的理解。

在国内,零偏稳定性通常指的是在某个特定的时间周期上测量陀螺偏置的变化情况,用室温静态条件下在该时间周期上测量的陀螺零偏平均值的标准偏差(1σ)表示,单位为 °/s 或 °/h。可以想见,如果陀螺输出仅有角速率白噪声,零偏稳定性必将随平均时间 T 的增加而变小。因此,零偏稳定性 σ_Ω 有时也用角随机游走 N 定义,两者的关系满足:

$$N[°/\sqrt{h}] = \frac{1}{60} \sigma_\Omega [°/h] \cdot \sqrt{T[s]} \qquad (4.112)$$

其中 $[\cdots]$ 是参量的单位。这说明,零偏稳定性的这一定义与角随机游走等效,反映了陀螺短期噪声对特定时间周期内零偏变化的影响。国内零偏稳定性通常指的是 10s 或 100s 平滑时陀螺静态输出的标准偏差。

国外惯性仪表制造商尤其是光纤陀螺制造商经常用"零偏不稳定性"指称一种与上述国内零偏稳定性定义完全不同的噪声类别,反映的是恒定温度下扣除角速率白噪声影响后陀螺静止时的角速率涨落。零偏不稳定性的量化指标可以通过后面讲到的 Allan 方差分析得到,定义为 Allan 方差曲线的最低点。从噪声识别和分类的角度来看,零偏不稳定性在系统应用中具有重要意义,是任何一个导航系统采用卡尔曼滤波技术所能得到的"最好"精度。

一般认为,光纤陀螺的零偏不稳定性与 $1/f$ 噪声有关,起源于光纤陀螺中电路或对随机闪烁敏感的其他元件。这种看法是否准确、合理有待商榷。因为,尽管 $1/f$ 噪声最早是在真空管和半导体中注意到的,但后来发现,在许多不同领域,如经济、气候、交通等数据中,都存在具有 $1/f$ 噪声特性的涨落,其数学描述相似,但产生机理各异,因此,广义上,$1/f$ 噪声适合各种演变和生长中的系统建模。实践中观察发现,光纤陀螺的零偏不稳定性与调制/解调电路的电磁兼容性能关系密切。

4.2.1.5 角速率随机游走的特征

角速率随机游走的产生原因很复杂,一般认为与陀螺内部器件的老化效应有关。它表征的是陀螺零偏输出的长期变化。图 4.22 所示为 10 只陀螺的角速率随机游走特性。可以看出,零偏输出中存在周期为数月的长期随机变化,这种特定时间间隔的偏置特性归因于角速率随机游走。体现角速率随机游走特性的还有陀螺长期储存后的零偏变化,这种变化随时间可能是随机分布,也可能是趋势项变化。对于需要长期储存的应用,角速率随机游走决定了陀螺需

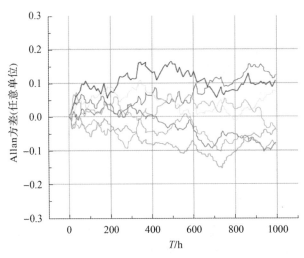

图 4.22 角速率随机游走特性

要重新标校的周期。角速率随机游走还可能影响陀螺的长周期逐次启动零偏重复性,当然,对于工作时间较短的系统而言,该项噪声的影响可能很小,在一些测试中,实验室环境温度的缓慢变化可能会影响对角速率随机游走的辨识。

对于速率积分光纤陀螺,角速率随机游走是对角加速度白噪声的双重积分。因而,它产生的角随机漂移随时间的 3/2 次方增长。后面的推导将证明这一点。

4.2.2　光纤陀螺输出数据的 Allan 方差分析

光纤陀螺统计模型的噪声系数可以通过在频域或时域中应用统计方法分析数据来确定。其中,最常见和优先的分析手段是在频域计算功率谱密度(Power Spectral Density,PSD)和在时域进行 Allan 方差分析。这两种计算方法都可完整描述光纤陀螺的误差源。其中,功率谱密度较适合于分析周期性或非周期性信号,随机噪声参数则较难辨识;而 Allan 方差方法分析和表征随机噪声较为容易,通常用来确定惯性仪表的性能指标。

Allan 方差分析法由 David Allan 于 1966 年提出,用于分析精密时钟和振荡器的相位与频率稳定性(参见 IEEE Std 1139—1988),后用其名字命名这一方法。该方法已广泛用于惯性传感器尤其是陀螺仪的数据分析中,既可以确定导致数据噪声的潜在随机过程的特征,又可以识别数据中给定噪声的来源。1983年,M. Tehrani 由环形激光陀螺的角速率噪声功率密度给出了 Allan 方差噪声项表达式的详细推导;1997 年,IEEE 标准引进了 Allan 方差方法作为单轴光纤陀螺的随机漂移表征和噪声识别(IEEE Std 952—1997);1998 年,IEEE 标准引进了 Allan 方差方法作为线性单轴非陀螺加速度计分析的噪声识别方法(IEEE Std 1293—1998);2003 年,Allan 方差方法首次应用于微机电系统(Micro - Electro - Mechanical System,MEMS)传感器的噪声识别。

Allan 方差分析作为一种独立的数据分析方法,可以用于任何仪表的噪声研究。在采用 Allan 方差进行数据分析时,数据的不确定性假定由具有特定性质的噪声源引起。每个噪声源的自相关函数的幅值可以由数据来估算。这些噪声源可能是仪表固有的,也可能是测试装置或测试系统引入的。该方法的主要贡献是它使误差源的表征和辨识及它们对整个噪声统计的贡献更精确和更容易。当然,Allan 方差分析的价值还依赖于对仪表噪声项物理含义的正确理解和描述。

4.2.2.1　Allan 方差与角速率功率谱密度的关系

下面推导 Allan 方差与陀螺角速率噪声的功率谱密度之间的关系。如

图 4.23 所示,假定有 n 个连续的角速率数据采样,原始数据的采样间隔为 t_0。将 m 个相邻的数据点作为一组($m < n/2$),每一组称为一个群。与每个群有关的是平均时间 $T,T = mt_0$。如果陀螺的静态瞬时输出角速率为 $\Omega(t)$,则群平均定义为

$$\bar{\Omega}_k(T) = \frac{1}{T}\int_{(k-1)mt_0}^{kmt_0}\Omega(t)\,\mathrm{d}t = \frac{1}{T}\int_{(k-1)T}^{kT}\Omega(t)\,\mathrm{d}t, k = 1,2,\cdots \quad (4.113)$$

式中:$\bar{\Omega}_k(T)$ 表示第 k 个群的群平均,即角速率平均值。给定群时间 T,群的数量为 $q = [n/m]$ 个,其中 $[n/m]$ 表示 n/m 的取整。同理,第 $k+1$ 个群的群平均为

$$\bar{\Omega}_{k+1}(T) = \frac{1}{T}\int_{kmt_0}^{(k+1)mt_0}\Omega(t)\,\mathrm{d}t = \frac{1}{T}\int_{kT}^{(k+1)T}\Omega(t)\,\mathrm{d}t, k = 1,2,\cdots \quad (4.114)$$

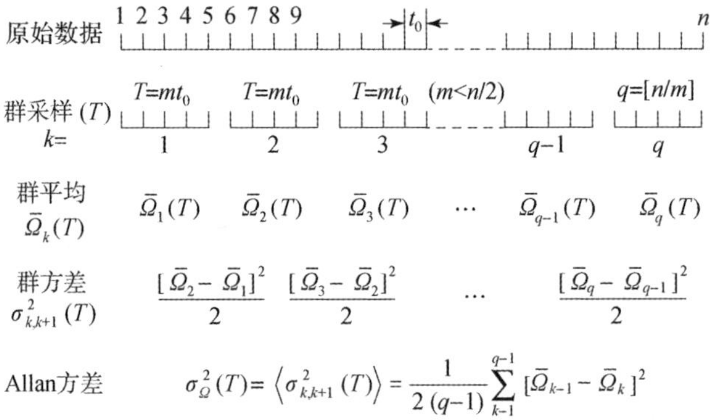

图 4.23　Allan 方差分析方法的步骤

相邻两个群的方差为

$$\sigma_{k,k+1}^2(T) = \left[\bar{\Omega}_k(T) - \frac{\bar{\Omega}_k(T) + \bar{\Omega}_{k+1}(T)}{2}\right]^2 + \left[\bar{\Omega}_{k+1}(T) - \frac{\bar{\Omega}_k(T) + \bar{\Omega}_{k+1}(T)}{2}\right]^2$$

$$= \frac{1}{2}\left[\bar{\Omega}_{k+1}(T) - \bar{\Omega}_k(T)\right]^2 \quad (4.115)$$

对于给定的群时间 T,Allan 方差定义为

$$\sigma^2(T) = \langle\sigma_{k,k+1}^2(T)\rangle = \frac{1}{2}\langle[\bar{\Omega}_{k+1}(T) - \bar{\Omega}_k(T)]^2\rangle \quad (4.116)$$

式中:符号 $\langle\cdots\rangle$ 表示对群集合求平均。式(4.116)也可以表示为

$$\sigma^2(T) = \frac{1}{2(q-1)}\sum_{k=1}^{q-1}\{[\bar{\Omega}_{k+1}(T) - \bar{\Omega}_k(T)]^2\} \quad (4.117)$$

式(4.116)或式(4.117)代表了对参量 $\sigma^2(T)$ 的估算,估算的质量依赖于给定群时间 T 的独立群的数量 q。

考虑角速率随机过程的双边功率谱密度 $S_\Omega(f)$ 通常为偶函数,且仅正频率有意义,则 $\sigma^2(T)$ 和固有角速率随机过程的双边功率谱密度 $S_\Omega(f)$ 之间存在唯一的关系,这一关系为

$$\sigma^2(T) = 4 \int_0^\infty S_\Omega(f) \cdot \frac{\sin^4(\pi f T)}{(\pi f T)^2} \mathrm{d}f \tag{4.118}$$

下面给出上述关系式的推导。由式(4.116)展开为

$$\sigma^2(T) = \frac{1}{2} \langle \bar{\Omega}_{k+1}^2(T) \rangle + \frac{1}{2} \langle \bar{\Omega}_k^2(T) \rangle - \langle \bar{\Omega}_{k+1}(T) \bar{\Omega}_k(T) \rangle \tag{4.119}$$

式中:

$$\langle \bar{\Omega}_{k+1}^2(T) \rangle = \left\langle \frac{1}{T^2} \int_{kT}^{(k+1)T} \mathrm{d}t \int_{kT}^{(k+1)T} \Omega(t) \Omega(t') \mathrm{d}t' \right\rangle$$

$$= \frac{1}{T^2} \int_{kT}^{(k+1)T} \mathrm{d}t \int_{kT}^{(k+1)T} \langle \Omega(t) \Omega(t') \rangle \mathrm{d}t' \tag{4.120}$$

$$\langle \bar{\Omega}_k^2(T) \rangle = \left\langle \frac{1}{T^2} \int_{(k-1)T}^{kT} \mathrm{d}t \int_{(k-1)T}^{kT} \Omega(t) \Omega(t') \mathrm{d}t' \right\rangle$$

$$= \frac{1}{T^2} \int_{(k-1)T}^{kT} \mathrm{d}t \int_{(k-1)T}^{kT} \langle \Omega(t) \Omega(t') \rangle \mathrm{d}t' \tag{4.121}$$

$$\langle \bar{\Omega}_{k+1}(T) \bar{\Omega}_k(T) \rangle = \left\langle \frac{1}{T^2} \int_{kT}^{(k+1)T} \mathrm{d}t \int_{(k-1)T}^{kT} \Omega(t) \Omega(t') \mathrm{d}t' \right\rangle$$

$$= \frac{1}{T^2} \int_{kT}^{(k+1)T} \mathrm{d}t \int_{(k-1)T}^{kT} \langle \Omega(t) \Omega(t') \rangle \mathrm{d}t' \tag{4.122}$$

式中:$\langle \Omega(t) \Omega(t') \rangle$ 为角速率噪声的自相关函数,$\langle \Omega(t) \Omega(t') \rangle = R_\Omega(t, t')$。在下文中,假定随机过程 $\Omega(t)$ 是全时平稳的,因而

$$R_\Omega(t, t') = R_\Omega(t' - t) \equiv R_\Omega(\zeta) \tag{4.123}$$

式中:$\zeta = t' - t$。角速率噪声的双边功率谱密度是 $R_\Omega(\zeta)$ 的傅里叶变换,因而

$$S_\Omega(f) = \int_{-\infty}^\infty R_\Omega(\zeta) \mathrm{e}^{-\mathrm{i}2\pi f \zeta} \mathrm{d}\zeta \tag{4.124}$$

反之亦有

$$R_\Omega(\zeta) = \int_{-\infty}^\infty S_\Omega(f) \mathrm{e}^{\mathrm{i}2\pi f \zeta} \mathrm{d}f \tag{4.125}$$

将式(4.125)代入式(4.120),得

$$\langle \bar{\Omega}_{k+1}^2(T) \rangle = \frac{1}{T^2} \int_{-\infty}^\infty S_\Omega(f) \mathrm{d}f \int_{kT}^{(k+1)T} \mathrm{d}t \int_{kT}^{(k+1)T} \mathrm{e}^{\mathrm{i}2\pi f(t'-t)} \mathrm{d}t' \tag{4.126}$$

其中改变了积分次序。随时间的双重积分很容易计算,给出为

$$\int_{kT}^{(k+1)T} \int_{kT}^{(k+1)T} \mathrm{e}^{\mathrm{i}2\pi f(t'-t)} \mathrm{d}t \mathrm{d}t' = \int_0^T \mathrm{d}t \int_0^T \mathrm{e}^{\mathrm{i}2\pi f(t'-t)} \mathrm{d}t' = \frac{\sin^2(\pi f T)}{(\pi f)^2} \tag{4.127}$$

将式(4.127)代入式(4.126),得

$$\langle \bar{\Omega}_{k+1}^2(T) \rangle = \int_{-\infty}^{\infty} S_{\Omega}(f) \frac{\sin^2(\pi f T)}{(\pi f T)^2} \mathrm{d}f \tag{4.128}$$

由于$\langle \bar{\Omega}_{k+1}^2(T) \rangle$不依赖于$k$,对于$\langle \bar{\Omega}_k^2(T) \rangle$,同理有

$$\langle \bar{\Omega}_k^2(T) \rangle = \int_{-\infty}^{\infty} S_{\Omega}(f) \frac{\sin^2(\pi f T)}{(\pi f T)^2} \mathrm{d}f \tag{4.129}$$

现在计算$\langle \bar{\Omega}_{k+1}(T)\bar{\Omega}_k(T) \rangle$。由式(4.122)可以写出

$$\langle \bar{\Omega}_{k+1}(T)\bar{\Omega}_k(T) \rangle = \frac{1}{T^2} \int_{-\infty}^{\infty} S_{\Omega}(f)\,\mathrm{d}f \int_{kT}^{(k+1)T} \mathrm{d}t \int_{(k-1)T}^{kT} \mathrm{e}^{\mathrm{i}2\pi f(t'-t)}\,\mathrm{d}t' \tag{4.130}$$

直接在时间上进行双重积分,得

$$\int_{kT}^{(k+1)T} \mathrm{d}t \int_{(k-1)T}^{kT} \mathrm{e}^{\mathrm{i}2\pi f(t'-t)}\,\mathrm{d}t' = \int_{0}^{T} \mathrm{d}t \int_{T}^{2T} \mathrm{e}^{\mathrm{i}2\pi f(t'-t)}\,\mathrm{d}t' = \mathrm{e}^{\mathrm{i}2\pi f T} \frac{\sin^2(\pi f T)}{(\pi f)^2} \tag{4.131}$$

因而有

$$\langle \bar{\Omega}_{k+1}(T)\bar{\Omega}_k(T) \rangle = \int_{-\infty}^{\infty} S_{\Omega}(f)\,\mathrm{e}^{\mathrm{i}2\pi f T} \frac{\sin^2(\pi f T)}{(\pi f T)^2} \mathrm{d}f \tag{4.132}$$

将式(4.128)、式(4.129)和式(4.132)代入式(4.119),给出

$$\begin{aligned} \sigma^2(T) &= \int_{-\infty}^{\infty} S_{\Omega}(f)(1 - \mathrm{e}^{\mathrm{i}2\pi f T}) \frac{\sin^2(\pi f T)}{(\pi f T)^2} \mathrm{d}f \\ &= 2 \int_{-\infty}^{\infty} S_{\Omega}(f) \frac{\sin^4(\pi f T)}{(\pi f T)^2} \mathrm{d}f - \mathrm{i} \int_{-\infty}^{\infty} S_{\Omega}(f) \frac{\sin(2\pi f T)\sin^2(\pi f T)}{(\pi f T)^2} \mathrm{d}f \end{aligned} \tag{4.133}$$

事实上,对于一个实函数而言,要求式(4.133)中的第二项积分为零。如果$S_{\Omega}(f)$是f的偶函数,则满足这一点。由于在大多数情况下陀螺输出数据的自相关函数$R_{\Omega}(\zeta)$具有对称性,此时双边形式的功率谱密度$S_{\Omega}(f)$通常认为是偶函数。因而式(4.133)可以写为

$$\sigma^2(T) = 4 \int_{0}^{\infty} S_{\Omega}(f) \frac{\sin^4(\pi f T)}{(\pi f T)^2} \mathrm{d}f \tag{4.134}$$

式(4.134)说明,Allan方差正比于经过传递函数为$\sin^4 x / x^2$的滤波器的随机过程的总的功率输出。对于时间序列的数据,这个滤波器具有可变的近似矩形窗口。这个特定的传递函数是Allan方差的群产生和群运算方法的结果。

式(4.134)是Allan方差方法的核心。该式用于由角速率噪声的功率谱密度计算Allan方差。任何具有物理意义的随机过程的功率谱密度都可以代入积分中,得到Allan方差$\sigma^2(T)$与群长度的函数表达式。一个统计过程对应的Allan方差可以由其功率谱密度唯一地推导出来,当然,由于不是一一对应的关

系,逆向的公式推导可能不成立。

由式(4.134)和上面的分析可以看出,滤波器带宽依赖于 T。不同类型的随机过程可以通过调节滤波器带宽,即改变 T 来观察。双对数 $\sigma(T) - T$ 曲线给出了存在于陀螺数据中的各类随机过程的直接表示。因而,Allan 方差方法提供了识别和量化数据中的各种噪声项的手段。在 $\sigma(T) - T$ 双对数曲线中,具有不同斜率的不同时域区间提示了数据中存在的各种噪声。

下面根据光纤陀螺统计模型中各种特定角速率噪声项的双边功率谱密度,分别给出式(4.134)的 Allan 方差解析表达式。如前所述,这些噪声或为光纤陀螺固有,或由外界引入且对光纤陀螺输出数据有影响。同时,简要讨论了每项噪声源可能的产生原因和噪声特征。

4.2.2.2　角速率量化噪声的解析表示

量化噪声是模拟信号转换为数字信号时引入的一种误差。角速率量化噪声由角速率采样的实际幅值与 A/D 转换器的分辨率之间的误差引起。角速率量化噪声最好用其积分功率谱密度表示,因为它的积分功率谱密度是采样率的函数。在采样率恒定的情况下,角速率量化噪声积分后近似为高斯型的角白噪声,这样一个过程的双边功率谱密度给出为

$$S_\theta(f) = \left[\frac{\sin^2(\pi f t_0)}{(\pi f t_0)^2} \right] \cdot t_0 Q^2 \approx t_0 Q^2, \quad f < \frac{1}{2 t_0} \qquad (4.135)$$

式中:Q 为角速率量化噪声的系数(单位为度、弧度或角秒);t_0 为采样间隔。

根据控制理论,对于一个传递函数为 $H(i\omega)$ 的线性系统,如积分器 $H(i\omega) = 1/i\omega$,输入(角速率噪声)与输出(角噪声)的双边功率谱密度通过下式联系在一起:

$$S_\theta(\omega) = \left| \frac{1}{i\omega} \right|^2 S_\Omega(\omega) \quad 或 \quad S_\Omega(f) = (2\pi f)^2 S_\theta(f) \qquad (4.136)$$

将式(4.135)代入式(4.136),角速率量化噪声的功率谱密度为

$$S_\Omega(f) = \frac{4Q^2}{t_0} \sin^2(\pi f t_0) \approx (2\pi f)^2 t_0 Q^2, \quad f < \frac{1}{2 t_0} \qquad (4.137)$$

将式(4.137)代入式(4.134),进行积分,得

$$\sigma_{\Omega,Q}^2(T) = 4 \int_0^\infty (2\pi f)^2 t_0 Q^2 \frac{\sin^4(\pi f T)}{(\pi f T)^2} \mathrm{d}f = \frac{16 t_0 Q^2}{T^2} \int_0^{1/2 t_0} \sin^4(\pi f T) \mathrm{d}f$$

$$= \frac{16 t_0 Q^2}{T^2} \left\{ \frac{1}{16\pi T} \left[\frac{3\pi T}{t_0} + 3\sin\left(\frac{\pi T}{t_0} \right) + 4\cos^3\left(\frac{\pi T}{t_0} \right) \sin\left(\frac{\pi T}{t_0} \right) \right] \right\}$$

$$(4.138)$$

当 $T = m t_0 \geq t_0$ 也即 $m \geq 1$ 时,式(4.138)可近似简化为

$$\sigma_{\Omega,Q}^2(T) = \frac{3Q^2}{T^2} \quad \text{或} \quad \sigma_{\Omega,Q}(T) = \frac{\sqrt{3}Q}{T} \tag{4.139}$$

这意味着,角速率量化噪声在 $\sigma(T) - T$ 双对数曲线上由 -1 斜率表征,如图4.24所示。该噪声的幅值可以读取斜率线上 $T = \sqrt{3}$ 时对应的纵坐标的数值得到。应该指出的是,量化噪声具有短的相关时间,等效于宽带噪声,通常可以被滤波器有效滤掉。在许多应用中载体运动的带宽较低,量化噪声不是一个主要误差源。

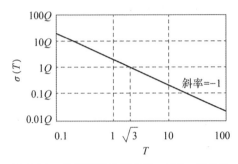

图4.24 角速率量化噪声的 $\sigma(T) - T$ 曲线

4.2.2.3 角随机游走的解析表示

光纤陀螺的输出含有宽带的随机噪声分量,这类噪声以光学噪声为主,为光纤陀螺固有,包括散粒噪声、相对强度噪声等,用陀螺角速率输出白噪声的双边功率谱密度来表征。后面还要讲到,角速率白噪声积分后的角误差具有统计学上的随机游走特征,因此,在 Allan 方差分析中,角速率白噪声归类为角随机游走。角随机游走可能是限制姿态控制系统性能的主要误差源。

角速率白噪声的双边功率谱密度表示为

$$S_\Omega(f) = N^2 \tag{4.140}$$

式中: N 为角随机游走系数。

将式(4.140)代入式(4.134),得

$$\sigma_{\Omega,N}^2(T) = 4 \int_0^\infty N^2 \frac{\sin^4(\pi f T)}{(\pi f T)^2} \mathrm{d}f \tag{4.141}$$

设积分变量 $u = \pi f T$,则有

$$\sigma_{\Omega,N}^2(T) = \frac{4}{\pi T} \int_0^\infty N^2 \frac{\sin^4 u}{u^2} \mathrm{d}u \tag{4.142}$$

这可以简化为

$$\sigma_{\Omega,N}^2(T) = \frac{N^2}{T} \tag{4.143}$$

其中利用了广义积分:

$$\int_0^\infty \frac{\sin^4 u}{u^2}\mathrm{d}u = \frac{\pi}{4}$$ (4.144)

由式(4.143),角随机游走的 Allan 方差的平方根变为

$$\sigma_{\Omega,N}(T) = \frac{N}{\sqrt{T}}$$ (4.145)

式(4.145)表明角随机游走在 $\sigma(T) - T$ 双对数曲线上用 $-1/2$ 斜率表示,如图 4.25 所示,N 的数值可直接读取斜率线上 $T = 1$ 时对应的纵坐标数值得到。

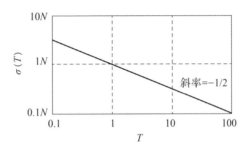

图 4.25　角随机游走的 $\sigma(T) - T$ 曲线

4.2.2.4　零偏不稳定性的解析表示

一般认为,光纤陀螺的零偏不稳定性与 $1/f$ 噪声有关,起源于光纤陀螺中电路或对随机闪烁敏感的其他元件。在统计学上,$1/f$ 噪声是一种非平稳随机过程,但在小于过程发生时间的观测周期上,数据的自相关函数和功率谱密度近似平稳。这是讨论零偏不稳定性或 $1/f$ 噪声功率谱密度的基础,在这种情况下,角速率功率谱密度表示为

$$S_\Omega(f) = \begin{cases} \left(\dfrac{B^2}{2\pi}\right)\dfrac{1}{f}, & f \geqslant f_0 \\ 0, & f < f_0 \end{cases}$$ (4.146)

式中:B 为零偏不稳定性系数(°/h);f_0 为最小频率。

将式(4.146)代入式(4.134),则有

$$\sigma_{\Omega,B}^2(T) = 4\int_0^\infty \left(\frac{B^2}{2\pi}\right)\frac{1}{f} \cdot \frac{\sin^4(\pi f T)}{(\pi f T)^2}\mathrm{d}f = \frac{2B^2}{\pi}\int_{\pi f_0 T}^\infty \frac{\sin^4 u}{u^3}\mathrm{d}u$$ (4.147)

式中:积分变量 $u = \pi f T$。现在,考虑式(4.147)中的积分:

$$\mathrm{Int}(f_0) = \int_{\pi f_0 T}^\infty \frac{\sin^4 u}{u^3}\mathrm{d}u$$ (4.148)

利用分部积分法,有

$$\text{Int}(f_0) \; = - \frac{\sin^3 u}{2u^2}(\sin u + 4u\cos u) \Big|_{\pi f_0 T}^{\infty} - 8\int_{\pi f_0 T}^{\infty} \frac{\sin^4 u}{u}\mathrm{d}u + 6\int_{\pi f_0 T}^{\infty} \frac{\sin^2 u}{u}\mathrm{d}u$$

$$(4.149)$$

因而可以写出

$$\int_{\pi f_0 T}^{\infty} \frac{\sin^4 u}{u}\mathrm{d}u \; = \frac{3}{8}\int_{\pi f_0 T}^{\infty} \frac{1}{u}\mathrm{d}u - \frac{1}{2}\int_{2\pi f_0 T}^{\infty} \frac{\cos 2u}{2u}\mathrm{d}(2u) + \frac{1}{8}\int_{4\pi f_0 T}^{\infty} \frac{\cos 4u}{4u}\mathrm{d}(4u)$$

$$= \frac{3}{8}\int_{\pi f_0 T}^{\infty} \frac{1}{u}\mathrm{d}u + \frac{1}{2}\mathrm{Ci}(2\pi f_0 T) - \frac{1}{8}\mathrm{Ci}(4\pi f_0 T) \qquad (4.150)$$

式中:$\mathrm{Ci}(x)$ 为余弦积分函数,定义为

$$\mathrm{Ci}(x) \; = -\int_x^{\infty} \frac{\cos t}{t}\mathrm{d}t \qquad (4.151)$$

又

$$\int_{\pi f_0 T}^{\infty} \frac{\sin^2 u}{u}\mathrm{d}u = \frac{1}{2}\int_{\pi f_0 T}^{\infty} \frac{1}{u}\mathrm{d}u - \frac{1}{2}\int_{2\pi f_0 T}^{\infty} \frac{\cos 2u}{2u}\mathrm{d}(2u) = \frac{1}{2}\int_{\pi f_0 T}^{\infty} \frac{1}{u}\mathrm{d}u + \frac{1}{2}\mathrm{Ci}(2\pi f_0 T)$$

$$(4.152)$$

将式(4.150)、式(4.151)代入式(4.149),给出为

$$\text{Int}(f_0) = \frac{\sin^3(\pi f_0 T)}{2(\pi f_0 T)^2}\big[\sin(\pi f_0 T) + 4(\pi f_0 T)\cos(\pi f_0 T)\big] - \big[\mathrm{Ci}(2\pi f_0 T) - \mathrm{Ci}(4\pi f_0 T)\big]$$

$$(4.153)$$

为了完成推导,代入式(4.147),有

$$\sigma_{\Omega,B}^2(T) = \frac{2B^2}{\pi}\bigg\{\frac{\sin^3(\pi f_0 T)}{2(\pi f_0 T)^2}\big[\sin(\pi f_0 T) + 4(\pi f_0 T)\cos(\pi f_0 T)\big]$$

$$- \big[\mathrm{Ci}(2\pi f_0 T) - \mathrm{Ci}(4\pi f_0 T)\big]\bigg\} \qquad (4.154)$$

下面进行讨论。当 $T \gg 1/f_0$,即 $\pi f_0 T \to \infty$ 时,由 $\lim\limits_{x\to\infty}\mathrm{Ci}(x) = 0$,有

$$\sigma_{\Omega,B}^2(T) \to 0 \qquad (4.155)$$

当 $T \ll 1/f_0$,即 $\pi f_0 T \to 0$ 时,根据展开式:

$$\mathrm{Ci}(x) \; = C_{\mathrm{E}} + \ln x + \sum_{k=1}^{\infty}(-1)^k \frac{x^{2k}}{2k(2k)!} \qquad (4.156)$$

式中:C_{E} 为欧拉常数,得

$$\lim_{x\to 0}\big[\mathrm{Ci}(2x) - \mathrm{Ci}(4x)\big] = \lim_{x\to\infty}\left(\frac{2x}{4x}\right) = -\ln 2 \qquad (4.157)$$

因而

$$\sigma_{\Omega,B}^2(T) \to \frac{2B^2}{\pi}\ln 2 \qquad (4.158)$$

图 4.26 给出了式(4.158)的平方根 Allan 方差双对数曲线。由于 $1/f$ 噪声在低

频具有较大的不平稳性,当群时间 T 变得很大时,由于平均效应,平方根 Allan 方差以 -1 斜率衰减,渐趋向零;当群时间 T 较小时,平方根 Allan 方差呈现为一个恒定值 $\sqrt{(2\ln2)/\pi}B \approx 0.664B$。

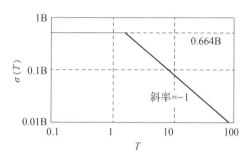

图 4.26　零偏不稳定性的 $\sigma(T) \sim T$ 曲线

4.2.2.5　角速率随机游走的解析表示

角速率的随机游走是一种原因不明的随机过程,可能与器件的老化有关,是指数相关噪声的长相关时间极限情形。如前所述,角随机游走是角速率白噪声的积分结果;同理,角速率的随机游走是角加速度白噪声的积分结果。角加速度白噪声的功率谱密度为

$$S_\alpha(\omega) = K^2 \tag{4.159}$$

式中:K 为角速率随机游走系数,与 N 称为角随机游走系数的理由相同。角加速度白噪声产生的角速率噪声的功率谱密度为

$$S_\Omega(\omega) = \left|\frac{1}{\mathrm{i}\omega}\right|^2 S_\alpha(\omega) = \frac{K^2}{\omega^2} \quad \text{或} \quad S_\Omega(f) = \frac{K^2}{(2\pi f)^2} \tag{4.160}$$

角速率随机游走也是一种非平稳随机过程,其功率谱密度存在一个最小频率 f_0。$f > f_0$ 时,可以看成近似平稳的随机过程。将式(4.160)代入式(4.134),得

$$
\begin{aligned}
\sigma_{\Omega,K}^2(T) &= 4\int_0^\infty \frac{K^2}{(2\pi f)^2} \cdot \frac{\sin^4(\pi fT)}{(\pi fT)^2}\mathrm{d}f = \frac{K^2T}{\pi}\int_0^\infty \frac{\sin^4(\pi fT)}{(\pi fT)^4}\mathrm{d}(\pi fT)\\
&= \frac{K^2T}{\pi}\int_0^\infty \frac{\sin^4 u}{u^4}\mathrm{d}u = \frac{K^2T}{\pi}\cdot\frac{\pi}{3} = \frac{K^2T}{3}
\end{aligned}
\tag{4.161}
$$

式中:积分变量 $u = \pi fT$,并利用了广义积分:

$$\int_0^\infty \frac{\sin^4 u}{u^4}\mathrm{d}u = \frac{\pi}{3} \tag{4.162}$$

因而

$$\sigma_{\Omega,K}(T) = K\sqrt{\frac{T}{3}} \tag{4.163}$$

这表明,在 $\sigma(T) - T$ 双对数曲线上,速率随机游走用斜率为 $+1/2$ 表示,如图 4.27 所示。K 的幅值可以从斜率线上 $T=3$ 时对应的纵坐标数值得到。

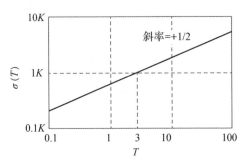

图 4.27　角速率随机游走的 $\sigma(T) - T$ 曲线

4.2.2.6　指数相关角速率噪声的解析表示

指数相关噪声(Markov 噪声)由一个具有有限相关时间 T_c 的指数衰减函数表征,如陀螺的偏置温度灵敏度,看起来像一个由外部环境温度变化或内部热场分布变化引起的时变加性噪声源,具有某种指数相关特征。这一过程的相关函数由下式给出:

$$R_{\Omega}(\zeta) \equiv \langle \Omega(t)\Omega(t') \rangle = \frac{q_M^2 T_c}{2} e^{-|\zeta|/T_c} \tag{4.164}$$

式中:$\zeta = t - t'$;q_M 为噪声振幅。与其对应的功率谱密度为

$$S_{\Omega}(f) = \int_{-\infty}^{\infty} R_{\Omega}(\zeta) e^{-i2\pi f\zeta}\,d\zeta = \int_{-\infty}^{\infty} \frac{q_M^2 T_c}{2} e^{-|\zeta|/T_c} e^{-i2\pi f\zeta}\,d\zeta$$

$$= q_M^2 T_c \int_0^{\infty} e^{-\zeta/T_c}\cos(2\pi f\zeta)\,d\zeta = \frac{(q_M T_c)^2}{1 + (2\pi f T_c)^2} \tag{4.165}$$

将式(4.165)用于式(4.134)中,得

$$\sigma_{\Omega,M}^2(T) = 4\int_0^{\infty} \frac{(q_M T_c)^2}{1 + (2\pi f T_c)^2} \cdot \frac{\sin^4(\pi fT)}{(\pi fT)^2}\,df$$

$$= \frac{4q_M^2 T}{\pi} \int_0^{\infty} \frac{1}{(T/T_c)^2 + 4u^2} \cdot \frac{\sin^4 u}{u^2}\,du \tag{4.166}$$

式中:积分变量 $u = \pi fT$。将恒等式

$$\frac{1}{[(T/T_c)^2 + 4u^2]u^2} = \frac{(T_c/T)^2}{u^2} - \frac{4(T_c/T)^2}{(T/T_c)^2 + 4u^2} \tag{4.167}$$

用于式(4.166)的被积函数中,有

$$\sigma_{\Omega,M}^2(T) = \frac{4q_M^2 T}{\pi}\left(\frac{T_c}{T}\right)^2 \left\{\int_0^{\infty} \frac{\sin^4 u}{u^2}\,du - \int_0^{\infty} \frac{\sin^4 u}{(T/2T_c)^2 + u^2}\,du\right\} \tag{4.168}$$

其中利用了式(4.144)。

为了计算第二项积分,采用下列积分:

$$\int_0^\infty \frac{\sin(au)\sin(bu)}{\beta^2 + u^2}du = \frac{\pi}{4\beta}\left[e^{-|a-b|\beta} - e^{-|a+b|\beta}\right] \tag{4.169}$$

又

$$\sin^4 u = \sin^2 u - \frac{1}{4}\sin^2 2u \tag{4.170}$$

这导致

$$\int_0^\infty \frac{\sin^4 u}{(T/2T_c)^2 + u^2}du = \int_0^\infty \frac{\sin^2 u}{(T/2T_c)^2 + u^2}du - \frac{1}{4}\int_0^\infty \frac{\sin^2 2u}{(T/2T_c)^2 + u^2}du \tag{4.171}$$

在式(4.171)中多次应用式(4.169),有

$$\int_0^\infty \frac{\sin^4 u}{(T/2T_c)^2 + u^2}du = \frac{3\pi}{8}\left(\frac{T_c}{T}\right) - \frac{\pi}{2}\left(\frac{T_c}{T}\right)e^{-\frac{T}{T_c}} - \frac{\pi}{8}\left(\frac{T_c}{T}\right)e^{-\frac{2T}{T_c}} \tag{4.172}$$

将式(4.172)和式(4.168)代入式(4.167)中,重新调整各项,得

$$\sigma_{\Omega,M}^2(T) = \frac{(q_M T_c)^2}{T}\left[1 - \frac{T_c}{2T}\left(3 - 4e^{-\frac{T}{T_c}} + e^{-\frac{2T}{T_c}}\right)\right] \tag{4.173}$$

这是主要的结果。

图 4.28 所示为式(4.173)的平方根双对数曲线。下面研究式(4.173)的各种极限。

(1)$T \gg T_c$。很容易看到,当群时间 T 远大于相关时间 T_c 时,式(4.173)接近于极限:

$$\sigma_{\Omega,M}^2(T) = \frac{(q_M T_c)^2}{T} \tag{4.174}$$

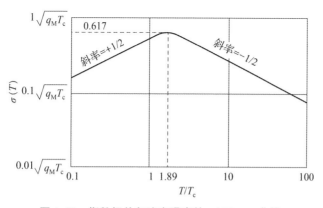

图 4.28　指数相关角速率噪声的 $\sigma(T) - T$ 曲线

换句话说,相关时间 T_c 很小时,是噪声幅值为 $N = q_M T_c$ 的角随机游走的情形。

(2) $T \ll T_c$。对于这种情形,将式(4.173)中的指数项展开到第四阶,得

$$\sigma_{\Omega,M}^2(T) = \frac{(q_M T_c)^2}{T} \left\{ 1 - \frac{T_c}{2T} \left[3 - 4\left(1 - \frac{T}{T_c} + \frac{1}{2}\frac{T^2}{T_c^2} - \frac{1}{6}\frac{T^3}{T_c^3}\right) + \left(1 - \frac{2T}{T_c} + \frac{2T^2}{T_c^2} - \frac{4}{3}\frac{T^3}{T_c^3}\right) \right] \right\}$$

$$(4.175)$$

重新安排式(4.174)中的各项,得

$$\sigma_{\Omega,M}^2(T) = \frac{1}{3}q_M^2 T \tag{4.176}$$

令 $q_M = K$,式(4.175)描述的是角速率随机游走的情形。

4.2.2.7 角速率漂移(趋势项误差)的解析表示

至今为止,前面所考虑的误差项都具有随机特性。当然,Allan 方差对分析某些非平稳过程也是有效的。其中,一项这类误差是角速率漂移斜坡,定义如下:

$$\Omega = Rt \tag{4.177}$$

式中:R 为角速率漂移斜坡系数。通常情况下,角速率漂移斜坡是陀螺偏置输出随时间缓慢变化的结果(如环境温度引起)。

根据式(4.113):

$$\bar{\Omega}_k(T) = \frac{1}{T} \int_{(k-1)T}^{kT} Rt\,\mathrm{d}t = \frac{R}{2}(2k-1)T, \bar{\Omega}_{k+1}(T) = \frac{1}{T} \int_{kT}^{(k+1)T} Rt\,\mathrm{d}t = \frac{R}{2}(2k+1)T$$

$$(4.178)$$

由式(4.116),得

$$\sigma_{\Omega,R}^2(T) = \frac{1}{2}\left\langle \left[\bar{\Omega}_{k+1}(T) - \bar{\Omega}_k(T)\right]^2 \right\rangle = \frac{1}{2}\langle R^2 T^2 \rangle = \frac{1}{2}R^2 T^2 \tag{4.179}$$

因而

$$\sigma_{\Omega,R}(T) = R\frac{T}{\sqrt{2}} \tag{4.180}$$

这表明,在 $\sigma(T) - T$ 双对数曲线上,角速率漂移斜坡的斜率为 $+1$,如图4.29所示。角速率漂移斜坡系数 R 的幅值可以从斜率线上 $T = \sqrt{2}$ 时对应的纵坐标数值得到。

4.2.2.8 正弦角速率噪声的解析表示

正弦噪声是一种系统性误差,输出角速率含有由下式表征的正弦形式:

$$\Omega(t) = \Omega_0 \sin(\omega_0 t) \tag{4.181}$$

式中:Ω_0 为噪声振幅;ω_0 为频率,其相应的傅里叶变换为

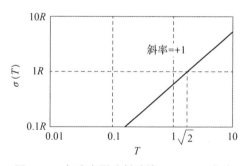

图 4.29 角速率漂移斜坡的 $\sigma(T) - T$ 曲线

$$F(\omega) = -\mathrm{i} \cdot \Omega_0 \pi [\delta(\omega - \omega_0) + \delta(\omega + \omega_0)] \tag{4.182}$$

式中:$\delta(x)$ 为狄拉克 δ 函数,其双边功率谱密度的表达式给出为

$$S_\Omega(\omega) = \frac{|F(\omega)|^2}{2\pi} = \frac{1}{2}\Omega_0^2 \pi [\delta(\omega - \omega_0) + \delta(\omega + \omega_0)] \tag{4.183}$$

代入式(4.134),得

$$
\begin{aligned}
\sigma_{\Omega,S}^2(T) &= 2 \int_{-\infty}^{\infty} \frac{1}{2}\Omega_0^2 \pi [\delta(\omega - \omega_0) + \delta(\omega + \omega_0)] \cdot \frac{\sin^4(\pi f T)}{(\pi f T)^2} \mathrm{d}f \\
&= 2 \int_{-\infty}^{\infty} \frac{1}{2}\Omega_0^2 \pi [\delta(\omega - \omega_0) + \delta(\omega + \omega_0)] \cdot \frac{\sin^4(\omega T/2)}{(\omega T/2)^2} \mathrm{d}\left(\frac{\omega}{2\pi}\right) \\
&= 4 \int_{-\infty}^{\infty} \frac{1}{2}\Omega_0^2 \pi [\delta(\omega - \omega_0)] \cdot \frac{\sin^4(\omega T/2)}{(\omega T/2)^2} \mathrm{d}\left(\frac{\omega}{2\pi}\right) \\
&= \Omega_0^2 \frac{\sin^4(\omega_0 T/2)}{(\omega_0 T/2)^2} = \Omega_0^2 \left[\frac{\sin^2(\pi f_0 T)}{\pi f_0 T}\right]^2
\end{aligned} \tag{4.184}
$$

也可以直接由式(4.116)导出 Allan 方差。群平均为

$$\bar{\Omega}_{k+1}(T) = \frac{1}{T} \int_{kT}^{(k+1)T} \Omega_0 \sin(\omega_0 t) \mathrm{d}t = \frac{2\Omega_0}{\omega_0 T}\left\{\sin\left(\frac{\omega_0 T}{2}\right)\sin\left(\frac{k\omega_0 T}{2}\right)\right\} \tag{4.185}$$

$$\bar{\Omega}_k(T) = \frac{1}{T} \int_{(k-1)T}^{kT} \Omega_0 \sin(\omega_0 t) \mathrm{d}t = \frac{2\Omega_0}{\omega_0 T}\left\{\sin\left(\frac{\omega_0 T}{2}\right)\sin\left[\frac{(k-2)\omega_0 T}{2}\right]\right\} \tag{4.186}$$

相邻两个群平均的差为

$$\bar{\Omega}_{k+1}(T) - \bar{\Omega}_k(T) = \frac{4\Omega_0}{\omega_0 T}\sin^2\left(\frac{\omega_0 T}{2}\right)\cos(k\omega_0 T) \tag{4.187}$$

群方差现在变为

$$\sigma_{\Omega,S}^2(T) = \frac{1}{2}\left\langle[\bar{\Omega}_{k+1}(T) - \bar{\Omega}_k(T)]^2\right\rangle = \frac{1}{2}\left[\frac{4\Omega_0}{\omega_0 T}\sin^2\left(\frac{\omega_0 T}{2}\right)\right]^2 \left\langle\cos^2(k\omega_0 T)\right\rangle$$

$$= \frac{1}{2}\left[\frac{4\Omega_0}{\omega_0 T}\sin^2\left(\frac{\omega_0 T}{2}\right)\right]^2 \times \frac{1}{2} = \Omega_0^2 \frac{\sin^4(\omega_0 T/2)}{(\omega_0 T/2)^2} = \Omega_0^2 \left[\frac{\sin^2(\pi f_0 T)}{\pi f_0 T}\right]^2$$

$$(4.188)$$

式中：$\langle \cos^2(k\omega_0 T)\rangle = 1/2$。

在实际中，低频正弦噪声通常由周期性环境变化引起。图 4.30 所示为式 (4.186) 的 $\sigma(T) - T$ 双对数曲线。可以看出，正弦特性的角速率噪声用斜率为 -1 的连续衰减峰表征。在数据中识别和估计该噪声需要观察几个峰。数据的 Allan 分析中，相邻峰的幅值衰减很快，可能被其他频率的高阶峰淹没，使得很难观察。因此，传统的功率谱密度方法更适合于分析周期性信号。

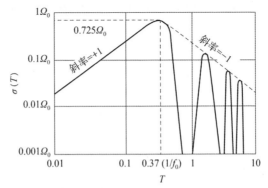

图 4.30　正弦角速率噪声的 $\sigma(T) - T$ 曲线

4.2.2.9　Allan 方差的噪声系数拟合

一般来说，光纤陀螺测试数据中可能包含着上述全部或部分的噪声类型，而且不同的噪声出现在不同的 T 域。假定上述的随机过程在统计学上都是独立的，则总的 Allan 方差应是各项噪声的 Allan 方差的和，即

$$\sigma_{\Omega,\mathrm{Total}}^2(T) = \sigma_{\Omega,Q}^2(T) + \sigma_{\Omega,N}^2(T) + \sigma_{\Omega,B}^2(T) + \sigma_{\Omega,K}^2(T)$$
$$+ \sigma_{\Omega,R}^2(T) + \sigma_{\Omega,M}^2(T) + \sigma_{\Omega,S}^2(T) + \cdots \quad (4.189)$$

图 4.31 所示为各种主要噪声源在 Allan 方差曲线中的位置和特征。

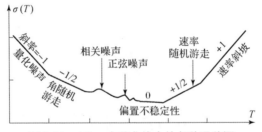

图 4.31　Allan 方差曲线中的各种误差源

4.2.3　群有限数量引起的 Allan 方差估计值的不确定性

在 Allan 分析中,给定样本长度的数据,群时间越大,群的数量 q 越少。由于群数量总是有限的,人们只能得到 Allan 方差的估计值,它是群数量 q 的随机函数。一般来说,根据角速率噪声的功率谱密度,可以计算 Allan 方差估计值的方差,导出 Allan 方差估计值的相对不确定性与群数量 q 的函数关系。

如前所述,Allan 方差定义为

$$\sigma_\Omega^2(T) = \frac{1}{2}\langle \alpha_k^2(T) \rangle \tag{4.190}$$

式中:$\langle \cdots \rangle$ 表示时间平均;$\alpha_k(T) = \bar{\Omega}_{k+1}(T) - \bar{\Omega}_k(T)$,量 $\bar{\Omega}_k$ 为角速率在群时间 T 上的平均值。方差 $\sigma_\Omega^2(T)$ 的定义涉及对无限数目的群采样求数学平均,但实际中群的数量是有限的。计算的总是 Allan 方差的估计值,为了与群数量无穷大时 Allan 方差的真值 $\sigma_\Omega^2(T)$ 比较,这里将 Allan 方差的估计值记为 $\sigma_\Omega^2(T, q)$,其置信度随群数量 q 的增加而改进。

由于实践中人们关心的是 Allan 方差估计值的平方根 $\sigma_\Omega(T, q)$,本书将计算这个量的不确定性与群数量 q 的函数关系。

4.2.3.1　Allan 方差估计值的方差

设 $\theta(t)$ 是陀螺的瞬时输出角度,瞬时输出角速率 $\Omega(t)$ 为

$$\Omega(t) = \frac{\mathrm{d}\theta(t)}{\mathrm{d}t} \tag{4.191}$$

$\Omega(t)$ 在群时间 T 上的平均值为

$$\bar{\Omega}_k(T) = \frac{1}{T}\int_{(k-1)T}^{kT} \Omega(t)\,\mathrm{d}t = \frac{1}{T}\left[\theta_k(T) - \theta_{k-1}(T)\right] \tag{4.192}$$

事实上,由于 $\bar{\Omega}_k$ 只有有限的数量 q,Allan 方差估计值 $\sigma_\Omega^2(T, q)$ 是群数量 q 的函数,是一个随机变量,其计算公式为

$$\sigma_\Omega^2(T, q) = \frac{1}{2(q-1)}\sum_{k=1}^{q-1} \alpha_k^2(T) \tag{4.193}$$

Allan 方差的真值 $\sigma_\Omega^2(T)$ 因而是 $\sigma_\Omega^2(T, q)$ 在均方意义上的渐近值:

$$\lim_{q\to\infty} \sigma_\Omega^2(T, q) = \sigma_\Omega^2(T) \tag{4.194}$$

根据方差的一般定义,Allan 方差估计值 $\sigma_\Omega^2(T, q)$ 的方差为

$$\sigma^2\left[\sigma_\Omega^2(T, q)\right] = \left\langle \left[\sigma_\Omega^2(T, q) - \langle \sigma_\Omega^2(T, q)\rangle\right]^2 \right\rangle \tag{4.195}$$

采用 $\sigma_\Omega^2(T, q)$ 的式(4.193),得

$$\sigma^2 \left[\sigma_\Omega^2(T,q) \right] = \left[\frac{1}{2(q-1)} \right]^2 \langle A(T) \rangle \tag{4.196}$$

其中：

$$\langle A(T) \rangle = \sum_{i=1}^{q-1} \sum_{j=1}^{q-1} \left[\langle \alpha_i^2(T) \alpha_j^2(T) \rangle - \langle \alpha_i^2(T) \rangle \langle \alpha_j^2(T) \rangle \right] \tag{4.197}$$

要对式(4.197)作进一步的计算，要求量 $\alpha_k(T)$ 是正态分布。由于角速率噪声是大量独立扰动的结果，可以假定 $\Omega(t)$ 进而 $\bar{\Omega}_k$ 是一个高斯过程，这样 $\alpha_k(T)$ 是正态分布，均值为零。在这种条件下，可将四阶矩 $\langle \alpha_i^2(T) \alpha_j^2(T) \rangle$ 转换为二阶矩之和：

$$\langle A(T) \rangle = \sum_{i=1}^{q-1} \sum_{j=1}^{q-1} \left[\langle \alpha_i(T) \alpha_j(T) \rangle^2 \right] \tag{4.198}$$

4.2.3.2 Allan 方差估计值的方差与角速率噪声功率谱密度的关系

对于一个平稳的噪声过程，$\theta(t)$ 的自相关函数定义为

$$R_\theta(\zeta) = \langle \theta(t) \cdot \theta(t-\zeta) \rangle \tag{4.199}$$

因而 $\langle A(T) \rangle$ 可以写为

$$\begin{aligned}
\langle A(T) \rangle &= \sum_{i=1}^{q-1} \sum_{j=1}^{q-1} \left\{ \left\langle \left[\bar{\Omega}_{i+1}(T) - \bar{\Omega}_i(T) \right] \left[\bar{\Omega}_{j+1}(T) - \bar{\Omega}_j(T) \right] \right\rangle^2 \right\} \\
&= \frac{1}{T^2} \sum_{i=1}^{q-1} \sum_{j=1}^{q-1} \left\{ \left\langle \left[\theta_{i+1}(T) - 2\theta_i(T) + \theta_{i-1}(T) \right] \left[\theta_{j+1}(T) - 2\theta_j(T) + \theta_{j-1}(T) \right] \right\rangle^2 \right\} \\
&= \frac{1}{T^2} \sum_{i=1}^{q-1} \sum_{j=1}^{q-1} \left\{ 6R_\theta \left[(i-j)T \right] - 4R_\theta \left[(i-j-1)T \right] - 4R_\theta \left[(i-j+1)T \right] + \right. \\
&\qquad \left. R_\theta \left[(i-j-2)T \right] + R_\theta \left[(i-j+2)T \right] \right\}^2
\end{aligned} \tag{4.200}$$

式中：$R_\theta(0)$ 的系数为 $(q-1)$，其他相关项的系数为

$$2 \sum_{i=1}^{q-2} (q-1-l)$$

式中：$l = i-j$。

自相关函数 $R_\theta(\zeta)$ 与角速率噪声的双边功率谱密度由下式联系起来：

$$R_\theta(\zeta) = \frac{1}{2\pi} \int_{-\infty}^{\infty} \frac{1}{\omega^2} S_\Omega(\omega) \cos(\omega\zeta) \, \mathrm{d}\omega \tag{4.201}$$

将式(4.200)代入式(4.196)，得到 Allan 方差估计值方差的表达式满足

$$\begin{aligned}
& \left[2\pi(q-1)T^2 \right] \sigma^2 \left[\sigma_\Omega^2(T,q) \right] \\
&= \frac{1}{4} (q-1) \cdot \left\{ \int_{-\infty}^{\infty} \frac{S_\Omega(\omega)}{\omega^2} \left[6 - 8\cos(\omega T) + 2\cos 2(\omega T) \right] \mathrm{d}\omega \right\}^2
\end{aligned}$$

$$+ \frac{1}{2} \sum_{i=1}^{q-2} (q-1-l) \cdot \left\{ \int_{-\infty}^{\infty} \frac{S_{\Omega}(\omega)}{\omega^2} [\, 6\cos(l\omega T) - 4\cos((l-1)\omega T) \right.$$

$$\left. -4\cos((l+1)\omega T) + \cos((l-2)\omega T) + \cos((l+2)\omega T)] \mathrm{d}\omega \right\}^2$$

$$(4.202)$$

式(4.202)对非平稳过程同样有效,式中的积分对于光纤陀螺中 5 种独立的角速率噪声的功率谱密度都是收敛的($\omega = 0$ 和 $\omega \to \infty$ 时),因而可以精确给出 Allan 方差估计值的方差。可以看出,对于不同的功率谱密度,Allan 方差估计值的不确定性是不同的。

4.2.3.3　Allan 方差估计值的相对不确定性

1. Allan 方差估计值 $\sigma_{\Omega}^2(T,q)$ 的相对不确定性

引入 Δ 为 $\sigma_{\Omega}^2(T,q)$ 相对 $\sigma_{\Omega}^2(T)$ 的相对偏差:

$$\Delta = \frac{\sigma_{\Omega}^2(T,q) - \sigma_{\Omega}^2(T)}{\sigma_{\Omega}^2(T)} \tag{4.203}$$

相对偏差 Δ 是 q 的随机函数。标准偏差 $\sigma(\Delta)$ 定义为由于群的有限数量,Allan 方差估计值的相对不确定性。

由式(4.201)得

$$\sigma_{\Omega}^2(T,q) = (1 + \Delta)\sigma_{\Omega}^2(T) \tag{4.204}$$

则 Allan 方差估计值的方差为

$$\sigma^2[\sigma_{\Omega}^2(T,q)] = [\sigma_{\Omega}^2(T)]^2 \sigma^2[1 + \Delta] \tag{4.205}$$

于是得到 $\sigma(\Delta)$ 与 Allan 方差估计值的方差之间的关系为

$$\sigma[\Delta] = \sigma[1 + \Delta] = \frac{1}{\sigma_{\Omega}^2(T)} \{ \sigma^2[\sigma_{\Omega}^2(T,q)] \}^{\frac{1}{2}} \tag{4.206}$$

2. Allan 方差估计值的平方根 $\sigma_{\Omega}^2(T,q)$ 的相对不确定性

实际中,人们关心的是 Allan 方差估计值的平方根,也即标准偏差 $\sigma_{\Omega}(T,q)$。因而,同样引入 ϵ 为 $\sigma_{\Omega}(T,q)$ 相对 $\sigma_{\Omega}(T)$ 的相对偏差:

$$\epsilon = \frac{\sigma_{\Omega}(T,q) - \sigma_{\Omega}(T)}{\sigma_{\Omega}(T)} \tag{4.207}$$

ϵ 同样是 q 的随机函数,由式(4.207)得

$$\sigma^2[\sigma_{\Omega}^2(T,q)] = [\sigma_{\Omega}^2(T)]^2 \sigma^2[(1 + \epsilon)^2] \tag{4.208}$$

假定满足条件 $\epsilon \ll 1$,也即测量的数目足够大,以获得 Allan 方差估计值较好的置信度。于是有

$$\sigma^2[(1+\epsilon)^2] = \langle[(1+\epsilon)^2 - \langle(1+\epsilon)^2\rangle]^2\rangle$$
$$= \langle[1+2\epsilon+\epsilon^2 - \langle1+2\epsilon+\epsilon^2\rangle]^2\rangle$$
$$= \langle[2\epsilon-\langle2\epsilon\rangle]^2\rangle = 4\sigma^2(\epsilon) \tag{4.209}$$

因而获得 $\sigma(\epsilon)$ 和 Allan 方差的下列关系:

$$\sigma(\epsilon) \approx \frac{1}{2\sigma_\Omega^2(T)}\{\sigma^2[\sigma_\Omega^2(T,q)]\}^{1/2}, \epsilon \ll 1 \tag{4.210}$$

即

$$\sigma(\epsilon) \approx \frac{1}{2}\sigma(\Delta), \epsilon \ll 1 \tag{4.211}$$

考虑一个可以涵盖光纤陀螺主要噪声源的简化的角速率噪声模型,模型含有一组 5 个独立的噪声过程,双边功率谱密度为

$$S_\Omega(\omega) = h_p\omega^p, p = -2,-1,0,1,2 \tag{4.212}$$

式中: h_p 为噪声系数; $\omega = 2\pi f, f > 0$。针对这样一种噪声模型,P. Lesage 推导并给出了 $\sigma(\epsilon)$ 的理论结果,总结在表 4.3 中。如果忽略高阶误差项,用一个统一的公式写出,则有

$$\sigma(\epsilon) \approx \frac{1}{\sqrt{2(q-1)}} \tag{4.213}$$

表 4.3 Allan 方差估计值平方根的相对不确定性的理论结果

参数	$S_\Omega(\omega) = h_p\omega^p, p = -2,-1,0,1,2$				
p	-2	-1	0	1	2
$\sigma(\epsilon)$	$\dfrac{\sqrt{(9q-10)/2}}{4(q-1)}$ $\approx \dfrac{0.75}{\sqrt{2(q-1)}}$	$\dfrac{\sqrt{(2.3q-2.6)/2}}{2(q-1)}$ $\approx \dfrac{0.76}{\sqrt{2(q-1)}}$	$\dfrac{\sqrt{(3q-4)/2}}{2(q-1)}$ $\approx \dfrac{0.87}{\sqrt{2(q-1)}}$	$\dfrac{\sqrt{(35q-53)/2}}{6(q-1)}$ $\approx \dfrac{0.99}{\sqrt{2(q-1)}}$	$\dfrac{\sqrt{(35q-53)/2}}{6(q-1)}$ $\approx \dfrac{0.99}{\sqrt{2(q-1)}}$

可以看出,式(4.213)是一个保守的估计(实际误差略小于该式),因而可以用来评估 Allan 方差的估算精度。

由于 $q = [n/m] = t/T$,采用这一关系式,可以确定以平均时间 T 在给定的精度(1σ)内观测某一噪声特性所需的测试时间 t 为

$$t = T\left(1 + \frac{1}{2\sigma^2(\epsilon)}\right) \tag{4.214}$$

平均时间在 0.01 ~ 3000s, Allan 方差平方根的 1σ 精度为 1%、5%、10% 和 20%,所需的测试时间如图 4.32 所示。一般来说,24h 的测试时间是常见的,但对特征平均时间超过 3000s 的速率随机游走,其精度仅约为 20%。

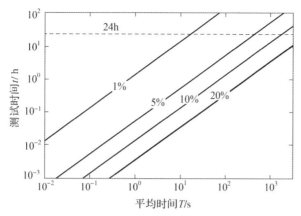

图 4.32　给定估算精度下,以平均时间 T 观察特定噪声所需的测试时间

4.2.4　Allan 方差噪声系数对惯性系统性能的影响

下面主要讨论 Allan 方差分析中的各噪声项(角速率量化噪声、角随机游走、零偏不稳定性、角速率随机游走、角速率漂移斜坡)对光纤陀螺随机漂移的贡献,并推导这些噪声项引起的角速率随机漂移和角随机漂移与陀螺输出带宽和工作时间的关系。

4.2.4.1　随机漂移的基本公式

根据信号理论,对于一个线性系统,当输入信号为一单位脉冲函数 $\delta(t)$ 时,系统的输出响应 $H(t)$ 称为脉冲响应函数。脉冲响应函数是系统特性的时域描述。对于闭环光纤陀螺系统,假定其输入角速率为 $\Omega_{\text{in}}(t)$,输出角速率为 $\Omega_{\text{out}}(t)$,则有

$$\Omega_{\text{out}}(t) = \int_0^t H(t-t')\Omega_{\text{in}}(t')\,\mathrm{d}t' \tag{4.215}$$

式中:$H(t)$ 为陀螺角速率回路(含输出滤波)的脉冲响应函数。由式(4.215)可以得到输出角速率的均方值为

$$\langle \Omega_{\text{out}}^2(t) \rangle = \int_0^t \mathrm{d}t' H(t-t') \int_0^t \mathrm{d}t'' H(t-t'') \langle \Omega_{\text{in}}(t')\Omega_{\text{in}}(t'') \rangle \tag{4.216}$$

式中:$\langle \Omega_{\text{in}}(t')\Omega_{\text{in}}(t'') \rangle$ 为输入角速率的自相关函数,$\langle \Omega_{\text{in}}(t')\Omega_{\text{in}}(t'') \rangle = R_{\Omega-\text{in}}(t',t'')$。

作为普适性选择,假定闭环光纤陀螺调制/解调回路为一个临界阻尼速率回路,典型传递函数可以表示为

$$H(s) = \frac{\omega_{\text{b}}^2}{(s+\omega_{\text{b}})^2} \tag{4.217}$$

式(4.217)传递函数的噪声等效带宽 $B_L = \omega_b/8$ 或 $B_L = \pi f_b/4$。

基于式(4.217)的传递函数,陀螺角速率回路的脉冲响应函数为 $\omega_b^2 \cdot t \cdot e^{-\omega_b t}$,单位阶跃响应函数为

$$H(t) = 1 - e^{-\omega_b t}(1 + \omega_b t), t \geq 0 \tag{4.218}$$

这表明,当 $t = 0$ 时,响应过程的变化率为零;当 $t > 0$ 时,响应过程的变化率为正,响应过程单调上升;当 $t \to \infty$ 时,响应过程的变化率趋于零,响应过程趋于常值1。这是一个稳态值为1的无超调单调上升过程。

如果陀螺输入 $\Omega_{in}(t)$ 是一个零平均的随机过程,且其自相关函数与延迟时间 $\zeta = t'' - t'$ 有关: $R_\Omega(t', t'') = R_\Omega(\zeta)$,则陀螺输出的角速率随机漂移为

$$\langle \Omega_{out}^2(t) \rangle = R_{\Omega-out}(0) = \int_{-\infty}^{\infty} S_{\Omega-out}(\omega) \frac{d\omega}{2\pi}$$

$$= \int_{-\infty}^{\infty} |H(i\omega)|^2 S_{\Omega-in}(\omega) \frac{d\omega}{2\pi} = \int_{-\infty}^{\infty} \frac{\omega_b^4}{(\omega^2 + \omega_b^2)^2} S_{\Omega-in}(\omega) \frac{d\omega}{2\pi}$$

$$\tag{4.219}$$

式中: $S_{\Omega-in}(\omega)$ 为 Allan 方差各噪声项的功率谱密度; $R_{\Omega-out}$ 为输出角速率的自相关函数; $S_{\Omega-out}(\omega)$ 为输出角速率的各噪声项的功率谱密度。

同理,参照式(4.216)和式(4.219)还可以得到陀螺输出的角随机漂移的公式为

$$\langle \theta^2(t) \rangle = \int_{-\infty}^{\infty} \frac{\omega_b^4}{(\omega^2 + \omega_b^2)^2} S_{\theta-in}(\omega) \frac{d\omega}{2\pi} \tag{4.220}$$

或

$$\langle \theta^2(t) \rangle = \int_0^t dt' \int_0^t dt'' \langle \Omega_{out}(t') \Omega_{out}(t'') \rangle$$

$$= \int_0^t dt' \int_0^t dt'' \int_{-\infty}^{\infty} e^{i\omega(t''-t')} \frac{\omega_b^4}{(\omega^2 + \omega_b^2)^2} S_{\Omega-in}(\omega) \frac{d\omega}{2\pi} \tag{4.221}$$

采用式(4.216)和式(4.219)可以估算各噪声项的 Allan 方差系数对光纤陀螺的角速率随机漂移的贡献。采用式(4.220)或式(4.221)可以估算各噪声项的 Allan 方差系数对光纤陀螺的角随机漂移的贡献。

4.2.4.2　角速率量化噪声对随机漂移的贡献

如前所述,角速率量化噪声的积分功率谱密度可以表示为

$$S_\theta(\omega) = t_0 Q^2 \tag{4.222}$$

式中: Q 在 Allan 方差分析方法中称为角速率量化噪声系数; t_0 为原始数据的采样率,则角速率量化噪声的功率谱密度可以表示为

$$S_{\Omega-in}(\omega) = \omega^2 S_\theta(\omega) = \omega^2 Q^2 t_0 \tag{4.223}$$

将式(4.222)代入式(4.219)，得

$$\langle \Omega_{\text{out}}^2(t) \rangle_Q = \int_{-\infty}^{\infty} \frac{\omega_b^4}{(\omega^2 + \omega_b^2)^2} S_{\Omega-\text{in}}(\omega) \frac{\mathrm{d}\omega}{2\pi} = \int_{-\infty}^{\infty} \frac{\omega_b^4}{(\omega^2 + \omega_b^2)^2} \omega^2 Q^2 t_0 \frac{\mathrm{d}\omega}{2\pi}$$

(4.224)

设积分变量 $x = \omega/\omega_b$，式(4.224)变为

$$\langle \Omega_{\text{out}}^2(t) \rangle_Q = Q^2 t_0 \cdot \frac{\omega_b^3}{\pi} \int_0^{\infty} \frac{x^2}{(x^2+1)^2} \mathrm{d}x$$

(4.225)

式中：

$$\int_0^{\infty} \frac{x^2}{(x^2+1)^2} \mathrm{d}x = \int_0^{\infty} \frac{1}{x^2+1} \mathrm{d}x - \int_0^{\infty} \frac{1}{(x^2+1)^2} \mathrm{d}x = \frac{\pi}{2} - \frac{\pi}{4} = \frac{\pi}{4}$$

(4.226)

因而得

$$\langle \Omega_{\text{out}}^2(t) \rangle_Q = Q^2 t_0 \cdot \frac{\omega_b^3}{4} \quad \text{或} \quad \sqrt{\langle \Omega_{\text{out}}^2(t) \rangle_Q} = \pi Q \sqrt{\frac{\pi}{2} f_b^3 t_0} = 4Q\sqrt{B_L^3 t_0}$$

(4.227)

这意味着，量化噪声系数 Q 产生的陀螺角速率输出漂移与陀螺宽带 B_L 的 3/2 次方成正比，与工作时间无关。

下面分析角速率量化噪声对角随机漂移的贡献。由式(4.220)，设积分变量 $x = \omega/\omega_b$，角随机漂移为

$$\langle \theta^2(t) \rangle_Q = \int_{-\infty}^{\infty} \frac{\omega_b^4}{(\omega^2 + \omega_b^2)^2} t_0 Q^2 \frac{\mathrm{d}\omega}{2\pi} = \frac{t_0 Q^2 \omega_b}{\pi} \int_0^{\infty} \frac{1}{(x^2+1)^2} \mathrm{d}x = \frac{\pi}{2} f_b t_0 Q^2$$

(4.228)

即

$$\sqrt{\langle \theta_{\text{out}}^2(t) \rangle_Q} = Q\sqrt{\frac{\pi}{2} f_b t_0} = Q\sqrt{2B_L t_0}$$

(4.229)

也即在陀螺带宽范围内，角速率量化噪声系数 Q 产生的陀螺输出的角随机漂移与陀螺带宽 B_L 的平方根成正比，与工作时间无关。

4.2.4.3　角随机游走对随机漂移的贡献

如前所述，在 Allan 方差分析中，角速率白噪声的功率谱密度为

$$S_{\Omega-\text{in}}(\omega) = N^2$$

(4.230)

式中：N 为角随机游走系数。将式(4.230)代入式(4.219)，得

$$\langle \Omega_{\text{out}}^2(t) \rangle_N = N^2 \int_{-\infty}^{\infty} \frac{\omega_b^4}{(\omega^2 + \omega_b^2)^2} \frac{\mathrm{d}\omega}{2\pi} = \frac{N^2}{\pi} \int_0^{\infty} \frac{\omega_b^4}{(\omega^2 + \omega_b^2)^2} \mathrm{d}\omega$$

(4.231)

设积分变量 $x = \omega/\omega_b$，式（4.231）可以写为

$$\langle \Omega_{out}^2(t) \rangle_N = \frac{N^2\omega_b}{\pi} \int_0^\infty \frac{1}{(x^2+1)^2}dx = \frac{N^2\omega_b}{4} = \frac{\pi}{2}f_b N^2 \qquad (4.232)$$

由角随机游走 N 产生的角速率随机漂移为

$$\sqrt{\langle \Omega_{out}^2(t) \rangle_N} = N\sqrt{\frac{\pi}{2}f_b} = N\sqrt{2B_L} \qquad (4.233)$$

这意味着，角随机游走系数 N 产生的角速率随机漂移与陀螺带宽 B_L 的平方根成正比，与工作时间 t 无关。

下面分析角随机游走系数对角随机漂移的贡献。由式（4.219），经过陀螺回路后，角速率输出的功率谱密度为

$$S_{\Omega-out}(\omega) = \frac{\omega_b^4}{(\omega^2+\omega_b^2)^2}N^2 \qquad (4.234)$$

将式（4.234）代入式（4.221），得到角随机漂移为

$$\begin{aligned}
\langle \theta^2(t) \rangle_N &= \int_0^t dt' \int_0^t dt'' \int_{-\infty}^\infty e^{i\omega(t''-t')} \frac{\omega_b^4}{(\omega^2+\omega_b^2)^2}N^2 \frac{d\omega}{2\pi} \\
&= \int_{-\infty}^\infty \frac{\omega_b^4}{(\omega^2+\omega_b^2)^2}N^2 \Big[\int_0^t e^{-i\omega t'}dt' \int_0^t e^{i\omega t''}dt'' \Big] \frac{d\omega}{2\pi} \\
&= \frac{\omega_b^4 N^2}{2\pi} \int_{-\infty}^\infty \frac{(e^{-i\omega t}-1)(e^{i\omega t}-1)}{\omega^2(\omega^2+\omega_b^2)^2}d\omega = \frac{\omega_b^4 N^2}{\pi} \int_{-\infty}^\infty \frac{1-\cos\omega t}{\omega^2(\omega^2+\omega_b^2)^2}d\omega \\
&= N^2 t\Big(1 + \frac{1}{2}e^{-\omega_b t}\Big) - \frac{3N^2}{2\omega_b}(1-e^{-\omega_b t}) \qquad (4.235)
\end{aligned}$$

t 很大时，式（4.235）简化为

$$\langle \theta^2(t) \rangle_N = N^2 t \quad \text{或} \quad \sqrt{\langle \theta^2(t) \rangle_N} = N\sqrt{t} \qquad (4.236)$$

这就是说，工作时间 t 较长时，角随机游走系数 N 产生的角随机漂移与陀螺带宽 B_L 无关，与工作时间 t 的平方根成正比。

4.2.4.4　零偏不稳定性对随机漂移的贡献

如前所述，零偏不稳定性（或角速率闪烁噪声、$1/f$ 噪声）噪声过程是一个非平稳过程，但在大于一个最小频率 ω_0 或在有限的观测时间 T_{obs} 内，其非平稳自相关函数对应的功率谱密度是平稳的，由式（4.146），可以表示为

$$S_{\Omega-in}(\omega) = \begin{cases} \dfrac{B^2}{\omega}, & |\omega| > \omega_0 = \dfrac{2\pi}{T_{obs}} \\[3mm] 0, & |\omega| < \omega_0 = \dfrac{2\pi}{T_{obs}} \end{cases} \qquad (4.237)$$

将式(4.237)代入式(4.219)中并进行积分变换 $x = \omega/\omega_b$，得

$$\langle \Omega_{\text{out}}^2(t) \rangle_B = \int_{\omega_0}^{\infty} \frac{\omega_b^4}{(\omega^2 + \omega_b^2)^2} \cdot \frac{B^2}{\omega} \frac{\text{d}\omega}{\pi} = \frac{B^2}{\pi} \int_{\omega_0/\omega_b}^{\infty} \frac{1}{x(x^2 + 1)^2} \text{d}x$$

$$= \frac{B^2}{\pi} \int_{\omega_0/\omega_b}^{\infty} \left[\frac{1}{x(x^2 + 1)} - \frac{x}{(x^2 + 1)^2} \right] \text{d}x \qquad (4.238)$$

式(4.238)中等号右边的第一项结果为

$$\frac{B^2}{\pi} \int_{\omega_0/\omega_b}^{\infty} \frac{1}{x(x^2 + 1)} \text{d}x = \frac{B^2}{\pi} \ln\left(\frac{x^2}{x^2 + 1}\right) \Big|_{\omega_0/\omega_b}^{\infty} \approx -\frac{B^2}{\pi} \ln\left(\frac{\omega_0}{\omega_b}\right) = \frac{B^2}{\pi} \ln(f_b T_{\text{obs}})$$

$$(4.239)$$

式中：$\omega_0 = 2\pi/T_{\text{obs}}$，$\omega_b = 2\pi f_b \gg \omega_0$。式(4.238)中等号右边的第二项结果为

$$\frac{B^2}{\pi} \int_{\omega_0/\omega_b}^{\infty} \frac{x}{(x^2 + 1)^2} \text{d}x = \frac{B^2}{2\pi} \int_{(\omega_0/\omega_b)^2}^{\infty} \frac{1}{(y + 1)^2} \text{d}y = \frac{B^2}{2\pi} \cdot \frac{1}{1 + (\omega_0/\omega_b)^2} \approx \frac{B^2}{2\pi}$$

$$(4.240)$$

式中：积分变换 $y = x^2$，因而

$$\langle \Omega_{\text{out}}^2(t) \rangle_B = \frac{B^2}{\pi} \ln\left(\frac{\omega_b}{\omega_0}\right) - \frac{B^2}{2\pi} \approx \frac{B^2}{\pi} \ln(f_b T_{\text{obs}}) \qquad (4.241)$$

下面分析零偏不稳定性对角随机漂移的贡献。由式(4.221)，经过陀螺回路后，角随机漂移为

$$\langle \theta^2(t) \rangle_B = \int_0^t \text{d}t' \int_0^t \text{d}t'' \int_{-\infty}^{\infty} e^{i\omega(t'' - t')} \frac{\omega_b^4}{(\omega^2 + \omega_b^2)^2} \frac{B^2}{\omega} \frac{\text{d}\omega}{2\pi}$$

$$= \int_{\omega_0}^{\infty} \frac{\omega_b^4}{(\omega^2 + \omega_b^2)^2} \frac{B^2}{\omega} \left[\int_0^t e^{-i\omega t'} \text{d}t' \int_0^t e^{i\omega t''} \text{d}t'' \right] \frac{\text{d}\omega}{\pi}$$

$$= \frac{\omega_b^4 B^2}{\pi} \int_{\omega_0}^{\infty} \frac{(e^{-i\omega t} - 1)(e^{i\omega t} - 1)}{\omega^3 (\omega^2 + \omega_b^2)^2} \text{d}\omega$$

$$= \frac{2B^2}{\pi \omega_b^2} \int_{\omega_0/\omega_b}^{\infty} \frac{1 - \cos(x \cdot \omega_b t)}{x^3 (x^2 + 1)^2} \text{d}x \qquad (4.242)$$

式中：ω_0 对应着测试记录数据长度(测试时间)的倒数，$\omega_0 = 2\pi/t$，积分变换 $x = \omega/\omega_b$。由于

$$\frac{1}{x^3 (x^2 + 1)^2} = \frac{1}{x^3} - \frac{2}{x(x^2 + 1)} + \frac{x}{(x^2 + 1)^2} \qquad (4.243)$$

式(4.243)中三项的积分都是收敛的，但起主要作用的是对 $1/x^3$ 的积分。忽略其他项，由式(4.242)得

$$\langle \theta^2(t) \rangle_B = \frac{2B^2}{\pi \omega_b^2} \cdot \frac{1}{3} \left(\frac{\omega_b}{\omega_0}\right)^2 = \frac{2B^2}{3\pi} \left(\frac{t}{2\pi}\right)^2 \text{ 或 } \sqrt{\langle \theta^2(t) \rangle_B} = \frac{B}{2\pi} \sqrt{\frac{2}{3\pi}} t$$

$$(4.244)$$

即 t 很大时,零偏不稳定性 B 产生的角随机漂移与陀螺带宽 B_{L} 无关,与工作时间 t 成正比。

4.2.4.5 角速率随机游走对随机漂移的贡献

如前所述,角速率随机游走由角加速度白噪声引起,角加速度白噪声的功率谱密度为 $S_\alpha(\omega) = K^2$。由于角速率是角加速度的积分,有

$$\Omega(t) = \int_0^t \alpha(t')\,\mathrm{d}t' \tag{4.245}$$

因而

$$
\begin{aligned}
\langle \Omega_{\mathrm{out}}^2(t) \rangle &= \int_0^t \mathrm{d}t' \int_0^t \mathrm{d}t'' \langle \alpha(t')\alpha(t'') \rangle = \int_0^t\int_0^t R_\alpha(t''-t')\,\mathrm{d}t'\,\mathrm{d}t'' \\
&= \int_0^t \mathrm{d}t' \int_0^t \mathrm{d}t'' \int_{-\infty}^\infty \mathrm{e}^{\mathrm{i}\omega(t''-t')} S_\alpha(\omega)\,\frac{\mathrm{d}\omega}{2\pi} \\
&= \int_{-\infty}^\infty \left[\int_0^t \mathrm{e}^{-\mathrm{i}\omega t'}\,\mathrm{d}t' \int_0^t \mathrm{e}^{\mathrm{i}\omega t''}\,\mathrm{d}t'' \right] S_\alpha(\omega)\,\frac{\mathrm{d}\omega}{2\pi} \\
&= \frac{K^2 t}{\pi} \int_{-\infty}^\infty \frac{\sin^2(\omega t/2)}{(\omega t/2)^2}\,\mathrm{d}\left(\frac{\omega t}{2}\right) = K^2 t \tag{4.246}
\end{aligned}
$$

其中,$R_\alpha(t,t') = \langle \alpha(t)\alpha(t') \rangle$,并利用了

$$\int_{-\infty}^\infty \frac{\sin^2 x}{x^2}\,\mathrm{d}x = \pi \tag{4.247}$$

准确地说,角速率随机游走也是一种非平稳随机过程,其功率谱密度表示为 $S_{\Omega\text{-in}}(\omega) = K^2/\omega^2$,但存在一个最小频率 ω_0,这个最小频率与测试记录数据长度(测试时间)的倒数成正比:$\omega_0 = 2\pi/t$。考虑闭环光纤陀螺的传递函数,当测试记录的长度远小于相关时间 T_{c} 时,所给出的功率谱密度才是有效的,此时有

$$
\begin{aligned}
\langle \Omega_{\mathrm{out}}^2(t) \rangle_K &= 2\int_{\omega_0}^\infty \frac{\omega_{\mathrm{b}}^4}{(\omega^2 + \omega_{\mathrm{b}}^2)^2} \cdot \frac{K^2}{\omega^2}\frac{\mathrm{d}\omega}{2\pi} \\
&= 2K^2 \int_{\omega_0}^\infty \left[\frac{1}{\omega^2} - \frac{\omega^2}{(\omega^2 + \omega_{\mathrm{b}}^2)^2} - \frac{2\omega_{\mathrm{b}}^2}{(\omega^2 + \omega_{\mathrm{b}}^2)^2} \right]\frac{\mathrm{d}\omega}{2\pi} \\
&= 2K^2 \left[\frac{1}{2\pi\omega_0} - \frac{1}{8\omega_{\mathrm{b}}} - \frac{1}{4\omega_{\mathrm{b}}} \right] \approx \frac{K^2}{\pi\omega_0},\ \omega_{\mathrm{b}} \gg \omega_0 \tag{4.248}
\end{aligned}
$$

当 $\omega_0 = 2\pi/t$ 时,有

$$\langle \Omega_{\mathrm{out}}^2(t) \rangle_K \approx \frac{K^2}{2\pi^2}t \quad \text{或} \quad \sqrt{\langle \Omega_{\mathrm{out}}^2(t) \rangle_K} = \frac{K}{\sqrt{2}\pi}\sqrt{t} \tag{4.249}$$

当然,测试记录长度(测试时间)远小于相关时间 T_{c} 时是这种情形。当测试记录长度(测试时间)远大于相关时间时,可以把角速率随机游走看成一种马尔可夫噪声:

$$S_{\Omega-\text{in}}(\omega) = \frac{K^2}{\omega^2 + \left(\dfrac{2\pi}{T_c}\right)^2}, \omega \gg 2\pi/T_c \tag{4.250}$$

此时有

$$\langle \Omega_{\text{out}}^2(t) \rangle_K = 2\int_0^\infty \frac{\omega_b^4}{(\omega^2 + \omega_b^2)^2} \cdot \frac{K^2}{\omega^2 + \left(\dfrac{2\pi}{T_c}\right)^2} \frac{\text{d}\omega}{2\pi}$$

$$= K^2 \left\{ \frac{\omega_b^4}{2\left(\dfrac{2\pi}{T_c}\right)} \cdot \frac{1}{\left[\omega_b^2 - \left(\dfrac{2\pi}{T_c}\right)^2\right]^2} - \frac{\omega_b^3}{4\left[\omega_b^2 - \left(\dfrac{2\pi}{T_c}\right)^2\right]^2} \right.$$

$$\left. - \frac{\omega_b}{4\left(\dfrac{2\pi}{T_c}\right)^2}\left[\frac{\omega_b^4}{\left[\omega_b^2 - \left(\dfrac{2\pi}{T_c}\right)^2\right]^2} - 1\right] \right\}$$

$$\approx \frac{K^2}{2\left(\dfrac{2\pi}{T_c}\right)} = K^2 \frac{T_c}{4\pi}, \omega_b \gg 2\pi/T_c \tag{4.251}$$

即

$$\sqrt{\langle \Omega_{\text{out}}^2(t) \rangle_K} = \frac{K}{\sqrt{4\pi}}\sqrt{T_c}, \omega_b \gg 2\pi/T_c \tag{4.252}$$

这就是说，工作时间 $t < T_c/2$ 时，$\sqrt{\langle \Omega_{\text{out}}^2(t) \rangle_K} \propto K\sqrt{t}$；工作时间 $t \geqslant T_c/2$ 时，$\sqrt{\langle \Omega_{\text{out}}^2(t) \rangle_K} \propto K\sqrt{T_c}$，不再随时间增长。

下面分析角速率随机漂移对角随机漂移的贡献，由式（4.221)，经过陀螺回路后，角随机漂移为

$$\langle \theta^2(t) \rangle_K = \int_0^t \text{d}t' \int_0^t \text{d}t'' \int_{-\infty}^\infty \text{e}^{\text{i}\omega(t''-t')} \frac{\omega_b^4}{(\omega^2 + \omega_b^2)^2} \frac{K^2}{\omega^2} \cdot \frac{\text{d}\omega}{2\pi}$$

$$= \int_{\omega_0}^\infty \frac{\omega_b^4}{(\omega^2 + \omega_b^2)^2} \frac{K^2}{\omega^2}\left[\int_0^t \text{e}^{-\text{i}\omega t'}\text{d}t' \int_0^t \text{e}^{\text{i}\omega t''}\text{d}t''\right]\frac{\text{d}\omega}{2\pi}$$

$$= \frac{\omega_b^4 K^2}{\pi}\int_{\omega_0}^\infty \frac{(\text{e}^{-\text{i}\omega t} - 1)(\text{e}^{\text{i}\omega t} - 1)}{\omega^4(\omega^2 + \omega_b^2)^2}\text{d}\omega$$

$$= \frac{2\omega_b^4 K^2}{\pi}\int_{\omega_0}^\infty \frac{1 - \cos\omega t}{\omega^4(\omega^2 + \omega_b^2)^2}\text{d}\omega$$

$$= \frac{2K^2}{\pi\omega_b^3}\int_{\omega_0/\omega_b}^\infty \frac{1 - \cos(x \cdot \omega_b t)}{x^4(x^2 + 1)^2}\text{d}x \tag{4.253}$$

式中：$x = \omega/\omega_b$。由于

$$\frac{1}{x^4(x^2+1)^2} = \frac{1}{x^4} - \frac{2}{x^2} + \frac{2}{x^2+1} + \frac{1}{(x^2+1)^2} \tag{4.254}$$

式(4.254)中4项的积分都是收敛的,但起主要作用的是对$1/x^4$的积分项,忽略其他项,由式(4.253)得

$$\langle \theta^2(t) \rangle_K = \frac{2K^2}{\pi \omega_0^3} \times \frac{1}{4} \left(\frac{\omega_b}{\omega_0} \right)^3 = \frac{K^2}{16\pi^4} t^3 \ \text{或} \ \sqrt{\langle \theta^2(t) \rangle_K} = \frac{K}{(2\pi)^2} t^{3/2} \quad (4.255)$$

即当t很大时,角速率随机游走K产生的陀螺输出的角随机漂移与陀螺带宽B_L无关,与工作时间t的3/2次方成正比。

4.2.4.6　角速率漂移斜坡对随机漂移的贡献

在输入角速率为$\Omega_{in}(t) = Rt$时,输出角速率$\Omega_{out}(t)$为

$$\Omega_{out}(t) = \int_0^t H(t - t') \cdot Rt' dt' \quad (4.256)$$

利用式(4.216),角速率随机漂移为

$$\begin{aligned}
\langle \Omega_{out}^2(t) \rangle_R &= \left\langle \left[\int_0^t H(t - t') \cdot Rt' dt' \right]^2 \right\rangle \\
&= R^2 \omega_b^4 \left[\int_0^t t'(t - t') e^{-\omega_b(t - t')} dt' \right]^2 \\
&= R^2 \left[t + t e^{-\omega_b t} - \frac{2}{\omega_b} + \frac{2 e^{-\omega_b t}}{\omega_b} \right]^2 \quad (4.257)
\end{aligned}$$

t很大时,有

$$\sqrt{\langle \Omega_{out}^2(t) \rangle_R} = R \left[t + t e^{-\omega_b t} - \frac{2}{\omega_b} + \frac{2 e^{-\omega_b t}}{\omega_b} \right] \approx Rt \quad (4.258)$$

这就是说,角速率漂移斜坡R引起的陀螺输出的角速率随机漂移与工作时间t成正比,与陀螺带宽无关。

同样,可以求出角速率漂移斜坡R引起的陀螺输出的角随机漂移为

$$\begin{aligned}
\langle \theta^2(t) \rangle_R &= \int_0^t \int_0^t \langle \Omega_{out}(t') \Omega_{out}(t'') \rangle dt' dt'' \\
&= \int_0^t \int_0^t \left[\int_0^t H(t - t''') \cdot Rt''' dt''' \right]^2 dt' dt'' \\
&= R^2 \int_0^t \int_0^t \left[t + t e^{-\omega_b t} - \frac{2}{\omega_b} + \frac{2 e^{-\omega_b t}}{\omega_b} \right]^2 dt' dt'' \approx R^2 t^4 \quad (4.259)
\end{aligned}$$

即

$$\sqrt{\langle \theta^2(t) \rangle_R} = Rt^2 \quad (4.260)$$

也即t很大时,角速率漂移斜坡R引起的角随机漂移与t^2成正比。

4.2.4.7　陀螺输出总的随机漂移

表4.4和表4.5分别总结了光纤陀螺输出的角速率随机漂移和角随机漂

移与陀螺输出带宽和工作时间的关系。

表4.4 光纤陀螺角速率输出的随机漂移(1σ标准偏差)与陀螺输出带宽和工作时间的关系

噪声类型	随机漂移与陀螺输出带宽的关系	随机漂移与陀螺工作时间的关系
角速率量化噪声	$B_L^{3/2}$	无关
角随机游走	$B_L^{1/2}$	无关
零偏不稳定性	$(\ln B_L)^{1/2}$	$(\ln t)^{1/2}$
角速率随机游走	无关	$t^{1/2}$
角速率漂移斜坡	无关	t

表4.5 光纤陀螺角输出的随机漂移(1σ标准偏差)与检测宽带和工作时间的关系

噪声类型	角随机漂移与检测带宽的关系	角随机漂移与工作时间的关系
角速率量化噪声	$B_L^{1/2}$	无关
角随机游走	无关	$t^{1/2}$
零偏不稳定性	无关	t
角速率随机游走	无关	$t^{3/2}$
角速率漂移斜坡	无关	t^2

无论是角速率随机漂移还是角随机漂移,光纤陀螺输出总的随机漂移是Allan方差各噪声项系数引起的随机漂移的均方值的和,即

$$\langle \Omega_{out}^2(t) \rangle = \langle \Omega_{out}^2(t) \rangle_Q + \langle \Omega_{out}^2(t) \rangle_N + \langle \Omega_{out}^2(t) \rangle_B + \langle \Omega_{out}^2(t) \rangle_K + \langle \Omega_{out}^2(t) \rangle_R + \cdots$$

$$(4.261)$$

以及

$$\langle \theta^2(t) \rangle = \langle \theta^2(t) \rangle_Q + \langle \theta^2(t) \rangle_N + \langle \theta^2(t) \rangle_B + \langle \theta^2(t) \rangle_K + \langle \theta^2(t) \rangle_R + \cdots$$

$$(4.262)$$

参考文献

[1] ZHANG G C, ZHANG S Y, LIN Y, et al. Vibration induced bias drift of fiber optic gyro and improvement methods[C] // Proc. 2016 China International Conference on Inertial Technology and Navigation, 2016: 101 – 107.

[2] LEFÈVRE H C. 光纤陀螺仪[M]. 张桂才,王巍,译. 北京:国防工业出版社,2002.

[3] 张桂才,杨晔. 光纤陀螺工程与技术[M]. 北京:国防工业出版社,2023.

[4]徐明,张桂才,李祖国.采用正弦调制测量光纤陀螺频带宽度的方法研究[C]//中国惯性技术学会第八届光电惯性技术学术会议论文集,2008.

[5] IEEE standard specification format guide and test procedure for single – axis interferometric fiber optic gyros:IEEEStd 952 – 1997[S]. IEEE Aerospace and Electronic Systems Society,1998.

[6]DOMARATZKY B,KILLIAN K. Development of a strategic grade fiber optic gyro[C]. AIAA Conference and Exhibit,1997.

[7]张桂才.光纤陀螺原理与技术[M].北京:国防工业出版社,2008.

[8]中国人民解放军总装备部电子信息基础部.光纤陀螺仪测试方法:GJB 2426A—2015[S].北京:中国人民解放军总装备部,2015.

[9]左文龙,张桂才,宋阳,等.光纤陀螺参数匹配和调试技术研究[C]//2016年光学陀螺及系统技术发展与应用研讨会论文集,2016:83 – 86.

[10] ASHOURI E, KASHANINIA A. Modelling and simulation of the fiber optic gyroscope (FOG) in measure-ment – while – drilling (MWD) processes[C]//Proceedings of the 9th WSEAS International Conference on Signal Processing Computational Geometry and Arifical Vision,2009:51 – 56.

[11]CIMINELLI CDELL'OLIO F. CAMPANELLA C,et al. Photonic technologies for angular velocity sensing [J]. Advances in Optics and Photonics, 2010, 2(3):370 – 404.

[12]BIELAS M S. Stochastic and dynamic modeling of fiber gyros[C]//Proc. SPIE, Fiber Optic and Laser Sensors XII,1994,2294.

[13]张惟叙.光纤陀螺及其应用[M].北京:国防工业出版社,2008.

[14]张桂才,马林,林毅,等.国外超高精度光纤陀螺研制进展及对关键光学器件的新需求[C].第七届(北京)国际光纤传感技术及应用大会关键光器件在光纤传感中的应用专题研讨会,2018.

[15]MARK J G, TAZARTES D A. Rate control loop for fiber optic gyroscope:US 5883716[P]. 1999 – 03 – 16.

[16]LEHMANN A,高秀花.选用陀螺仪:动调陀螺,激光陀螺,光纤陀螺比较[J].惯导与仪表. 1995,5(4):16 – 21.

[17]王梓坤.常用数学公式大全[M].重庆:重庆出版社,1991.

[18]NOURELDIN A,MINTCHEV M,IRVINE. HALLIDAY D,et al. Computer modeling of microelectronic closed loop fiber – optic gyroscope[C]//Proceddings of the IEEE Canadian Conference on Electical and Computer Engineering,1999,2:633 – 638.

[19]张桂才,冯菁,宋凝芳,等.抑制闭环光纤陀螺高动态角运动测量误差的校正回路设计[J].中国惯性技术学报,2021,29(5):650 – 654.

[20] HUMPHREY I. Schemes for computing performance parameters of fiber optic gyroscopes:US20040175428[P]. 2004 – 09 – 09.

[21]FORD J J, EVANS M E. Online estimation of Allan variance parameters[J]. Journal of Guidance, Control, and Dynamics,2000,23(6):980 – 987.

[22]LESAGE P, AUDOIN C. Characterization of frequency stability:uncertainty due to the finite number of measurements[J]. IEEE Trans. Instrum. Meas. ,1973,22(2):157 – 161.

[23]TEHRANI M. Cluster Sampling Technique for RLG Noise Analysis[C]. 17th Biennial Guidance Test Symposium, 1995.

[24]张树侠,何昆鹏.陀螺仪性能参数表征与评定[J].导航与控制,2010, 9(2):33 – 35.

[25]张树侠,李东明.角度随机游走及其应用 [J].导航与控制, 2008,7(2):1 – 5.

[26]张晓峰,张桂才,巴晓艳.闭环消偏光纤陀螺输出数据 Allan 方差分析的改进方法研究[J].导航与控制,2006,5(1):54-58.

[27]STRUS J M, KIRKPATRICK M, SINKO J W. Development of a high accuracy pointing system for maneuvering platforms[C]//Proc. ION GNSS,2007:2541-2549.

[28]李永兵,张桂才,杨清生.光纤陀螺仪测试数据的 Allan 方差分析[C].中国惯性技术学会光电技术专业委员会第五次学术交流会暨重庆惯性技术学会第九次学术交流会论文集,2002:133-139.

[29]SOTAK M. Determining stochastic parameters using an unified method[J]. Acta Electrotechnica et Informatica,2009,9(2):59-63.

[30]林毅,张桂才,吴晓乐,等.高精度光纤陀螺长期稳定性的初步研究[C]//第十一届光电惯性技术学术会议论文集,2016.

[31]ALLAN D W. Historicity, strengths and weaknesses of Allan variances and their general applications[C]//Proc. 22nd Saint Petersburg International Conference on Integrated Navigation Systems,2015:507-524.

[32]MANDEL L, WOLF E. Optical coherence and quantum optics[M]. Cambridge:Cambridge University Press,1995.

[33]TEHRANI M. Ring laser gyro data analysis with cluster sampling technique[C]//Proc. Fiber Optic and Laser Sensors,1983,412:207-220.

[34]PETKOV P, SLAVOV T. Stochastic modeling of mEMS inertial sensors[J]. Bulgarian Academy of Sciences,Cybernetics and Information Technologies,2010,10(2):31-40.

[35]张桂才,皮燕燕,杨志怀,等.关于 IEEE Std 952-1997 标准中零偏稳定性的 Allan 方差公式的讨论[C]//光纤陀螺技术发展现状与展望研讨会会议文集,2013.

[36]张桂才,闫晓琴,刘凯,等.光纤陀螺随机游走系数模型的修正和实验研究[J].压电与声光,2009,31(1):18-20.

[37]闫晓琴,张桂才.采用分段法估算 Allan 方差中的各噪声系数[J].压电与声光,2009,31(2):166-168.

[38]STEPANOV O A,CHELPANOV I B,MOTORIN A V. Accuracy of sensor bias estimation and its relationship with Allan variance[C]//Proc. 22nd Saint Petersburg International Conference on Integrated Navigation Systems,2015:551-556.

[39]KROBKA N J. On the topology of the Allan variance graphs and typical misconceptions of the gyro noise structure[C]//Proc. 22nd Saint Petersburg International Conference on Integrated Navigation Systems,2015:525-550.

[40]张桂才.光纤陀螺随机游走系数及其在惯性导航系统中的应用[C]//军用电子元器件型谱系列科研项目首席专家交流论文集,2007.

[41]PAPOULIS A. Probability, random variable and stochastic process[M],3rd Edition. New York:McGraw-Hall Inc. ,1991.

[42]YOSHIMURA K. Characterization of frequency stability:uncertainty due to the autocorrelation of the frequency fluctuations[J]. IEEE Trans. Instrum. Meas. ,1978, 27(1):1-7.

[43]LESAGE P, AYI T. Characterization of frequency stability:analysis of the modified Allan variance and properties of its estimate[J]. IEEE Trans. Instrum. Meas. , 1984,33(4):332-336.

[44]GOODMAN J W. Statistical optics[M]. New York:John Wiley & Sons Inc. , 1985.

[45]郑志胜,马林,张桂才,等.隔点运动对光纤陀螺影响机理分析[C]//2006 年光学陀螺及系统技术发展与应用研讨会文集,2016:47-51.

第5章　航海应用光纤陀螺前沿技术研究

新一轮科技革命和产业变革推动了芯片制造、精密加工、量子测量以及智能化、新材料等前沿技术加速应用于惯性领域,给惯性技术升级带来新的契机。目前,干涉型光纤陀螺虽已在陆、海、空、天等多个领域中占主导地位,成为载体运动控制和武器装备应用市场的主流产品,但对光纤陀螺技术的持续研究仍然非常活跃,其发展方向也呈现多极分化:甚高精度(基准级,0.0001°/h)和高精度(精密级,0.001°/h)光纤陀螺面向长航时、长寿命宇航和舰艇应用,通过在传统技术基础上开展噪声抑制等研究挖掘精度潜力,或者采用光子晶体光纤和纠缠光子源等新型光学技术,力求突破目前陀螺的噪声或漂移极限;中精度(导航级,0.01°/h)光纤陀螺通过精密绕环、回路校正和辐射加固以及小型化等技术措施提高性价比,以增强对磁场、温度、振动、辐射等环境因素的适应性;低精度(战术级,0.1°/h)光纤陀螺面向更小体积和更低成本,通过微加工和微光集成等先进制造工艺和技术拓宽应用领域。这些新型技术有望提高光纤陀螺的综合性能,甚或推动光纤陀螺精度提升。本章结合舰船应用需求和特点,及时跟踪国外光学陀螺研究的前沿技术,重点探讨激光器驱动干涉型带隙光子晶体光纤陀螺、量子纠缠光纤陀螺以及集成化微光学陀螺的技术原理、研究现状和发展前景。

5.1　采用激光器和带隙光子晶体光纤的干涉型光纤陀螺研究

干涉型光纤陀螺(Interferometric Fiber Optic Gyroscope,IFOG)的成功在很大程度上源于光路结构中采用了宽带光源,如超辐射发光二极管或宽带掺铒光纤光源,大大降低了非线性Kerr效应、相干背向散射和相干偏振噪声。尽管如此,现行干涉型光纤陀螺还是存在一些问题,限制了其在飞机、舰船惯性导航以及更高性能领域的广泛应用。首先,宽带光源存在较大的相对强度噪声,因而需要采取强度噪声抑制措施提高陀螺精度,但这又将增加陀螺的复杂性和成本。其次,宽带光源的平均波长稳定性较差,这意味着光纤陀螺的标度因数稳定性(正比于光波长变化)对高动态、长航时应用不合适,妨碍了光纤陀螺在飞机、舰船惯性导航应用市场与激光陀螺的竞争力。近年来,国外许多光纤陀螺研制单位针对机载和舰载惯性导航应用以及更高精度应用对干涉型光纤陀螺进行了方案改进,提出了两项重要的技术措施:①采用激光器代替宽带光源驱动光纤陀螺;②敏感线圈采用带隙型(空芯)光子晶体光纤代替传统光纤。激光器的运用大大提高了光纤陀螺的标度因数稳定性并消除了光源附加噪声的影响;而空芯光纤几乎消除了 Kerr 效应引起的漂移,显著降低了 Shupe 效应和 Faraday 效应引起的漂移。当然,干涉型光纤陀螺采用高相干光源仍面临许多技术挑战。进一步的研究表明,将激光器驱动与相位调制线宽加宽技术结合起来,可以消除激光器驱动光纤陀螺中瑞利背向散射和偏振交叉耦合引起的相干噪声和漂移,同时提高光纤陀螺的精度和标度因数稳定性。本节阐述了激光器驱动干涉型光纤陀螺的技术原理和研制现状,分析了采用带隙光子晶体光纤的激光器驱动干涉型光纤陀螺中的相干误差和非互易漂移,并探讨加宽激光器线宽的关键技术。

5.1.1　激光器驱动干涉型光纤陀螺的发展现状

5.1.1.1　采用传统保偏光纤的激光器驱动干涉型光纤陀螺

自 2014 年以来,美国斯坦佛大学和加利福尼亚大学分别在 Northrop Grumman(诺思罗普・格鲁曼)公司、美国国防高级研究计划局资助下,各自开展了激光器驱动光纤陀螺和外相位调制线宽加宽技术的研究,其主要应用背景是机载惯性导航系统。斯坦福大学 2017 年报道了采用传统保偏光纤的激光器驱动光纤陀螺的研制进展。光纤线圈直径 8cm,光纤长度为 1085m,采用高斯白噪声外相位调制技术,激光器驱动光纤陀螺的角度随机游走噪声达到 $5.5 \times 10^{-4} \circ / \sqrt{h}$,漂移为 $6.8 \times 10^{-3} \circ / h$,标度因数稳定性估计为 0.15ppm,如图 5.1 所示。与传统的采用宽带超荧光光纤光源的光纤陀螺相比,激光器驱动光纤陀螺在性能方面具有较小的噪声和稍大的漂移。这是目前第一个满足商用飞机惯性导航性能需求的激光器驱动光纤陀螺样机,相关研究仍在持续中。

采用激光器替代宽带光源,波长稳定性可以很容易控制在 1ppm 以下,从而使标度因数稳定性满足导航级和精密级(战略级)光纤陀螺精度要求。激光器应用导致相干背向散射和相干偏振交叉耦合增加,还需要采用外相位调制加宽

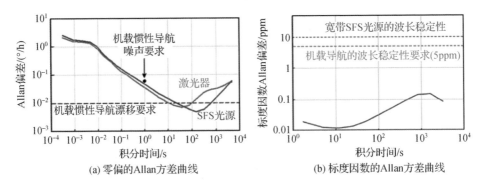

图 5.1　激光器驱动光纤陀螺样机的性能

激光器线宽,来降低这些相干误差。总之,激光器驱动技术、外相位调制技术与传统保偏光纤结合的干涉型光纤陀螺,噪声和漂移性能可以达到或超过传统宽带光源驱动的光纤陀螺的性能,标度因数稳定性预计提高一个数量级以上,使光纤陀螺在机载惯性导航领域具备与激光陀螺的竞争力。

5.1.1.2　采用带隙光子晶体光纤的激光器驱动干涉型光纤陀螺

如前所述,采用宽带光源和传统保偏光纤的干涉型光纤陀螺的标度因数稳定性不如激光陀螺,限制了其在高精度、长航时惯性导航市场的应用。与飞机或潜艇导航所需的小于 5ppm 或 1ppm 标度因数稳定性相比,目前干涉型光纤陀螺的标度因数稳定性典型值限制在 10 ~ 100ppm,通常与光纤陀螺所用的宽带掺铒光纤光源的波长稳定性有关。采用激光器取代宽带光源可以较容易解决传统光纤陀螺的标度因数稳定性问题,但激光器的应用重新引入了在传统光纤陀螺中不复存在的非线性 Kerr 效应等误差。

干涉型光纤陀螺的另一个重要发展方向是采用带隙(空芯)保偏光子晶体光纤代替传统(实芯)保偏光纤。带隙光子晶体光纤的剖面结构如图 5.2(a)所示,包层区域由二维光子晶体组成,这种周期性结构存在带隙:某种波长的光不能通过周期性结构。当适当波长的光入射进光子晶体中央人为形成的缺陷(中央的空芯)中,由于无法通过周期性结构,光波模式只能沿空气芯纵向传播,称为局域模式。当局域模式仅为光纤基模时,即形成单模空芯光纤,基模几乎完全限制在空芯的空气中传播。因此,空芯光子晶体光纤的导波机制为带隙导波,其深层机制为 Bragg 条件下多重散射和干涉的结果,如图 5.2(b)所示。在带隙光子晶体光纤中央的空芯两侧,人为形成两个对称缺陷(较大空气孔),导致两个对称缺陷连线方向的应力与其垂直方向不同,可以构成具有各向异性应力几何结构的带隙保偏光子晶体光纤。

 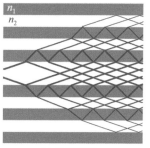

(a) 光纤截面　　　　　　　(b) 导波原理

图 5.2　带隙型（空芯）保偏光子晶体

空气的光学非线性效应（Kerr 系数）、折射率对温度的依赖性（Shupe 系数）和法拉第效应（Verdet 常数）比石英低得多。因此，在采用空芯光子晶体光纤的光纤陀螺中，残余 Shupe 效应、法拉弟效应和非线性 Kerr 效应预计显著降低。这使得采用带隙光子晶体光纤的激光器驱动光纤陀螺有可能超越传统光纤陀螺的精度水平。

2013 年 7 月，美国国防高级研究计划局提出了"绝对基准用的紧凑型超稳定陀螺仪"计划，资助 Honeywell 公司研究一种基于带隙（空芯）光子晶体光纤的新型陀螺。计划中明确指出：该陀螺结合了激光陀螺和"干涉型"光纤陀螺的优点，目标是用于空间绝对基准，陀螺精度为：零偏稳定性优于 10^{-6}°$/h$，角随机游走优于 10^{-6}°$/\sqrt{h}$。根据 Honeywell 公司目前已公开报道的"绝对基准级"陀螺的研制进展，仍是基于传统干涉型光纤陀螺方案。而从目前低精度谐振型光纤陀螺尚未实现工程化的研制现状来看，谐振型带隙光子晶体光纤陀螺很难实现这一目标。可以判断，上述计划应是激光器驱动的、采用带隙（空芯）光子晶体光纤的甚高精度干涉型光纤陀螺技术方案。

在 2016 年光纤陀螺 40 周年国际学术会议上，Honeywell 公司报道了损耗为 5.1dB/km、偏振保持 h 参数为 3.2×10^{-5}/m 的带隙保偏光子晶体光纤。随着制造技术和工艺的进步，带隙光子晶体光纤的损耗有望进一步降低至 5dB/km 以下甚至 1dB/km 以下的理论最低水平，这样，空芯光纤在发挥干涉型光纤陀螺性能潜力方面可能会扮演越来越重要的角色。空芯光纤的导波特性大大减少了传统光纤存在的限制陀螺性能的因素，使光纤陀螺具备高精度、高标度因数稳定性、小尺寸的优点和更适合温度、磁场和辐射等严苛的工作环境。

5.1.2　激光器驱动干涉型光纤陀螺的原理和组成

激光器驱动干涉型光纤陀螺的结构组成如图 5.3 所示，其中激光器取代了传统光纤陀螺中的宽带光源。激光器输出经过一个高速相位调制器，相位调制

器用于加宽光源输出光的线宽。经过相位调制的输出激光通过光学环行器或
2×2 光纤耦合器,进入多功能集成光路,多功能集成光路包含偏振器、偏置相位
调制器和 Y 波导(分光器),保偏光纤(或带隙型光子晶体光纤)线圈的两端与
Y 波导的尾纤偏振主轴对准并熔接,构成 Sagnac 干涉仪。从光纤线圈返回的光
波经多功能集成光路、光学环行器或 2×2 光纤耦合器到达光探测器,转换为电
信号,经过放大、A/D 转换和数字处理,得到陀螺输出信号。

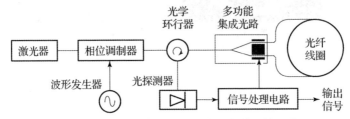

图 5.3　激光器驱动干涉型光纤陀螺的结构组成

采用激光器有三个优点:①市场上通信用的 1.5μm 半导体激光器价格便
宜,易于降低成本和小型化;②带温控的半导体激光器波长稳定性优于 1ppm,
可将光纤陀螺的标度因数稳定性提高一个数量级;③激光器具有很小的相对强
度噪声,有潜力提高陀螺精度。图 5.4 给出了宽带掺铒光源和两种激光器的典
型 RIN 谱,显示出激光器的相对强度噪声远低于宽带掺铒光源。如前所述,采
用激光器驱动光纤陀螺必然引入采用宽带光源已经本质上消除了的 Kerr 效应、
背向散射和偏振交叉耦合引起的相干误差三种误差源。如果不能有效抑制这
些相干误差,激光器驱动光纤陀螺的性能仍将受到限制:虽然提高了干涉型光
纤陀螺的标度因数稳定性,却又大大降低了其零偏稳定性。因此,图 5.3 中采
用一个甚高速相位调制器加宽激光器线宽,来降低相干误差。实验研究还表
明,采用激光器驱动和带隙型(空芯)保偏光子晶体光纤线圈,由于光的大部分能

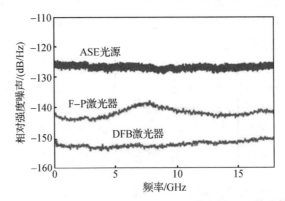

图 5.4　宽带光源、单频 DFB 和 F－P 激光器 RIN 的比较

量是在空气中传播的,Kerr 非线性、法拉弟效应、Shupe 效应和空间辐射效应等非互易误差大大降低。表 5.1 给出了激光器驱动干涉型光纤陀螺的相关技术特点。

表 5.1　激光器驱动干涉型光纤陀螺的技术特点

激光器驱动光纤陀螺单项技术与组合技术的特点	零偏/标度性能			非互易误差				备注
	标度因数稳定性	噪声	漂移	Shupe 效应	Kerr 效应	法拉弟效应	空间辐射	
单项技术								
激光器驱动技术	√	×	×		×			标度因数稳定性可以达到优于 1ppm
外相位调制技术		√	√					需要大于 20GHz 的甚高频相位调制
带隙光子晶体光纤技术				√	√	√	√	非互易误差大大降低,易于小型化
组合技术								
激光器/外相位调制/传统保偏光纤	√	√	√		×			可以实现导航级精度
激光器/外相位调制/带隙光子晶体光纤	√	√	√	√	√	√	√	可以实现精密级、基准级精度

5.1.3　激光器驱动干涉型光纤陀螺的相干误差分析

5.1.3.1　激光器驱动干涉型光纤陀螺中的瑞利背向散射

光纤中产生的背向散射光场有两种形式:一种是分布式散射,沿整根光纤长度上产生微反射;另一种是突变界面的离散反射,如熔接点和端面终结。这里主要考虑分布式散射。分布式散射通常有两种机制:折射率沿光纤长度上微观尺度的分布式随机不均匀性产生的瑞利散射和纤芯/包层界面几何结构随机不均匀性引起的界面散射。瑞利散射是传统保偏光纤中分布式散射的主要原因,这种光纤是实芯的,纤芯和包层界面的折射率变化小;而纤芯/包层界面的几何变化引起的界面散射是高折射率对比度光纤(如带隙(空芯)光子晶体光纤)中背向散射的主要来源。尽管本节重点对实芯光纤中的瑞利散射建模研究,同样的分析也可直接适用于带隙(空芯)光子晶体光纤中几何扰动引起的背向散射,两者具有大致相同的统计描述。不管分布式背向散射的形式如何,在线圈延迟时间的尺度上观察,均可以认为单个散射点上的背向散射是一个时间平稳随机过程。由于分布式背向散射是光纤的固有特性,首先必须能够解释这个随机过程,才能完整分析其对光纤陀螺性能的影响,并考虑抑制背向散射误差的技术方法。

在 Sagnac 干涉仪中,光纤线圈中的单个散射点产生两个附加光场。如图 5.5 所示,当顺时针(CW)主波光场 E_{cw} 在任意一点 A 产生散射时,其中一小部分散射光耦合到背向导波模式中,形成沿逆时针(CCW)方向传播的背向散射光场 E_{ccw}^b(注:点 A 产生的散射光为各向同性散射,其中一小部分散射光还会耦合到前向导波模式中,但因为与主波同相叠加,仍可视为主波的一部分),传播回到耦合器;同理,当逆时针主波光场 E_{ccw} 在点 A 产生散射时,其中一小部分散射光场 E_{cw}^b 沿顺时针方向背向散射,传播回到耦合器。光纤线圈静止时,背向散射光场 E_{ccw}^b、E_{cw}^b 与主波光场 E_{cw} 和 E_{ccw} 光程不同(除非散射点位于光纤线圈的中点),背向散射光场与主波光场发生相干或不相干叠加。如果背向散射光场与主波光场的光程差小于光相干长度 L_c,这些光场在一阶上是相干的并发生干涉。对于宽带光源(如 ASE)来说,相干长度 L_c 很小,由图 5.5 可以看出,只有位于光纤线圈中点 $\pm L_c/2$ 范围内的所有散射点产生的背向散射波与主波的光程差均在一个长度 L_c 之内,因而该范围内的散射点产生的背向散射光场与主波光场相干干涉,使主波光场 E_{cw} 和 E_{ccw} 之间的干涉相位产生一个误差,由于环境涨落,引起陀螺的漂移。相反,线圈中点 $\pm L_c/2$ 范围之外的散射点产生的背向散射光场相对主波光场的光程差大于 L_c,因而与主波光场 E_{cw} 和 E_{ccw} 不发生相干干涉,仅仅与主波信号强度相加。背向散射光强与主波信号相比很小,可以忽略;另外,环境涨落主要影响背向散射光场的相位,背向散射光强随时间也是稳定的。

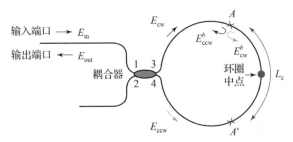

图 5.5　光纤线圈中单个散射点产生的背向散射

另外,沿线圈长度距离耦合器合光点相等(或光程差在一个 L_c 之内)的两个对称散射点(如图 5.5 中的 A 和 A' 点)产生的背向散射光场之间在一阶上也是相干的,构成寄生的迈克耳逊干涉仪;寄生迈克耳逊干涉仪为非互易干涉仪,其干涉输出存在环境扰动引起的低频涨落,叠加在 Sagnac 干涉仪之上;但由于相干背向散射光场的强度很小,对陀螺的偏置漂移产生一个二阶贡献,通常也可以忽略。

总之,在采用宽带光源的干涉型光纤陀螺中,对相干背向散射噪声和漂移有重要贡献的是围绕光纤线圈中点 $\pm L_c/2$ 范围内的背向散射光。

在激光器驱动干涉型光纤陀螺中,由于激光器的高相干性,上述 $\pm L_c/2$ 范围可能会扩展到整个光纤线圈,结果,沿光纤线圈的所有分布式背向散射都与主波发生干涉,导致光纤陀螺漂移很大,这也是传统干涉型光纤陀螺均采用宽带光源的原因所在。另外,由于激光器的相对强度噪声很小,其基础噪声是激光器相位噪声。光纤线圈中点 $\pm L_c/2$ 范围(可能很大)内产生的背向散射光场与主波光场之间的相干干涉把激光器的固有相位噪声转化为输出功率的随机涨落,导致陀螺噪声的增加。而且,背向散射引起的噪声由光源相位噪声而非散射点相位或位置的随机涨落造成。这些意味着,激光器线宽对抑制背向散射引起的陀螺噪声和漂移具有重要影响。

5.1.3.2 瑞利背向散射引起的噪声和漂移的理论仿真

可以对激光器驱动光纤陀螺中相干背向瑞利散射引起的噪声和漂移进行仿真。对于表 5.2 选取的陀螺参数,图 5.6 所示为对激光器驱动光纤陀螺的角随机游走与光源线宽 $\Delta\nu$ 的函数关系的理论仿真。市场上半导体激光器的线宽大多在 1kHz ~ 100MHz,为了考察激光器线宽加宽对背向瑞利散射误差的抑制作用,图 5.6 将激光器线宽的范围扩展到接近 100GHz(10^{11}Hz),这几乎是目前外相位调制技术所能达到的线宽加宽极限值。

表 5.2 背向散射引起的噪声和漂移的仿真参数

激光驱动光纤陀螺仿真参数	数值
光纤长度 L	150m/1085m
线圈直径 D	3.5cm/8cm
光波长 λ_0	1.55μm
调制振幅 ϕ_{m0}	0.46rad
光纤折射率	1.468

续表

激光驱动光纤陀螺仿真参数	数值
传播损耗系数 α	1.15dB/km
耦合器的耦合系数(分光比) κ	0.5(1:1)

由图5.6可以看出,从图的右侧开始,当光源线宽 $\Delta\nu$(横坐标)开始减小,进而相干长度增加时,噪声增加。如前所述,相干背向散射仅由线圈中点为中心的一个长度为 L_c 的光纤段引起,当 L_c 增加时,对相干背向散射噪声有贡献的光纤区域增加,导致较大的噪声。这一特性在图5.6曲线右侧的特征得到证实,表明当相干长度 L_c 小于线圈长度 L 时,光纤陀螺的噪声大约随 $\sqrt{L_c}$ 增加。

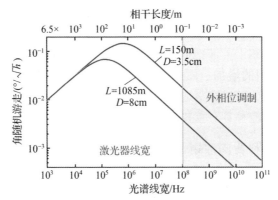

图5.6　激光器驱动光纤陀螺中背向散射引起的噪声(角随机游走)
与光源线宽 $\Delta\nu$ 的函数关系仿真

但当光源相干长度 L_c 超过线圈长度 L 时,噪声趋势发生改变。由于相干长度等于线圈长度($L_c = L$)时,整个光纤线圈的背向散射都对相干干涉有贡献。结果,进一步增加相干长度预期噪声不再进一步增加。但是,图5.6曲线左侧的特征表明,相干长度比线圈长度长时,背向散射噪声并不是达到饱和或保持为常值,实际上是下降。这是因为随着相干长度的增加,光源相位噪声下降。对于洛仑兹(Lorentzian)型线宽的激光器,激光器相位噪声 $\phi_n(t)$ 的方差与激光辐射光场的自相关函数有关

$$\sigma^2_{\Delta\phi_n} = 2\frac{|\tau|}{\tau_c} \tag{5.1}$$

式中: τ 为时间间隔; τ_c 为激光器的相干时间,在光纤中传输时,与相干长度 L_c 的关系为

$$\tau_c = \frac{L_c}{c} \tag{5.2}$$

式中：L_c 为光相干长度；c 为真空中的光速。可见图 5.6 中自右向左，随着相干长度增加至等于线圈长度（$L_c > L$）后，相干背向散射误差保持常数，但激光器相位噪声下降了。这导致 Sagnac 干涉仪中背向散射噪声的减少。图 5.6 揭示出，通过增加相干长度超过线圈长度可以降低背向散射噪声。这一特性如图 5.6 中曲线的左侧，其中噪声大约随 $\sqrt{L_c}$ 下降。图 5.6 右部阴影表明，对于长度为 1085m、直径 8cm 的光纤线圈，当采用外相位调制技术使激光器线宽加宽至 10GHz（10^{10} Hz）时，背向散射引起的噪声接近 3×10^{-4} °/$\sqrt{h}$，这已经低于相同尺寸的采用宽带光源的光纤陀螺噪声水平。

图 5.7 给出了激光器驱动光纤陀螺中背向散射引起的漂移上限与光源线宽 $\Delta\nu$ 的函数关系。漂移上限实质上是一种偏置型误差，在理论上是一个短期稳定的偏移，是线圈中心 $\pm L_c/2$ 内的所有散射光场与主波光场相干干涉求和的结果。$L_c < L$ 时，只与相干长度 L_c 有关，大约正比于 L_c，因此不同光纤线圈长度的偏置误差与光谱线宽 $\Delta\nu$ 的关系曲线几乎重合。一旦 L_c 超过线圈长度 L，线圈内的所有散射中心已经对这个相干求和有贡献，再进一步增加相干长度没有影响，偏置误差曲线变得平坦；当然，光纤线圈越长，线圈内散射中心的数量越多，偏置型误差也越大。因此，背向散射引起的漂移总趋势是：$L_c < L$ 时，随 L_c 成正比地增加；而 $L_c > L$ 时，与 L_c 无关。由图 5.7 可以看出，对于长度为 1085m、直径 8cm 的光纤线圈，尽管采用高相干光源时（图 5.7 的左侧）漂移上限达到 100°/h 以上，当采用外相位调制技术使激光器线宽加宽至 10GHz 时，背向散射引起的漂移仍小于 10^{-3} °/h，这同样优于相同尺寸的采用宽带光源的光纤陀螺漂移水平。

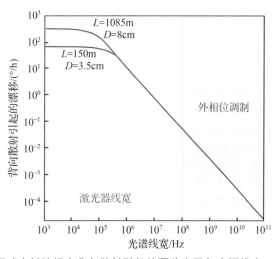

图 5.7　激光器驱动光纤陀螺中背向散射引起的漂移上限与光源线宽 $\Delta\nu$ 的函数关系仿真

5.1.3.3　激光器驱动干涉型光纤陀螺中的偏振交叉耦合

激光器驱动干涉型光纤陀螺除引入了相干瑞利背向散射误差,还引入了相干偏振交叉耦合误差。与背向散射误差类似,偏振交叉耦合误差同样导致光纤陀螺的噪声和漂移。以给定的偏振(传输态)进入光纤线圈的光,在熔接点或沿光纤线圈分布的微观尺寸不完美的离散点上,部分光功率耦合到与传输态正交的偏振(交叉态)中,传播至输出端;同样,以交叉态传输的光,在 Sagnac 干涉仪中传播时,也会耦合到传输态中。偏振交叉耦合光波与主波干涉,同样会将激光器相位噪声转化为陀螺输出噪声,将环境扰动引起的光路的非互易性光程变化转化为漂移。传统的干涉型光纤陀螺采用的是宽带光源,由于相干性有限,只有位于线圈两端一个消偏长度 L_d (通常为几十厘米量级)内的偏振交叉耦合光波到达探测器时才会与主波发生相干干涉,因而大大降低了偏振非互易误差。而采用高相干激光器光源,消偏长度 L_d 高达几十米甚至超过线圈长度,偏振非互易误差不容忽视,而且可能成为光纤陀螺最主要的噪声和漂移源。

光波经过保偏光纤中的一个偏振交叉耦合点后,主波(传输态)和交叉耦合波(交叉态)之间要经过一段传播距离后才能获得统计学上的去相关,这段距离称为消偏长度 L_d。在光纤中传输时,L_d 定义为满足 $\Delta n_b L_d \geq L_c$:

$$L_d = \frac{L_c}{\Delta n_b} = \frac{\lambda_0^2}{\Delta n_b \Delta \lambda_{FWHM}} = \frac{c}{\Delta n_b \Delta \nu} = \frac{c \tau_c}{\Delta n_b} \tag{5.3}$$

式中:Δn_b 为保偏光纤的双折射(差);$\Delta \lambda_{FWHM}$ 和 $\Delta \nu$ 分别为用光谱和频谱表示的光源线宽,$\Delta \lambda_{FWHM} = \lambda_0^2 \Delta \nu / c$。$\lambda_0 = 1.55 \mu m$,$\Delta n_b = 5 \times 10^{-4}$ 时,对于 $\Delta \lambda_{FWHM} = 10nm$ 的宽带光源,$L_d \approx 0.48m$,只占光纤线圈长度的一小部分;而对于 $\Delta \nu = 1MHz$ 的激光器而言,L_d 可达 $10^5 m$ 以上,这意味着,整个光纤线圈上的分布式偏振交叉耦合点都对相干偏振交叉耦合误差有贡献。通过建立干涉型光纤陀螺的偏振交叉耦合误差模型,可以考察存在偏置调制时激光器线宽(或相干时间)、光纤线圈长度、保偏光纤特性(偏振保持参数 h)等对偏振相干噪声和偏振相干漂移的影响。

光纤陀螺通常需要工作在单一的空间和偏振模式下,以确保光路互易性,使 Sagnac 相移的测量不受任何环境波动的影响。在 Sagnac 干涉仪的输入/输出公共端口放置一个高消光比偏振器(图 5.8),可以实现单一偏振工作。在Sagnac 干涉仪的输出端,从线圈返回并通过集成光学芯片的 x 偏振的光场由互易性光场 E_{xx}(主输入光场 E_x 沿保偏光纤的 x 轴传输的部分)和非互易性光场 E_{yx}(正交输入光场 E_y 沿保偏光纤的 y 轴传输时耦合到 x 轴的部分)组成。同理,返回到集成光学芯片的 y 偏振的光场由互易性分量 E_{yy}(正交输入光场 E_y

沿保偏光纤的 y 轴传输的部分)和非互易性耦合光场 E_{xy}(主输入光场 E_x 沿保偏光纤的 x 轴传输时耦合到 y 轴的部分)组成。由于 E_{yy} 被集成光学芯片的偏振器抑制过两次,而集成光学芯片具有很高的消光比($10\lg\varepsilon^2 \leqslant -70\mathrm{dB}$),$E_{yy}$ 通常可以忽略。

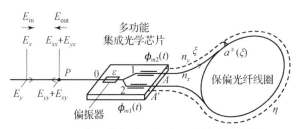

图 5.8　相干偏振交叉耦合误差的光路结构

光纤陀螺实质上测量的是顺时针和逆时针光波合光后主输出光场 E_{xx} 的相位变化。如图 5.8 所示,耦合光场 E_{xy} 和 E_{yx} 对这个相位产生扰动,产生两类误差:一类是振幅型误差,正比于 ε;另一类是强度型误差,正比于 ε^2。由于 ε^2 很小,强度型误差可以忽略。由于 E_{xy} 是交叉态,与传输态 E_{xx} 正交,合光时与主波不发生干涉,只是强度相加,产生一个正比于 ε^2 的强度型误差,同样可以忽略。因此,主要考虑 E_{yx} 与 E_{xx} 干涉产生的振幅型偏振交叉耦合误差。

偏振交叉耦合一般发生在离散点上,如熔接点上保偏光纤的主轴之间存在对准误差。光纤线圈中沿光纤的应力不均匀或微扭曲将产生大量的分布式偏振耦合点。分布式偏振交叉耦合通常是较长光纤线圈的主要偏振耦合机制。

5.1.3.4　偏振交叉耦合引起的噪声和漂移的理论仿真

图 5.9 所示为激光器驱动干涉型光纤陀螺中偏振交叉耦合引起的漂移与光源线宽 $\Delta\nu$ 的函数关系的仿真。可以看出,当激光器线宽很窄时,$L_{\mathrm{d}} > L$,整个线圈的分布式偏振交叉耦合都对漂移有贡献,所以相位漂移正比于 $\sqrt{hL}$,为常值。逐渐增加线宽,激光器相干性下降,$L_{\mathrm{d}} < L$,在交叉偏振态中传播距离大于 L_{d} 的光,与主偏振光不再相干,偏振交叉耦合引起的相位漂移降低至一个正比于 $\sqrt{hL_{\mathrm{d}}}$ 的值,与光源线宽 $\Delta\nu$ 的平方根成反比。对于大致相同的光纤线圈尺寸,偏振交叉耦合引起的漂移比瑞利背向散射引起的漂移大得多,是光纤陀螺的主要漂移源。当然,上述结果反映的仍是漂移的上限。

图 5.10 所示为激光器驱动干涉型光纤陀螺中偏振交叉耦合引起的角随机游走与激光器线宽 $\Delta\nu$ 的函数关系的仿真。可以看出,由于相干偏振交叉耦合误差的相关时间短(为 $\Delta n_{\mathrm{b}}L/c$ 尺度),偏振交叉耦合引起的噪声比瑞利背向散射(相关时间为 $n_{\mathrm{F}}L/c$ 尺度)小三个数量级,交叉耦合将激光器相位噪声转化为

陀螺输出功率随机涨落这一过程随光源线宽 $\Delta \nu$ 的变化在图 5.10 的仿真曲线中不明显。与瑞利背向散射引起的噪声相比,偏振交叉耦合引起的噪声不是激光器驱动干涉型光纤陀螺的主要噪声源。

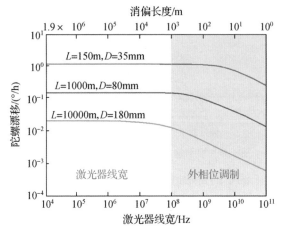

图 5.9　激光器驱动光纤陀螺中偏振交叉耦合引起的
漂移与激光器线宽 $\Delta \nu$ 的函数关系仿真

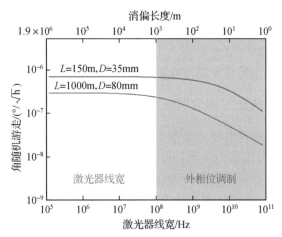

图 5.10　激光器驱动干涉型光纤陀螺中偏振交叉耦合引起的
噪声与激光器线宽 $\Delta \nu$ 的函数关系的仿真

5.1.4　激光器驱动带隙光子晶体光纤陀螺中的非互易效应

上面的理论研究表明,在干涉型光纤陀螺中采用激光器,可以大大提高标度因数稳定性,并使背向瑞利散射和偏振交叉耦合引起的相干噪声和漂移达到机载惯性导航所需的性能要求。但采用激光器不能解决光纤陀螺中与相干性无关的 Shupe 误差和法拉弟漂移,同时还引入了非线性 Kerr 效应。要保持激光器驱动干涉型光纤陀螺的标度因数稳定性优势,同时满足更高的零偏稳定性精度要求,还需要采用带隙型光子晶体光纤(空芯光纤)代替传统的实芯保偏光纤线圈。如前所述,在带隙型光子晶体光纤中,光主要限制在空气中,空气的温度系数、Verdet 常数、辐射效应和非线性 Kerr 效应比石英低得多,这会大大降低光纤陀螺中的非互易效应。下面简要讨论这些非互易效应对采用带隙型光子晶体光纤的干涉型光纤陀螺性能的影响。

5.1.4.1 带隙光子晶体光纤陀螺中的 Kerr 漂移

考虑光相干性,由于非线性 Kerr 效应,传统光纤陀螺中顺时针光波和逆时针光波之间由光功率不同引起的 Kerr 非互易相位误差可以分别表示为

$$\phi_K = \frac{2\pi L_c}{\lambda_0} \langle \Delta n_K \rangle = \frac{2\pi L_c}{\lambda_0} \langle \Delta n_{NL1} - \Delta n_{NL2} \rangle$$

$$= \frac{2\pi L_c}{\lambda_0} \cdot \frac{\chi^{(3)}}{2 n_F} \left[\frac{\langle I_1^2 \rangle - 2 \langle I_1 \rangle^2}{\langle I_1 \rangle} - \frac{\langle I_2^2 \rangle - 2 \langle I_2 \rangle^2}{\langle I_2 \rangle} \right] \tag{5.4}$$

式中:$\chi^{(3)}$ 为石英的三阶电极化率;I_1、I_2 分别为两束反向传播光波的瞬时光强;Δn_{NL1}、Δn_{NL2} 分别为两束反向传播光波与瞬时光强有关的瞬时折射率变化;$\langle \Delta n_K \rangle$ 为三阶非线性引起的两束反向传播光波的平均折射率差。

若陀螺采用激光器,激光器相干光的光场统计满足 $\langle I^2 \rangle = \langle I \rangle^2$,式(5.4)变为

$$\phi_{K-LD} = \frac{2\pi L_c}{\lambda_0} \cdot \frac{\chi^{(3)} \left[\langle I_2 \rangle - \langle I_1 \rangle \right]}{2 n_F} \tag{5.5}$$

由于 Kerr 自相位调制和交叉相位调制不同,两束反向传播光波在光纤线圈中传播时累积的 Kerr 非互易相位 ϕ_K 与两束反向传播光波的平均光强之差成正比。由式(5.5)可以看出,如果光纤陀螺线圈耦合器的分光比不是精确等于 50∶50,两束反向传播光波的光强将不同。这一效应虽然很小,但对于机载惯性导航精度的光纤陀螺(可探测相移约为 10^{-7}rad)来说,它构成了一个重要误差。如果光源功率或耦合器耦合系数 κ 随时间变化,输出信号通常将以缓慢的速率漂移,这种漂移与旋转引起的 Sagnac 相移不可区分。

而采用宽带热光源如 ASE 光源时,热光的光场统计满足 $\langle I^2 \rangle = 2 \langle I \rangle^2$,因而代入式(5.4)有 $\phi_{K-ASE} = 0$。这是传统光纤陀螺采用宽带 ASE 光源可以完全忽略非线性 Kerr 效应的原因。

在采用带隙光子晶体光纤的光纤陀螺中,由于光主要在空气中传播,空气的非线性 Kerr 效应几乎为零,尽管采用激光器驱动,Kerr 非互易相位误差同样很小。V. Dangui 等实验测量了带隙光子晶体光纤陀螺中的 Kerr 漂移,并与采

用标准单模光纤的光纤陀螺进行比较,结果如图 5.11 所示。实验中采用 Crystal Fibre 公司的 HC－1550－02 型带隙光子晶体光纤产品,光纤长度为 235m,损耗为 24dB/km。与传统光纤相比,该空芯光纤中基模的有效 Kerr 常数被抑制了约 170 倍,这与空芯光纤中的 Kerr 效应理论模型一致。针对航空应用典型的平均速度为 900km/h 的 10h 越洋飞行,通过对光纤陀螺漂移数据统计建模,计算光纤陀螺单独制导下飞机飞行期间累积的位置误差。联邦航空局(Federal Aviation Administration,FAA)机载惯性导航性能(RNP－10)的位置误差容限为每小时 1n mile,而该实验数据的仿真证明激光器驱动光纤陀螺中 Kerr 引起的漂移足够低,满足 10h 越洋飞行的惯性导航要求。总之,在使用带隙型光子晶体光纤的光纤陀螺中,由 Kerr 效应引起的漂移是微不足道的。

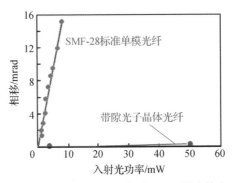

图 5.11　带隙光子晶体光纤陀螺中 Kerr 漂移的实验测量
(与采用标准单模光纤的光纤陀螺比较)

5.1.4.2　带隙光子晶体光纤陀螺中的法拉弟漂移

线偏振光沿磁场方向在介质或波导中传播时偏振面发生旋转的现象称为法拉弟效应。法拉弟旋转的角度 θ_F 与介质的 Verdet 常数 V 和磁场方向有关,因而线偏振光沿相反方向通过一段介质,产生的法拉弟旋转角度大小相同、符号相反。这意味着,当 Sagnac 干涉仪暴露在恒定磁场中,顺时针和逆时针两束反向传播光波的线偏振光的偏振面由于法拉弟效应将产生 $2\theta_F$ 的夹角。光纤陀螺中的法拉弟相位漂移与主波的干涉轴和与其正交的偏振轴的振幅分量有关:

$$\phi_F = \varepsilon^2 \cdot \frac{\sin(2\theta_F)}{\cos(2\theta_F)} \approx \varepsilon^2 \cdot 2\theta_F \tag{5.6}$$

式中:ε 为光纤陀螺偏振器的振幅消光系数。根据安培定律,如果环路内有电流穿过,则沿该环路的线积分结果将不为零。对于光纤陀螺,光纤线圈所围的闭合曲线内没有电流穿过,不应敏感磁场。仅当在光纤长度上保持一种偏振态时才成立。当光纤偏振沿光纤长度变化时,沿单位长度 dz 累积的法拉弟旋转角度为

$$\mathrm{d}\theta_F = \alpha_P V \boldsymbol{B} \cdot \mathrm{d}z \tag{5.7}$$

式中：V 为 Verdet 常数；$\boldsymbol{B}$ 为磁场矢量；α_P 为与偏振态有关的系数，对于线偏振，$\alpha_P = 0$，对于圆偏振，$\alpha_P = \pm 1$，对于椭圆偏振，α_P 介于 $-1 \sim +1$ 之间。也就是说，光纤线圈中的残余圆双折射的存在是产生法拉弟效应的主要原因。对于光纤陀螺实际应用的光纤，由于在制作光纤预制棒时的螺旋状残余应力会不可避免地引入一定程度的扭转，导致光纤中产生圆双折射。另外，绕制光纤线圈时，光纤绕环机和线圈骨架轴的失准角也会产生进一步的扭转。尤其是当绕环机的轴相对线圈基轴有一个倾角时，扭转具有周期性，且呈正弦变化。光纤陀螺中的法拉弟相位漂移为

$$\phi_F = \frac{8 V B_m t_w R}{\Delta\beta} = \frac{4\lambda_0 V B_m t_w R}{\pi \cdot \Delta n_b} \tag{5.8}$$

式中：V 为石英纤芯的 Verdet 常数，$V = 0.86\mathrm{rad}/(\mathrm{m} \cdot \mathrm{T})$；$B_m$ 为外部磁场的磁感应强度（T）；t_w 为扭转率（rad/m）；R 为线圈半径；$\Delta\beta = 2\pi\Delta n_b/\lambda_0$，$\Delta n_b$ 为光纤的线双折射。式（5.8）表明，采用高双折射保偏光纤可以降低法拉弟漂移。进一步降低法拉弟漂移的有效方法是采用磁屏蔽，理想情况下被屏蔽空间内部的磁感应强度 B' 降为

$$B'_m = \frac{B_m}{\mu h_0/l} \tag{5.9}$$

式中：μ 为屏蔽材料的磁导率（高磁导率材料的 μ 为 80000～350000）；h_0 为屏蔽厚度；l 为屏蔽空间的直径或边长。

带隙光子晶体光纤中的基模，大部分被限制在空气中，少量能量存在于周围的石英中。由于空气中的 Verdet 常数很弱，只是石英中的百分之几，因此理论上带隙光子晶体光纤的 Verdet 常数较传统单模光纤弱两个数量级以上。M. Digonnet 等实验测量了 HC - 1550 - 02 型带隙（空芯）光子晶体光纤在 1.5 μm 附近的 Verdet 常数，结果为（6.1 ± 0.3）mrad/（m · T），比石英纤芯的 $V = 0.86\mathrm{rad}/（\mathrm{m} \cdot \mathrm{T}）$ 低约 134 倍。因此，带隙光子晶体光纤陀螺的磁场灵敏度预期比传统光纤陀螺低得多。

5.1.4.3　带隙光子晶体光纤陀螺中的 Shupe 漂移

尽管光纤陀螺采用了具有固有互易性的 Sagnac 干涉仪，但传感线圈光纤中温度分布的很小的不对称变化，在两束反向传播光波中仍会产生一个非互易相位差，这种有害的效应称为 Shupe 效应。与传统光纤模式完全在石英中传播不同，在带隙光子晶体光纤中，大部分模式能量被限制在空气中。由于空气折射率的热系数远小于石英，预计带隙光子晶体光纤中模式有效折射率的温度灵敏度将大大降低。另外，带隙光子晶体光纤的长度当然也随温度变化，这意味着相

位灵敏度的下降并不是简单地正比于石英中模式能量的百分比。尽管如此,这种温度灵敏度改进对光纤陀螺应用来说仍具有重要意义,意味 Shupe 效应的降低。

理论分析表明,Shupe 非互易相位误差正比于相位温度系数 S_T。相位随温度的相对变化称为相位温度系数,可以表示为

$$S_T = \frac{1}{\phi}\frac{\mathrm{d}\phi}{\mathrm{d}T} = \frac{1}{L}\frac{\mathrm{d}L}{\mathrm{d}T} + \frac{1}{n_F}\frac{\mathrm{d}n_F}{\mathrm{d}T} = S_L + S_{n_F} \tag{5.10}$$

式中:ϕ 为基模经过光纤累积的相位,$\phi = 2\pi n_F L / \lambda_0$;$L$ 为光纤长度;n_F 为石英光纤的折射率;λ_0 为光波的平均波长;T 为温度。相位温度系数 S_T 由两项组成:单位温度变化的光纤长度相对变化(因而称为 S_L)和单位温度变化的模式折射率相对变化(因而称为 S_{n_F})。由于光纤涂层(通常是聚合物)的热膨胀系数一般比石英大两个数量级,涂层的膨胀拉长了光纤,涂层热膨胀引起的光纤长度变化是对 S_L 的主要贡献。折射率项 S_{n_F} 是三种效应的和:第一种是光纤的横向热膨胀,改变了芯径尺寸,进而改变了光纤基模的有效折射率;第二种是热膨胀产生的应变,这些应变通过弹光效应改变了折射率;第三种是光纤温度变化引起的材料折射率变化(热光效应)。对标准 SMF – 28 型单模光纤来说,典型测量值为 $S_{n_F} \approx 6\text{ppm}/℃$,$S_L \approx 2.2\text{ppm}/℃$,进而 $S_T = 8.2\text{ppm}/℃$。

为了较准确评估带隙光子晶体光纤的 S_L 和 S_{n_F},需要对光子晶体光纤的石英空气蜂巢结构的热力学特性进行仿真。美国斯坦福大学 V. Dangui 等对 Crystal Fibre 公司的 AIR – 10 – 1550 型和 Blaze Photonics 公司的 HC – 1550 – 02 型两种带隙光子晶体光纤(图 5.12)的相位温度系数 S_T 进行了理论仿真和实验测量,并与通信用标准 SMF – 28 型单模光纤进行了比较,其结果如表 5.3 所示,比通信用标准 SMF – 28 型单模光纤的相位温度系数小 3~4 倍。仿真研究还表明,通过直接改进光纤涂层,相位温度系数还可以进一步减小至 1/2,这对光纤陀螺应用来说是一个明显优势。

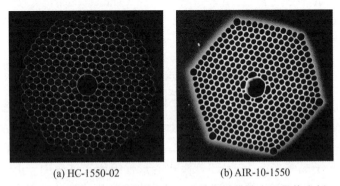

(a) HC-1550-02　　　　　　(b) AIR-10-1550

图 5.12　V. Dangui 等温度实验采用的两种带隙光子晶体光纤

表 5.3　两种带隙光子晶体光纤的相位温度系数（与 SMF – 28 光纤比较）

（单位:ppm/℃）

光纤类型	SMF – 28 （通信用标准单模光纤）	AIR – 10 – 1550 （带隙光子晶体光纤）	HC – 1550 – 02 （带隙光子晶体光纤）
S_L	2.3	1.36	2.57
S_{n_F}	5.9	0.06	0.05
S_T（仿真）	8.2	1.42	2.62
S_T（实测）	7.9	1.5	2.2

5.1.4.4　带隙光子晶体光纤陀螺的辐照灵敏度

在陆用车辆、舰船和航天领域,光纤陀螺的应用范围持续扩大,其中一些军事应用要求陀螺仪工作在预定剂量的辐射环境中。某些武器装备需要经受高辐射剂量率的瞬态辐射环境(如核辐射),而空间任务可能需要陀螺仪暴露在连续辐射剂量率下工作几年甚至几十年。对于宇航应用,由于辐射类型和相对强度范围很广,很难设计实验精确模拟空间环境,最好采用质子加速器模拟空间辐射效应,高能粒子在固态物质中通过弹性碰撞使晶格原子电离化,高能质子的直接原子核碰撞还会导致原子的位移产生非电离效应。另外,更常采用的是钴 60 辐射源,容易获得且试验成本低。钴 60 辐射的 γ 射线适用于模拟电离效应事件,钴 60 的 γ 射线辐射导致从光学介质的晶格原子中释放高能电子(电离化),形成畸变(色心),潜在改变了介质的折射率,但钴 60 不能模拟与高能质子碰撞有关的非电离效应。尽管如此,Wijnands 等已经证明,纯石英纤芯暴露在高能粒子环境中引起的衰减(RIA)与暴露在适当剂量的钴 60 辐射的 γ 射线下光纤的 RIA 类似。

光纤陀螺固有的高可靠性、高精度和相对较轻的重量使光纤陀螺在卫星、战略制导导弹方面的应用呈现增长趋势。这要求光纤陀螺具有空间辐射或核辐射环境下的适应能力,需要精心设计光纤陀螺的辐射加固。但传统光纤陀螺采用的保偏光纤线圈,其中的掺杂成分可能对辐射敏感,用于宽带光源的 ASE 掺铒光纤对辐射更是高度敏感。研究表明,光纤线圈和掺铒光纤光源采用(不同的)光子晶体光纤,可以大大降低光纤陀螺的辐射灵敏度。光子晶体光纤由纯石英制成,没有掺杂,预期对核辐射敏感度低(对于空芯光子晶体光纤,光模式主要在空气中传播,更是如此)。而掺铒光纤采用光子晶体光纤,由于结构设计灵活,能实现掺铒光纤光源中铒离子浓度的独立调整,可大大增加泵浦吸收和荧光效率,采用较短的掺铒光纤就能实现大功率宽谱超荧光输出,进而减小其辐射灵敏度。图5.13所示为北京航空航天大学杨远洪教授研究团队给出的采用钴60辐射源对不同光纤施加总剂量5000rad辐射后光纤损耗变化的试验结果,可以明显看出,在相同的辐射条件下,带隙光子晶体光纤的损耗变化较小,在抗辐射方面具有明显的优势。

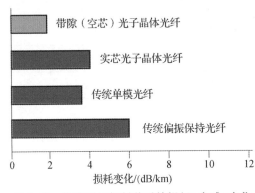

图5.13　不同光纤辐射前后的损耗(衰减)变化

5.1.5　激光器驱动干涉型光纤陀螺的相位调制线宽加宽技术

5.1.5.1　采用外相位调制技术加宽激光器线宽的原理

前面的研究表明,激光器驱动光纤陀螺的噪声主要受瑞利背向散射限制,漂移主要受偏振交叉耦合限制,都与激光器线宽 $\Delta\nu_{laser}$ 有关。要减少这些相干误差,需要采用宽线宽激光器(几十兆赫),而目前市场上的激光二极管,线宽范围从几十千赫至几百兆赫不等,尚不能满足激光器驱动干涉型光纤陀螺的低噪声和低漂移要求。通常采用外相位调制方式实现激光器线宽的加宽,因此图5.3的陀螺组成中增加了一个高速相位调制器。

采用外调制方式对激光器的线宽进行加宽,所采用的电光相位调制器与陀螺用的多功能集成光路一样都是基于 LiNbO$_3$ 芯片。电光相位调制器利用电光晶体的线性 Pockels 效应,通过外加电场改变波导折射率实现相位调制(图5.14),相位调制对平均波长没有影响,保持了激光器光源固有的极好的波长稳定性。另外,外调制获得的激光线宽,与激光器固有线宽无关,仅受调制器带宽限制,而行波电极的 LiNbO$_3$ 电光相位调制器的调制带宽可达 10GHz 以上,远超过任何激光器的固有线宽。因而,不管激光器光源的性质如何,选择合适的外调制可获得很大的有效线宽。

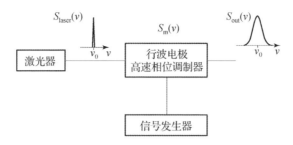

图 5.14　采用高速电光相位调制器对激光器线宽加宽

经过调制后的激光器输出光场为

$$E(t) = E_0 e^{i[\phi_m(t)]} \cdot e^{i[2\pi\nu_0 t + \phi_n(t)]} \tag{5.11}$$

式中：E_0 为激光场的振幅；ν_0 为激光器中心频率；$\phi_n(t)$ 为与激光器固有线宽 $\Delta\nu_{\text{laser}}$ 有关的相位噪声；$\phi_m(t)$ 为通过电光调制器对输出光波施加的相位调制。

根据维纳 – 欣钦定理，如果调制函数 $e^{i[\phi_m(t)]}$ 的傅里叶变换（频谱）为 $a_m(\nu)$，则函数 $e^{i[\phi_m(t)]}$ 的自相关函数 $\Gamma_m(\tau) = \int_{-\infty}^{\infty} e^{i[\phi_m(t)]} \cdot e^{-i[\phi_m(t-\tau)]} e^{i2\pi\nu\tau} dt$ 与功率谱密度 $S_m(\nu) = |a_m(\nu)|^2$ 也是一对互逆的傅里叶变换，即有

$$a_m(\nu) = \int_{-\infty}^{\infty} e^{i[\phi_m(t)]} e^{-i2\pi\nu t} dt, e^{i[\phi_m(t)]} = \int_{-\infty}^{\infty} a_m(\nu) e^{i2\pi\nu t} d\nu \tag{5.12}$$

$$\Gamma_m(\tau) = \int_{-\infty}^{\infty} S_m(\nu) e^{i2\pi\nu t} d\nu, S_m(\nu) = \int_{-\infty}^{\infty} \Gamma_m(\tau) e^{-i2\pi\nu t} d\tau \tag{5.13}$$

理想激光器中，光全部由受激辐射产生，没有自发辐射光，所以理想单模激光器的输出光具有绝对的单频和稳定的相位，没有任何噪声。实际中激光器存在少量的自发辐射，在这种情况下，光源的辐射光场以随机形式随时间变化，造成激光器发射谱的展宽。对谱线展宽的主要贡献通常来自量子化相位涨落的随机性，即均匀展宽，对应激光器的光谱线宽为洛伦兹（Lorentz）型：

$$S_{\text{laser}}(\nu) = \frac{\dfrac{2}{\pi\Delta\nu_{\text{laser}}}}{1 + \left[\dfrac{2}{\Delta\nu_{\text{laser}}}(\nu - \nu_0)\right]^2} \tag{5.14}$$

市场上半导体激光器的典型线宽为几千赫到几十兆赫。

经过调制后的激光器输出的功率谱密度 $S_{\text{out}}(\nu)$ 是原始激光器功率谱密度 $S_{\text{laser}}(\nu)$ 与相位调制引起的光场涨落的功率谱密度 $S_m(\nu)$ 的卷积：

$$S_{\text{out}}(\nu) = S_{\text{laser}}(\nu) \otimes S_m(\nu) \tag{5.15}$$

式中：

$$S_m(\nu) = |a_m(\nu)|^2 = \left| \int_{-\infty}^{\infty} e^{i[\phi_m(t)]} e^{-i2\pi\nu t} dt \right|^2 \qquad (5.16)$$

由式(5.15)可以看出：$S_m(\nu)$ 以零频为中心，$S_{out}(\nu)$ 以激光器中心频率 ν_0 为中心，外相位调制对激光器波长没有施加任何长期涨落，因而对光纤陀螺的标度因数稳定性不产生影响。式(5.15)还表明，$S_{out}(\nu)$ 的最小宽度等于 $\Delta\nu_{laser}$，即相位调制或频域卷积具有线宽加宽效应，导致背向散射噪声的相应降低。

5.1.5.2 采用高斯白噪声相位调制技术加宽激光器线宽

由于电光调制器的调制带宽有限，外调制方式无法实现理想白噪声的相位调制。可以证明，高斯型白噪声相位调制引起的光场涨落的功率谱密度 $S_{white}(\nu) = |a_{white}(\nu)|^2$，仍为高斯型，表示为

$$S_{white}(\nu) = \frac{S_0}{\sqrt{2\pi}\sigma} e^{-\frac{(\nu-\nu_0)^2}{2\sigma^2}} \qquad (5.17)$$

式中：S_0 为高斯型噪声谱的系数，与施加白噪声相位调制的射频噪声信号功率有关，σ 与射频白噪声信号功率的谱宽进而与高斯型白噪声相位调制引起的光场涨落的功率谱的线宽有关。假定电光调制器的调制带宽为 $\Delta\nu_{EOM}$，则 $\sigma \leqslant \Delta\nu_{EOM}/2$。

高斯白噪声相位调制装置以及经过调制的激光器输出功率谱如图 5.15 所示。经过调制后的激光器输出的功率谱密度 $S_{out}(\nu) = S_{laser}(\nu) \otimes S_{white}(\nu)$。在不施加调制情况下，激光器输出谱为典型窄线宽洛伦兹谱；当射频噪声信号功率较小时，经过调制的激光器输出谱呈现光载波的窄线宽与宽的高斯谱的叠加；只要射频噪声信号功率足够强，高斯白噪声相位调制可以完全抑制光载波，经过调制的激光器输出谱得到一个加宽的高斯型功率谱(图 5.15)。且高斯白噪声相位调制无载波谐波产生，也无须超高带宽的高频电子线路。理想的高斯型功率谱在自相关函数中不产生二阶次相干峰。

总之，采用电光相位调制器加宽激光器线宽，是抑制激光器驱动干涉型光纤陀螺中背向散射和偏振耦合引起的噪声和漂移的有效手段，同时提高了标度因数稳定性，在飞机、舰船惯性导航以及其他高性能领域具有广泛的应用前景。研究表明，激光器输出的最大线宽受电光调制器的调制带宽 $\Delta\nu_{EOM}$ 和光载波抑制程度限制，理论上可以将激光器线宽加宽到几十吉赫以上。高斯型白噪声相位调制，无载波谐波产生，无须超高带宽的高频电子线路，也不产生二阶相干峰，是干涉型光纤陀螺激光器线宽加宽的较理想方式。

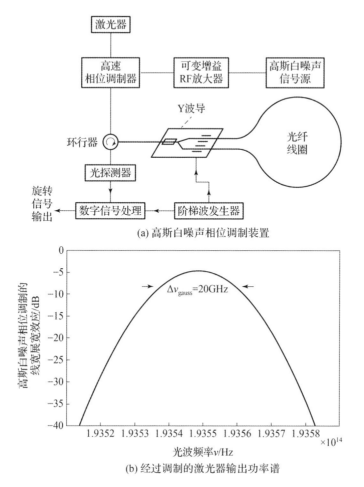

(a) 高斯白噪声相位调制装置

(b) 经过调制的激光器输出功率谱

图 5.15　高斯白噪声相位调制装置以及经过调制的激光器输出功率谱

5.1.6　采用宽带光源的干涉型实芯光子晶体光纤陀螺研究

如前所述,带隙(空芯)光子晶体光纤的温度(梯度)灵敏度、辐照灵敏度和磁场灵敏度较低,这些独特的优势特别适合高精度光纤陀螺的需求,引起了国际上光纤陀螺研究机构的重视。但是,要满足干涉型光纤陀螺的应用,对带隙光子晶体光纤线圈的光纤长度具有一定要求,而依照目前光子晶体光纤的工艺水平,尚无法保证空芯光子晶体光纤的长距离、低损耗、高纯度模式和高保偏性能的同时实现,因此目前带隙(空芯)光子晶体光纤仍处于技术和工艺探索阶段,接近工程应用的光子晶体光纤陀螺是实芯保偏光子晶体光纤陀螺。

5.1.6.1 干涉型实芯光子晶体光纤陀螺的特点和结构组成

众所周知,传统光纤陀螺采用的熊猫型保偏光纤,以锗硅材料作为纤芯,硼硅材料作为包层,在辐照环境中,锗离子会俘获空间中的自由电子并在光纤中形成"色心",增加光纤损耗,导致光纤陀螺精度下降甚至永久性损毁,附加的辐射加固技术造成长寿命、高可靠空间应用光纤陀螺的成本昂贵,限制了其应用。而实芯光子晶体光纤以纯二氧化硅作为纤芯材料,不掺杂任何其他离子,通过包层中引入周期性排列的空气孔降低等效折射率以形成全反射导波机制(不同于空芯光子晶体光纤的带隙导波),而纯二氧化硅纤芯对辐照下的高能粒子等具有低敏感性的突出优势。因此,采用实芯光子晶体光纤作为光纤陀螺敏感线圈,可以较彻底地解决光纤陀螺在高剂量(率)等条件下面临的诸多瓶颈问题,提高光纤陀螺的空间环境适应性,满足卫星或其他空间载体的导航和姿态控制需求。

图 5.16 所示为空间应用干涉型实芯光子晶体光纤陀螺的结构示意图,在设计上,为了避免光源和调制解调电路对光纤线圈产生热、磁和电等干扰,采取分体式模块化方案,将作为敏感部件的光子晶体光纤线圈与宽带光源、光探测器、信号处理电路分离。结构设计和加工采用抗辐照材料,分体式结构之间的线缆连接也为光电分离抗辐射设计,从而提高光子晶体光纤陀螺在空间应用环境条件下的性能稳定性。

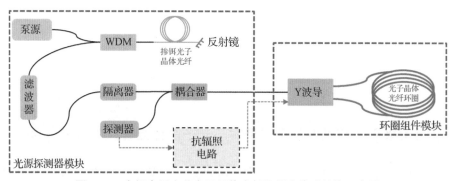

图 5.16 空间应用实芯光子晶体光纤陀螺分体式结构示意图

5.1.6.2 基于掺铒光子晶体光纤的宽带光源及其辐照特性

宽带光纤光源是高精度光纤陀螺的核心部件,为了提高光纤陀螺在空间应用环境中的性能稳定性,在采用实芯光子晶体光纤绕制线圈的同时,需要采用掺铒光子晶体光纤作为宽带光纤光源的增益光纤。掺铒光子晶体光纤具有高增益、温度稳定性好以及抗辐照等优点。掺铒光子晶体光纤的固有温度系数如

图 5.17 所示,通过优化光纤长度,可以将掺铒光子晶体光纤光源全温平均波长控制在 10ppm 以内。

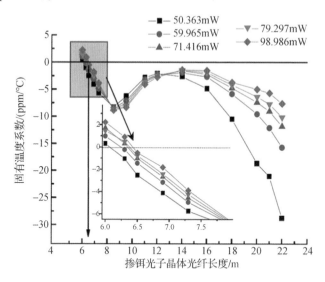

图 5.17　掺铒光子晶体光纤固有温度系数

所设计的基于掺铒光子晶体光纤的 ASE 光源光谱如图 5.18 所示,从图中可以看出,掺铒光子晶体光纤在 1533nm 附近具有较高的增益,而在 1560nm 附近峰值较低,因此可有效减小后峰对光源温度性能的影响。

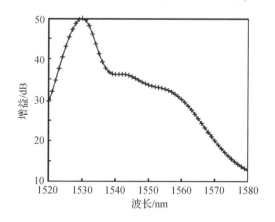

图 5.18　基于掺铒光子晶体光纤的 ASE 光源光谱

图 5.19 所示为光子晶体光纤光源辐照性能测试装置示意图,辐照实验室分为辐射区域和无辐射区域。在辐射区域,除了驱动电路用铅砖进行屏蔽外,整个光源的光器件全部暴露于钴源 γ 射线环境下。光源输出通过单模光纤传

输至测试区域,接入机械式光开关,光开关输出端与耦合器连接,将光信号分为两束,分别接入光谱分析仪和光功率计中,对光源光谱、平均波长、输出光功率以及辐照后光源的恢复特性进行测量。

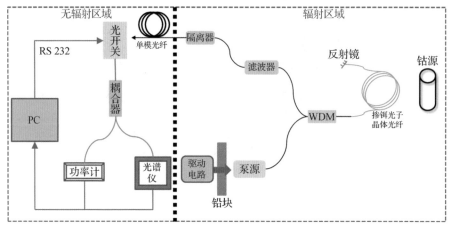

图 5.19　光子晶体光纤光源辐照测试装置

图 5.20 所示为光子晶体光纤光源平均波长稳定性随铒纤长度、辐照剂量变化的典型曲线。随辐射剂量的增加,光源的平均波长向短波方向漂移,这是由于辐射使掺铒光子晶体光纤中的纤芯形成"色心",导致泵浦光和超荧光信号光都不断衰减。铒纤长度越长平均波长漂移量越大,并且随着辐射剂量的不断加大,波长漂移的幅度逐渐趋于稳定。

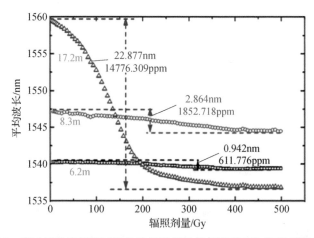

图 5.20　光子晶体光纤光源平均波长稳定性随铒纤长度和辐照剂量的变化

掺铒光子晶体光纤光源经受辐射的同时,由于退火效应,往往伴随着特性恢复,因此需要研究宽带光源的恢复特性,进而通过控制铒纤长度和掺铒浓度等手段提高光子晶体光纤光源的恢复率以延长光纤陀螺的工作寿命。图 5.21、图 5.22 分别为掺铒光子晶体光纤光源辐照导致的损耗和平均波长随时间的恢复特性。可以看出,经过 800h 的恢复,光源辐射引起的衰减降低(恢复)了约 35% 以上,同时各种长度的掺铒光子晶体光纤对应的 ASE 平均波长均呈现典型的恢复特性。

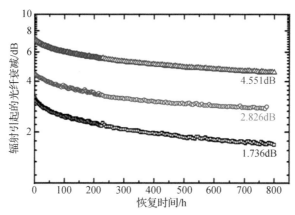

图 5.21　光子晶体光纤光源损耗的恢复时间

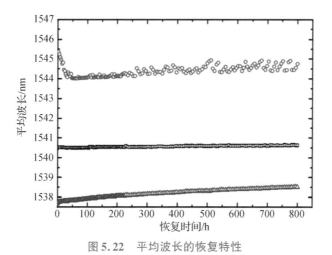

图 5.22　平均波长的恢复特性

5.1.6.3　光子晶体光纤陀螺的光路熔接工艺和技术

具有微孔结构的光子晶体光纤在熔接过程中,高温使石英发生熔融,光纤的表面张力对温度不敏感,而黏度则随着温度的上升快速下降,导致空气微孔会随着熔接的进行而快速塌陷。塌陷速度与表面张力成正比,与其黏度成反比。光子晶体光纤熔接过程不可避免地存在微孔塌陷现象,微孔塌陷程度进一步影响熔接损耗和熔接点的可靠性水平。另外,光子晶体光纤包层的周期性微孔结构与传统保偏光纤的结构差别较大,两种光纤的熔融温度和膨胀系数均不同,当熔接能量过大时容易导致光子晶体光纤微孔塌陷、导波结构破坏,而熔接能量过小则会降低熔接点的可靠性。因此,光子晶体光纤线圈与 Y 波导尾纤的熔接是光子晶体光纤陀螺的关键技术之一。同时,光子晶体光纤线圈与 Y 波导尾纤的熔接不理想也是光子晶体光纤陀螺偏振交叉耦合误差的重要来源。

微结构的空气填充率较低时,光子晶体光纤主要由石英构成,可忽略空气孔带来的温度梯度,认为光纤从表面到纤芯的温度近似一致。当加热到软化温度时,其包层所有空气孔开始塌陷,且塌陷速度一致。图 5.23 所示为低空气填充率光子晶体光纤在不同加热功率下的光纤熔融端面图,可以看到,光子晶体光纤的空气孔塌陷状况较为均匀,且随着加热次数的增加,空气孔基本全部塌陷,这时光纤的波导结构严重破坏,熔接损耗必然大增,在熔接过程中应尽量避免这种情况的发生。

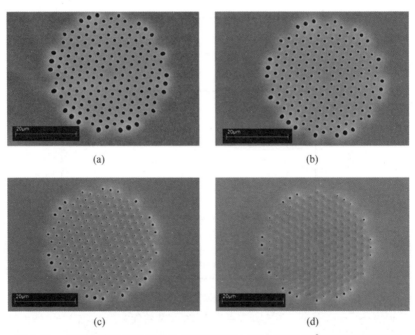

图 5.23　低空气填充率光子晶体光纤在不同加热功率下空气孔塌陷的实测图

当采用电弧放电熔接方式时,如果电弧放电能量过高,所施加的热量会使光子晶体光纤的空气孔在接头部分严重塌陷,端面附近的光子晶体光纤波导结构被破坏,导致熔接损耗较大。不同种类光子晶体光纤具有不同的微孔结构,熔接过程中微孔塌陷程度存在明显差异。适用于某种光子晶体光纤的熔接解决方案在应用于其他类型光子晶体光纤时通常会失效。因此,需要深入研究微孔塌陷对不同类型光子晶体光纤熔接损耗的影响,揭示影响熔接损耗的物理机制,精密控制熔接温度场均匀性,确立光子晶体光纤熔接最佳方式。

熔接参数的优化需要大量实验工作。同时,通过光子晶体光纤端面检测评估方法,将熔接损耗、抗拉强度和光纤导波特性控制在合理范围内,精准确定熔接参数,得到高质量、高可靠的低损耗熔接。这需要在确定熔接参数后,对端面切割平整的光子晶体光纤放电加热,电子显微镜测试加热后的光纤端面图像,通过图像处理提取加热后光子晶体光纤端面空气孔结构,并对该提取的结构还原仿真,评估其光学特性。

本书采用高模场匹配性波导低损耗熔接技术来实现光子晶体光纤线圈与波导尾纤间的高稳定、高可靠连接,避免光子晶体光纤微孔塌陷、导波结构破坏。在光子晶体光纤具体熔接方式上,采用二氧化碳激光器实现光子晶体光纤的低损耗、高强度熔接。二氧化碳激光器熔接方式的主要优势在于:①石英光纤在 $10.6\,\mu m$ 波长上有很高的吸收系数,通过材料吸收特性,是实现石英熔融均匀热场的理想方式;②二氧化碳激光器的光束形状、中心位置及激光功率可精确控制,可根据不同的熔化温度和膨胀系数来分配功率,以减少空气孔的塌陷;③激光不会在接续部位留下任何污染或残余物,是一种清洁的熔接方式。在光子晶体光纤与传统光纤熔接完毕后,通过应力测试系统测试熔接点强度,实现光子晶体光纤熔接参数的反馈优化。

5.2　量子纠缠光纤陀螺研究

随着人类在量子力学或量子光学基础研究方面的突破和相关实验技术的进步,人们操控量子态的能力得到显著提升,已经可以开展基于量子态的信息测量、处理和通信等种种技术探索。其中,量子精密测量是根据量子力学规律,利用传感过程的量子效应对一些重要物理量进行高精度观测和辨识。理论和试验研究表明,应用量子技术,对时间(时钟)、频率、加速度、电磁场、重力场、引力波等物理量的测量能够达到前所未有的精度。目前,原子钟、原子磁力仪、原子重力仪等量子传感器的研究已取得丰硕成果,在科学研究、国防建设中开始发挥重要应用。量子精密测量技术的发展也给惯性技术升级带来契机,冷原子干涉陀螺仪、核磁共振陀螺仪等新概念和新机理的量子惯性技术已成为惯性导航领域的重要研究方向。

量子纠缠光纤陀螺仪基于非经典量子态光子之间的内在纠缠特性,实现对载体角运动引起的 Sagnac 相移进行超高灵敏度测量,在精密测量、定位和导航领域具有突出的战略需求和重要应用。当前,国际上量子纠缠光纤陀螺仪的相关研究虽然有限,但已经引起各国科技人员的关注。2019年,奥地利科学院和维也纳量子科学与技术中心的Fink团队首次采用共线Ⅱ型频率简并自发参量下转换(Spontaneous Parametric Down-Conversion,SPDC)过程产生的正交偏振纠缠光子对作为光子源,构建偏振纠缠光纤陀螺样机,实现了突破散粒噪声极限的Sagnac相移的测量。尽管该实验方案理论上仅比传统光纤陀螺精度高出$\sqrt{2}$倍,在大光子数情况下远未达到海森堡极限,但仍认为是向Sagnac干涉仪的终极性能迈出了重要一步,对量子纠缠光纤陀螺这一前沿技术的探索具有里程碑意义。本节首先阐述偏振纠缠光子源的制备,然后以Fink的光路结构为例,阐述偏振纠缠光纤陀螺的工作原理,推导了该结构中光纤线圈感生双折射引起的偏振非互易性误差。在此基础上,提出了一种具有偏振互易性的量子纠缠光纤陀螺仪光路设计。

5.2.1 偏振纠缠光子源的制备

偏振纠缠光子源一般通过非线性光学效应制备,如自发参量下转换(二阶非线性效应)和四波混频(三阶非线性效应)等过程。本节主要讨论自发参量下转换过程,利用量子力学光和物质相互作用的哈密顿算符来描述这个过程。

5.2.1.1 Ⅰ型自发参量下转换过程

自发参量下转换过程需要向具有二阶极化率的晶体发射一束泵浦光。适当选择晶向,在非线性晶体的输出端将产生光子对,由于历史原因,一个称为信号光子,一个称为闲置光子。Ⅰ型SPDC过程的相互作用哈密顿算符H_I可以简化为

$$H_I = i\hbar(\Gamma^* a_s a_i - \Gamma a_s^\dagger a_i^\dagger) \tag{5.18}$$

式中:Γ为一个耦合参数,为复数,与晶体长度、二阶非线性极化率$\chi^{(2)}$和泵浦光束的场振幅等有关;a_s、$a_s^\dagger$为信号光子的湮灭算符和产生算符;a_i、$a_i^\dagger$为闲置光子的湮灭算符和产生算符。

在Ⅰ型SPDC中,通过选择双折射晶体和为泵浦、信号、闲置光子选取不同的偏振来满足相位匹配。对于信号和闲置光子具有相同频率和波矢的情形,哈密顿算符可表示为

$$H_I = i\hbar \frac{1}{2}(\Gamma^* a^2 - \Gamma a^{\dagger 2}) \tag{5.19}$$

式中:a为Ⅰ型SPDC辐射模式的光子湮灭算符;$a^\dagger$为光子产生算符。依照相位匹配条件:泵浦光子是非寻常(e)光起偏,辐射光子对,即信号光子和闲置光子

均为寻常(o)光起偏;辐射光子对具有相同的偏振,且与泵浦光子的偏振垂直,辐射光子对的频率为泵浦光子的一半;辐射光子对的波矢与泵浦波矢共线。这种情况称为频率简并共线 I 型 SPDC 过程。

　　还有一种更普遍的 I 型 SPDC 过程,辐射光子对即信号光子和闲置光子与泵浦光子不共线(图 5.24),但沿同轴的不同锥体传播,锥体开放角依赖于信号光子和闲置光子的频率。如果它们频率不相同,具有较低频率的光子将沿较大的圆锥辐射。晶体光轴 ζ 与泵浦波矢之间的角度 θ 定义了给定频率的光子的辐射角度(尤其是对于某个角度 θ,可使处于简并频率的信号光子和闲置光子沿泵浦辐射(辐射角度为零),即上面讲到的频率简并共线 I 型 SPDC 的情形)。

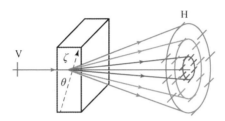

图 5.24　非共线 I 型 SPDC:泵浦垂直(e 光)起偏,光子对水平(o 光)起偏(中间的圆锥为频率简并)

　　在非简并情况下,信号光子和闲置光子位于不同圆锥,信号光子和闲置光子的传播方向分别位于泵浦光子传播方向的两侧。这样,有多种方式选取信号光子和闲置光子的传播方向,如图 5.25 所示。其能量守恒和动量守恒满足:

$$\boldsymbol{k}_\mathrm{p} = \boldsymbol{k}_\mathrm{s} + \boldsymbol{k}_\mathrm{i}, \omega_\mathrm{p} = \omega_\mathrm{s} + \omega_\mathrm{i} \tag{5.20}$$

式中:$\boldsymbol{k}_\mathrm{p}$、$\boldsymbol{k}_\mathrm{s}$、$\boldsymbol{k}_\mathrm{i}$ 分别为泵浦光子、信号光子和闲置光子的波矢;ω_p、ω_s、ω_i 分别为泵浦光子、信号光子和闲置光子的频率。式(5.20)也称为相位匹配条件。常见的二阶非线性晶体有 KDP(KD_2PO_4)和 BBO(BaB_2O_4)。

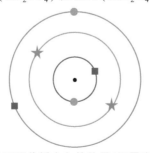

图 5.25　圆锥截面显示的不同传播方向的信号/闲置光子对(同一个光子对的标记相同)。圆心为泵浦传播方向。★标记为频率简并非共线 I 型 SPDC 过程产生的光子对(光子对的光子在同一圆周上)

5.2.1.2　Ⅱ型自发参量下转换过程

Ⅰ型 SPDC 过程的信号光子和闲置光子是同向偏振,未涉及偏振纠缠问题。正交偏振的纠缠光子对由Ⅱ型自发参量下转换过程产生。为简单起见,假定晶体所取的方向使这两个线偏振光子恰沿水平和垂直方向。

1. 共线Ⅱ型自发参量下转换

共线Ⅱ型频率简并 SPDC 过程的哈密顿算符形式为

$$H_{\mathrm{II}} = \mathrm{i}\hbar(\varGamma^* a_{\mathrm{H}} a_{\mathrm{V}} - \varGamma a_{\mathrm{H}}^{\dagger} a_{\mathrm{V}}^{\dagger}) \tag{5.21}$$

式中:假定信号光子和闲置光子的偏振态分别是水平(H)和垂直(V)线偏振,两个光子的其他参数如波长和波矢方向相同,则 a_{H}、$a_{\mathrm{H}}^{\dagger}$ 分别为水平偏振光子的湮灭算符和产生算符,a_{V}、$a_{\mathrm{V}}^{\dagger}$ 分别为垂直偏振光子的湮灭算符和产生算符。

假定信号模式和闲置模式的初始态均为真空态,对于频率简并共线Ⅱ型 SPDC,二阶非线性晶体输出端产生的输出态 $|\psi\rangle$ 满足薛定谔方程及初始条件:

$$\mathrm{i}\hbar\frac{\mathrm{d}|\psi\rangle}{\mathrm{d}t} = H_{\mathrm{II}}|\psi\rangle, \ |\psi(0)\rangle = |0_{\mathrm{H}}0_{\mathrm{V}}\rangle \tag{5.22}$$

由式(5.21)的相互作用哈密顿算符 H_{II},式(5.22)的解可表示为

$$|\psi\rangle = \mathrm{e}^{-\mathrm{i}\frac{H_{\mathrm{II}}}{\hbar}t_{\mathrm{int}}}|0_{\mathrm{H}}0_{\mathrm{V}}\rangle = \mathrm{e}^{(\varGamma^* a_{\mathrm{H}} a_{\mathrm{V}} - \varGamma a_{\mathrm{H}}^{\dagger} a_{\mathrm{V}}^{\dagger})t_{\mathrm{int}}}|0_{\mathrm{H}}0_{\mathrm{V}}\rangle = \mathrm{e}^{(\xi^* a_{\mathrm{H}} a_{\mathrm{V}} - \xi a_{\mathrm{H}}^{\dagger} a_{\mathrm{V}}^{\dagger})}|0_{\mathrm{H}}0_{\mathrm{V}}\rangle$$
$$\tag{5.23}$$

式中:$\xi = \varGamma t_{\mathrm{int}}$。将式(5.23)中的指数函数展成泰勒级数,对于低参量增益 ($|\xi| \ll 1$),只取前两项泰勒级数,则输出态 $|\psi\rangle$ 可以化为

$$
\begin{aligned}
|\psi\rangle &= \mathrm{e}^{(\xi^* a_{\mathrm{H}} a_{\mathrm{V}} - \xi a_{\mathrm{H}}^{\dagger} a_{\mathrm{V}}^{\dagger})}|0_{\mathrm{H}}0_{\mathrm{V}}\rangle \\
&= \left[1 + (\xi^* a_{\mathrm{H}} a_{\mathrm{V}} - \xi a_{\mathrm{H}}^{\dagger} a_{\mathrm{V}}^{\dagger}) + \frac{1}{2!}(\xi^* a_{\mathrm{H}} a_{\mathrm{V}} - \xi a_{\mathrm{H}}^{\dagger} a_{\mathrm{V}}^{\dagger})^2\right]|0_{\mathrm{H}}0_{\mathrm{V}}\rangle \\
&= \left(1 - \frac{1}{2}|\xi|^2\right)|0_{\mathrm{H}}0_{\mathrm{V}}\rangle - \xi|1_{\mathrm{H}}1_{\mathrm{V}}\rangle + \xi^2|2_{\mathrm{H}}2_{\mathrm{V}}\rangle \approx |0_{\mathrm{H}}0_{\mathrm{V}}\rangle - \xi|1_{\mathrm{H}}1_{\mathrm{V}}\rangle
\end{aligned}
$$
$$\tag{5.24}$$

其中,$|\xi|$ 的高阶项生成概率很低,可以忽略。所以,低参量增益时,共线Ⅱ型 SPDC 过程产生概率为 $|\xi|^2$ 的正交偏振光子对,对应的态矢量为 $|1_{\mathrm{H}}1_{\mathrm{V}}\rangle$。

2. 非共线Ⅱ型自发参量下转换

非共线Ⅱ型 SPDC 过程如图5.26所示。SPDC 不仅沿泵浦波矢方向也沿其他方向辐射光子对。尤其是,即使对于频率简并($\omega_{\mathrm{s}} = \omega_{\mathrm{i}} = \omega_{\mathrm{p}}/2$)的信号和闲置光子,SPDC 也可能是非共线的:在这种情形下,两个生成光子的波矢并不与泵

浦波矢平行,寻常(o)光子和非寻常(e)光子沿两个不同的圆锥辐射,相对含有入射泵浦波矢和光轴的平面彼此倾斜(图 5.26)。这些圆锥沿两条线交叉,图中分别记为 A 和 B。交叉线 A 方向辐射的光子既有可能是 o 光的水平(H)偏振,也有可能是 e 光的垂直(V)偏振;如果 A 方向辐射的光子是 o 光 H 偏振,则 B 方向辐射的光子必定是 e 光 V 偏振,反之亦然。这种情形下沿 A、B 方向产生的是正交偏振的纠缠光子对。由于横向波矢匹配条件 $\Delta k_x = \Delta k_y = 0$,两个光子应总是关于泵浦对称。哈密顿算符因而写成两个哈密顿算符之和:

$$H_{\mathrm{II}} = \mathrm{i}\hbar\big[\,\Gamma^*\left(a_{\mathrm{AH}}a_{\mathrm{BV}} + \mathrm{e}^{-\mathrm{i}\beta}a_{\mathrm{AV}}a_{\mathrm{BH}}\right) - \Gamma\left(a_{\mathrm{AH}}^{\dagger}a_{\mathrm{BV}}^{\dagger} + \mathrm{e}^{\mathrm{i}\beta}a_{\mathrm{AV}}^{\dagger}a_{\mathrm{BH}}^{\dagger}\right)\big] \quad (5.25)$$

式中:相位 β 依赖于非线性晶体中泵浦光子、信号光子和闲置光子的相位延迟,湮灭算符和产生算符中的下标 A、B 表示辐射方向,H、V 表示偏振方向。

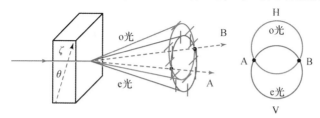

图 5.26　利用非共线 II 类 SPDC 产生的偏振纠缠态(圆周上的横线和竖线分别表示 H 和 V 偏振。寻常(o)和非寻常(e)光子分别两个圆锥辐射。圆锥沿 A、B 方向交叉,纠缠光子对沿交叉线方向传播)

假定信号模式和闲置模式的初始态均为真空态,对于频率简并非共线 II 型 SPDC,二阶非线性晶体输出端产生的输出态 $|\psi\rangle$ 满足薛定谔方程及初始条件:

$$\mathrm{i}\hbar\frac{\mathrm{d}|\psi\rangle}{\mathrm{d}t} = H_{\mathrm{II}}|\psi\rangle,\ |\psi(0)\rangle = |0_{\mathrm{AH}}0_{\mathrm{BV}}0_{\mathrm{AV}}0_{\mathrm{BH}}\rangle \quad (5.26)$$

由式(5.25)的相互作用哈密顿算符 H_{II},式(5.26)的解为

$$
\begin{aligned}
|\psi\rangle &= \mathrm{e}^{-\frac{H_{\mathrm{II}}}{\mathrm{i}\hbar}t_{\mathrm{int}}}|0_{\mathrm{AH}}0_{\mathrm{BV}}0_{\mathrm{AV}}0_{\mathrm{BH}}\rangle \\
&= \mathrm{e}^{[\Gamma^*(a_{\mathrm{AH}}a_{\mathrm{BV}} + \mathrm{e}^{-\mathrm{i}\beta}a_{\mathrm{AV}}a_{\mathrm{BH}}) - \Gamma(a_{\mathrm{AH}}^{\dagger}a_{\mathrm{BV}}^{\dagger} + \mathrm{e}^{\mathrm{i}\beta}a_{\mathrm{AV}}^{\dagger}a_{\mathrm{BH}}^{\dagger})]t_{\mathrm{int}}}|0_{\mathrm{AH}}0_{\mathrm{BV}}0_{\mathrm{AV}}0_{\mathrm{BH}}\rangle \\
&= \mathrm{e}^{[\xi^*(a_{\mathrm{AH}}a_{\mathrm{BV}} + \mathrm{e}^{-\mathrm{i}\beta}a_{\mathrm{AV}}a_{\mathrm{BH}}) - \xi(a_{\mathrm{AH}}^{\dagger}a_{\mathrm{BV}}^{\dagger} + \mathrm{e}^{\mathrm{i}\beta}a_{\mathrm{AV}}^{\dagger}a_{\mathrm{BH}}^{\dagger})]}|0_{\mathrm{AH}}0_{\mathrm{BV}}0_{\mathrm{AV}}0_{\mathrm{BH}}\rangle \quad (5.27)
\end{aligned}
$$

将式(5.27)中的指数函数展成泰勒级数,对于低参量增益($|\xi|\ll 1$),假定 $\beta = 0$,只取前两项泰勒级数,则输出态 $|\psi\rangle$ 可以化为

$$
\begin{aligned}
|\psi\rangle &= \left[\begin{array}{l}
1 + \left[\xi^*(a_{\mathrm{AH}}a_{\mathrm{BV}} + a_{\mathrm{AV}}a_{\mathrm{BH}}) - \xi(a_{\mathrm{AH}}^{\dagger}a_{\mathrm{BV}}^{\dagger} + a_{\mathrm{AV}}^{\dagger}a_{\mathrm{BH}}^{\dagger})\right] + \\
\dfrac{1}{2!}\left[\xi^*(a_{\mathrm{AH}}a_{\mathrm{BV}} + a_{\mathrm{AV}}a_{\mathrm{BH}}) - \xi(a_{\mathrm{AH}}^{\dagger}a_{\mathrm{BV}}^{\dagger} + a_{\mathrm{AV}}^{\dagger}a_{\mathrm{BH}}^{\dagger})\right]^2
\end{array}\right]|0_{\mathrm{AH}}0_{\mathrm{BV}}0_{\mathrm{AV}}0_{\mathrm{BH}}\rangle \\
&= (1 - |\xi|^2)|0_{\mathrm{AH}}0_{\mathrm{BV}}0_{\mathrm{AV}}0_{\mathrm{BH}}\rangle - \xi\left(|1_{\mathrm{AH}}1_{\mathrm{BV}}0_{\mathrm{AV}}0_{\mathrm{BH}}\rangle + |0_{\mathrm{AH}}0_{\mathrm{BV}}1_{\mathrm{AV}}1_{\mathrm{BH}}\rangle\right) \\
&\quad + \xi^2\left(|2_{\mathrm{AH}}2_{\mathrm{BV}}0_{\mathrm{AV}}0_{\mathrm{BH}}\rangle + |1_{\mathrm{AH}}1_{\mathrm{BV}}1_{\mathrm{AV}}1_{\mathrm{BH}}\rangle + |0_{\mathrm{AH}}0_{\mathrm{BV}}2_{\mathrm{AV}}2_{\mathrm{BH}}\rangle\right) \\
&\approx -\xi\left(|1_{\mathrm{AH}}1_{\mathrm{BV}}0_{\mathrm{AV}}0_{\mathrm{BH}}\rangle + |0_{\mathrm{AH}}0_{\mathrm{BV}}1_{\mathrm{AV}}1_{\mathrm{BH}}\rangle\right) \quad (5.28)
\end{aligned}
$$

其中,$|\xi|$ 的高阶项生成概率很低,可以忽略。所以,低参量增益时,非共线Ⅱ型 SPDC 过程产生概率为 $|\xi|^2$ 的正交偏振纠缠光子对,对应的态矢量为 $|1_{AH}1_{BV}\rangle$ 和 $|1_{AV}1_{BH}\rangle$ 的叠加态。

图 5.26 所示的情形是最一般的情况。随着光轴和泵浦波矢之间的角度 θ 变化,圆锥变得较大或较小。尤其是,对于一个特定角度 θ,它们沿一条直线相切,该直线与泵浦波矢共线,这对应前面描述的共线简并Ⅱ型 SPDC。

除了图 5.26 所示的非共线Ⅱ类 SPDC 方案,还有获得偏振纠缠态的另一种实验方案。在后者中,两个非线性晶体,切向满足图 5.24 中的Ⅰ类相位匹配,先后放置在同一个泵浦光束中(图 5.27)。其中一个晶体的方向是光轴 ζ 在垂直平面,另一个晶体的光轴 ζ 在水平平面。如果泵浦是对角起偏,在每个晶体中都有非寻常偏振分量,通过 e→oo 相位匹配产生 SPDC。两个晶体都沿相同开放角的圆锥辐射并频率为 $\omega_p/2$ 的光子对,但由第一个晶体辐射的是水平偏振光子,由第二个晶体辐射的是垂直偏振光子。

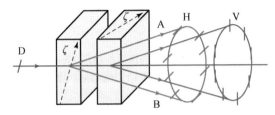

图 5.27　通过两个同步非共线Ⅰ类 SPDC 过程的偏振纠缠态的生成。圆周上的横线和竖线分别表示 H 和 V 偏振,泵浦为对角(D)偏振

现在考虑辐射进两个方向 A 和 B 的信号光子和闲置光子。第一个晶体给出的相互作用哈密顿算符 H_1 可以写为

$$H_1 = i\hbar(\Gamma^* a_{AH} a_{BH} - \Gamma a_{AH}^\dagger a_{BH}^\dagger) \tag{5.29}$$

式中:a_{AH}、$a_{AH}^\dagger$ 为光束 A 的水平起偏模式中的光子湮灭算符和产生算符;a_{BH}、$a_{BH}^\dagger$ 为光束 B 的水平起偏模式中的光子湮灭算符和产生算符。其时,第二个晶体的哈密顿算符 H_2 为

$$H_2 = i\hbar(\Gamma^* a_{AV} a_{BV} - \Gamma a_{AV}^\dagger a_{BV}^\dagger) \tag{5.30}$$

式中:a_{AV}、$a_{AV}^\dagger$ 为光束 A 的垂直起偏模式中的光子湮灭算符和产生算符;a_{BV}、$a_{BV}^\dagger$ 为光束 B 的垂直起偏模式中的光子湮灭算符和产生算符。

由于两个 SPDC 光子源是被共同的激光束相干泵浦,总的哈密顿算符 H 是两个哈密顿算符 H_1 和 H_2 的和,其中两个哈密顿算符之间有一个常数相位 β。这个相位 β 归因于泵浦光子和参量下转换辐射光子的相位延迟。因而总的哈密顿算符 H_{II} 为

$$H_{\mathrm{II}} = H_1 + \mathrm{e}^{\mathrm{i}\beta} H_2$$
$$= \mathrm{i}\hbar \left[\Gamma^* \left(a_{\mathrm{AH}} a_{\mathrm{BH}} + \mathrm{e}^{\mathrm{i}\beta} a_{\mathrm{AV}} a_{\mathrm{BV}} \right) - \Gamma \left(a_{\mathrm{AH}}^\dagger a_{\mathrm{BH}}^\dagger + \mathrm{e}^{\mathrm{i}\beta} a_{\mathrm{AV}}^\dagger a_{\mathrm{BV}}^\dagger \right) \right] \quad (5.31)$$

假定信号模式和闲置模式的初始态均为真空态,图 5.27 所示双晶体 SPDC 过程产生的输出态 $|\psi\rangle$ 满足薛定谔方程:

$$\mathrm{i}\hbar \frac{\mathrm{d} |\psi\rangle}{\mathrm{d}t} = H_{\mathrm{II}} |\psi\rangle, \ |\psi(0)\rangle = |0_{\mathrm{AH}} 0_{\mathrm{BH}} 0_{\mathrm{AV}} 0_{\mathrm{BV}}\rangle \quad (5.32)$$

由式(5.31)的相互作用哈密顿算符 H_{II},式(5.32)的解为

$$|\psi\rangle = \mathrm{e}^{-\mathrm{i}\frac{H_{\mathrm{II}}}{\hbar} t_{\mathrm{int}}} |0_{\mathrm{AH}} 0_{\mathrm{BH}} 0_{\mathrm{AV}} 0_{\mathrm{BV}}\rangle$$
$$= \mathrm{e}^{\left[\Gamma^* \left(a_{\mathrm{AH}} a_{\mathrm{BH}} + \mathrm{e}^{\mathrm{i}\beta} a_{\mathrm{AV}} a_{\mathrm{BV}} \right) - \Gamma \left(a_{\mathrm{AH}}^\dagger a_{\mathrm{BH}}^\dagger + \mathrm{e}^{\mathrm{i}\beta} a_{\mathrm{AV}}^\dagger a_{\mathrm{BV}}^\dagger \right) \right] t_{\mathrm{int}}} |0_{\mathrm{AH}} 0_{\mathrm{BH}} 0_{\mathrm{AV}} 0_{\mathrm{BV}}\rangle$$
$$= \mathrm{e}^{\left[\xi^* \left(a_{\mathrm{AH}} a_{\mathrm{BH}} + \mathrm{e}^{\mathrm{i}\beta} a_{\mathrm{AV}} a_{\mathrm{BV}} \right) - \xi \left(a_{\mathrm{AH}}^\dagger a_{\mathrm{BH}}^\dagger + \mathrm{e}^{\mathrm{i}\beta} a_{\mathrm{AV}}^\dagger a_{\mathrm{BV}}^\dagger \right) \right]} |0_{\mathrm{AH}} 0_{\mathrm{BH}} 0_{\mathrm{AV}} 0_{\mathrm{BV}}\rangle \quad (5.33)$$

将式(5.33)中的指数函数展成泰勒级数,对于低参量增益($|\xi| \ll 1$),假定 $\beta = 0$,只取前两项泰勒级数,则输出态 $|\psi\rangle$ 可以化为

$$|\psi\rangle = \begin{bmatrix} 1 + \left[\xi^* \left(a_{\mathrm{AH}} a_{\mathrm{BH}} + a_{\mathrm{AV}} a_{\mathrm{BV}} \right) - \xi \left(a_{\mathrm{AH}}^\dagger a_{\mathrm{BH}}^\dagger + a_{\mathrm{AV}}^\dagger a_{\mathrm{BV}}^\dagger \right) \right] + \\ \dfrac{1}{2!} \left[\xi^* \left(a_{\mathrm{AH}} a_{\mathrm{BH}} + a_{\mathrm{AV}} a_{\mathrm{BV}} \right) - \xi \left(a_{\mathrm{AH}}^\dagger a_{\mathrm{BH}}^\dagger + a_{\mathrm{AV}}^\dagger a_{\mathrm{BV}}^\dagger \right) \right]^2 \end{bmatrix} |0_{\mathrm{AH}} 0_{\mathrm{BH}} 0_{\mathrm{AV}} 0_{\mathrm{BV}}\rangle$$
$$= (1 - |\xi|^2) |0_{\mathrm{AH}} 0_{\mathrm{BH}} 0_{\mathrm{AV}} 0_{\mathrm{BV}}\rangle - \xi \left(|1_{\mathrm{AH}} 1_{\mathrm{BH}} 0_{\mathrm{AV}} 0_{\mathrm{BV}}\rangle + |0_{\mathrm{AH}} 0_{\mathrm{BH}} 1_{\mathrm{AV}} 1_{\mathrm{BV}}\rangle \right)$$
$$+ \xi^2 \left(|2_{\mathrm{AH}} 2_{\mathrm{BH}} 0_{\mathrm{AV}} 0_{\mathrm{BV}}\rangle + |1_{\mathrm{AH}} 1_{\mathrm{BH}} 1_{\mathrm{AV}} 1_{\mathrm{BV}}\rangle + |0_{\mathrm{AH}} 0_{\mathrm{BH}} 2_{\mathrm{AV}} 2_{\mathrm{BV}}\rangle \right)$$
$$\approx - \xi \left(|1_{\mathrm{AH}} 1_{\mathrm{BH}} 0_{\mathrm{AV}} 0_{\mathrm{BV}}\rangle + |0_{\mathrm{AH}} 0_{\mathrm{BH}} 1_{\mathrm{AV}} 1_{\mathrm{BV}}\rangle \right) \quad (5.34)$$

式中: $|\xi|$ 的高阶项生成概率很低,可以忽略。所以,低参量增益时,图 5.27 所示双晶体 SPDC 过程产生概率为 $|\xi|^2$ 的正交偏振纠缠光子对,对应的态矢量为 $|1_{\mathrm{AH}} 1_{\mathrm{BH}}\rangle$ 和 $|1_{\mathrm{AV}} 1_{\mathrm{BV}}\rangle$ 的叠加态。

在光束 B 中放置一个成 45°角的二分之一波片(Half – Wave Plate,HWP),其传输矩阵为

$$\boldsymbol{S}_{\mathrm{HWP}}^{45°} = \begin{pmatrix} 0 & 1 \\ 1 & 0 \end{pmatrix} \quad (5.35)$$

其作用是将 a_{BH} 变为 a_{BV},将 a_{BV} 变为 a_{BH},由此,式(5.31)变为

$$H_{\mathrm{II}} = \mathrm{i}\hbar \left[\Gamma^* \left(a_{\mathrm{AH}} a_{\mathrm{BV}} + a_{\mathrm{AV}} a_{\mathrm{BH}} \right) - \Gamma \left(a_{\mathrm{AH}}^\dagger a_{\mathrm{BV}}^\dagger + a_{\mathrm{AV}}^\dagger a_{\mathrm{BH}}^\dagger \right) \right] \quad (5.36)$$

这与式(5.26)的哈密顿算符 H_{II} 一致。

图 5.27 两个 I 型 SPDC 过程串联的 II 型 SPDC 方案比图 5.26 的 II 型 SPDC 方案更有效,这是因为:首先,它包含许多 A 和 B 方向;其次,在许多晶体中,I 型 SPDC 具有较高的有效极化率;第三,该方案在操作上也较简单。

总之,无论是 I 型 SPDC 还是 II 型 SPDC 过程,都仅能产生成对的光子。成对光子产生的概率依赖于耦合参数 Γ,它用二阶非线性极化率、泵浦光场振幅和晶体长度标定。相互作用弱或者强,依赖于耦合参数 Γ 的幅值。考虑常用的

频率简并情形,对于 I 型 SPDC 过程来说,低参量增益共线产生光子数态 $|2\rangle$,非共线产生光子数态 $|11\rangle$;对于 II 型 SPDC 过程来说,低参量增益产生共线或非共线的正交偏振纠缠光子对。后面结合 Fink 研究团队报道的实验结果,主要讨论采用正交偏振纠缠光子对的光纤陀螺仪的工作原理。

5.2.2 基于二阶符合强度关联探测方案的量子纠缠光纤陀螺的输出公式

干涉测量的量子增强相位信息包含在二阶(或高阶)关联光强中。二阶关联光强可以通过 Sagnac 干涉仪两个输出端口的二阶符合计数得到。二阶符合计数是量子干涉实验中获得二阶相干函数或二阶关联函数的最为常见的测量方法。"二阶相干"或"二阶关联"定义的是同一个函数,"相干"强调的是观测现象的干涉本质,"关联"突出的是测量的统计过程。众所周知,在经典电磁理论中,场的叠加都发生在特定的时空点上,即干涉是定域性的;而非经典光经过干涉仪的二阶(或高阶)相干函数,隐含量子力学的非定域性,宏观上呈现为量子纠缠导致的干涉相位信息增强。本节给出 Sagnac 干涉仪的动力学么正演变算符,针对典型的非经典光量子态输入,分析量子纠缠光纤陀螺仪的输出特性,包括两个端口的输出光子数(光强或光功率)及其二阶符合关联光强,导出基于二阶符合探测方案的量子纠缠光纤陀螺仪的归一化量子干涉公式。

由于 Sagnac 干涉仪实际只有两个(输入/输出共用)端口,为了实现输入模式和输出模式的有效分离,本书采用一种双环行器的 Sagnac 干涉仪光路结构,如图 5.28 所示。在海森堡图像中,量子 Sagnac 干涉仪的功能是将输入端口的湮灭算符 a_1、a_2 变换为输出端口的湮灭算符 b_1、b_2。湮灭算符代表量子化的光场。湮灭算符的演变可以表示为

$$\begin{pmatrix} b_1 \\ b_2 \end{pmatrix} = \boldsymbol{S}_{\mathrm{SI}} \begin{pmatrix} a_1 \\ a_2 \end{pmatrix} \tag{5.37}$$

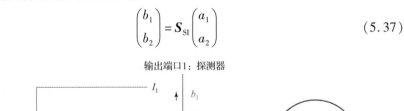
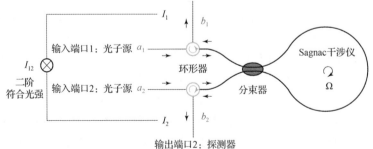

图 5.28 采用双环行器有效分离输入模式和输出模式的 Sagnac 干涉仪

式中：S_{SI} 为量子 Sagnac 干涉仪的传输矩阵，可以表示为

$$S_{SI} = \begin{pmatrix} S_{11} & S_{12} \\ S_{21} & S_{22} \end{pmatrix} = \begin{pmatrix} \cos\dfrac{\phi}{2} & -\sin\dfrac{\phi}{2} \\ \sin\dfrac{\phi}{2} & \cos\dfrac{\phi}{2} \end{pmatrix} \tag{5.38}$$

式中：ϕ 为旋转引起的 Sagnac 相移。

而在薛定谔图像中，Sagnac 干涉仪将一个输入光量子态 $|\psi_{in}\rangle$ 变换为与 Sagnac 相移 ϕ 有关的输出光量子态 $|\psi_{out}(\phi)\rangle$：

$$|\psi_{out}(\phi)\rangle = U_{SI}(\phi)|\psi_{in}\rangle \tag{5.39}$$

式中：$U_{SI}(\phi)$ 为与传输矩阵 S_{SI} 对应的量子 Sagnac 干涉仪的演变算符。输出场算符 b_1、b_2 的演变因而可以表示为

$$b_i \equiv U_{SI}^{\dagger} a_i U_{SI} = \sum_{j=1}^{2} S_{ij} a_j, b_i^{\dagger} \equiv U_{SI}^{\dagger} a_i^{\dagger} U_{SI} = \sum_{j=1}^{2} S_{ij}^{*} a_j^{\dagger}, i = 1,2 \tag{5.40}$$

式中：S_{ij} 为式(5.38)传输矩阵 S_{SI} 的元素。在不考虑干涉仪光路损耗的理想情况下，传输矩阵 S_{SI} 是一个幺正矩阵，相应地，演变算符 U_{SI} 也是一个幺正算符。只有幺正演变才能实现量子分析。利用传输矩阵 S_{SI} 的幺正性(共轭转置矩阵等于其逆矩阵)，可以得到计算态矢量演变的有用公式为

$$U_{SI}^{i} a_i U_{SI}^{\dagger} = \sum_{j=1}^{2} S_{ji}^{*} a_j, U_{SI} a_i^{\dagger} U_{SI}^{\dagger} = \sum_{j=1}^{2} S_{ji} a_j^{\dagger}, i = 1,2 \tag{5.41}$$

由于 Sagnac 干涉仪可以看作一种随 Sagnac 相移 ϕ 演变的过程，演变算符 U_{SI} 可以通过一个动力学参数 H_{SI} 与 ϕ 联系起来：

$$U_{SI} = e^{-iH_{SI}\phi/\hbar} \tag{5.42}$$

式中：参数 H_{SI} 称为量子 Sagnac 干涉仪的哈密顿算符。这意味着，Sagnac 干涉仪的输出算符 b_1、b_2 应满足海森堡方程：

$$\frac{d}{d\phi} b_1(\phi) = \frac{1}{i\hbar}[b_1, H_{SI}], \frac{d}{d\phi} b_2(\phi) = \frac{1}{i\hbar}[b_2, H_{SI}] \tag{5.43}$$

满足上述方程的哈密顿算符 H_{SI} 可以写为

$$H_{SI} = \frac{\hbar}{2i}(a_1^{\dagger} a_2 - a_1 a_2^{\dagger}) \tag{5.44}$$

以上给出了处理量子纠缠光纤陀螺仪的基本公式。利用上述公式，可以计算任意输入情况下，Sagnac 干涉仪在海森堡图像中的算符演变和在薛定谔图像中态矢量的演变，进而分析量子 Sagnac 干涉仪的输出特性。这包括两个输出端口的平均光强(平均光子数)$\langle I_1 \rangle$、$\langle I_2 \rangle$ 以及两个输出端口之间的二阶符合计数(二阶符合关联光强)$\langle I_{12} \rangle$：

$$\begin{cases} \langle I_1 \rangle = \langle \psi_{out}(\phi) | a_1^\dagger a_1 | \psi_{out}(\phi) \rangle = \langle \psi_{in} | b_1^\dagger b_1 | \psi_{in} \rangle \\ \langle I_2 \rangle = \langle \psi_{out}(\phi) | a_2^\dagger a_2 | \psi_{out}(\phi) \rangle = \langle \psi_{in} | b_2^\dagger b_2 | \psi_{in} \rangle \\ \langle I_{12} \rangle = \langle \psi_{out}(\phi) | a_1^\dagger a_2^\dagger a_2 a_1 | \psi_{out}(\phi) \rangle = \langle \psi_{in} | b_1^\dagger b_2^\dagger b_2 b_1 | \psi_{in} \rangle \end{cases} \quad (5.45)$$

其中,只有二阶符合关联光强才包含量子增强相位信息。在二阶符合探测基础上获得的归一化量子干涉公式 $g_{12}^{(2)}$ 可以表示为

$$g_{12}^{(2)} = \frac{\langle I_1 \rangle \langle I_2 \rangle - \langle I_{12} \rangle}{\langle I_1 \rangle \langle I_2 \rangle} \quad (5.46)$$

式(5.46)是 Sagnac 干涉仪两个输出模式的归一化二阶相干性。$g_{12}^{(2)} < 0$ 时,即 $\langle I_{12} \rangle / \langle I_1 \rangle \langle I_2 \rangle > 1$,两个输出模式的强度是正相关的,称为光子聚束;$g_{12}^{(2)} > 0$ 时,即 $\langle I_{12} \rangle / \langle I_1 \rangle \langle I_2 \rangle < 1$,两个输出模式的强度是反相关的,这一现象称为抗聚束。抗聚束光量子态的光子数涨落通常低于相干态光子的泊松分布,是一种非经典光所固有的量子力学特性,意味着存在光子纠缠产生的德布罗意粒子(亚泊松分布)和德布罗意波,对量子增强干涉测量具有重要贡献。

在实际的量子运算中,采用薛定谔图像和采用海森堡图像所得的 Sagnac 干涉仪输出的最终结果相同。一般情况下,会从方便运算的角度来穿插采用薛定谔图像和海森堡图像。另外,采用薛定谔图像可以考察光量子态在 Sagnac 干涉仪中演变的细节,后面将会看到,这有助于揭示二阶符合计数在量子增强干涉测量方面的局限性。

5.2.3　偏振纠缠光纤陀螺的光路结构和量子增强干涉原理

5.2.3.1　采用频率简并共线 II 型 SPDC 光子源的量子纠缠光纤陀螺

2019 年,奥地利科学院和维也纳量子科学与技术中心的 Fink 研究团队在《物理学新刊》(New Journal of Physics)上报道的量子增强光纤陀螺原理样机,是量子纠缠光纤陀螺首次由理论研究进入实验测量,并获得了突破散粒噪声极限的测试结果。Fink 采用的光路结构如图 5.29 所示,它由正交偏振的纠缠光子源、Sagnac 光纤干涉仪和二阶符合探测装置三部分组成。

正交偏振的纠缠光子源基于共线 II 型自发参量下转换过程,如图 5.29 所示,一个波长为 405nm 的连续波激光器入射到一个周期性极化的二阶非线性 ppKTP 晶体上。泵浦激光器发出的光子在晶体内通过自发参量下转换过程转换成成对的、具有水平偏振(H)和垂直偏振(V)的信号光子和闲置光子,信号和闲置光子对具有相同的频率(波长为 810nm)并沿同一个方向传播。用两个二色反射镜实现泵浦光子与向下转换光子的分离。信号光子和闲置光子随后通过微透镜耦合进一段偏振保持单模光纤(PMF)中。ppKTP 晶体的双折射导致

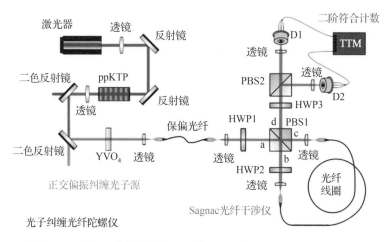

图 5.29 采用正交偏振偶光子对的量子纠缠光纤陀螺仪光路结构

两个正交偏振的向下转换光子之间产生相位延迟。为了产生具有两个无差别光子的 NOON 态,采用一个附加的钕掺杂原钒酸钇($Nd:YVO_4$)晶体补偿这种偏振相关的时间延迟。同时,双折射晶体的长度选择还可以进一步补偿后续单模光纤的双折射。

Sagnac 光纤干涉仪由 1 个偏振分束器(PBS1)、单模光纤线圈和 2 个二分之一波片(HWP1 和 HWP2)组成。二阶符合探测装置包括一个二分之一波片(HWP3)和另一个偏振分束器(PBS2)、两个单光子分辨率探测器(D1 和 D2)以及相应的二阶符合计数电子装置。

基于图 5.29 所示的光路结构,分析偏振纠缠光纤陀螺仪中态矢量和场算符的演变。对于采用正交偏振纠缠光子对的 Sagnac 干涉仪,存在 4 个传播模式:在光纤线圈中沿顺时针方向传播的水平(H)偏振模式、垂直(V)偏振模式和沿顺逆针方向传播的水平(H)偏振模式、垂直(V)偏振模式。因而需要采用 4×4 传输矩阵描述偏振纠缠光纤陀螺仪中场算符和态矢量的演变。

下面结合态矢量和算符经过图 5.29 所示各个光学元件的演变,进一步描述偏振分束器和二分之一波片的量子传输特性和偏振纠缠光纤陀螺仪的工作原理。

5.2.3.2 偏振纠缠光纤陀螺的输入态和输入算符

如图 5.29 所示,偏振纠缠光纤陀螺的输入态是共线 II 型自发参量下转换过程产生的一对频率简并的正交偏振纠缠光子,记为 $|1_{H1}1_{V1}\rangle$,与这对正交偏振纠缠光子对应的湮灭算符用 a_{H1}、a_{V1} 表示。这个正交偏振光子对经过一个 22.5° 的二分之一波片 HWP1,形成水平(H)和垂直(V)偏振的叠加态,进入偏

振分束器 PBS1 的输入端口 a。偏振分束器为四端口器件,有两个输入端口和两个输出端口,每个端口可以传输水平和垂直两个正交偏振模式。如图 5.30 所示,二分之一波片 HWP1 和偏振分束器 PBS1 组合在一起相当于图 5.28 中的分束器作用。PBS1 的输入端口 d 没有光子入射,可以认为是空端也即真空态 $|0_{H2}0_{V2}\rangle$ 输入,与之对应的湮灭算符用 a_{H2}、a_{V2} 表示。这样,偏振纠缠光纤陀螺仪的四模式输入态矢量可以表示为

$$|\psi_{\text{in}}\rangle = |1_{H1}1_{V1}0_{H2}0_{V2}\rangle \tag{5.47}$$

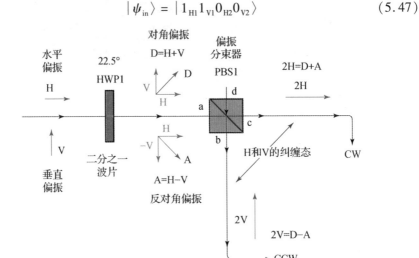

图 5.30 22.5°二分之一波片和偏振分束器组合在一起
相当于一般干涉仪中的量子分束器功能

5.2.3.3 偏振分束器 PBS1 端口 a、d 的输入态矢量和算符

图 5.29 中的 22.5°二分之一波片 HWP1 的作用是将水平(H)和垂直(V)的两个正交偏振的态矢量投影到对角(D)和反对角(A)两个正交偏振基矢上,形成另外两个正交偏振模式,如图 5.30 所示。投影到对角和反对角基矢上的态矢量是水平(H)和垂直(V)偏振的叠加态,经过偏振分束器 PBS1,产生 2002 最大偏振纠缠态。

任意波片(Wave Plate,WP)的琼斯矩阵可以表示为

$$S_{\text{WP}} = \begin{pmatrix} \cos\delta + i\sin\delta\cos(2\theta) & i\sin\delta\sin(2\theta) \\ i\sin\delta\sin(2\theta) & \cos\delta - i\sin\delta\cos(2\theta) \end{pmatrix} \tag{5.48}$$

式中:2δ 为波片的相位延迟;θ 为旋转角度。

对于理想的二分之一波片,有 $2\delta = \pi$、$\theta = 22.5°$,琼斯矩阵为

$$S_{\text{HWP}} = \frac{i}{\sqrt{2}}\begin{pmatrix} 1 & 1 \\ 1 & -1 \end{pmatrix} \tag{5.49}$$

虚部单位 i 是一个全局相位因子,通常可以忽略,因而

$$
S_{\mathrm{HWP}} = \begin{pmatrix} \dfrac{1}{\sqrt{2}} & \dfrac{1}{\sqrt{2}} \\[2mm] \dfrac{1}{\sqrt{2}} & -\dfrac{1}{\sqrt{2}} \end{pmatrix}
\tag{5.50}
$$

偏振分束器 PBS1 的量子分析模型如图 5.31 所示(在下面的分析中,假定算符不带撇号"′"为 PBS1 端口的输入算符,带撇号"′"为 PBS1 端口的输出算符,态矢量亦是如此)。模式(算符) a_{H1}、a_{V1} 经过第一个二分之一波片 HWP1 到达 PBS1 的端口 a,真空态模式(算符) a_{H2}、a_{V2} 直接到达 PBS1 的端口 d。PBS1 端口 d 和端口 a 的正交偏振模式的输入算符分别记为 $a_{\mathrm{d-H}}$、$a_{\mathrm{d-V}}$ 和 $a_{\mathrm{a-H}}$、$a_{\mathrm{a-V}}$,它们与 a_{H1}、a_{V1}、a_{H2}、a_{V2} 的关系用一个 4×4 传输矩阵 S_{in} 联系起来:

$$
\begin{pmatrix} a_{\mathrm{d-H}} \\ a_{\mathrm{d-V}} \\ a_{\mathrm{a-H}} \\ a_{\mathrm{a-V}} \end{pmatrix} = S_{\mathrm{in}} \begin{pmatrix} a_{\mathrm{H1}} \\ a_{\mathrm{V1}} \\ a_{\mathrm{H2}} \\ a_{\mathrm{V2}} \end{pmatrix}
\tag{5.51}
$$

式中:传输矩阵 S_{in} 为

$$
S_{\mathrm{in}} = \begin{pmatrix} 0 & 0 & 1 & 0 \\ 0 & 0 & 0 & 1 \\ \dfrac{1}{\sqrt{2}} & \dfrac{1}{\sqrt{2}} & 0 & 0 \\[2mm] \dfrac{1}{\sqrt{2}} & -\dfrac{1}{\sqrt{2}} & 0 & 0 \end{pmatrix}
\tag{5.52}
$$

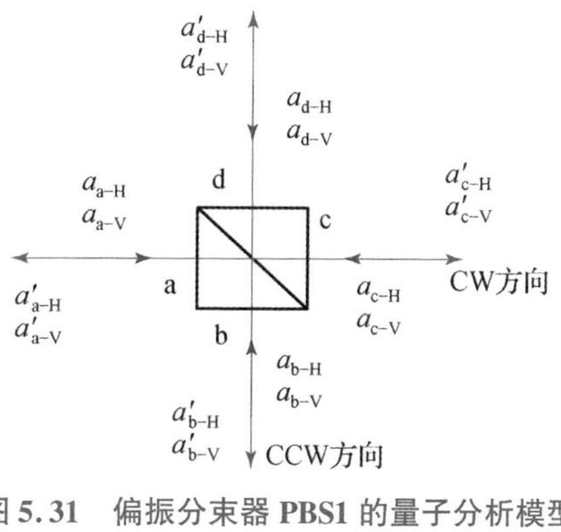

图 5.31　偏振分束器 PBS1 的量子分析模型

利用式(5.41)的态矢量演变公式和式(5.52),PBS1 端口 d、a 的输入态矢量 $|\psi_{(\mathrm{d,a})}\rangle$ 为

$$\begin{aligned}
|\psi_{(d,a)}\rangle &= U_{in}|\psi_{in}\rangle = (U_{in}a_{H1}^{\dagger}U_{in}^{\dagger})(U_{in}a_{V1}^{\dagger}U_{in}^{\dagger})|0_{H1}0_{V1}0_{H2}0_{V2}\rangle \\
&= \left(\frac{1}{\sqrt{2}}a_{H2}^{\dagger} + \frac{1}{\sqrt{2}}a_{V2}^{\dagger}\right)\left(\frac{1}{\sqrt{2}}a_{H2}^{\dagger} - \frac{1}{\sqrt{2}}a_{V2}^{\dagger}\right)|0_{H1}0_{V1}0_{H2}0_{V2}\rangle \\
&= \frac{1}{\sqrt{2}}(|0_{d-H}0_{d-V}2_{a-H}0_{a-V}\rangle - |0_{d-H}0_{d-V}0_{a-H}2_{a-V}\rangle)
\end{aligned} \tag{5.53}$$

式中:U_{in}为与传输矩阵S_{in}对应的幺正演变算符。注意,式(5.53)中输出态矢量下标的改变,反映了态矢量演变与算符演变的一致性。

5.2.3.4 偏振分束器 PBS1 端口 b、c 的输出态矢量和算符

如前所述,PBS1 的输入端口 a、d 构成 Sagnac 干涉仪的输入端口。根据偏振分束器的传输特性,端口 a 的输入模式(算符)a_{a-H}、a_{a-V}经过 PBS1,水平偏振模式a_{a-H}到达端口 c,构成端口 c 的输出模式a'_{c-H},垂直偏振模式a_{a-V}到达端口 b,构成端口 b 的输出模式a'_{b-V};同理,端口 d 的输入模式(算符)a_{d-H}、a_{d-V}经过 PBS1,水平偏振模式a_{d-H}到达端口 b,构成端口 b 的输出模式a'_{b-H},垂直偏振模式a_{d-V}到达端口 c,构成端口 c 的输出模式a'_{c-V}。PBS1 的输出端口 b 和 c,分别与 Sagnac 干涉仪光纤线圈的两端连接。PBS1 端口 d、a 的输入算符a_{d-H}、a_{d-V}和a_{a-H}、a_{a-V}与端口 b、c 的输出算符a'_{b-H}、a'_{b-V}和a'_{c-H}、a'_{c-V}的关系为

$$\begin{pmatrix} a'_{b-H} \\ a'_{c-V} \\ a'_{c-H} \\ a'_{b-V} \end{pmatrix} = S_{PBS1}\begin{pmatrix} a_{d-H} \\ a_{d-V} \\ a_{a-H} \\ a_{a-V} \end{pmatrix} \tag{5.54}$$

式中:传输矩阵S_{PBS1}为

$$S_{PBS1} = \begin{pmatrix} 1 & 0 & 0 & 0 \\ 0 & 1 & 0 & 0 \\ 0 & 0 & 1 & 0 \\ 0 & 0 & 0 & 1 \end{pmatrix} \tag{5.55}$$

式中:S_{PBS1}为偏振分束器 PBS1 的传输矩阵,是一个标准的 4×4 单位矩阵,显然也是一个幺正变换矩阵。PBS1 端口 b 的输出算符a'_{b-H}、a'_{b-V}为光纤线圈的逆时针模式,端口 c 的输出算符a'_{c-H}、a'_{c-V}为光纤线圈的顺时针模式。

经过 PBS1 进入光纤线圈的态矢量也即端口 b、c 的输出态矢量$|\psi'_{(b,c)}\rangle$为

$$\begin{aligned}
|\psi'_{(b,c)}\rangle &= U_{PBS1}|\psi_{(d,a)}\rangle \\
&= \frac{1}{\sqrt{2}}(U_{PBS1}|0_{d-H}0_{d-V}2_{a-H}0_{a-V}\rangle - U_{PBS1}|0_{d-H}0_{d-V}0_{a-H}2_{a-V}\rangle) \\
&= \frac{1}{2}\big[(U_{PBS1}a_{a-H}^{\dagger}U_{PBS1}^{\dagger})^{2}|0_{d-H}0_{d-V}0_{a-H}0_{a-V}\rangle -
\end{aligned}$$

$$(U_{\mathrm{PBS1}} a_{\mathrm{a-V}}^{\dagger} U_{\mathrm{PBS1}}^{\dagger})^{2} \mid 0_{\mathrm{d-H}} 0_{\mathrm{d-V}} 0_{\mathrm{a-H}} 0_{\mathrm{a-V}} \rangle]$$

$$= \frac{1}{2} (a_{\mathrm{a-H}}^{\dagger 2} \mid 0_{\mathrm{d-H}} 0_{\mathrm{d-V}} 0_{\mathrm{a-H}} 0_{\mathrm{a-V}} \rangle - a_{\mathrm{a-V}}^{\dagger 2} \mid 0_{\mathrm{d-H}} 0_{\mathrm{d-V}} 0_{\mathrm{a-H}} 0_{\mathrm{a-V}} \rangle)$$

$$= \frac{1}{\sqrt{2}} (\mid 0_{\mathrm{b'-H}} 0_{\mathrm{c'-V}} 2_{\mathrm{c'-H}} 0_{\mathrm{b'-V}} \rangle - \mid 0_{\mathrm{b'-H}} 0_{\mathrm{c'-V}} 0_{\mathrm{c'-H}} 2_{\mathrm{b'-V}} \rangle) \tag{5.56}$$

式中: U_{PBS1} 为与矩阵 $\boldsymbol{S}_{\mathrm{PBS1}}$ 对应的幺正演变算符。式(5.56)是一个正交偏振的 2002 最大纠缠态,呈现为两个顺时针的水平偏振光子和两个逆时针的垂直偏振光子的叠加态: $(\mid 2_{\mathrm{cw-H}} \rangle - \mid 2_{\mathrm{ccw-V}} \rangle) / \sqrt{2}$。这意味着,顺时针模式总是水平偏振光子,逆时针模式总是垂直偏振光子。

5.2.3.5　经过光纤线圈再次到达 PBS1 的态矢量和算符

假定 Sagnac 相移 ϕ 等效在逆时针光路中。将相移器和光纤线圈中的二分之一波片 HWP2 的作用综合考虑。顺时针光波模式 $a_{\mathrm{c-H}}'$、$a_{\mathrm{c-V}}'$ 经过光纤线圈和 HWP2($\theta = 22.5°$)的传输矩阵为

$$\boldsymbol{S}_{\mathrm{HWP2}}^{\mathrm{cw}} = \begin{pmatrix} \dfrac{1}{\sqrt{2}} & \dfrac{1}{\sqrt{2}} \\ \dfrac{1}{\sqrt{2}} & -\dfrac{1}{\sqrt{2}} \end{pmatrix} \tag{5.57}$$

而逆时针光波模式 $a_{\mathrm{b-H}}'$ 和 $a_{\mathrm{b-V}}'$ 经过 HWP2($\theta = 180° - 22.5°$)和光纤线圈的传输矩阵为

$$\boldsymbol{S}_{\mathrm{HWP2}}^{\mathrm{ccw}} = \mathrm{e}^{-\mathrm{i}\phi} \begin{pmatrix} \dfrac{1}{\sqrt{2}} & -\dfrac{1}{\sqrt{2}} \\ -\dfrac{1}{\sqrt{2}} & -\dfrac{1}{\sqrt{2}} \end{pmatrix} = \begin{pmatrix} \dfrac{\mathrm{e}^{-\mathrm{i}\phi}}{\sqrt{2}} & -\dfrac{\mathrm{e}^{-\mathrm{i}\phi}}{\sqrt{2}} \\ -\dfrac{\mathrm{e}^{-\mathrm{i}\phi}}{\sqrt{2}} & -\dfrac{\mathrm{e}^{-\mathrm{i}\phi}}{\sqrt{2}} \end{pmatrix} \tag{5.58}$$

因此,顺时针光波和逆时针光路从偏振分束器 PBS1 的 c、b 两点经过光纤线圈分别传播到 b、c 两点的算符演变为

$$\begin{pmatrix} a_{\mathrm{b-H}} \\ a_{\mathrm{b-V}} \\ a_{\mathrm{c-H}} \\ a_{\mathrm{c-V}} \end{pmatrix} = \boldsymbol{S}_{\mathrm{HWP2}}^{\phi} \begin{pmatrix} a_{\mathrm{b-H}}' \\ a_{\mathrm{c-V}}' \\ a_{\mathrm{c-H}}' \\ a_{\mathrm{b-V}}' \end{pmatrix} \tag{5.59}$$

式中: $a_{\mathrm{b-H}}$、$a_{\mathrm{b-V}}$ 为顺时针光波经过光纤线圈到达 PBS1 端口 b 的输入(模式)算符, $a_{\mathrm{c-H}}$、$a_{\mathrm{c-V}}$ 为逆时针光波经过光纤线圈到达 PBS1 端口 c 的输入(模式)算符, $\boldsymbol{S}_{\mathrm{HWP2}}^{\phi}$ 为光纤线圈(含相移器和 HWP2)的等效传输矩阵,它由 $\boldsymbol{S}_{\mathrm{HWP2}}^{\mathrm{cw}}$ 和 $\boldsymbol{S}_{\mathrm{HWP2}}^{\mathrm{ccw}}$ 组合而成,可以表示为

$$S_{\text{HWP2}}^{\phi} = \begin{pmatrix} 0 & \dfrac{1}{\sqrt{2}} & \dfrac{1}{\sqrt{2}} & 0 \\[2mm] 0 & -\dfrac{1}{\sqrt{2}} & \dfrac{1}{\sqrt{2}} & 0 \\[2mm] \dfrac{e^{-i\phi}}{\sqrt{2}} & 0 & 0 & -\dfrac{e^{-i\phi}}{\sqrt{2}} \\[2mm] -\dfrac{e^{-i\phi}}{\sqrt{2}} & 0 & 0 & -\dfrac{e^{-i\phi}}{\sqrt{2}} \end{pmatrix} \tag{5.60}$$

其对应的幺正演变算符用 U_{HWP2}^{ϕ} 表示。

经过光纤线圈到达 PBS1 的 b、c 两点的态矢量（PBS1 端口 b、c 的输入态矢量）为

$$\begin{aligned}
|\psi_{(b,c)}\rangle &= U_{\text{HWP2}}^{\phi} |\psi'_{(b,c)}\rangle \\[2mm]
&= \frac{1}{\sqrt{2}} U_{\text{HWP2}}^{\phi} |0_{b'-H}0_{c'-V}2_{c'-H}0_{b'-V}\rangle - \frac{1}{\sqrt{2}} U_{\text{HWP2}}^{\phi} |0_{b'-H}0_{c'-V}0_{c'-H}2_{b'-V}\rangle \\[2mm]
&= \frac{1}{2}(U_{\text{HWP2}}^{\phi} a'^{\dagger}_{c-H} U_{\text{HWP2}}^{\phi\dagger})^2 |0_{b'-H}0_{c'-V}0_{c'-H}0_{b'-V}\rangle \\[2mm]
&\quad - \frac{1}{2}(U_{\text{HWP2}}^{\phi} a'^{\dagger}_{b-V} U_{\text{HWP2}}^{\phi\dagger})^2 |0_{b'-H}0_{c'-V}0_{c'-H}0_{b'-V}\rangle \\[2mm]
&= \frac{1}{4}(a'^{\dagger}_{b-H} + a'^{\dagger}_{c-V})^2 |0_{b'-H}0_{c'-V}0_{c'-H}0_{b'-V}\rangle \\[2mm]
&\quad - \frac{1}{4}e^{-i2\phi}(a'^{\dagger}_{c-H} + a'^{\dagger}_{b-V})^2 |0_{b'-H}0_{c'-V}0_{c'-H}0_{b'-V}\rangle \\[2mm]
&= \frac{1}{4}(\sqrt{2}\,|2_{b-H}0_{b-V}0_{c-H}0_{c-V}\rangle + 2\,|1_{b-H}1_{b-V}0_{c-H}0_{c-V}\rangle \\[2mm]
&\quad + \sqrt{2}\,|0_{b-H}2_{b-V}0_{c-H}0_{c-V}\rangle) - \frac{1}{4}e^{-i2\phi}(\sqrt{2}\,|0_{b-H}0_{b-V}2_{c-H}0_{c-V}\rangle \\[2mm]
&\quad + 2\,|0_{b-H}0_{b-V}1_{c-H}1_{c-V}\rangle + \sqrt{2}\,|0_{b-H}0_{b-V}0_{c-H}2_{c-V}\rangle)
\end{aligned} \tag{5.61}$$

5.2.3.6 偏振分束器 PBS1 端口 d、a 的输出态矢量和算符

利用 PBS1 的传输矩阵，端口 d、a 的输出算符演变为

$$\begin{pmatrix} a'_{d-H} \\ a'_{a-V} \\ a'_{a-H} \\ a'_{d-V} \end{pmatrix} = S_{\text{PBS1}} \begin{pmatrix} a_{b-H} \\ a_{b-V} \\ a_{c-H} \\ a_{c-V} \end{pmatrix} = \begin{pmatrix} 1 & 0 & 0 & 0 \\ 0 & 1 & 0 & 0 \\ 0 & 0 & 1 & 0 \\ 0 & 0 & 0 & 1 \end{pmatrix} \begin{pmatrix} a_{b-H} \\ a_{b-V} \\ a_{c-H} \\ a_{c-V} \end{pmatrix} \tag{5.62}$$

这样，由式（5.62），PBS1 端口 d、a 的输出态矢量 $|\psi'_{(d,a)}\rangle$ 为

$$|\psi'_{(d,a)}\rangle = U_{PBS1}|\psi_{(b,c)}\rangle$$

$$= U_{PBS1}\frac{1}{4}(\sqrt{2}|2_{b-H}0_{b-V}0_{c-H}0_{c-V}\rangle + 2|1_{b-H}1_{b-V}0_{c-H}0_{c-V}\rangle$$

$$+ \sqrt{2}|0_{b-H}2_{b-V}0_{c-H}0_{c-V}\rangle) - U_{PBS1}\frac{1}{4}e^{-i2\phi}(\sqrt{2}|0_{b-H}0_{b-V}2_{c-H}0_{c-V}\rangle$$

$$+ 2|0_{b-H}0_{b-V}1_{c-H}1_{c-V}\rangle + \sqrt{2}|0_{b-H}0_{b-V}0_{c-H}2_{c-V}\rangle)$$

$$= \frac{1}{2\sqrt{2}}(|2_{d'-H}0_{a'-V}0_{a'-H}0_{d'-V}\rangle + |0_{d'-H}2_{a'-V}0_{a'-H}0_{d'-V}\rangle)$$

$$+ \frac{1}{2}(|1_{d'-H}1_{a'-V}0_{a'-H}0_{d'-V}\rangle - e^{-i2\phi}|0_{d'-H}0_{a'-V}1_{a'-H}1_{d'-V}\rangle)$$

$$- e^{-i2\phi}\frac{1}{2\sqrt{2}}(|0_{d'-H}0_{a'-V}2_{a'-H}0_{d'-V}\rangle + |0_{d'-H}0_{a'-V}0_{a'-H}2_{d'-V}\rangle)$$

$$(5.63)$$

由输出态 $|\psi'_{(d,a)}\rangle$ 可以看出,若在 PBS1 的输出端口 d 和输出端口 a 各放置一个光探测器,则端口 d 和端口 a 的二阶符合计数为

$$\langle I_{(d,a)}\rangle = \left|\frac{1}{2}\right|^2 + \left|e^{-i2\phi}\frac{1}{2}\right|^2 = \frac{1}{2} \qquad (5.64)$$

由于 $|\psi'_{(d,a)}\rangle$ 中的态矢量分量 $|1_{d'-H}1_{a'-V}0_{a'-H}0_{d'-V}\rangle$ 分别在输出端口 d 和输出端口 a 呈现的光子 $1_{d'-H}$ 和 $1_{a'-V}$ 均来自顺时针光波,而态分量 $e^{-i2\phi}|0_{d'-H}0_{a'-V}1_{a'-H}1_{d'-V}\rangle$ 分别在输出端口 d 和输出端口 a 呈现的光子 $1_{d'-V}$ 和 $1_{a'-H}$ 均来自逆时针光波,因此端口 d 和端口 a 的二阶符合计数不存在量子增强的 Sagnac 干涉相位信息。实际上,用顺时针和逆时针标记输出光量子态,式(5.63)还可以写为

$$|\psi'_{(d,a)}\rangle = \frac{1}{2\sqrt{2}}(|2_{d'-H-cw}0_{a'-V-cw}0_{a'-H-ccw}0_{d'-V-ccw}\rangle$$

$$+ |0_{d'-H-cw}2_{a'-V-cw}0_{a'-H-ccw}0_{d'-V-ccw}\rangle)$$

$$+ \frac{1}{2}(|1_{d'-H-cw}1_{a'-V-cw}0_{a'-H-ccw}0_{d'-V-ccw}\rangle$$

$$- e^{-i2\phi}\frac{1}{2}|0_{d'-H-cw}0_{a'-V-cw}1_{a'-H-ccw}1_{d'-V-ccw}\rangle)$$

$$- e^{-i2\phi}\frac{1}{2\sqrt{2}}(|0_{d'-H-cw}0_{a'-V-cw}2_{a'-H-ccw}0_{d'-V-ccw}\rangle$$

$$+ |0_{d'-H-cw}0_{a'-V-cw}0_{a'-H-ccw}2_{d'-V-ccw}\rangle)$$

$$(5.65)$$

另外,由式(5.65)可以更容易看出,在任意一个单独的输出端口 d 或者端口 a,均含有顺时针和逆时针(携带量子增强 Sagnac 相移 2ϕ)的态矢量分量。因此,可以在其中一个输出端口(如端口 d,因为端口 a 已经作为偏振纠缠光子

对的输入端口,实际中不便用于输出端口),设置另一对二分之一波片和偏振束器的组合(HWP3 和 PBS2),构成 Sagnac 干涉仪的量子输出分束器,从而实现量子增强的干涉测量。

5.2.3.7 端口 d 的输出态矢量到达探测器 D1、D2

图 5.32 给出了用于对输出态进行二阶符合探测的光路结构。22.5°二分之一波片 HWP3 和偏振分束器 PBS2 构成正交偏振纠缠光纤陀螺仪的输出分束器,D1 和 D2 是放置在分束器两个输出端口的光探测器。只考虑 PBS1 端口 d 的输出态 $|\psi'_{(d)}\rangle$,式(5.65)可以写成

$$
|\psi'_{(d)}\rangle = \frac{1}{2\sqrt{2}}\left(|2_{d'-H}0_{d'-V}\rangle - e^{-i2\phi}|0_{d'-H}2_{d'-V}\rangle\right)
$$
$$
+ \frac{1}{2}\left(|1_{d'-H}0_{d'-V}\rangle - e^{-i2\phi}|0_{d'-H}1_{d'-V}\rangle\right) \tag{5.66}
$$

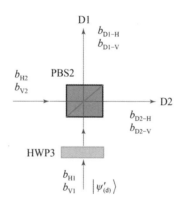

图 5.32 输出态矢量经过偏振分束器 PBS2 到达探测器 D1 和 D2

为了清晰起见,将端口 d 的输出态 $|\psi'_{(d)}\rangle$ 作为偏振分束器 PBS2 的输入态,围绕 PBS2,重新定义算符 $a_{d'-H}$、$a_{d'-V}$ 为 b_{H1}、b_{V1}。如图 5.32 所示,PBS2 的另一个真空态输入端口用场算符 b_{H2}、b_{V2} 表示,PBS2 的输出模式到达探测器 D1 和 D2,算符分别记为 b_{D1-H}、b_{D1-V} 和 b_{D2-H}、b_{D2-V}。真空态模式 b_{H2}、b_{V2} 直接到达 PBS2 的一个输入端口,输出态 $|\psi'_{(d)}\rangle$ 的模式(b_{H1}、b_{V1})经过二分之一波片 HWP3 到达 PBS2 的另一个输入端口。用 4 个模式表示 PBS2 的输入态矢量 $|\psi\rangle$ 为

$$
|\psi\rangle = \frac{1}{2\sqrt{2}}\left(|2_{H1}0_{V1}0_{H2}0_{V2}\rangle - e^{-i2\phi}|0_{H1}2_{V1}0_{H2}0_{V2}\rangle\right)
$$
$$
+ \frac{1}{2}\left(|1_{H1}0_{V1}0_{H2}0_{V2}\rangle - e^{-i2\phi}|0_{H1}1_{V1}0_{H2}0_{V2}\rangle\right) \tag{5.67}
$$

输入算符 b_{H1}、b_{V1} 和 b_{H2}、b_{V2} 与 PBS2 输出算符 b_{D1-H}、b_{D1-V}、b_{D2-H}、b_{D2-V} 的关

系为

$$
\begin{pmatrix} b_{\text{D2}-\text{H}} \\ b_{\text{D1}-\text{V}} \\ b_{\text{D1}-\text{H}} \\ b_{\text{D2}-\text{V}} \end{pmatrix} = \boldsymbol{S}_{\text{PBS2}} \boldsymbol{S}_{\text{out}} \begin{pmatrix} b_{\text{H1}} \\ b_{\text{V1}} \\ b_{\text{H2}} \\ b_{\text{V2}} \end{pmatrix} = \boldsymbol{S}_{\text{out}} \begin{pmatrix} b_{\text{H1}} \\ b_{\text{V1}} \\ b_{\text{H2}} \\ b_{\text{V2}} \end{pmatrix} \tag{5.68}
$$

式中：

$$
\boldsymbol{S}_{\text{PBS2}} = \begin{pmatrix} 1 & 0 & 0 & 0 \\ 0 & 1 & 0 & 0 \\ 0 & 0 & 1 & 0 \\ 0 & 0 & 0 & 1 \end{pmatrix}, \boldsymbol{S}_{\text{out}} = \begin{pmatrix} 0 & 0 & 1 & 0 \\ 0 & 0 & 0 & 1 \\ \dfrac{1}{\sqrt{2}} & \dfrac{1}{\sqrt{2}} & 0 & 0 \\ \dfrac{1}{\sqrt{2}} & -\dfrac{1}{\sqrt{2}} & 0 & 0 \end{pmatrix} \tag{5.69}
$$

态矢量 $|\psi\rangle$ 经过 HWP3 和 PBS2 达到 D1、D2 的演变为 $|\psi_{(\text{D1},\text{D2})}\rangle$：

$$
\begin{aligned}
|\psi_{(\text{D1},\text{D2})}\rangle &= U_{\text{PBS2}} U_{\text{out}} |\psi\rangle = \frac{1}{2\sqrt{2}} U_{\text{out}} \left(|2_{\text{H1}} 0_{\text{V1}} 0_{\text{H2}} 0_{\text{V2}}\rangle - e^{-i2\phi} |0_{\text{H1}} 2_{\text{V1}} 0_{\text{H2}} 0_{\text{V2}}\rangle \right) \\
&\quad + \frac{1}{2} U_{\text{out}} \left(|1_{\text{H1}} 0_{\text{V1}} 0_{\text{H2}} 0_{\text{V2}}\rangle - e^{-i2\phi} |0_{\text{H1}} 1_{\text{V1}} 0_{\text{H2}} 0_{\text{V2}}\rangle \right) \\
&= \frac{1}{4\sqrt{2}} (1 - e^{-i2\phi}) \left(|2_{\text{D1}-\text{H}} 0_{\text{D1}-\text{V}} 0_{\text{D2}-\text{H}} 0_{\text{D2}-\text{V}}\rangle \right. \\
&\quad \left. + |0_{\text{D1}-\text{H}} 0_{\text{D1}-\text{V}} 0_{\text{D2}-\text{H}} 2_{\text{D2}-\text{V}}\rangle \right) \\
&\quad + \frac{1}{4} (1 + e^{-i2\phi}) |1_{\text{D1}-\text{H}} 0_{\text{D1}-\text{V}} 0_{\text{D2}-\text{H}} 1_{\text{D2}-\text{V}}\rangle \\
&\quad + \frac{1}{2\sqrt{2}} (1 - e^{-i2\phi}) |1_{\text{D1}-\text{H}} 0_{\text{D1}-\text{V}} 0_{\text{D2}-\text{H}} 0_{\text{D2}-\text{V}}\rangle \\
&\quad + \frac{1}{2\sqrt{2}} (1 + e^{-i2\phi}) |0_{\text{D1}-\text{H}} 0_{\text{D1}-\text{V}} 0_{\text{D2}-\text{H}} 1_{\text{D2}-\text{V}}\rangle
\end{aligned} \tag{5.70}
$$

式中：U_{out} 为与传输矩阵 $\boldsymbol{S}_{\text{out}}$ 对应的幺正演变算符。

5.2.3.8　采用共线Ⅱ型 SPDC 光子源的偏振纠缠光纤陀螺仪的量子干涉

由式（5.70），到达探测器 D1 的平均光子数（光强）$\langle I_{\text{D1}} \rangle$ 为

$$
\begin{aligned}
\langle I_{\text{D1}} \rangle &= \left| \frac{1}{4\sqrt{2}} (1 - e^{-i2\phi}) \right|^2 \times 2 + \left| \frac{1}{4} (1 + e^{-i2\phi}) \right|^2 \times 1 + \left| \frac{1}{2\sqrt{2}} (1 - e^{-i2\phi}) \right|^2 \times 1 \\
&= \frac{1}{2} - \frac{1}{4} \cos 2\phi
\end{aligned} \tag{5.71}
$$

到达探测器 D2 的平均光子数（光强）$\langle I_{\text{D2}} \rangle$ 为

$$\langle I_{\text{D2}} \rangle = \left| \frac{1}{4} \frac{1}{\sqrt{2}}(1 - e^{-i2\phi}) \right|^2 \times 2 + \left| \frac{1}{4}(1 + e^{-i2\phi}) \right|^2 \times 1 + \left| \frac{1}{2} \frac{1}{\sqrt{2}}(1 + e^{-i2\phi}) \right|^2 \times 1$$

$$= \frac{1}{2} + \frac{1}{4}\cos 2\phi \tag{5.72}$$

两个探测器的总光子数为

$$\langle I_{\text{D1}} \rangle + \langle I_{\text{D2}} \rangle = 1 \tag{5.73}$$

而探测器 D1、D2 的二阶符合计数 $\langle I_{(\text{D1,D2})} \rangle$ 为

$$\langle I_{(\text{D1,D2})} \rangle = \left| \frac{1}{4}(1 + e^{-i2\phi}) \right|^2 \times 1 \times 1 = \frac{1}{8}(1 + \cos 2\phi) \tag{5.74}$$

得到归一化量子干涉公式 $g_{12}^{(2)}$ 为

$$g_{12}^{(2)} = 1 - \frac{\langle I_{(\text{D1,D2})} \rangle}{\langle I_{\text{D1}} \rangle \langle I_{\text{D2}} \rangle} = \frac{\cos^2 2\phi + 2\cos 2\phi - 2}{\cos^2 2\phi - 4} \approx 0.4226 - 0.6188\cos 2\phi$$

$$\tag{5.75}$$

对式(5.70)的输出态 $|\psi_{(\text{D1,D2})}\rangle$ 求 ϕ 的微商,得

$$|\dot{\psi}_{(\text{D1,D2})}\rangle = \frac{i}{2\sqrt{2}} e^{-i2\phi} |2_{\text{D1-H}}0_{\text{D1-V}}0_{\text{D2-H}}0_{\text{D2-V}}\rangle$$

$$+ \frac{i}{2\sqrt{2}} e^{-i2\phi} |0_{\text{D1-H}}0_{\text{D1-V}}0_{\text{D2-H}}2_{\text{D2-V}}\rangle$$

$$- \frac{i}{2} e^{-i2\phi} |1_{\text{D1-H}}0_{\text{D1-V}}0_{\text{D2-H}}1_{\text{D2-V}}\rangle$$

$$+ \frac{i}{\sqrt{2}} e^{-i2\phi} |1_{\text{D1-H}}0_{\text{D1-V}}0_{\text{D2-H}}0_{\text{D2-V}}\rangle$$

$$- \frac{i}{\sqrt{2}} e^{-i2\phi} |0_{\text{D1-H}}0_{\text{D1-V}}0_{\text{D2-H}}1_{\text{D2-V}}\rangle \tag{5.76}$$

进而有

$$\langle \dot{\psi}_{(\text{D1,D2})} | \dot{\psi}_{(\text{D1,D2})} \rangle = \frac{3}{2}, \langle \dot{\psi}_{(\text{D1,D2})} | \psi_{(\text{D1,D2})} \rangle = \frac{3i}{4} \tag{5.77}$$

量子菲舍尔信息 F_Q 为

$$F_Q = 4(\langle \dot{\psi}_{(\text{D1,D2})} | \dot{\psi}_{(\text{D1,D2})} \rangle - |\langle \dot{\psi}_{(\text{D1,D2})} | \psi_{(\text{D1,D2})} \rangle|^2) = \frac{15}{4} \tag{5.78}$$

采用基于菲舍尔信息的 CRB 极限评估偏振纠缠光纤陀螺仪的相位检测灵敏度,最小相位不确定性为

$$(\Delta\phi)_{\text{CRB}} = \frac{1}{\sqrt{F_Q}} = \frac{1}{\sqrt{15/4}} \approx \frac{1}{1.94} \tag{5.79}$$

说明基本达到 2002 态量子纠缠光纤陀螺仪的海森堡极限(1/2)。

5.2.4　采用频率简并共线Ⅱ型 SPDC 的光纤陀螺的偏振互易性分析

下面分析光纤线圈中存在感生双子折射时图 5.29 所示 Fink 光路结构的偏振互易性。根据经典导波理论,光在光纤中传输时,由于边界的限制,光场(电磁场)的解是不连续的。每一个解称为一个模式。从字面上理解,单模光纤只能传播一个模式。讨论光纤的偏振和双折射时通常也只限于单模光纤。实际上,单模光纤可以传播两个相互正交的偏振模式,它们具有相同的传播常数。另外,由于光纤的不完美,入射进光纤的线偏振光在光纤中可以分解为两个相互正交的偏振,它们除了场形与理想模式不同,传播常数和传播速度也不同,其总的偏振沿光纤长度变化,这就是光纤的双折射。在单模光纤中,有两种主要因素引起(线)双折射:纤芯不圆引起的形状双折射和各向异性应力通过光弹效应引起的应力双折射。双折射效应通常还与温度等环境变化有关。尽管局域感生双折射的绝对值很小,但其效应沿光纤长度累积。假定感生双折射是静态(固定)的,这种静态双折射理论上对相同偏振的顺时钟和逆时针光波之间的 Sagnac 相移不会产生非互易的相位误差。但在变化的环境条件下,光纤线圈的感生双折射是不可预测的,在经典 Sagnac 干涉仪中引起非互易性偏振误差和噪声。

下面分析单模光纤中的这种感生双折射对量子纠缠 Sagnac 干涉仪偏振互易性的影响。由式(5.56),22.5° 二分之一波片 HWP1 和偏振分束器 PBS1 组合在一起相当于一般量子干涉仪中的分束器功能,共线型 SPDC 正交偏振光子对经过这两个光学元件,变成一个正交偏振的 2002 最大纠缠态,光纤线圈的输入态可以表示为两个顺时针水平偏振光子和两个逆时针垂直偏振光子的叠加态:

$$| \psi_{\text{coil}} \rangle = \frac{1}{\sqrt{2}} (\, | 2_{\text{cw-H}} \rangle - | 2_{\text{ccw-V}} \rangle \,) \tag{5.80}$$

由于顺时针光波和逆时针光波的偏振相互正交,这使得顺时针的 H 偏振光子和逆时针的 V 偏振光子之间产生一个感生双折射引起的非互易相位误差:

$$\phi_{\text{B}} = \frac{2\pi}{\lambda} \Delta n_{\text{b}} L \tag{5.81}$$

式中: λ 为正交偏振光子的频率; L 为光纤线圈长度; Δn_{b} 为沿线圈的感生线双折射的平均值。感生线双折射的琼斯传输矩阵可以表示为

$$S_{\text{B}} = \begin{pmatrix} 1 & 0 \\ 0 & e^{-i\phi_{\text{B}}} \end{pmatrix} \tag{5.82}$$

如前所述,假定 Sagnac 相移等效在逆时针光路中,HWP2 位于光纤线圈的逆时针光路初始位置,则式(5.56)中顺时针光波模式 $a'_{\text{c-H}}$、$a'_{\text{c-V}}$ 经过光纤线圈

和 HWP2($\theta = 22.5°$)的传输矩阵,即式(5.57)变为

$$S_{\text{HWP2}}^{\text{cw}} = \begin{pmatrix} \dfrac{1}{\sqrt{2}} & \dfrac{1}{\sqrt{2}} \\ \dfrac{1}{\sqrt{2}} & -\dfrac{1}{\sqrt{2}} \end{pmatrix} \begin{pmatrix} 1 & 0 \\ 0 & e^{-i\phi_B} \end{pmatrix} = \begin{pmatrix} \dfrac{1}{\sqrt{2}} & \dfrac{1}{\sqrt{2}}e^{-i\phi_B} \\ \dfrac{1}{\sqrt{2}} & -\dfrac{1}{\sqrt{2}}e^{-i\phi_B} \end{pmatrix} \tag{5.83}$$

同理,逆时针光波模式 a'_{b-H} 和 a'_{b-V} 经过光纤线圈和 HWP2($\theta = 180° - 22.5°$)的传输矩阵式(5.58)变为

$$S_{\text{HWP2}}^{\text{ccw}} = e^{-i\phi} \begin{pmatrix} 1 & 0 \\ 0 & e^{-i\phi_B} \end{pmatrix} \begin{pmatrix} \dfrac{1}{\sqrt{2}} & -\dfrac{1}{\sqrt{2}} \\ -\dfrac{1}{\sqrt{2}} & -\dfrac{1}{\sqrt{2}} \end{pmatrix} = \begin{pmatrix} \dfrac{e^{-i\phi}}{\sqrt{2}} & -\dfrac{e^{-i\phi}}{\sqrt{2}} \\ -\dfrac{e^{-i(\phi+\phi_B)}}{\sqrt{2}} & -\dfrac{e^{-i(\phi+\phi_B)}}{\sqrt{2}} \end{pmatrix}$$
$$\tag{5.84}$$

因而,考虑式(5.83)和式(5.84),顺时针光波和逆时针光路从偏振分束器 PBS1 的端口 c、b 经过光纤线圈分别传播到端口 b、c 的算符演变为

$$\begin{pmatrix} a_{b-H} \\ a_{b-V} \\ a_{c-H} \\ a_{c-V} \end{pmatrix} = S_{\text{HWP2}}^{\phi}(\phi, \phi_B) \begin{pmatrix} a'_{b-H} \\ a'_{c-V} \\ a'_{c-H} \\ a'_{b-V} \end{pmatrix} \tag{5.85}$$

式中:$S_{\text{HWP2}}^{\phi}(\phi, \phi_B)$ 为光纤线圈(含相移器和 HWP2)的等效传输矩阵,可以表示为

$$S_{\text{HWP2}}^{\phi}(\phi, \phi_B) = \begin{pmatrix} 0 & \dfrac{e^{-i\phi_B}}{\sqrt{2}} & \dfrac{1}{\sqrt{2}} & 0 \\ 0 & -\dfrac{e^{-i\phi_B}}{\sqrt{2}} & \dfrac{1}{\sqrt{2}} & 0 \\ \dfrac{e^{-i\phi}}{\sqrt{2}} & 0 & 0 & -\dfrac{e^{-i\phi}}{\sqrt{2}} \\ -\dfrac{e^{-i(\phi+\phi_B)}}{\sqrt{2}} & 0 & 0 & -\dfrac{e^{-i(\phi+\phi_B)}}{\sqrt{2}} \end{pmatrix} \tag{5.86}$$

其对应的幺正演变算符用 $U_{\text{HWP2}}^{\phi}(\phi, \phi_B)$ 表示。

进而,光纤线圈存在感生双折射时,经过光纤线圈到达 PBS1 的端口 b、c 的态矢量式(5.61)此时变为

$$|\psi_{(b,c)}\rangle = U_{\text{HWP2}}^{\phi} |\psi'_{(b,c)}\rangle$$
$$= \frac{1}{2\sqrt{2}} |2_{b-H}0_{b-V}0_{c-H}0_{c-V}\rangle + \frac{1}{2} |1_{b-H}1_{b-V}0_{c-H}0_{c-V}\rangle$$

$$+ \frac{1}{2\sqrt{2}} | 0_{b-H} 2_{b-V} 0_{c-H} 0_{c-V} \rangle - \frac{1}{2\sqrt{2}} e^{-i2\phi} | 0_{b-H} 0_{b-V} 2_{c-H} 0_{c-V} \rangle$$

$$- \frac{1}{2} e^{-i(2\phi+\phi_B)} | 0_{b-H} 0_{b-V} 1_{c-H} 1_{c-V} \rangle$$

$$- \frac{1}{2\sqrt{2}} e^{-i(2\phi+2\phi_B)} | 0_{b-H} 0_{b-V} 0_{c-H} 2_{c-V} \rangle \qquad (5.87)$$

态矢量 $| \psi_{(b,c)} \rangle$ 经过偏振分束器 PBS1 到达端口 d、a，演变为 $| \psi'_{(d,a)} \rangle$：

$$| \psi'_{(d,a)} \rangle = U_{PBS1} | \psi_{(b,c)} \rangle$$

$$= \frac{1}{2\sqrt{2}} | 2_{d'-H} 0_{a'-V} 0_{a'-H} 0_{d'-V} \rangle + \frac{1}{2} | 1_{d'-H} 1_{a'-V} 0_{a'-H} 0_{d'-V} \rangle$$

$$+ \frac{1}{2\sqrt{2}} | 0_{d'-H} 2_{a'-V} 0_{a'-H} 0_{d'-V} \rangle - \frac{1}{2\sqrt{2}} e^{-i2\phi} | 0_{d'-H} 0_{a'-V} 2_{a'-H} 0_{d'-V} \rangle$$

$$- \frac{1}{2} e^{-i(2\phi+\phi_B)} | 0_{d'-H} 01_{a'-H} 1_{d'-V} \rangle$$

$$- \frac{1}{2\sqrt{2}} e^{-i(2\phi+2\phi_B)} | 0_{d'-H} 0_{a'-V} 0_{a'-H} 2_{d'-V} \rangle \qquad (5.88)$$

只考虑 PBS1 端口 d 的输出态 $| \psi'_{(d)} \rangle$，式(5.88)可以写为

$$| \psi'_{(d)} \rangle = \frac{1}{2\sqrt{2}} [\, | 2_{d'-H} 0_{d'-V} \rangle - e^{-i(2\phi+2\phi_B)} | 0_{d'-H} 2_{d'-V} \rangle \,]$$

$$+ \frac{1}{2} [\, | 1_{d'-H} 0_{d'-V} \rangle - e^{-i(2\phi+\phi_B)} | 0_{d'-H} 1_{d'-V} \rangle \,] \qquad (5.89)$$

　　与前面图 5.32 的处理一样，将端口 d 的输出态 $| \psi'_{(d)} \rangle$ 作为偏振分束器 PBS2 的输入态，围绕 PBS2，重新定义算符 $a_{d'-H}$、$a_{d'-V}$ 为 b_{H1}、b_{V1}，PBS2 的另一个真空态输入端口用算符 b_{H2}、b_{V2} 表示，PBS2 的输出模式到达探测器 D1 和 D2，算符分别记为 b_{D1-H}、b_{D1-V} 和 b_{D2-H}、b_{D2-V}。真空态模式 b_{H2}、b_{V2} 直接到达 PBS2 的一个输入端口，态 $| \psi'_{(d)} \rangle$ 的模式 (b_{H1}, b_{V1}) 经过二分之一波片 HWP3 到达 PBS2 的另一个输入端口。重新用 4 个模式表示 PBS2 的输入态矢量 $| \psi \rangle$ 为

$$| \psi \rangle = \frac{1}{2\sqrt{2}} [\, | 2_{H1} 0_{V1} 0_{H2} 0_{V2} \rangle - e^{-i(2\phi+2\phi_B)} | 0_{H1} 2_{V1} 0_{H2} 0_{V2} \rangle \,]$$

$$+ \frac{1}{2} [\, | 1_{H1} 0_{V1} 0_{H2} 0_{V2} \rangle - e^{-i(2\phi+\phi_B)} | 0_{H1} 1_{V1} 0_{H2} 0_{V2} \rangle \,] \qquad (5.90)$$

参照式(5.70)的推导，PBS2 的输入态矢量 $| \psi \rangle$ 经过二分之一波片和偏振分束器组合（HWP3 和 PBS2）到达探测器 D1、D2 的态的演变为

$$| \psi_{(D1,D2)} \rangle = \frac{1}{4\sqrt{2}} [1 - e^{-i(2\phi + 2\phi_B)}] (| 2_{D1-H} 0_{D1-V} 0_{D2-H} 0_{D2-V} \rangle$$

$$+ | 0_{D1-H} 0_{D1-V} 0_{D2-H} 2_{D2-V} \rangle)$$

$$+ \frac{1}{4} [1 + e^{-i(2\phi + 2\phi_B)}] | 1_{D1-H} 0_{D1-V} 0_{D2-H} 1_{D2-V} \rangle$$

$$+ \frac{1}{2\sqrt{2}} [1 - e^{-i(2\phi + \phi_B)}] | 1_{D1-H} 0_{D1-V} 0_{D2-H} 0_{D2-V} \rangle$$

$$+ \frac{1}{2\sqrt{2}} [1 + e^{-i(2\phi + \phi_B)}] | 0_{D1-H} 0_{D1-V} 0_{D2-H} 1_{D2-V} \rangle \tag{5.91}$$

探测器 D1、D2 的二阶符合计数 $\langle I_{(D1,D2)} \rangle$ 变为

$$\langle I_{(D1,D2)} \rangle = \left| \frac{1}{4} [1 + e^{-i(2\phi + 2\phi_B)}] \right|^2 \times 1 \times 1 = \frac{1}{8} [1 + \cos(2\phi + 2\phi_B)] \tag{5.92}$$

这表明,在 Fink 报道的采用共线型正交偏振光子源的量子纠缠光纤陀螺中,由式(5.80),该结构光纤线圈中的光量子态 $| \psi_{coil} \rangle$ 是 $(| 2_{cw-H} \rangle - | 2_{ccw-V} \rangle)/\sqrt{2}$,即两个顺时针水平偏振(H)光子和两个逆时针垂直偏振(V)光子的叠加态,光纤线圈感生双折射引起的相位误差 ϕ_B 会以量子增强形式寄生在 Sagnac 相移 ϕ 中。换句话说,采用频率简并共线 II 型偏振纠缠光子源的量子 Sagnac 干涉仪,是一种偏振非互易性光路结构,当光纤线圈存在感生双折射时,会严重削弱量子纠缠光纤陀螺的相位检测灵敏度。采用特殊制造的低双折射单模光纤,可以在一定程度上减少这种非互易性误差,但对于高精度偏振纠缠光纤陀螺来说,重要的是要建构一种偏振互易性光路结构。

5.2.5 量子纠缠光纤陀螺仪的偏振互易性光路设计

根据光子源制备的不同,II 型 SPDC 过程产生的正交偏振偶光子对可以是共线的,也可以是非共线的。鉴于 Fink 的光路结构实际上是一种偏振非互易性光路结构,本书基于非共线 II 型 SPDC 光子源,提出了一种具有偏振互易性的量子纠缠光纤陀螺仪的光路设计,如图 5.33 所示。信号光子经保偏的光学环形器到达保偏分束器(注意,不是偏振分束器)的端口 d;闲置光子(场算符为 a_{H1}、a_{V1})经保偏的光学环形器到达保偏分束器的端口 a。由式(5.28),非共线 II 型简并 SPDC 过程产生的正交偏振双光子对的态矢量可以表示为

$$| \psi_{in} \rangle = \frac{1}{\sqrt{2}} (| 1_{H2} 0_{V2} 0_{H1} 1_{V1} \rangle + | 0_{H2} 1_{V2} 1_{H1} 0_{V1} \rangle) \tag{5.93}$$

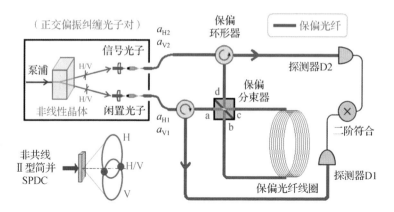

图 5.33 采用非共线 **II** 型 **SPDC** 光子源的量子纠缠光纤陀螺仪的
偏振互易性光路设计

则保偏光纤分束器端口 d 和端口 a 的输入态 $|\psi_{(\mathrm{d,a})}\rangle$ 为

$$|\psi_{(\mathrm{d,a})}\rangle = \frac{1}{\sqrt{2}}(\ |1_{\mathrm{d-H}}0_{\mathrm{d-V}}0_{\mathrm{a-H}}1_{\mathrm{a-V}}\rangle + |0_{\mathrm{d-H}}1_{\mathrm{d-V}}1_{\mathrm{a-H}}0_{\mathrm{a-V}}\rangle) \quad (5.94)$$

式中:$a_{\mathrm{a-H}}$、$a_{\mathrm{a-V}}$ 为端口 a 的正交偏振输入场算符;$a_{\mathrm{d-H}}$、$a_{\mathrm{d-V}}$ 为端口 d 的正交偏振输入场算符。

保偏光纤分束器(保偏光纤耦合器)的传输矩阵与一般分束器相同,该传输矩阵对 H 偏振和 V 偏振均适用:

$$\begin{pmatrix} a'_{\mathrm{b-H}} \\ a'_{\mathrm{c-H}} \end{pmatrix} = \frac{1}{\sqrt{2}} \begin{pmatrix} 1 & \mathrm{i} \\ \mathrm{i} & 1 \end{pmatrix} \begin{pmatrix} a_{\mathrm{d-H}} \\ a_{\mathrm{a-H}} \end{pmatrix}, \begin{pmatrix} a'_{\mathrm{b-V}} \\ a'_{\mathrm{c-V}} \end{pmatrix} = \frac{1}{\sqrt{2}} \begin{pmatrix} 1 & \mathrm{i} \\ \mathrm{i} & 1 \end{pmatrix} \begin{pmatrix} a_{\mathrm{d-V}} \\ a_{\mathrm{a-V}} \end{pmatrix} \quad (5.95)$$

因而保偏光纤分束器的正交偏振输入/输出算符可以用 4×4 传输矩阵表示为

$$\begin{pmatrix} a'_{\mathrm{b-H}} \\ a'_{\mathrm{b-V}} \\ a'_{\mathrm{c-H}} \\ a'_{\mathrm{c-V}} \end{pmatrix} = \boldsymbol{S}_{\mathrm{BS}} \begin{pmatrix} a_{\mathrm{d-H}} \\ a_{\mathrm{d-V}} \\ a_{\mathrm{a-H}} \\ a_{\mathrm{a-V}} \end{pmatrix} \quad (5.96)$$

式中:

$$\boldsymbol{S}_{\mathrm{BS}} = \frac{1}{\sqrt{2}} \begin{pmatrix} 1 & 0 & \mathrm{i} & 0 \\ 0 & 1 & 0 & \mathrm{i} \\ \mathrm{i} & 0 & 1 & 0 \\ 0 & \mathrm{i} & 0 & 1 \end{pmatrix} \quad (5.97)$$

$\boldsymbol{S}_{\mathrm{BS}}$ 对应的幺正演变算符用 U_{BS} 表示。

保偏光纤分束器的输出态也即进入光纤线圈的态矢量 $|\psi'_{(b,c)}\rangle$ 为

$$|\psi'_{(b,c)}\rangle = U_{BS}|\psi_{(d,a)}\rangle = \frac{i}{\sqrt{2}}(|1_{b'-H}1_{b'-V}0_{c'-H}0_{c'-V}\rangle + |0_{b'-H}0_{b'-V}1_{c'-H}1_{c'-V}\rangle)$$

$$(5.98)$$

这表明,光子源为非共线型自发参量下转换产生的正交偏振纠缠光子对,线圈中的光量子态用顺时针光子和逆时针光子标记时,可表示为 $i(|1_{cw-H}1_{cw-V}\rangle + |1_{ccw-H}1_{ccw-V}\rangle)/\sqrt{2}$,即顺时针一个 H 偏振光子一个 V 偏振光子和逆时针一个 H 偏振光子一个 V 偏振光子的叠加态。

假定 Sagnac 相移等效在逆时针光路中,考虑光纤线圈的感生双折射时,利用式(5.82),则有

$$\begin{pmatrix} a_{b-H} \\ a_{b-V} \end{pmatrix} = \begin{pmatrix} 1 & 0 \\ 0 & e^{-i\phi_B} \end{pmatrix}\begin{pmatrix} a'_{c-H} \\ a'_{c-V} \end{pmatrix}, \begin{pmatrix} a_{c-H} \\ a_{c-V} \end{pmatrix} = e^{-i\phi}\begin{pmatrix} 1 & 0 \\ 0 & e^{-i\phi_B} \end{pmatrix}\begin{pmatrix} a'_{b-H} \\ a'_{b-V} \end{pmatrix} \quad (5.99)$$

因而,顺时针波和逆时针光路从保偏分束器的端口 c、b 经过光纤线圈分别传播到端口 b、c 的算符演变为

$$\begin{pmatrix} a_{b-H} \\ a_{b-V} \\ a_{c-H} \\ a_{c-V} \end{pmatrix} = \boldsymbol{S}_B^\phi \begin{pmatrix} a'_{b-H} \\ a'_{b-V} \\ a'_{c-H} \\ a'_{c-V} \end{pmatrix} \quad (5.100)$$

式中:$\boldsymbol{S}_B^\phi$ 为光纤线圈的等效传输矩阵,可以表示为

$$\boldsymbol{S}_B^\phi = \begin{pmatrix} 0 & 0 & 1 & 0 \\ 0 & 0 & 0 & e^{-i\phi_B} \\ e^{-i\phi} & 0 & 0 & 0 \\ 0 & e^{-i(\phi+\phi_B)} & 0 & 0 \end{pmatrix} \quad (5.101)$$

光纤线圈存在感生双折射时,式(5.98)的态矢量 $|\psi'_{(b,c)}\rangle$ 经过光纤线圈后演变为 $|\psi_{(b,c)}\rangle$:

$$|\psi_{(b,c)}\rangle = U_B^\phi|\psi'_{(b,c)}\rangle$$
$$= \frac{i}{\sqrt{2}}e^{-i(2\phi+\phi_B)}|0_{b-H}0_{b-V}1_{c-H}1_{c-V}\rangle + \frac{i}{\sqrt{2}}e^{-i\phi_B}|1_{b-H}1_{b-V}0_{c-H}0_{c-V}\rangle$$

$$(5.102)$$

式中:U_B^ϕ 为光纤线圈等效传输矩阵 $\boldsymbol{S}_B^\phi$ 对应的幺正演变算符。

经过光纤线圈的场算符 a_{b-H}、a_{b-V}、a_{c-H}、a_{c-V} 从保偏分束器的端口 d、a 输出,输出算符满足:

$$\begin{pmatrix} a'_{\mathrm{d-H}} \\ a'_{\mathrm{d-V}} \\ a'_{\mathrm{a-H}} \\ a'_{\mathrm{a-V}} \end{pmatrix} = \boldsymbol{S}_{\mathrm{BS}} \begin{pmatrix} a_{\mathrm{b-H}} \\ a_{\mathrm{b-V}} \\ a_{\mathrm{c-H}} \\ a_{\mathrm{c-V}} \end{pmatrix} \tag{5.103}$$

由式(5.103),态矢量 $|\psi_{(\mathrm{b,c})}\rangle$ 从保偏分束器端口 d、a 的输出态矢量 $|\psi'_{(\mathrm{d,a})}\rangle$ 为

$$\begin{aligned} |\psi'_{(\mathrm{d,a})}\rangle &= U_{\mathrm{BS}}|\psi_{(\mathrm{b,c})}\rangle \\ &= \frac{\mathrm{i}}{2\sqrt{2}}\mathrm{e}^{-\mathrm{i}\phi_B}(1-\mathrm{e}^{-\mathrm{i}2\phi})\big(|1_{\mathrm{d'-H}}1_{\mathrm{d'-V}}0_{\mathrm{a'-H}}0_{\mathrm{a'-V}}\rangle \\ &\quad - |0_{\mathrm{d'-H}}0_{\mathrm{d'-V}}1_{\mathrm{a'-H}}1_{\mathrm{a'-V}}\rangle\big) \\ &\quad - \frac{1}{2\sqrt{2}}\mathrm{e}^{-\mathrm{i}\phi_B}(1+\mathrm{e}^{-\mathrm{i}2\phi})\big(|1_{\mathrm{d'-H}}0_{\mathrm{d'-V}}0_{\mathrm{a'-H}}1_{\mathrm{a'-V}}\rangle \\ &\quad + |0_{\mathrm{d'-H}}1_{\mathrm{d'-V}}1_{\mathrm{a'-H}}0_{\mathrm{a'-V}}\rangle\big) \end{aligned} \tag{5.104}$$

输出态矢量 $|\psi'_{(\mathrm{d,a})}\rangle$ 在探测器 D1、D2 的平均光强为

$$\langle I_{(\mathrm{D1})}\rangle = \langle I_{(\mathrm{D2})}\rangle = \left|\frac{\mathrm{i}}{2\sqrt{2}}\mathrm{e}^{-\mathrm{i}\phi_B}(1-\mathrm{e}^{-\mathrm{i}2\phi})\right|^2 \times 2 + \left|\frac{1}{2\sqrt{2}}\mathrm{e}^{-\mathrm{i}\phi_B}(1+\mathrm{e}^{-\mathrm{i}2\phi})\right|^2 \times 2 = 1 \tag{5.105}$$

二阶符合计数为

$$\langle I_{(\mathrm{D1,D2})}\rangle = \left|\frac{1}{2\sqrt{2}}\mathrm{e}^{-\mathrm{i}\phi_B}(1+\mathrm{e}^{-\mathrm{i}2\phi})\right|^2 \times 2 = \frac{1}{2}(1+\cos 2\phi) \tag{5.106}$$

因而得到归一化量子干涉公式为

$$g_{12}^{(2)} = 1 - \frac{\langle I_{(\mathrm{D1,D2})}\rangle}{\langle I_{\mathrm{D1}}\rangle\langle I_{\mathrm{D2}}\rangle} = \frac{1}{2}(1-\cos 2\phi) \tag{5.107}$$

这是一个典型的海森堡极限量子干涉,而且不存在任何偏振非互易性相位误差,说明图 5.33 所示的采用非共线 Ⅱ 型 SPDC 光子源的量子纠缠光纤陀螺仪是一种偏振互易性光路设计。

总之,Fink 团队的实验结果表明,采用光的非经典态可以提高光纤陀螺的精度。但是采用偏振纠缠光子对作为光子源,理论上仅比具有相同输入光功率的传统光纤陀螺仪精度提高 $\sqrt{2}$ 倍。因此,这样的光子源方案与传统光纤陀螺仪(光功率远远大于非经典光子源)相比还不具备竞争力。以中等精度的经典光纤陀螺为例,采用大约 $10\,\mu\mathrm{W}$ 的探测光功率,对应着每秒 $N = 80 \times 10^{12}$ 个光子的速率(在 1550nm),对应的相位不确定性 $\Delta\phi = 1/\sqrt{N} \approx 10^{-7}\,\mathrm{rad}$。而 Fink 实验的光子速率为每秒 100×10^3 个光子,受限于探测器效率随计数率的增加而下降。

尽管量子纠缠光纤陀螺仪相比于传统的光纤陀螺仪具有非常大的精度潜力,但仍处于概念论证和技术原理探索阶段。大功率非经典光子源的制备、光

强关联符合探测方案的优化、退相干引起的性能劣化等一些基础问题尚未得到有效解决,距离工程实用化还有很长的路要走。随着量子通信技术、量子探测技术、量子器件技术等前沿科学的发展,对量子纠缠光纤陀螺仪理论和技术的研究会进一步深入,量子纠缠光纤陀螺仪在未来高精度惯性导航和测量系统中必将发挥重要作用。

5.3 集成化微光纤陀螺研究

集成化微光纤陀螺是光纤陀螺提高与微机械陀螺竞争能力、拓宽市场应用的一个重要研究方向,其特点是超小型、低成本、集成化、轻质化,环境适应性强,以更好地满足战术应用和工业应用领域对更小尺寸和更佳性价比的角速率传感器的需求。集成化光学陀螺的概念由美国诺思罗普·格鲁曼公司的Lawrence 等首次提出,是指采用集成光学以及集成光电子技术将陀螺的光学器件、光电器件及信号检测电路集成在单一基片上,实现片上集成的设想。集成化光学陀螺结合了光学陀螺和微电子技术各自的优点,具有体积小、重量轻、批量化生产等潜在优势。随着集成光学技术及其加工工艺的快速发展,集成化光学陀螺引起了国内外相关研究机构的广泛关注。尽管集成化光学陀螺的概念早期源于对谐振型光学陀螺的创新研究,但同样适用于技术相对成熟的干涉型光学陀螺,尤其是光纤陀螺。目前,集成化干涉型微光纤陀螺有两个发展趋势:一是将传统光纤陀螺的除光纤线圈之外的其他分立光学元件进行微加工和微组装;二是将传统光纤陀螺的除光纤线圈之外的其他(部分)分立光学元件和解调电路处理功能集成在硅基或其他衬底的集成芯片上(甚至包括敏感线圈的集成)。两者各具优势,均在业界引起极大关注。本节主要评述集成化微光纤陀螺的研究现状和技术原理。

5.3.1 基于分立光学元件集成的干涉型微光纤陀螺

基于光源/耦合器/探测器等分立光学元件集成的微光纤陀螺,国外已经形成了系列化产品,国内也在开展相应的研发工作。

2019 年,美国 Emcore 公司报道了一种除波导和光纤线圈以外所有光电器件(光源、探测器和耦合器)集成在一起的 1550nm 波长设计方案,具有集成度高、坚固耐用等技术特点,实现了光纤陀螺分立器件的紧凑型设计。光源采用热敏制冷控制(Thermo Electric Coder,TEC),并在器件内部集成了监测探测器,用于对功率和波长波动进行检测以实现补偿。图 5.34 所示为美国 Emcore 公司的光纤陀螺用集成光收发组件和采用该组件的集成化微光纤陀螺,陀螺外形

尺寸为 $\phi60mm \times 21mm$，并成功应用于无人机导航、平台稳定控制等领域。

图5.34 美国 Emcore 公司光纤陀螺用集成光收发组件
和采用该组件的集成化微光纤陀螺

2020 年，北京自动化控制设备研究所与北京理工大学联合研制了一款基于平面光波导（Planar Lightwave Circuit，PLC）和表面键合工艺的微光集成组件。微光集成组件如图 5.35 所示，将光纤陀螺所需的超辐射发光二极管光源、光探测器（包括光激光二极管（Photo Diode，PD）和场效应二极管）、Y 型耦合器，以及光源与探测器对应的温控电路通过环氧树脂胶合在同一基底上，并对其整体进行金属化封装，外形尺寸为 8mm×6mm。该组件与分立在外的 Y 波导多功能集成光学芯片和直径 45mm、长度 500m 的光纤线圈连接，陀螺角随机游走约为 $0.014°/\sqrt{h}$，零偏不稳定性为 $0.018°/h$。

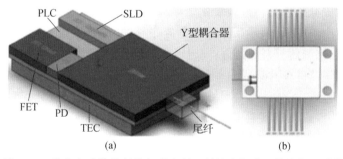

图5.35 北京自动化控制设备研究所研制的光集成组件结构及封装

随着专用集成电路集成度的提升以及细径光纤技术的进一步发展，分立光学元件集成的干涉型微光纤陀螺有望突破核心工艺和技术，简化光纤陀螺结构设计，提高环境适应性和生产效率，满足导航级、战术级应用对微型轻质低成本光纤陀螺的应用需求。

5.3.2 基于集成光学芯片的干涉型微光纤陀螺

2015 年，美国国防高级研究计划局（DARPA）微系统技术办公室颁布指南，将致力于研究具有小型化、轻质化、低成本、低功耗等优势的惯性传感器,而基于光电子集成技术的集成光学陀螺是其中一个重点发展方向。DARPA 在 2016 年的报告中进一步指出集成光学陀螺发展面临的技术瓶颈,包括低损耗敏感单元的制作,异质波导的层间耦合,光子集成芯片等。目前,随着微纳光电子技术的快速发展,集成光学陀螺面临的这些技术瓶颈有望突破。

5.3.2.1 集成光学芯片的波导材料和工艺技术

集成光学陀螺作为一个多种光学功能器件集成化的片上光学系统,其性能在很大程度上取决于各光学功能器件的性能及其相互之间的耦合兼容性,而光学器件的性能又取决于光波导所用材料和相应的工艺技术。随着集成光学陀螺概念的提出和微纳工艺水平的发展,国内外研究学者陆续提出了基于不同材料和原理的集成光学陀螺。目前,已报道的基底材料主要有铌酸锂($LiNbO_3$)、聚合物、磷化铟(InP)、二氧化硅(SiO_2)、氮化硅(Si_3N_4)、氟化钙(CaF_2)和硅基绝缘体上硅(Silicon on Insulator,SOI)材料。

在各种材料中,$LiNbO_3$ 具有较大的电光系数,可以用来制作高速光调制器和光开关。但是基于 $LiNbO_3$ 的集成光学器件的制作工艺复杂,制造成本较高,且不适合大规模高密度集成。聚合物材料器件具有工艺简单、制造成本低以及与其他基底兼容性高的优点,但是聚合物材料耐高温性能差,容易老化,与成熟的大规模集成电路的互补金属氧化物半导体(CMOS)工艺不兼容,因此也不适合规模化生产。InP 是直接带隙 III – V 族半导体材料,可以用来制作半导体光源、调制器和探测器等有源器件,同时也可以制作无源器件,是目前可以实现有源和无源光学器件单片集成的平台。但是,由于 III – V 族材料器件波导芯层和包层折射率差较小,导致器件尺寸较大,而且器件的成品率较低,与 CMOS 工艺不兼容,这些因素限制了 III – V 族器件向大规模高密度集成的发展。SiO_2 和 Si_3N_4 波导都具有超低损耗的优点,可用来制作低损耗无源波导,但是基于这两种材料的波导芯层和包层折射率差同样较小,而且这两种材料很难用于制作有源器件。CaF_2 也具有超低损耗的优点,但是其器件集成度较低。

SOI 是目前国内外主流的集成光学基底材料之一。硅在地壳中的含量排名第二,成本很低,是组成集成电路和 SOI 晶片的基本原材料。SOI 晶片的结构主要可以分为三层:底层硅作为衬底层,顶层硅作为传导光场的波导芯层,中间用 SiO_2 掩埋层将硅衬底与硅波导芯层隔开,形成一种"硅 – 二氧化硅 – 硅"的结构。由于波导芯层硅的折射率与包层 SiO_2 折射率相差较大,光场会被紧紧束缚在波导芯层中,因此硅波导器件尺寸很小。此外,硅材料在通信波段损耗小,有利于实现高密度光子集成回路(Photonic Integrated Circuit,PIC)。硅基器件还可以与其他材料,如锗(Ge)材料、金属材料和二维材料石墨烯相结合,从而实现更丰富、更优异的片上功能。更重要的是,SOI 集成器件的制作工艺与成熟的CMOS 工艺兼容,使得硅基集成光学器件可以实现大规模低成本生产。正是由于硅基材料具有低成本、集成度高、低功耗、与 CMOS 工艺兼容等优点,硅基光子学已经在通信、信号处理和传感领域获得广泛应用。但是,SOI 平台也存在一些缺点:首先,硅材料是一种间接带隙的半导体,因此它不能用来制作光源。这是目前限制硅基光学芯片发展的主要因素。此外,硅材料的晶体结构是中心对称的,这使其电光效应很弱,因此不适合制作高性能的集成电光调制器。

随着硅(Si)基光子学的迅速发展,硅基光学芯片上的光源问题已经有多种解决方案,硅基有源器件(包括调制器和探测器)和无源器件目前都可以实现良好的性能。由于硅基材料与 CMOS 工艺兼容,在同一芯片上有可能实现光 – 电混合集成,从而达到结合电学器件和光学器件优势的目的,提高电学系统和光学系统的性能和可扩展性。图 5.36 所示为 Intel 公司提出的光 – 电集成芯片的结构示意图,主要由集成 CMOS 电路和集成光学器件构成。其中,光学器件可以分为有源器件(光源、调制器和探测器)和无源器件(耦合器、滤波器、波导)等。2015 年,美国加州大学伯克利分校和麻省理工学院的 Chen Sun 等提出利用 CMOS 工艺将电学器件和光学器件集成到同一 SOI 芯片上的创新方案,实现了逻辑运算、存储和互联的功能。2018 年,同一团队的 Atabaki 等通过将多晶硅沉积在二氧化硅隔离层上,把光学器件引入电子集成器件所在的衬底硅上,优化了光 – 电混合集成芯片的性能,显著地提高了芯片运行速度并降低了功耗。他们的研究使得光 – 电集成芯片从蓝图走向了现实,对未来硅光芯片的发展具有十分重要的意义。

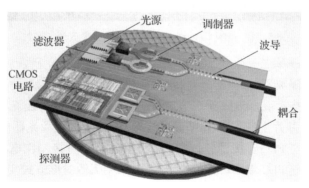

图 5.36　Intel 公司提出的光 – 电集成芯片

硅基集成光学平台有许多优点,国内外也已经有很多成熟的制造代工厂满足各种大规模流片的需求。总体来说,SOI 具有极好的稳定性和可靠性,适合大规模低成本生产。利用硅基平台的优势将光学陀螺集成到硅基光学芯片上,对于集成光学陀螺来说具有重要的研究价值和应用前景。

5.3.2.2 基于集成光学芯片的微光纤陀螺的发展现状

1.美国 Gener8 公司

不考虑光纤线圈,一个光纤陀螺惯性测量组合需要 18 个分立光学元件,在陀螺设计方面,元件数量多势必涉及许多问题,如封装尺寸、成本、可靠性、重量等,而低成本、高可靠、轻质化、抗辐射等应用需求一直是先进光纤陀螺技术研发的推动力。2011 年,美国 Gener8 公司报道了一种适用于严苛环境 IMU 的全集成四通道光纤陀螺"引擎",该"引擎"实际上是利用多器件端面耦合工艺将传统光纤陀螺所用的分立元件混合集成在一个芯片上,共计 24 个元件,包括光源、探测器、耦合器、相位调制器、偏振器和光学隔离器等,可满足四轴光纤陀螺需求(光纤线圈除外),尺寸为 67mm×11mm×3mm,整体结构如图 5.37 所示。

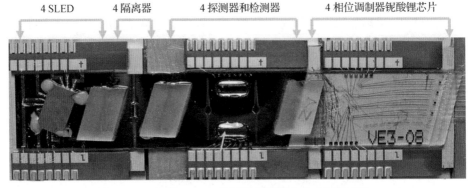

图 5.37　美国 Gener8 公司研制的混合集成光学芯片

芯片采用硅基二氧化硅平面光波导集成平台,先独立研发、设计出 4 个元件(光源、波导隔离器、探测器阵列和相位调制器)的波导阵列,再利用芯片到芯片的桥接耦合技术混合集成为一个芯片。硅基二氧化硅平面光波导集成平台不仅可以在 Si 基片上制作 SiO_2 平面光波导,还可以将有源光器件安装在 Si 基片的台地上并与 PLC 连接,同时在 Si 基片上还可以直接制作电学布线和集成电路。二氧化硅 PLC 端面设计为锥形结构,采用无源对准方式实现光源与 PLC之间耦合,以提高光源耦合效率。光隔离器芯片由输入、输出偏振器、法拉第旋转镜和二分之一波片组成,与光隔离器芯片相连的 PLC 端面同样设计为锥形结构,在 700μm 沟槽的自由空间中实现光源与散射光的有效光隔离,同时确保插入损耗尽量低,研制的波导隔离器具有 3dB 的插入损耗和 28dB 的隔离度。探测器芯片基于 InGaAs 材料,通过在 PLC 基底上蚀刻金属化微透镜以提高探测器的耦合效率,在进入探测器之前进行隔离沟槽设计并在槽内填充聚合物,尽量降低 PLC 散射光的传播,提高探测信号的信噪比。相位调制器芯片采用传统的 $LiNbO_3$ 材料,通过芯片 – 芯片耦合工艺实现与 PLC 阵列的连接,同时采用划片机和微机械切割工艺来制造耦合端面,降低了插入损耗和耦合成本(因为无须端面抛光)。

Gener8 公司采用 3km 保偏光纤绕制的光纤线圈作为敏感元件,搭建集成化光纤陀螺原理样机,完成了零偏稳定性、噪声以及标度因数测试,测量结果可与采用分立光学元件的导航级光纤陀螺的性能相媲美,而且抗辐射性能更佳。

2. 英国 Bookham 公司

英国 Bookham 公司自 1988 年起致力于硅基高性能单模波导的设计、制作,以突破与 CMOS 兼容的硅光子集成电路工艺。该公司首先考虑在该领域的商业应用是光纤陀螺。据报道,Bookham 公司早在 1998 年就已成功研制出适用于光纤陀螺微型化的硅基集成光学芯片,如图 5.38 所示,将光源、耦合器、相位调制器以及探测器全部集成于单片 Si 基底上。由于 Si 基波导具有极小的弯曲半径,该芯片有望具有极小的外形尺寸。集成光学芯片的光路基于传统制造工艺实现单模、单偏振光路传输以降低偏振噪声影响,同时确保顺时针光路和逆时针光路的互易性。通过对 Si 基波导表面的纳米级平滑处理,实现 0.1dB/cm 乃至 0.001dB/cm 以下的光传输损耗,降低了背向散射光的影响。宽谱光源芯片采用低成本Ⅲ – Ⅴ族增益材料,基于分布式布拉格反射镜结构,采用"取出和放置"制造工艺,实现与 Si 基波导之间的键合。为了确保 Si 基光学芯片能够兼容 CMOS 工艺进行生产与封装,并符合光通信技术规范,Bookham 公司对硅基集成平台进行了升级,研发成功自对准工艺平台,同时在 Si 基波导中设计模式匹配结构,提升光源芯片与 Si 基波导间耦合效率,以提升集成化光纤陀螺的信噪比。Bookham 公司采用硅基集成光学芯片搭建的光纤陀螺样机,在导弹惯性制导系统上取得成功验证。

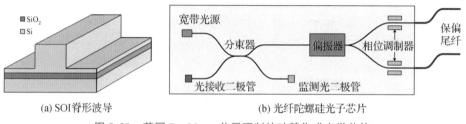

(a) SOI脊形波导　　　　(b) 光纤陀螺硅光子芯片

图 5.38　英国 Bookham 公司研制的硅基集成光学芯片

3. 美国 KVH 公司

美国 KVH 公司一直致力于坚固、低成本、小尺寸和可量产的战术级和导航级光纤陀螺研究,已研制出低成本、高端战术级光纤陀螺专用的多功能光子集成电路,并将采用 PIC 的陀螺命名为光子陀螺。PIC 在 $1cm^2$ 的芯片尺寸上集成了两个耦合器(Y 分支)和一个偏振器。PIC 的波导结构、元件和整个光路设计,满足光纤陀螺的参数要求,包括最佳波导双折射($\Delta n_b = 0.019$)、传输损耗低($0.24dB/cm$)、波导 – 光纤连接损耗低、偏振起消光比高(45dB)等,大大降低了偏振交叉耦合误差,消除了寄生迈克耳逊干涉仪引起的误差。2018 年后,该公司开始批量交付光子集成光纤陀螺惯性测量组合,产品及工作原理如图 5.39 所示。

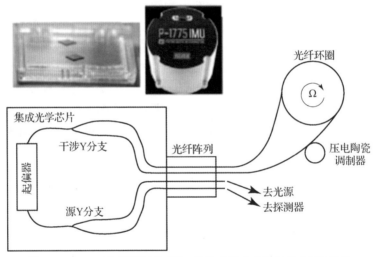

图 5.39 KVH 公司研制的 SiO_2 基集成光学芯片以及 IMU 产品

2019 年,KVH 公司报道了基于光子集成芯片的低成本、高端战术级光纤陀螺及其测试结果。陀螺采用直径 6cm、长度 110m 的光纤线圈,典型 Allan 方差曲线如图 5.40 所示,测得角随机游走为 ARW = $0.587°/h/\sqrt{Hz} = 0.0097°/\sqrt{h}$,标度因数误差为 15.44ppm,可用于自动汽车、无人机、机器人控制和摄像/天线稳定等制导或控制系统中。

4. 美国加州大学

2017 年,美国加州大学首次报道了基于硅和Ⅲ – Ⅴ族材料的光纤陀螺用集成光学芯片,称为集成光学驱动器(Integrated Optical Driver,IOD),如图 5.41 所示。该芯片在硅衬底上混合集成了除光纤线圈之外的所有其他光学元件,包含

1 个光源、3 个光电二极管、2 个相位调制器和 3dB 耦合器,整体尺寸为 9mm × 0.5mm。芯片与一个光纤线圈连接,构成干涉型光学陀螺。

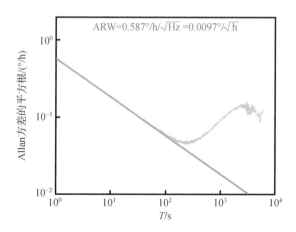

图 5.40　KVH 公司的集成化低成本、高端战术级
光纤陀螺的典型 Allan 方差测试曲线

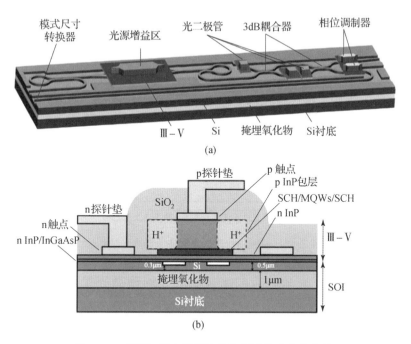

图 5.41　美国加州大学制作的陀螺用集成光学芯片

光源和光电二极管采用Ⅲ - Ⅴ族材料加工工艺制备,其中三个光电二极管
分别用于干涉信号检测和光源状态监测;基于多量子阱载流子耗尽效应的相位

调制器通过加载反向电压在 PN 结上来控制载流子的注入和耗尽,以调整材料折射率,并通过推挽输出设计实现了约 8.4V 的半波电压。采用长度约 180m、直径 0.2m 保偏光纤线圈作为敏感环,通过空间光耦合方式实现芯片/光纤连接,使用 RF 探针与芯片建立电接触,整个对准装置放置在光具座上,而光纤线圈放置在单独的旋转台上,进行了集成化微光纤陀螺样机的动态和静态性能测试。实验结果表明,该陀螺标度因数为 6.28V/(°/s),最小可探测角速度约为 0.53°/s。研究人员指出,集成光学芯片的光电串扰及硅基调制器附加强度调制误差是限制陀螺精度的主要因素。

5. 波兰华沙理工大学

2017 年,波兰华沙理工大学的研究小组报道了基于专用光子集成芯片的干涉型光纤陀螺。他们将光纤线圈之外的其他所有光学元件都集成在磷化铟(InP)基底上,包括分布式布拉格反射(Distributed Bragg Reflection,DBR)激光器、SOA 光放大器、耦合器、PIN 光电探测器、调制器等多个器件,形成尺寸为 6mm × 2mm 的专用光子集成芯片(Application Specific Photonic Integrated Circuit,ASPIC),如图 5.42 所示。在外接 5km 的单模光纤线圈后,该研究小组实现了 Sagnac 效应的探测。

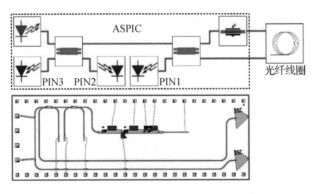

图 5.42　波兰华沙理工大学基于集成光学芯片

5.3.3　基于集成光学芯片的单片集成干涉型微光学陀螺

将光学陀螺仪集成在芯片上可以避免传统分立光学器件需要光路对准、体积大和系统复杂度高等问题,具有抗机械振动能力强、高稳定性、小体积、低功耗和便于携带的优点。前面所述基于集成光学芯片的干涉型微光纤陀螺并未实现陀螺器件的全部集成,在集成光学芯片上同时刻蚀环形波导代替传统的光纤线圈,可以实现干涉式光学陀螺的片上全集成,此种形式的光学陀螺适合大规模低成本生产,更能满足低精度低成本微型化的应用市场需求。

5.3.3.1 片上波导线圈

1. 法国 CEA – LETI 实验室

1997 年,法国 CEA – LETI 实验室的 P. Mother 和 P. Pouteau 报道了基于 SiO_2 光波导工艺制作的多圈环形光波导,用于构建干涉型集成光学陀螺。采用等离子体增强化学气相沉积(Plasma Enhanced Chemical Vapor Deposition,PECVD)工艺制备 SiO_2 薄膜,通过掺磷实现双折射率为 1% 的光波导,传输损耗为 0.03dB/cm,制作的线圈长度为 80cm,直径为 3cm。旋转测试结果表明,该陀螺在 ±3000°/s 的测量范围内线性度优于 1%,最小检测角速度为 1°/s,并指出通过进一步抑制噪声,灵敏度可提升至 0.085°/s。

2. 美国加州大学

2018 年,美国加州大学 Gundavarapu 等报道了采用 3m 大面积集成 Si_3N_4 波导线圈的干涉型光纤陀螺。波导损耗小于 0.78dB/m,偏振消光比大于 75dB,波导线圈的设计参数如表 5.4 所示,图 5.43 给出了用可见激光入射的波导线圈及超低损耗波导的结构截面。测量的陀螺角随机游走为 8.52°/$\sqrt{h}$,零偏不稳定性为 58.7°/h,性能满足民用速率级陀螺仪要求,证明芯片级集成是实现低成本、低功耗、紧凑型光学陀螺的捷径。如果实现较长的波导线圈,该技术还可进一步满足导航级应用。

表 5.4   波导线圈的设计参数

线圈长度/m	3
外径/mm	20
内径/mm	17.25
波导间距/μm	50
交叉点数	50
闭合面积/cm^2	278
预计角随机游走/(°/$\sqrt{h}$)	1.15

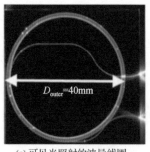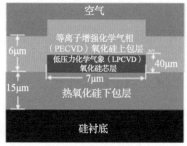

(a) 可见光照射的波导线圈　　　　　(b) 超低损耗波导结构截面

图 5.43　片上波导线圈及波导材料界面

3. 华中科技大学

2018 年,华中科技大学报道了一种基于绝缘体上硅(SOI)的跑道型波导线圈,如图 5.44 所示,波导线圈长度为 2.76cm,其中共有 15 个交叉点,每个交叉点的损耗为 0.075dB/cm,波导的自身损耗为 1.328dB/cm,波导线圈的面积为 $600\mu m \times 700\mu m$,理论检测灵敏度为 $51.3°/s$,若波导尺寸扩大到 $2300\mu m \times 2200\mu m$,检测灵敏度理论可达 $8.3°/s$。2019 年,华中科技大学在硅基上制作波导环圈,将传输损耗降低至 0.4dB/cm,环圈的面积为 $38.5cm^2$,理论极限精度为 $0.64°/s$。

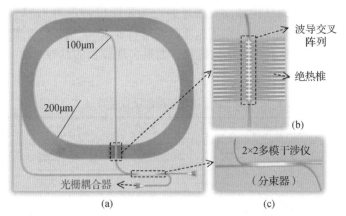

图 5.44　华中科技大学制作的波导环圈

4. 北京航空航天大学

2020 年,北京航空航天大学报道了一种基于二氧化硅波导刻蚀 2.14m 长的波导环圈,在保证插入损耗最小化的前提下选择敏感环的最小弯曲半径以及波导环间距,如图 5.45 所示,通过计算选择最佳波导环长度,研制出高性能的敏感线圈,所搭建的光纤陀螺零偏稳定性为 $7.32°/h$。

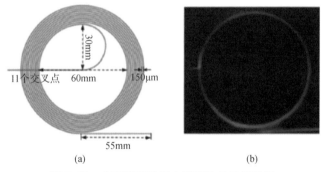

(a)	(b)

图 5.45　北京航空航天大学制作的波导线圈

5.3.3.2　单片集成干涉型微光学陀螺

1. 美国加州大学圣芭芭拉分校

美国加州大学圣芭芭拉分校的 J. Bowers 团队提出了一种 Si_3N_4 平台与硅基平台混合集成的干涉式光学陀螺仪。该方案采用了等离子体增强化学气相沉积法在 SiO_2 层上沉积了超宽超薄的 Si_3N_4 波导。Si_3N_4 波导芯层宽度为 7μm，高度仅为 40nm。波导中光场与侧壁接触面积非常小，因此光在波导中的传输损耗非常小，实验测试得到传输损耗接近 0.58dB/m。利用 Si_3N_4 波导作为传感部件，测试得到陀螺仪零偏稳定性为 0.016°/s。进一步将光源、相位调制器和探测器这类有源器件制作在 III－V 族平台上，通过键合（Bonding）方式粘在 SOI 无源器件上，再通过垂直方向上的对接耦合实现硅波导与 Si_3N_4 超低损耗波导的连接，如图 5.46 所示。

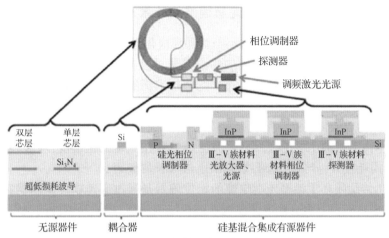

图 5.46　美国加州大学单片集成干涉式光学陀螺

2. 美国 ANELLO Photonics 公司

2022年,美国 ANELLO Photonics 公司在 CES 2023 上展示全球首款硅光子光学陀螺仪(SiPhOG)。SiPhOG 是一款利用 ANELLO 专利光子集成光路技术的低噪声、低漂移、智能光学传感器,是目前全球最小的光学陀螺仪。该公司开发的专利硅光子集成光路,取代了光纤陀螺中全部分立光学元件,包括光纤线圈,与传统 FOG 相比,集成 SiPhOG 大幅降低了组件成本和尺寸。陀螺结构如图 5.47 所示,其中 Si_3N_4 波导环圈取代传统的光纤线圈,环圈长度超过 50m;用光子集成光路取代了分束器/耦合器、偏振器、调制器和光电探测器,陀螺的漂移小于 0.5°/h,能够为各类自主运行应用提供可靠、准确的导航和定位。

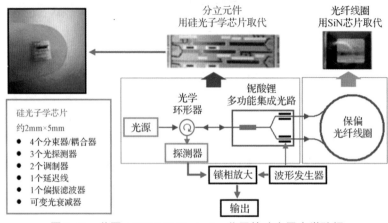

图 5.47 美国 ANELLO Photonics 公司的硅光子光学陀螺

5.3.3.3 硅基微光集成陀螺面临的技术挑战

SOI 平台对于光学陀螺仪的小型化和集成化具有许多优势。相比于传统光学陀螺仪,硅基集成光学陀螺仪的优点是集成度高、成本低、功耗低和稳定性高。但是,目前 SOI 平台的集成光学陀螺技术仍然处于起步研究阶段,硅基干涉型光学陀螺的关键器件设计和相关工艺、技术尚未成熟,陀螺性能相比于由分立元件构成的传统光学陀螺存在较大差距,还有很多问题有待解决。

(1)由于目前工艺的环形硅基波导侧壁存在一定的粗糙度,环形硅基波导的传输损耗较大,导致与光纤线圈相比,波导长度较短。

(2)传统闭环干涉型光学陀螺的相位偏置是通过高速相位调制器实现的,然而在 SOI 平台上混合集成薄膜铌酸锂相位调制器,将提高器件的制作成本和复杂度。

(3)硅基集成光学陀螺中背向散射噪声较大,需要采取技术措施来抑制。

参 考 文 献

[1] 张桂才,杨晔. 光纤陀螺工程与技术[M]. 北京:国防工业出版社,2023.

[2] CHAMOUN J N, DIGONNET M J F. Noise and bias error due to polarization coupling in a fiber optic gyroscope[J]. Journal Lightwave Technology, 2015, 33(13):2839 – 2847.

[3] LIOYD S W, DIGONNET M J F, FAN S H. Modeling coherent backscattering errors in fiber optic gyroscopes for sources of arbitrary line width[J]. Journal of Lightwave Technology,2013, 31(13):2070 – 2078.

[4] CHAMOUN J, DIGONNET M J F. Aircraft – navigation – grade laser – driven FOG with gaussian – noise phase modulation[J]. Optics Letters, 2017, 42(8):1600 – 1603.

[5] PEPELJUGOSKI P K, LAU K Y. Interferometric noise reduction in fiber – optic links by superposition of high frequency modulation[J]. Journal Lightwave Technology,1992, 10(7):957 – 963.

[6] 张桂才,于浩,马骏,等. 激光器驱动干涉型光纤陀螺光源相位调制技术研究[J]. 导航定位与授时, 2017, 4(6):86 – 91.

[7] MORRIS T, WHEELER J, GRANTAND M, et al. Advances in optical gyroscopes[C]//Proc. SPIE, 7th European Workshop on Optical Fibre Sensors,2019,11199:111990T.

[8] WHEELER J, CHAMOUN J, DIGONNET M J F. A fiber optic gyroscope driven by a low – coherence laser suitable for aircraft navigation[C]. 26th International Conference on Optical Fiber Sensors,2018.

[9] CHAMOUN J,DIGONNET M J F. Pseudo – random – bit – sequence phase modulation for reduced errors in a fiber optic gyroscope[J]. Optics Letters, 2016, 41(24):5664 – 5667.

[10] 张桂才,马林,林毅,等. 国外超高精度光纤陀螺研制进展及对关键光学器件的新需求[C]. 第七届(北京)国际光纤传感技术及应用大会关键光器件在光纤传感中的应用专题研讨会,2018.

[11] LEFÈVRE H C. 光纤陀螺仪[M]. 张桂才,王巍,译. 北京:国防工业出版社,2002.

[12] DANGUI V,DIGONNET M J F,KINO G S. Laser – driven photonic band – gap fiber optic gyroscope with negligible kerr – induced drift[J]. Optics Letters, 2009, 34(7):875 – 878.

[13] 冯丽爽,焦洪臣,李慧,等. 空芯光子晶体光纤谐振式光学陀螺技术[C]//2016 年光学陀螺及系统技术发展与应用研讨会文集,2016:9 – 12.

[14] 张桂才. 光纤陀螺原理与技术[M]. 北京:国防工业出版社,2008.

[15] 陈福深. 集成电光调制理论与技术[M]. 北京:国防工业出版社,1995.

[16] DIGONNET M J F, CHAMOUN J. Recent developments in laser – driven and hollow – core fiber optic gyroscopes[C]//Proc. Fiber Optic Sensors and Applications XIII, SPIE,2016,9852:985204.

[17] TAKADA K. Calculation of rayleigh backscattering noise in fiber – optic gyroscopes[J]. Journal of Optical Society of America A, 1985, 2(6):872 – 877.

[18] SANDERS G A, SANDERS S T, STRANDJORD L K, et al. Fiber optic gyro development at honeywell[C]//Proc. Fiber Optic Sensors and Applications XIII, SPIE,2016,9852:985207.

[19] LIANG H, LIU Y G, HE R J,et al. Stable Nanosecond – pulse fiber lasers locked with molybdenum diselenide[J]. IEEE Photonics Technology Letters, 2018, 30(23):2009 – 2012.

[20] LIOYD S W. Improving fiber gyroscope performance using a singer – frequency laser[D]. Redwood City: Stanford University,2012.

[21] 杨远洪,段玮倩,叶淼,等. 光子晶体光纤陀螺技术[J]. 红外与激光工程, 2011,40(6): 1143 – 1147.

［22］LIANG H，LIU Y G，Li H Y，et al. All – fiber light intensity detector based on an ionic – liquid – adorned microstructured optical fiber［J］. IEEE Photonics Journal，2018，10（2）：7102202.

［23］DANGUI V，KIM H K，DIGONNET M J F，et al. Phase sensitivity to temperature of the fundamental mode in air – Guiding photonic – bandgap fibers［J］. Optics Express，2005，13（18）：6669 – 6684.

［24］LIANG H，WANG Z，LIU H Y，et al. Coupling characteristics of selective infiltration – based locally tapered photonic crystal fiber［J］. IEEE Photonics Journal，2017，9（5）：7105007.

［25］LIANG H，LIU Y G，Li H Y，et al. Magnetic – ionic – liquid – functionalized photonic crystal fiber for magnetic field detection［J］. IEEE Photonics Technology Letters，2018，30（4）：359 – 362.

［26］WEN H，TERREL M A，KIM H K，et al. Measurements of the birefringence and verdet constant in an air – core fiber［J］. Journal of Lightwave Technology，2009，27（15）：3194 – 3201.

［27］LIANG H，WANG Z H，HE R J. Evolution of complex pulse – bunches in a bound – state soliton fiber laser［J］. IEEE Photonics Technology Letters，2018，30（1）：1475 – 1478.

［28］DIGONNET M，BLIN S，KIM H K，et al. Sensitivity and stability of an air – core fibre – optic gyroscope［J］. Measurement Science and Technology，2007，18（10）：3089 – 3097.

［29］FURUSAWA A. Quantum States of Light［M］. Tokyo：Springer Press，2015.

［30］NAGATA T，OKAMOTO R，BRIEN J L，et al. Beating the standard quantum limit with four – entangled photons［J］. Science，2007，316（5825）：726 – 729.

［31］DEMKOWICZ – DOBRZANSKI R，JARZYNA M，KOLODYNSKI J. Quantum limits in optical interferometry［M］// WOLF E（Eds）. Progress in optics. New York：Elsevier，2015，60：345 – 435.

［32］张桂才，冯菁，马林，等. 光子纠缠光纤陀螺仪的相位检测灵敏度分析［J］. 中国惯性技术学报，2021，29（6）：809 – 814.

［33］张桂才，冯菁，马林，等. 量子纠缠光纤陀螺的态演变和偏振互易性分析［J］. 中国惯性技术学报，2023，31（8）：823 – 831.

［34］KIM T，PFISTER O，HOLLAND M J，et al. Influence of decorrelation on heisenberg – limited interferometry with quantum correlated photons［J］. Physical Review A，1998，57（5）：4004 – 4013.

［35］YURKE B，MCCALL S L，KLAUDER J R. SU（2）and SU（1，1）interferometers［J］. Physical Review A，1986，33（6）：4033 – 4054.

［36］张桂才，冯菁，马林，等. 采用双模压缩态的光子纠缠光纤陀螺仪研究［J］. 导航定位与授时，2022，9（6）：156 – 162.

［37］PIETZSCH J. Scattering matrix analysis of 3 × 3 fiber couplers［J］. Journal of Lightwave Technology，1989，7（2）：303 – 307.

［38］张靖华. 损耗对光纤耦合器输出相位差的影响［J］. 光纤与电缆及其应用技术，1999，12（6）：17 – 21.

［39］张桂才，冯菁，马林. 光子纠缠光纤陀螺的光路互易性分析［J］. 导航与控制，2022，21（1）：92 – 98.

［40］FINK M，STEINLECHNER F，HANDSTEINER J，et al. Entanglement – enhanced optical gyroscope［J］. New Journal of Physics，2019，21（5）：053010.

［41］CHEKHOVA M，BANZER P. Polarization of light：in classical，quantum，and nonlinear optics［M］. Berlin：De Gruyter，2021.

［42］郭光灿，张昊，王琴. 量子信息技术发展概况［J］. 南京邮电大学学报（自然科学版），2017，37（3）：1 – 14.

[43]阮驰,张昌昌,尹飞,等. 光纤光子纠缠增强陀螺的现状与认知[J]. 导航与控制,2021,20(4):9 – 23.

[44]KOLKIRAN A, AGARWAL G S. Heisenberg limited sagnac Interferometry[J]. Optics Express, 2007, 15 (11):6798 – 6808.

[45]GUNDAVARAPU S, BELT M, HUFFMAN A, et al. Interferometric optical gyroscope based on an integrated Si_3N_4 low – loss waveguide coil[J]. Journal of Lightwave Technology, 2018, 36(4): 1185 – 1191.

[46]TRAN M A, KOMLJENOVIC T, HULME J C, et al. Integrated optical driver for interferometric optical gyroscopes[J]. Optics Express, 2017, 25(4):3826 – 3840.

[47]WANG L M, HALSTEAD D R, MONTE T D, et al. Low – cost High – end Tactical – grade fiber optic gyroscope based on photonic integrated circuit[C]. IEEE International Symposium on Inertial Sensor and Systems (INERTIAL), 2019.

[48]尚克军,雷明,李豪伟,等. 集成化光纤陀螺设计、制造及未来发展[J]. 中国惯性技术学报,2021, 29(4):502 – 509.

[49]LIU D N, LI H, WANG X, et al. Interferometric optical gyroscope based on an integrated silica waveguide coil with low loss[J]. Optics Express, 2020, 28(10):15718 – 15730.

[50]RICKMAN A. The commercialization of silicon photonics[J]. Nature Photonics, 2014, 8(8):579 – 582.

[51]BISCHEL W K, KOUCHNIR M, BITTER M, et al. Hybrid integration of fiber optic gyroscopes operating in harsh environments[C] // Proc. Nanophotontics and Macrophotonics for Space Environments, SPIE, 2011,8164:81640Q.

[52]STOPINSKI S, JUSZA A, PIRAMIDOWICZ R. An interferometric optic – fiber gyroscope system based on an application specific photonic integrated circuit[C]. Conference on Lasers and Electro – Optics Europe & European Quantum Electronics Conference(CLEO/ Europe – EQEC), Munich, 2017.

[53]WU B B, YU Y, ZHANG X L. Mode – assisted silicon integrated interferometric optical gyroscope[J]. Scientific Reports, 2019, 9(1): 12946.